一流本科专业一流本科课程建设系列教材

建筑工程制图

主　编	莫正波	张效伟	刘奕捷	
副主编	王　培	郑　杰	杨登峰	高丽燕
参　编	马晓丽	滕绍光	张亚妹	奚　卉
	王贵飞	周　烨	王　勇	康　寅
主　审	张　琳			

机械工业出版社

本书是按照教育部颁布的《普通高等院校工程图学课程教学基本要求》和现行的相关国家标准，并总结了多年的教学改革成果，结合编者多年的教学经验编写而成的。内容主要包括制图基本知识，投影基本知识，点、直线、平面的投影，基本体的投影，立体的截切与相贯，工程曲面，组合体的投影图，轴测投影，建筑形体的图样画法，建筑施工图，结构施工图，设备施工图，路桥工程图，机械图。在内容编排上由浅入深，由简到繁，图文并重，便于读者理解；注重理论与实践的结合，所举图例均来自实际工程；顺应社会发展要求，介绍了钢筋混凝土结构施工图平面整体表示法，加强了本书的平台作用；考虑专业之间的结合，提及了机械图与建筑图的区别、机械零件的表达方法和机械装配图。

　　本书为国家级一流本科课程"工程制图"、山东省课程思政示范课程"工程制图"、国家高等教育智慧教育平台课程"土建工程制图"的配套教材，可作为土木工程专业、给排水科学与工程、建筑环境与能源应用工程、材料科学与工程、环境工程、工程管理、交通工程、安全工程、房地产开发与管理等专业的工程制图教材，也可供其他工程技术人员阅读参考。与本书配套出版的有《建筑工程制图习题集》，可供选用。

　　本书配有授课PPT等资源，免费提供给选用本书作为教材的授课教师，需要者请登录机械工业出版社教育服务网（www.cmpedu.com）注册后下载。

图书在版编目（CIP）数据

建筑工程制图/莫正波，张效伟，刘奕捷主编. —北京：机械工业出版社，2024.2（2024.10重印）

一流本科专业一流本科课程建设系列教材

ISBN 978-7-111-74475-7

Ⅰ.①建…　Ⅱ.①莫…　②张…　③刘…　Ⅲ.①建筑制图-高等学校-教材

Ⅳ.①TU204

中国国家版本馆CIP数据核字（2023）第247822号

机械工业出版社（北京市百万庄大街22号　邮政编码100037）
策划编辑：李　帅　　　　　　　　　　责任编辑：李　帅　高凤春
责任校对：韩佳欣　薄萌钰　韩雪清　　封面设计：张　静
责任印制：张　博
北京建宏印刷有限公司印刷
2024年10月第1版第3次印刷
184mm×260mm·25.5印张·568千字
标准书号：ISBN 978-7-111-74475-7
定价：74.90元

电话服务　　　　　　　　　　网络服务
客服电话：010-88361066　　机 工 官 网：www.cmpbook.com
　　　　　010-88379833　　机 工 官 博：weibo.com/cmp1952
　　　　　010-68326294　　金 书 网：www.golden-book.com
封底无防伪标均为盗版　　机工教育服务网：www.cmpedu.com

前　言

本书为国家级一流本科课程"工程制图"、山东省课程思政示范课程"工程制图"、国家高等教育智慧教育平台课程"土建工程制图"的配套教材。本书依据教育部颁布的《普通高等院校工程图学课程教学基本要求》，在总结了多年的教学以及课程建设经验的基础上编写而成。

全书严格贯彻《房屋建筑制图统一标准》（GB/T 50001—2017）、《建筑制图标准》（GB/T 50104—2010）、《总图制图标准》（GB/T 50103—2010）、《建筑结构制图标准》（GB/T 50105—2010）、《建筑给水排水制图标准》（GB/T 50106—2010）、《道路工程制图标准》（GB 50162—1992）、《暖通空调制图标准》（GB/T 50114—2010）等制图标准。

党的二十大报告指出"加快建设教育强国、科技强国、人才强国，坚持为党育人，为国育才"，本书的建设目标是为国家培养"基础扎实、知识面宽、能力强、素质高"的人才，针对这一目标，本书在内容编排上由浅入深，由简到繁，系统性强，将基础知识与现代科技知识相结合，强调对学生科学的思维方法和空间思维能力和创新能力的培养。紧密联系工程实际，兼顾理论和实践的结合，使教学更加贴近工程应用和生产实际。基础部分强调通过例题来应用理论；建筑施工图、结构施工图、设备施工图、路桥工程图中的图例都来自实际工程。

本书可以作为普通高等院校本科土木工程、给排水科学与工程、建筑环境与能源应用工程、材料科学与工程、环境工程、工程管理、交通工程、安全工程、房地产开发与管理等专业的教材，授课参考学时为70~120学时，也可以作为工程技术人员的培训教材和参考资料。

本书由青岛理工大学莫正波、张效伟、刘奕捷任主编；青岛理工大学王培、郑杰、杨登峰、高丽燕任副主编；青岛理工大学马晓丽、滕绍光、张亚妹、奚卉、王贵飞、周烨、王勇和青岛酒店管理职业技术学院康寅参与编写。

本书由青岛理工大学张琳教授主审，在此表示感谢。

在本书编写过程中，编者吸收和借鉴了国内外同行专家的一些先进经验，在此表示感谢！

由于编者水平有限，书中难免存在疏漏之处，欢迎广大读者提出修正和补充意见。

编　者

目　录

绪　论

工程图是"工程界的技术语言"，它是工程技术人员用来表达设计构思，进行技术交流的重要工具。各国的建筑工程技术界之间经常以建筑工程图为媒介，进行研讨、交流、竞赛、招标等活动。因此，工程图是施工或制造的依据，是工程上必不可少的重要技术文件。

由于工程图在工程技术上的重要作用，工程技术人员必须具备绘制和阅读工程图的基本能力。

1. 建筑工程制图课程的学习任务

本课程是一门既有理论又有实践的建筑工程类专业必修的技术基础课，分为画法几何和专业制图两部分内容。画法几何是专业制图的理论基础，主要研究在平面上用图形表示空间的几何形体和如何运用几何作图解决空间几何问题的基本理论和方法，比较抽象，系统性和理论性较强；专业制图是应用画法几何原理绘制和阅读建筑图样的一门学科，实践性较强，一般需要通过绘制一系列的建筑图样才能掌握和提高。

通过本课程的学习，学生应掌握正投影理论，掌握建筑工程制图的内容与特点，初步掌握绘制和阅读建筑工程图的方法；能正确、熟练地绘制和阅读中等复杂程度的建筑施工图、结构施工图、给水排水施工图、采暖通风施工图、机械图等。

具体地说，主要在以下几个方面进行训练：

1）学习投影法的基本理论和应用。

2）熟悉有关的制图标准及各种规定画法，正确使用绘图仪器和工具，掌握用仪器绘图和徒手绘制草图的技巧和技能。

3）培养绘制和阅读建筑工程图的基本能力。

4）培养一定的绘制和阅读机械图的能力，掌握机械工程图的阅读和绘制方法。

5）发展空间想象力和空间构思能力，培养精益求精的工匠精神、严肃认真的工作态度，激发学生科技报国的家国情怀和使命担当。

2. 本课程的学习方法

本课程由于具有相当强的实践性，只有通过认真完成一定数量的绘图作业和习题，正确运用各种投影法的规律，才能不断地提高空间想象力和空间思维能力。

1) 要坚持多做多练：绘图和读图能力的培养，主要是通过一系列的绘图实践，包括手工绘图和计算机绘图。因此，应认真独立地完成每一次的练习或作业，逐步掌握绘图和读图的方法和步骤。

2) 要培养"遵纪守法"意识，熟悉有关的制图标准规范，严格遵守国家标准和规范中的"法"来绘制图形，养成正确使用绘图仪器和工具的习惯，遵循正确的作图步骤和方法。

3) 大力培养空间想象力和空间思维能力：本课程采用的是图示法，采用二维图形表达三维的物体，所以培养空间想象力和空间思维能力非常重要，需要反复练习，对比二维图形和三维模型的对应关系，提高空间想象力。

4) 要培养爱国主义情怀和严肃认真、一丝不苟的工作态度：图是重要的技术文件，是施工和制造的依据，不能有丝毫的差错。图中多画或少画一条线，写错或遗漏一个尺寸数字，都会给生产带来严重的损失。因此，在学习过程中，必须具备高度的责任心，养成实事求是的科学态度和严肃认真、耐心细致、一丝不苟的工作态度。

3. 建筑工程制图发展概述

远古以来，人类就试图用图形表达和交流思想，从远古洞穴中的石刻可以看出在没有语言、文字前，图形就是一种有效的交流思想的工具。考古发现，早在公元前 2600 年就出现了可以称为工程图的图，那是一幅刻在泥板上的神庙地图，如图 0-1 所示。直到公元 1500 年文艺复兴时期，才出现将平面图和其他多面图画在同一幅画面上的设计图。18 世纪末，法国著名科学家加斯帕·蒙日将各种表达方法归纳，发表了《画法几何学》著作，蒙日所说明的画法是以互相垂直的两个平面作为投影面的正投影法。蒙日方法对世界各国科学技术的发展产生巨大影响，并在科技界，尤其在工程界得到广泛的应用和发展。

图 0-1　公元前 2600 年刻在泥板上的神庙地图示意图

我国是世界上文化发达最早的国家之一。在数千年的悠久历史中，勤劳智慧的劳动人民创造了光辉灿烂的文化。历代封建王朝，统治阶级都曾大兴土木，为自己修建宫殿、苑囿等。

20 世纪 70 年代在河北省平山县出土的战国中山王墓，在大批出土的青铜器中发现一块长 94cm、宽 48cm、厚约 1cm 的铜板，上面用镶嵌金银线表示出国王和皇后的坟墓和相应享堂的位置和尺寸，这也是世界上罕见的最早工程图。该图是用 1∶500 的比例绘制成图，其绘图原理酷似现代图学中的正投影法，这说明我国在 2000 多年前就有了正投影法表达的工程图。

公元 1100 年宋代李诚（字明仲）所著的雕版印刷书《营造法式》是世界上最早的一部建筑规范巨著，对建筑技术、用工用料估算以及装修等都有详细的论述，充分反映了 900 多年前我国工程制图技术的先进和高超。图 0-2 为《营造法式》的插图。

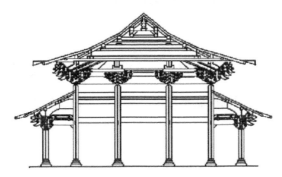

图 0-2　《营造法式》的插图

新中国成立后，工程制图学科得到飞快发展，学术活动频繁，画法几何、射影几何、透视投影等理论的研究得到进一步深入，并广泛与生产、科研相结合。国家适时制定了相应的制图标准，制图的理论、应用以及制图技术，都有了前所未有的发展。

随着计算机技术的发展，计算机辅助设计（CAD）使制图技术产生了根本性的变革。在我国，除了一批先进的图形、图像软件如 AutoCAD、Pro/E、3D Studio MAX 等得到广泛使用外，一批专业绘图软件如天正建筑 CAD、中望 CAD、PKPM 也在设计、教学、科研生产单位得到广泛使用。近年来，基于三维建模，集规划、设计、施工到管理的建筑信息建模（BIM）技术在土建工程领域得到了广泛的应用。随着科学技术的发展，计算机与图学的结合，必然会得到更好的发展与应用。

第1章 制图基本知识

本章提要：

本章主要介绍制图标准的基本规定、绘图仪器的使用以及几何作图方法。

图样是工程界的语言，为了使工程图真正起到技术语言的作用，所有图样的绘制和阅读都必须遵循统一的规定，这就产生了"标准"。标准有许多种，制图标准只是其中的一种。很多国家有自己的国家标准：如代号"JIS""ANSI""DIN"分别表示日本、美国、德国的国家标准。我国国家标准的代号为"GB"。20 世纪 40 年代成立的国际标准化组织，代号为"ISO"，制定了若干国际标准。

1965 年，我国初次颁布了《建筑制图标准》（GBJ 9-65），在实践中检验并进行了改进和修订。目前涉及建筑工程制图的六项标准分别是《房屋建筑制图统一标准》（GB/T 50001—2017）、《总图制图标准》（GB/T 50103—2010）、《建筑制图标准》（GB/T 50104—2010）、《建筑结构制图标准》（GB/T 50105—2010）、《建筑给水排水制图标准》（GB/T 50106—2010）和《暖通空调制图标准》（GB/T 50114—2010）。其中，《》里面是标准的名称，（）里面是标准号，标准号由标准代号和数字组成。"GB"为国标，"GB/T"为推荐性国标代号，后面跟着的数字是标准的顺序号和批准发布年份。我国制图标准的修订，以向国际标准靠拢为明显特点。

■ 1.1 制图标准的基本规定

制图标准对建筑图常用的图纸幅面、图线、字体、比例、尺寸标注、图样画法等内容做了具体的规定。

1.1.1 图纸幅面

图纸幅面是指图纸本身的大小规格，图框是图纸上绘图范围的边线。图纸幅面及图框尺寸，应符合表 1-1 的规定。

表 1-1　图纸幅面及图框尺寸表　　　　　　　　　　（单位：mm）

尺寸代号	图幅代号				
	A0	A1	A2	A3	A4
$b×l$	841×1189	594×841	420×594	297×420	210×297
c	10			5	
a	25				

当以上尺寸的图纸不能满足要求时，可以采用加长图纸，加长图纸的尺寸应符合表 1-2 的规定。

表 1-2　图纸长边加长尺寸　　　　　　　　　　（单位：mm）

幅面代号	长边尺寸	长边加长后尺寸
A0	1189	1486、1783、2080、2378
A1	841	1051、1261、1471、1682、1892、2102
A2	594	743、891、1041、1189、1338、1486、1635、1783、1932、2080
A3	420	630、841、1051、1261、1471、1682、1892

图纸以短边作为垂直边称为横式，以短边作为水平边称为立式，一般 A0～A3 图纸宜采用横式，必要时也可采用竖式，但 A4 幅面常用立式，如图 1-1 所示。

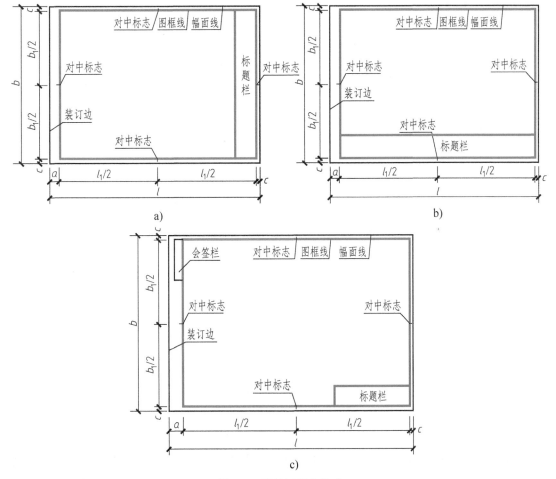

图 1-1　图纸幅面和格式

a）A0～A3 横式幅面（一）　b）A0～A3 横式幅面（二）　c）A0～A1 横式幅面

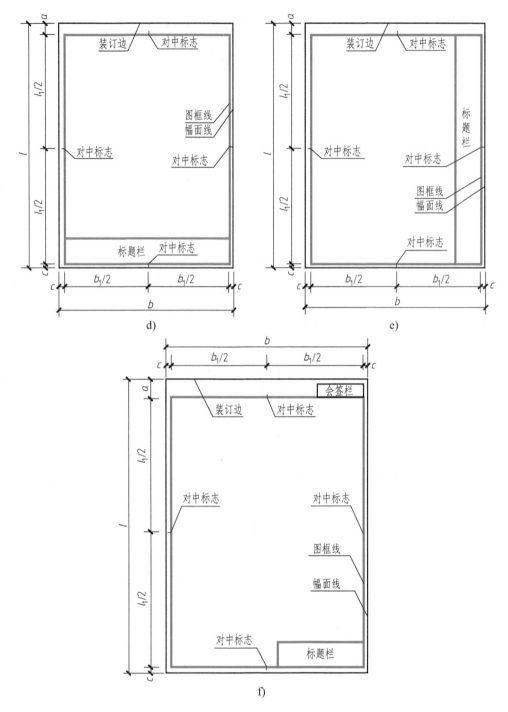

图 1-1 图纸幅面和格式（续）

d）A0~A4 立式幅面（一） e）A0~A4 立式幅面（二） f）A0~A2 立式幅面

　　图纸标题栏用于填写工程名称、图名、图号以及设计单位、设计人、制图人、审批人的签名和日期等。标题栏一般画在图纸的右方或者下方，标题栏的方向应与看图的方向一致。

图 1-2 为常用横式和竖式标题栏格式。

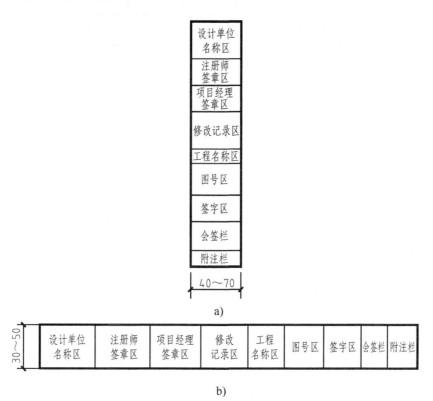

a)

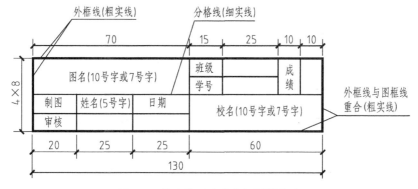

b)

图 1-2 标题栏常用格式

a）竖式 b）横式

如图 1-3 所示为学生学习阶段，常采用的标题栏格式。

图 1-3 学生学习阶段的标题栏格式

会签栏应按图 1-4 的格式绘制，其尺寸应为 100mm×20mm，栏内应填写会签人员所代表的专业、姓名、日期。一个会签栏不够时，可另加一个，两个会签栏应并列，不需会签的图纸可不设会签栏。学生学习阶段可以不设会签栏。

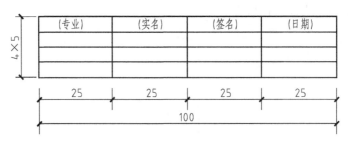

图 1-4 会签栏

1.1.2 图线

在图纸上绘制的线条称为图线。工程图中的内容，必须采用不同的线型和线宽表示，不同的图线表示不同的含义。

1. 线型

建筑工程中，常用的几种图线的名称、线型、线宽和一般用途见表 1-3。

表 1-3 线型

名称		线型	线宽	一般用途
实线	粗		b	主要可见轮廓线
	中粗		$0.7b$	可见轮廓线、变更云线
	中		$0.5b$	可见轮廓线、尺寸线
	细		$0.25b$	图例填充线、家具线
虚线	粗		b	见各有关专业制图标准
	中粗		$0.7b$	不可见轮廓线
	中		$0.5b$	不可见轮廓线、图例线
	细		$0.25b$	图例填充线、家具线
单点长画线	粗		b	见各有关专业制图标准
	中		$0.5b$	见各有关专业制图标准
	细		$0.25b$	中心线、对称线、定位轴线
双点长画线	粗		b	见各有关专业制图标准
	中		$0.5b$	见各有关专业制图标准
	细		$0.25b$	假想轮廓线、成型前原始轮廓线
折断线	细		$0.25b$	断开界线
波浪线	细		$0.25b$	断开界线

2. 线宽

每个图样所有线型的图线宽度（b），应根据图形的复杂程度与比例大小选定，表 1-4 中给出了相应的线宽组。应当注意：需要微缩的图纸，不宜采用 0.18mm 及更细的线宽；在同一张图纸内，各不同线宽中的细线，可统一采用较细的线宽组的细线；同一张图纸内相同比例的各图样，应选用相同的线宽组。

表1-4　线宽组　　　　　　　　　（单位：mm）

线宽比	线宽组			
b	1.4	1.0	0.7	0.5
$0.7b$	1.0	0.7	0.5	0.35
$0.5b$	0.7	0.5	0.35	0.25
$0.25b$	0.35	0.25	0.18	0.13

3. 注意事项

画图线时，应注意以下几点：

1）图线不得与文字、数字或符号重叠、混淆，不可避免时，应首先保证文字等的清晰。

2）单点长画线或双点长画线的线段长度应保持一致，线段的间隔宜相等；虚线的线段和间隔也应保持长短一致。

3）单点长画线、双点长画线的两端是线段，而不是点。

4）虚线与虚线、点画线与点画线、虚线或点画线与其他图线交接时，应是线段交接；当虚线为实线的延长线时，不得与实线连接，应留有间距。

5）在较小的图形中绘制单点长画线及双点长画线有困难时，可用细实线代替。

1.1.3　字体

图纸上的各种汉字、数字、字母或其他符号等，必须做到字体工整、笔画清晰、间隔均匀、排列整齐。

1. 汉字

图样及说明中的汉字，书写成长仿宋体或者黑体，并采用国务院正式公布推行的《汉字简化方案》中规定的简化字。字号有六种，汉字高度 h 不应小于3.5mm，字高与字宽的比例约为 $\sqrt{2}:1$，高宽的关系见表1-5，长仿宋体汉字示例如图1-5所示。

表1-5　长仿宋体字高与字宽关系　　　　（单位：mm）

字高（字号）	20	14	10	7	5	3.5
字宽	14	10	7	5	3.5	2.5

工程图中书写长仿宋体汉字时，为保证高宽比符合要求，可以先用细线轻轻画出长方格再书写，如图1-6所示。

长仿宋体字的特点：笔画横平竖直、起落有锋、填满方格、结构匀称。书写时一定要严格要求，认真书写。

工程图样班级姓名学号青岛理工大学

a)

施工平立剖详图卧室客厅厨房卫生间阳台剖面断面

b)

图 1-5　长仿宋体汉字示例

a）10 号字　b）7 号字

建筑制图比例平立剖详

图 1-6　画出长方格

2. 字母和数字

数字和字母应写成直体或者斜体，斜体字头向右倾斜，与水平线成 75°，如图 1-7 所示。

ABCDEFGHIJKLMNOP
QRSTUVWXYZ
abcdefghijklmnop
qrstuvwxyz
1234567890

ABCDEFGHIJKLMNOP
QRSTUVWXYZ
abcdefghijklmnop
qrstuvwxyz
1234567890

图 1-7　字母、数字示例

字母和数字与汉字并列书写时，宜写成直体，它们的字高比汉字的字高宜小一号或两号，且不应小于 2.5mm。

1.1.4　比例

比例是指图样中图形与实物相应要素的线性尺寸之比。比例的符号为"："，比值为 1 的比例，即 1：1，称为原值比例；比值大于 1 的比例，称为放大比例，如 2：1 等，比值小于 1 的比例，称为缩小比例，如 1：2 等。绘制图样时，根据图样的用途与所绘形体的复杂程度，常用的比例见表 1-6。

表 1-6 常用比例

种类	第一系列	第二系列
原值比例	$1:1$	—
放大比例	$5:1$、$2:1$、$5\times10^n:1$、$2\times10^n:1$、$1\times10^n:1$	$4:1$、$2.5:1$、$4\times10^n:1$、$2.5\times10^n:1$
缩小比例	$1:2$、$1:5$、$1:2\times10^n$、$1:5\times10^n$、$1:1\times10^n$	$1:1.5$、$1:2.5$、$1:3$、$1:4$、$1:6$、$1:1.5\times10^n$、$1:2.5\times10^n$、$1:3\times10^n$、$1:4\times10^n$、$1:6\times10^n$

注：n 为正整数。

图 1-8 为用不同比例绘制的图样。当一张图纸中的各图只用一种比例时，可以把该比例统一书写在图纸标题栏内。建筑图要求在图样下方书写图名和比例，通常可以把比例标注在视图名称的右侧或者下方，比例的字号宜比图名字号小一号或两号，图名下应画一条粗实线，长度应与图名文字所占长度相同，如图 1-9 所示。

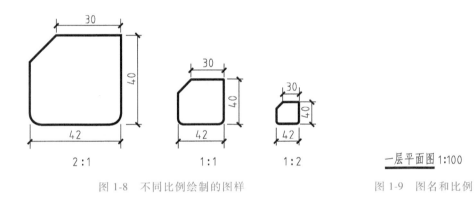

2:1　　　　1:1　　　　1:2

一层平面图1:100

图 1-8 不同比例绘制的图样　　　　图 1-9 图名和比例

1.1.5 尺寸标注

建筑工程图中除了画出建筑物及其各部分的形状外，还必须准确、详尽、清晰地标注各部分实际尺寸，以确定其大小，作为施工的依据。

1. 尺寸的组成

一个完整的尺寸，包含四个尺寸要素，即尺寸界线、尺寸线、尺寸起止符号和尺寸数字，如图 1-10 所示。

（1）尺寸界线　尺寸界线应用细实线绘制，一般应与被标注长度垂直，其一端应离开图样轮廓线不小于 2mm，另一端宜超出尺寸线 2~3mm，必要时，图样轮廓线可用作为尺寸界线。

（2）尺寸线　尺寸线应用细实线绘制，应与被注长度平行，应注意：图样本身的任何图线均不得用作尺寸线。图样轮廓线以外的尺寸线，距图样最外轮廓之间的距离不宜小于 10mm。

（3）尺寸起止符号　线性尺寸的尺寸起止符号一般用中粗斜短线绘制，其倾斜方向应与尺寸界线成顺时针 45°角，长度宜为 2~3mm，如图 1-10 所示。标注直径、半径、角度等尺寸时用箭头作为尺寸起止符号，图 1-11 为箭头的画法。

（4）尺寸数字　一般应写在尺寸线的中部，水平方向尺寸应从左到右写在尺寸线上方，垂直方向尺寸应从下到上写在尺寸线左方，字头逆时针转90°。

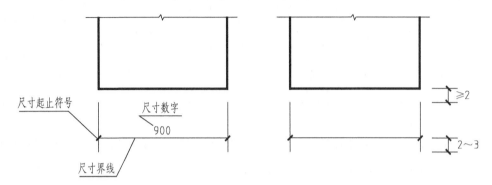

图 1-10　尺寸的组成

图 1-11　箭头的画法

2. 尺寸标注要求

尺寸标注要求如下：

1）图样中的尺寸，以 mm 为单位时，不需注明计量单位符号和名称，否则必须注明相应的计量单位和名称。

2）图样中所注尺寸数值即形体的真实大小，与绘图比例和准确度无关。

3）图样上的尺寸，以尺寸数字为准，不得从图上直接量取。

3. 尺寸标注示例

常见的尺寸标注形式见表 1-7。

表 1-7　常见的尺寸标注形式

内容	图例	说明
标注直径		圆和大于半圆的弧，一般标注直径，尺寸线通过圆心，用箭头作为尺寸的起止符号，指向圆弧，并在直径数字前加注直径符号"φ"

（续）

内容	图例	说明
标注半径		半圆和小于半圆的弧，一般标注半径，尺寸线的一端从圆心开始，另一端用箭头指向圆弧，在半径数字前加注半径符号"*R*"。 较大圆弧的尺寸线画成折线状，但必须对准圆心
标注圆球		球的尺寸标注与圆的尺寸标注基本相同，只是在半径或直径符号（*R* 或 φ）前加注"*S*"
标注角度		角度的尺寸线，应以圆弧表示。该圆弧的圆心应是该角的顶点，角的两个边为尺寸界线，角度的起止符号应以箭头表示，如没有足够位置画箭头，可用小黑点代替。角度数字应水平书写
标注弦长		弦长的尺寸线应以平行于该弦的直线表示，尺寸界线应垂直于该弦，起止符号应以中粗斜短线表示
标注弧长		弧长的尺寸线为与该圆弧同心的圆弧，尺寸界线应垂直于该圆弧的弦，起止符号应以箭头表示，弧长数字的上方应加注圆弧符号"⌒"
标注坡度		标注坡度时，在坡度数字下，应加注坡度符号，坡度符号的箭头（单面）一般应指向下坡方向。坡度也可用直角三角形形式标注

4. 尺寸标注的其他注意事项

尺寸标注的其他注意事项，见表1-8。

表 1-8　尺寸标注的其他注意事项

说明	正确	错误
不能用尺寸界线作为尺寸线	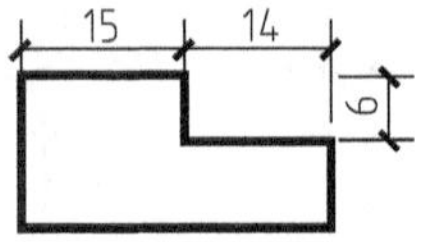	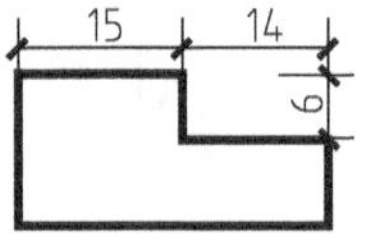
轮廓线、中心线等可作为尺寸界线，但不能作为尺寸线	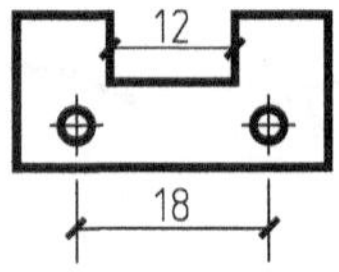	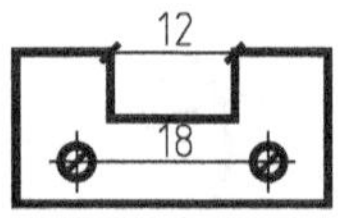
尺寸线倾斜时数字的方向应便于阅读，尽量避免在斜线范围内注写尺寸	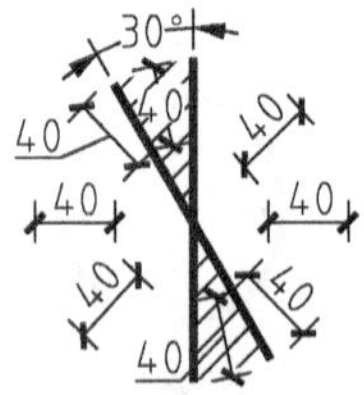	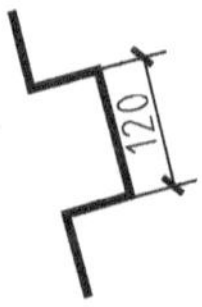
两尺寸界线之间比较窄时，尺寸数字可注在尺寸界线外侧，或上下错开，或用引出线引出再标注	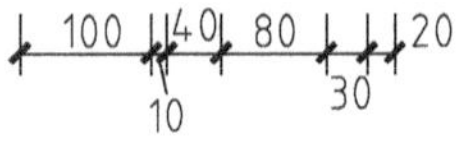	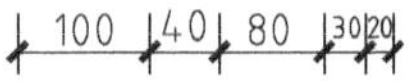
同一张图纸内尺寸数字应大小一致，任何图线与数字重叠时，应断开图线	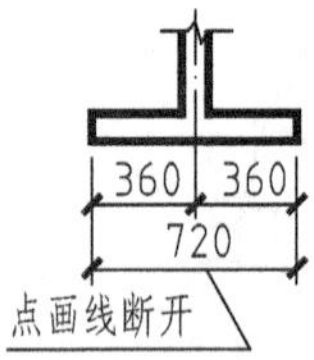	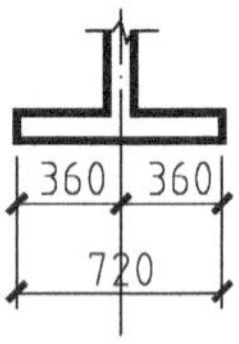
尺寸数字不得贴靠在尺寸线或其他图线上，一般应离开 0.5~1mm	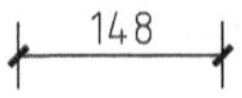	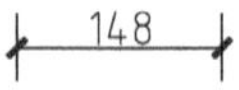

■ 1.2　绘图仪器及使用方法

制图所需的工具和仪器有图板、丁字尺、三角板、铅笔、圆规、分规、曲线板等。充分了解各种制图工具、仪器的性能，熟练掌握正确的使用方法，经常注意保养维护，是保证制图质量，加快制图速度，提高制图效率的必要条件之一。

1.2.1　图板

图板用来固定图纸，是用作绘图时的垫板。板面一定要平整光洁。图板的左边是导边，必须保持平整，如图 1-12 所示。图板的大小有各种不同规格，可根据需要选定，通常比相应的图幅略大。图板放在桌面上，板身宜与水平桌面成 10°~15° 倾斜。图纸的四角用胶带粘贴在图板上，位置要适中。

应注意：保持图板的整洁，切勿用小刀在图板上裁纸、削铅笔，同时应注意防止潮湿、曝晒、重压等对图板的破坏。

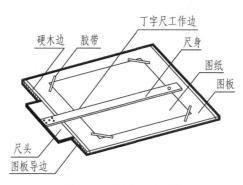

图 1-12　图板与丁字尺

1.2.2　丁字尺

丁字尺由尺头和尺身组成，与图板配合画水平线，尺身的工作边（有刻度的一边）必须保持平直光滑。使用时，尺头只能紧靠在图板的左边（不能靠在右边、上边或下边）上下移动，画出一系列的水平线，或结合三角板画出一系列的垂直线，如图 1-13 所示。

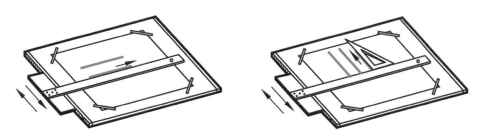

图 1-13　图板、丁字尺与三角板配合的使用

丁字尺在使用时，切勿用小刀靠近工作边裁纸，用完之后要挂起，防止丁字尺变形。在画图之前，要先固定图纸，将平整的图纸放在图板的偏左下部位，用丁字尺画下一条水平线时，应使大部分尺头在图板的范围内。微调图纸使其下边缘与尺身工作边平行，用胶带将四角固定在图板上，如图 1-14 所示。

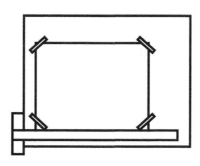

图 1-14　用胶带贴图纸

1.2.3 三角板

一副三角板有 30°、60°、90° 和 45°、45°、90° 两块。三角板的长度有多种规格，如 25cm、30cm 等，绘图时应根据图样的大小，选用相应长度的三角板。三角板除了结合丁字尺画出一系列的垂直线外，还可以配合作出 15°、30°、45°、60°、75° 等角度的斜线，如图 1-15 所示。

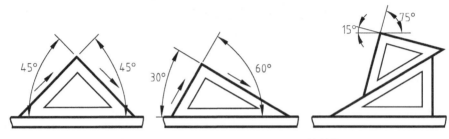

图 1-15　画 15°、30°、45°、60°、75° 的斜线

1.2.4 铅笔

铅笔的铅芯有软硬之分，通常其硬度用 B、H 表示。B，2B，…，6B 表示软铅芯，数字越大表示铅芯越软；H，2H，…，6H 表示硬铅芯，数字越大表示铅芯越硬；HB 表示不软不硬。画底稿时，一般用 H 或 2H，图形加深常用 HB 或 B。

削铅笔时应将 H 或 2H 铅笔尖削成锥形，用于画细线和写字；将 HB 或 B 削成鸭舌状，用于画粗实线，如图 1-16 所示。铅芯露出长度为 6~8mm，注意不要削有标号的一端。

使用铅笔绘图时，用力要均匀，用力过小则绘图不清楚，用力过大则会划破图纸甚至折断铅芯。

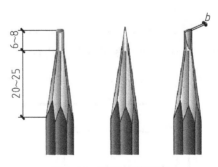

图 1-16　削铅笔的要求

1.2.5 圆规和分规

圆规主要用来画圆或圆弧。常见的是三用圆规，定圆心的针脚上的钢针，应选用台肩的

一端（圆规针脚一端有台肩，另一端没有）放在圆心，并可按需要适当调节长度；另一条腿的端部可按需要装上有铅芯的插腿，绘制铅笔线圆（弧）；装上钢针的插腿，可作为分规使用。

当使用铅芯绘图时，应将铅芯磨成斜面状，斜面向外，并且应将定圆心的钢针台肩调整到与铅芯的端部平齐。圆规的用法如图1-17所示。

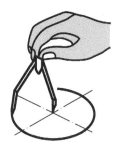

图 1-17 圆规的用法

分规的形状与圆规相似，只是两腿都装有钢针，用来量取线段的长度，或用来等分直线段或圆弧。

1.2.6 曲线板

曲线板是用于画非圆曲线的工具。首先要定出曲线上足够数量的点，徒手将各点连成曲线，然后选用曲线板上与所画曲线吻合的一段，沿着曲线板边缘将该段曲线作出，再依次连续作出其他各段。注意前后两段应有一小段重合，曲线才显得圆滑，如图1-18所示。

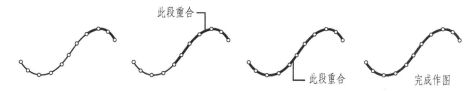

图 1-18 用曲线板画曲线

1.2.7 其他

绘图时常用的其他用品还有图纸、小刀、橡皮、擦线板、胶带、细砂纸、专业模板、数字模板、字母模板等。

■ 1.3 几何作图

表示建筑物形状的图形由各种几何图形组合而成，只有熟练地掌握各种几何图形的作图原理和方法，才能更快更好地手工绘制各种建筑物的图形。

1.3.1 等分线段的画法

等分线段、图幅的画法见表1-9。

表1-9 等分线段、图幅的画法

等分任意线段			
等分两平行线间距离			
等分图纸幅图	二、四等分	三、六等分	九等分

1.3.2 正多边形的画法

1. 正五边形

正五边形的画法如图1-19所示:

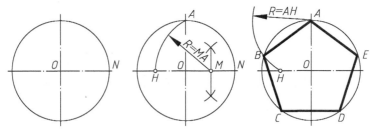

图1-19 正五边形画法

1) 已知外接圆半径为 ON,求出半径 ON 的中点 M,以 M 为圆心,MA 为半径画弧,交水平直径于点 H。

2) 以 AH 为截取长度,由点 A 开始将圆周截取为五等分,作为五个等分点。

3）顺次连接五个等分点。

2. 正六边形

如图 1-20 所示，以圆的半径 R 为截取长度，由点 A（可以是圆周上的任一点）开始将圆周截取为六等分，然后顺次连接六个等分点。

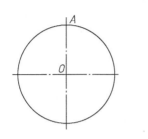
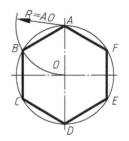

图 1-20　正六边形画法

3. 正七边形

正七边形的画法如图 1-21 所示：

1）将已知圆的垂直直径 AN 七等分，得等分点 1、2、3、4、5、6，以 A 为圆心，AN 为半径作弧，与圆的水平中心线的延长线交得两个交点 M_1、M_2。

2）过 M_1 分别向等分点 2、4、6 引直线，并延长到与圆周相交，得 G、F、E，对称找到 B、C、D，由 A 点开始，顺次连接 A、B、C、D、E、F、G，即得正七边形。

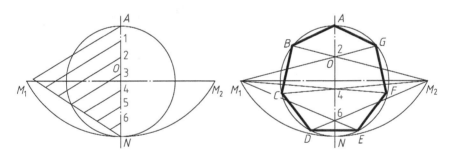

图 1-21　正七边形画法

1.3.3　椭圆的画法

椭圆的画法最常用的是同心圆法和四心法。

1. 同心圆法

已知椭圆的长轴 AB 和短轴 CD，同心圆法画椭圆的过程如图 1-22 所示。

1）分别以 AB 和 CD 为直径作大小两圆，并等分两圆周为十二等分（也可以是其他若干等分）。

2）由大圆各等分点作竖直线，与由小圆各对应等分点所作的水平线相交，连接各交点即可。

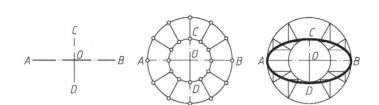

图 1-22 同心圆法画椭圆的过程

2. 四心法

已知椭圆的长轴 AB 和短轴 CD，四心法画椭圆的过程如图 1-23 所示。

1）以 O 为圆心，OA 为半径，作圆弧，交 DC 延长线于点 E，连接 AC，以 C 为圆心，CE 为半径，画弧交 CA 于点 F，如图 1-23 所示。

2）作 AF 的垂直平分线，交 AO 于 O_1，交 DO 于 O_2，求出其对称点 O_3 和 O_4。

3）分别以 O_1、O_2、O_3、O_4 为圆心，O_1A、O_2C、O_3B、O_4D 为半径作圆弧，使各弧在 O_2O_1、O_2O_3、O_4O_1、O_4O_3 的延长线上的 G、J、H、I 四点处连接。

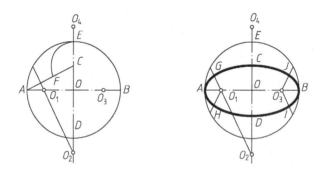

图 1-23 四心法画椭圆的过程

1.3.4 圆弧连接

在绘制建筑物的平面图形时，常遇到用已知半径的圆弧光滑地连接两条已知线段（直线或圆弧）的情况，其作图方法称为圆弧连接。圆弧连接要求在连接处要光滑，所以在连接处两线段要相切。

圆弧连接分为三种情况：连接两直线、连接一直线和一圆弧、连接两圆弧；其中连接两圆弧又可分为外切连接两圆弧、内切连接两圆弧和内外切连接两圆弧三种情况。圆弧连接的作图关键是要准确地求出连接圆弧的圆心和连接点（切点）。作图过程一般分为找圆心、求切点和画圆弧三步。

在找圆心时，应掌握以下原则：

1）圆弧与直线相切时，圆心与直线的距离等于半径。

2）圆弧与已知圆弧内切，则两圆弧的圆心距等于两半径之差。

3）圆弧与已知圆弧外切，则两圆弧的圆心距等于半径之和。

求切点时，应掌握以下原则：

1）圆弧与直线相切，切点就是从圆心作直线的垂线得到的垂足。

2）两圆弧相切，切点在两圆心连线上或其延长线上。

以下是圆弧连接的各种情况的作图过程。

1. 圆弧连接两直线

圆弧连接两直线的画法如图1-24所示。

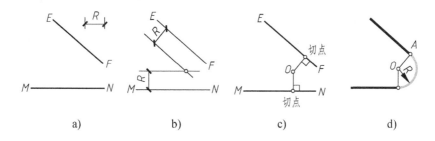

图1-24　圆弧连接两直线的画法

a）已知条件　b）找圆心　c）求切点　d）画连接圆弧，擦除多余线条

2. 圆弧连接直线和圆弧

圆弧连接直线和圆弧的画法如图1-25所示。

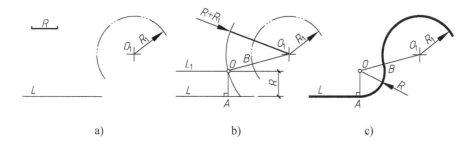

图1-25　圆弧连接直线和圆弧的画法

a）已知条件　b）找圆心，求切点　c）画连接圆弧，擦除多余线条

3. 圆弧外切连接两圆弧

圆弧外切连接两圆弧的画法如图1-26所示。

4. 圆弧内切连接两圆弧

圆弧内切连接两圆弧的画法如图1-27所示。

5. 圆弧内外切连接两圆弧

请学生们根据前述的作图规律总结圆弧内外切连接两圆弧的画法。

建筑工程制图

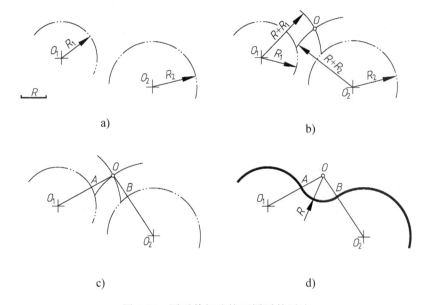

图 1-26　圆弧外切连接两圆弧的画法

a）已知条件　b）找圆心　c）求切点　d）画连接圆弧，擦除多余线条

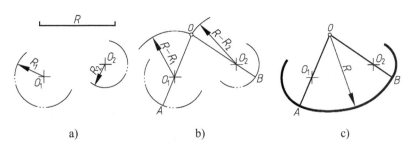

图 1-27　圆弧内切连接两圆弧的画法

a）已知条件　b）找圆心、求切点　c）画连接圆弧，擦除多余线条

■ 1.4　平面图形画法

一般平面图形都是由若干线段（直线或曲线）连接而成的。要正确绘制一个平面图形，必须对平面图形进行尺寸分析和线段分析，从而确定平面图形的画图顺序和步骤。

1.4.1　平面图形的尺寸分析

尺寸按其在平面图形中所起的作用，可分为定形尺寸和定位尺寸。

1. 定形尺寸

确定平面图形各组成部分形状、大小的尺寸，称为定形尺寸，如确定直线的长度、角度的大小、圆弧的半径（直径）等的尺寸。图 1-28 中 $R15$、$\phi 30$、20、160、76 以及 66 等都是定形尺寸。

2. 定位尺寸

确定平面图形各组成部分相对位置的尺寸，称为定位尺寸。图 1-28 中 11、50、70 等都是定位尺寸。在标注定位尺寸时，必须先选定一个尺寸的起点，成为尺寸基准。平面图形有长度和高度两个方向的尺寸基准，通常选择对称轴线、主要轮廓线或者较大的圆心作为尺寸基准。图 1-28 中，长度方向的基准为对称轴线，高度方向的基准为底边。

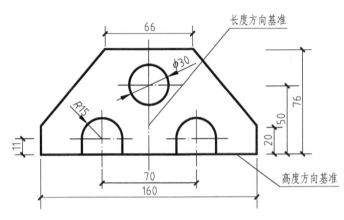

图 1-28 平面图形的尺寸

1.4.2 平面图形的线段分析

根据线段在图形中的细部尺寸和定位尺寸是否齐全，通常分为三类线段，即已知线段、中间线段、连接线段。

1. 已知线段

已知线段是指定形尺寸和定位尺寸都齐全，根据给出的尺寸可直接作出的线段，如图 1-29 中 $\phi 26$、$\phi 52$ 的圆，$R10$、$R24$、$R60$ 的圆弧。

2. 中间线段

中间线段是指缺少一个定位尺寸，需要依据相切或相接的条件才能作出的线段，如图 1-29 中 $R158$、$R40$ 和 $R30$ 的圆弧等。

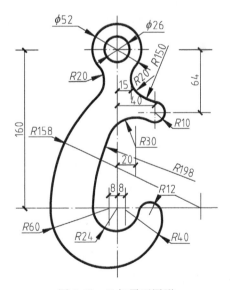

图 1-29 已知平面图形

3. 连接线段

连接线段是指缺少两个尺寸，完全依据两端相切或相接的条件才能作出的线段，如图 1-29 中 $R198$、$R12$ 的圆弧。

在绘制平面图形时，应先画已知线段，再画中间线段，最后画连接线段。

1.4.3 平面图形的作图步骤

平面图形的作图步骤如：

1）选定比例，布置图面，使图形在图纸上位置适中。

2）作出基准线。

3）作出已知线段。

4）作出中间线段。

5）作出连接线段。

6）分别标注定形尺寸和定位尺寸。

在作图之前，要做好准备工作，如准备好圆规、铅笔、橡皮等绘图工具和用品；所有的工具和用品都要擦拭干净，保持两手清洁，将图纸固定好。

然后按照上述步骤绘制底稿，画底稿时要用较硬的铅笔（2H 或 H），铅芯要削得尖一些，绘图者自己能看得出便可，故要经常磨尖铅芯。

通过对图 1-29 中的图形分析可知，组成该平面图形的线段均为圆或圆弧，由于各线段的半径或直径都已知，故要作出这些线段，必须先确定它们的圆心，作图步骤如下：

1）作上下各一条水平基准线，它们之间的距离为 160mm，同时作出竖直基准线并由此基准线分别确定 8、15、20、40、64 这几个相关的定位尺寸。所有线段中有 5 条线段已知圆心，所以可以先画出这些已知的圆，如图 1-30 所示。

2）为表达清楚，可将刚才作出的已知圆或圆弧用双点画线表示，如图 1-31 所示。以下以半径为 30mm 的圆弧为例说明中间线段的作图，显然该圆弧与已知半径为 10mm 的圆弧外切，又知该圆弧的圆心位于竖直基准线右侧 20mm 的竖直线上。因此，可以

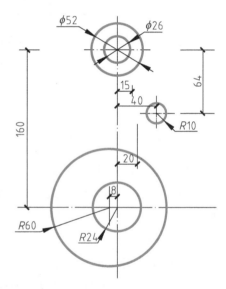

图 1-30　定基准线，作出已知圆弧

以已知 R10 圆弧的圆心为圆心，以 40（30+10）为半径作圆弧，所作圆弧与位于竖直基准线右侧 20mm 的竖直线相交而得到的交点，即为所求圆弧的圆心，然后根据圆心和半径画出该中间线段即可。其他几条中间线段，可参见图 1-31 中表示，不再赘述。

3）作出连接线段。如图 1-32 所示，除了已经确定的圆或圆弧用粗线表示外，其他已经作出但还没有确定起（止）点的圆或圆弧均用双点画线表示，该步骤要作出的圆或圆弧用细实线表示。以半径为 20mm 的圆弧为例，该圆弧与相邻的两圆弧均是外切连接，因此在确定该圆弧的圆心时，要分别用 46（26+20）和 178（158+20）为半径，以对应的圆弧圆心为圆心作出两个圆弧，其交点即为所求圆弧的圆心，最后根据圆心和半径画出该连接线段。其

他连接线段的作图过程，学生可自行分析。

4）加粗、加深图形轮廓线，擦掉多余的图线，并且标注尺寸，完成作图，如图 1-29 所示。

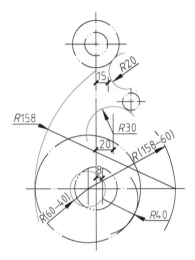

图 1-31　作出中间线段

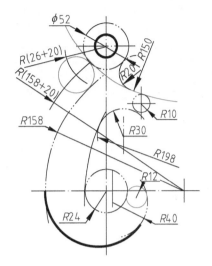

图 1-32　作出连接线段

第 2 章 投影基本知识

本章提要：

本章主要介绍投影的形成、投影法的分类、工程中常用的投影图、正投影的基本特性以及三面投影图的形成和特性。

■ 2.1 投影的形成

如图 2-1a 所示，将物体放在灯光和地面之间，在地面上就会产生影子，但是这个影子只反映了物体的外形轮廓，至于三个侧面的轮廓均未反映出来。要想准确、全面地表达出三棱锥的形状，就需对这种自然现象加以科学的抽象：光源发出的光线，假设能够透过形体而

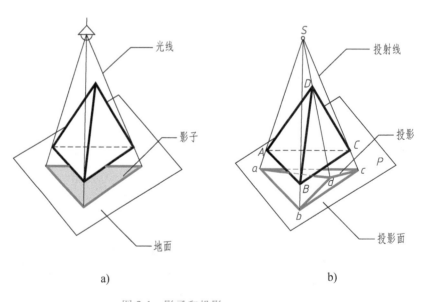

a)   b)

图 2-1 影子和投影

a）影子 b）投影

投影的形成

将各个顶点和各条侧棱都在地面上投下它们的影子，这些点和线的影子将组成一个能够反映出形体形状的图形，如图 2-1b 所示，这个图形通常称为形体的投影，光源 S 称为投影中心，影子投落的平面 P 称为投影面。连接投影中心与形体上的点的直线称为投射线。通过一点的投射线与投影面的交点就是该点在该投影面上的投影。这种作出形体投影的方法，称为投影法。综上，投射线、被投影的物体和投影面是进行投影时必须具备的三个要素。

■ 2.2 投影法的分类

根据投影中心（S）与投影面的距离，投影法可分为中心投影法和平行投影法两大类。

2.2.1 中心投影法

当投影中心距离投影面为有限远时，所有的投射线都交汇于一点，这种投影法称为中心投影法，用这种方法所得的投影称为中心投影，如图 2-2a 所示。

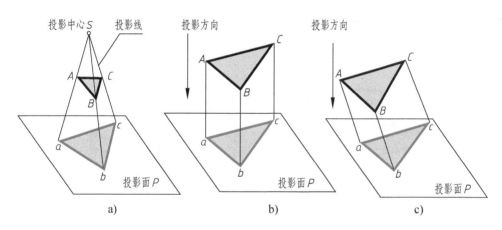

图 2-2 中心投影和平行投影

a）中心投影 b）正投影 c）斜投影

2.2.2 平行投影法

当投影中心距离投影面为无限远时，所有的投影线均可看作互相平行，这种投影法称为平行投影法，如图 2-2b、c 所示。根据投射线与投影面的倾角不同，平行投影法可分为正投影法和斜投影法两种。

1. 正投影法

当投影线互相平行且垂直于投影面时，称为正投影法。用这种方法所得的投影称为正投影，如图 2-2b 所示。

2. 斜投影法

当投影线互相平行且倾斜于投影面时，称为斜投影法。用这种方法所得的投影称为斜投影，如图 2-2c 所示。

一般工程图都是按正投影的原理绘制的，为叙述方便起见，如无特殊说明，以后书中"投影"即指"正投影"。

■ 2.3 工程中常用的投影图

表达工程物体时，由于表达目的和被表达对象特性的不同，往往需要采用不同的投影图。常用的投影图有以下四种：

1. 透视投影图

透视投影图简称为透视图，它是按中心投影法绘制的，如图 2-3 所示。这种图的优点是形象逼真，立体感强，其图样常用作建筑设计方案的比较、展览。其缺点是绘图较繁，度量性差。

2. 轴测投影图

轴测投影图简称为轴测图，它是按平行投影法绘制的，如图 2-4 所示。这种图的优点是立体感较强。其缺点是度量性较差，作图较麻烦，工程中常用作辅助图样。

图 2-3　透视投影图　　　　　　　　图 2-4　轴测投影图

3. 正投影图

用正投影法把物体向两个或两个以上互相垂直的投影面进行投影所得到的图样称为多面正投影图，简称为正投影图，如图 2-5 所示。这种图的优点是能准确地反映物体的形状和大小，作图方便，度量性好，在工程中应用最广。其缺点是立体感差，需经过一定的训练才能看懂。

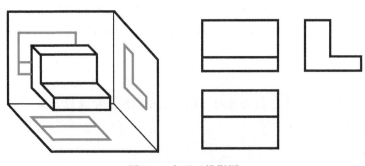

图 2-5　多面正投影图

4. 标高投影图

标高投影图是一种带有数字标记的单面正投影图，如图 2-6 所示。标高投影图常用来表达地面的形状。作图时用间隔相等的水平面截割地形面，其交线即为等高线，将不同高程的等高线投影在水平的投影面上，并标出各等高线的高程，即为标高投影图，从而表达出该处的地形情况。

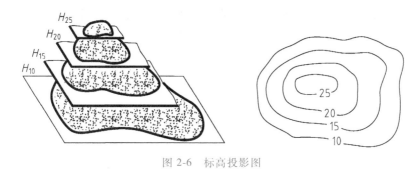

图 2-6 标高投影图

■ 2.4 正投影的基本特性

在工程实践中，经常使用的是正投影，正投影一般具有以下几个特性：

1. 实形性

当直线线段或平面图形平行于投影面时，其投影反映实长或实形，如图 2-7a、b 所示。

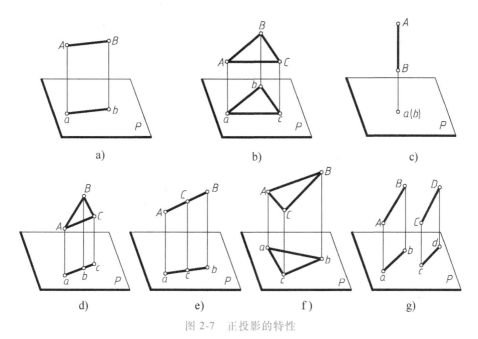

图 2-7 正投影的特性

2. 积聚性

当直线或平面平行于投影线时（在正投影中垂直于投影面），其投影积聚为一点或一直线，如图 2-7c、d 所示。

3. 类似性（相仿性）

当直线或平面倾斜于投影面而又不平行于投影线时，其投影小于实长或不反映实形，但与原形类似，如图 2-7e、f 所示。

4. 平行性

互相平行的两直线在同一投影面上的投影保持平行，如图 2-7g 所示，$AB \parallel CD$，则 $ab \parallel cd$。

5. 从属性

若点在直线上，则点的投影必在直线的投影上，如图 2-7e 中 C 点在 AB 上，C 点的投影 c 必在 AB 的投影 ab 上。

6. 定比性

直线上一点所分直线线段的长度之比等于它们的投影长度之比；两平行线段的长度之比等于它们没有积聚性的投影长度之比，如图 2-7e 中 $AC : CB = ac : cb$，图 2-7g 中 $AB : CD = ab : cd$。

2.5 三面投影图

2.5.1 物体的一面投影

如图 2-8 所示，在正立投影面 V 上有一个 L 形的投影，V 投影只能反映出形体的高度和长度，反映不出形体的宽度。从图 2-8 中可看出，该投影可以是图中所示的任意一个形体的投影，当然还可以设计出更多符合条件的形体。因此，可以得出结论：物体的一面投影不能确定物体的形状。

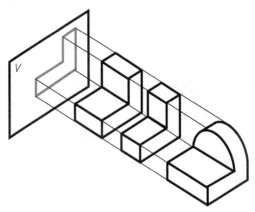

图 2-8 物体的一面投影图

2.5.2 物体的两面投影

如图 2-9 所示，建立了水平投影面 H 和正立投影面 V 组成的两面投影体系，这两个投影面互相垂直。从图 2-9 中可看出，图中的这两个形体都由一个水平板和一个侧立板所组成，H 投影反映出水平底板的实形。这两个形体的 H 投影和 V 投影完全一样，都反映不出侧立板的实际形状。因此，可以得出结论：物体的两面投影有时也不能唯一确定物体的形状。

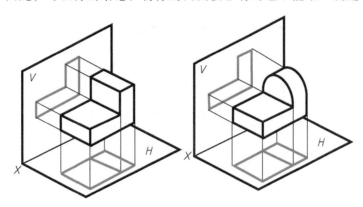

图 2-9　物体的两面投影图

2.5.3　物体的三面投影

如图 2-10 所示，在 H、V 面的基础上再建立一个与 H、V 面都互相垂直的侧立投影面，简称 W 面。在侧立投影面上的投影称为侧面投影，简称 W 投影。形体的 V、H、W 投影所确定的形状是唯一的。因此，可以得出结论：通常情况下，物体的三面投影可以确定唯一物体的形状。

V 面、H 面和 W 面两两垂直，共同组成一个三面投影体系，三个投影面两两相交的交线 OX、OY 和 OZ 称为投影轴，三个投影轴的交点 O 称为原点（见图 2-11a）。

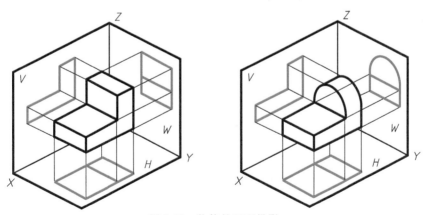

图 2-10　物体的三面投影

2.5.4　三面投影图展开

为了在一张图纸上绘制三面投影图，需要把三个投影面展开。如图 2-11a 所示的长方体的三面投影，按照图 2-11b 所示的方法将投影面展开：规定 V 面固定不动，H 面绕 OX 轴向下旋转 90°，W 面绕 OZ 轴向右旋转 90°，从而都与 V 面处在同一平面上。这时 OY 轴分为两条，一条随 H 面转到与 OZ 轴在同一铅直线上，标注为 OY_H；另一条随 W 面转到与 OX 轴在同一水平线上，标注为 OY_W，如图 2-11c 所示。正面投影（V 投影）、水平投影（H 投影）和侧面投影（W 投影）组成的投影图，称为三面投影图。

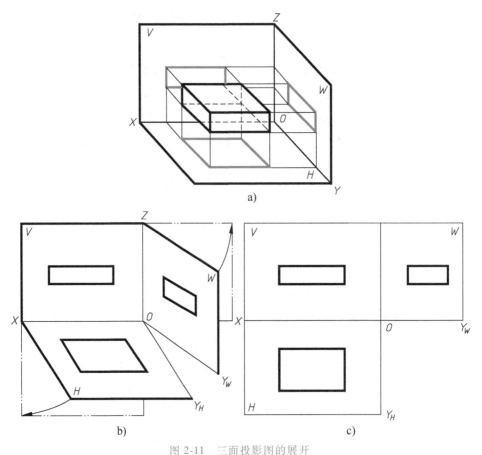

图 2-11　三面投影图的展开

a）空间图　b）展开方法　c）展开后的三面投影

实际作图时，只需作出物体的三面投影而不需作出投影面边框线，如图 2-12 所示。熟练作图后，三条轴线也可省去。

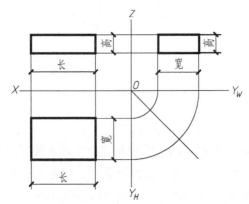

图 2-12　三面投影图的度量对应关系

■ 2.6 三面投影图的特性

1. 度量相等

三面投影图共同表达同一物体,它们的度量关系如下:

1)正面投影与水平投影长对正。

2)正面投影与侧面投影高平齐。

3)水平投影与侧面投影宽相等。

上述关系称为三面投影图的投影规律,简称为三等规律。应该指出:三等规律不仅适用于物体总的轮廓,也适用于物体的局部。

2. 位置对应

从图 2-13 中可以看出,物体的三面投影图与物体之间的位置对应关系如下:

1)正面投影反映物体的上、下、左、右的位置。

2)水平投影反映物体的前、后、左、右的位置。

3)侧面投影反映物体的上、下、前、后的位置。

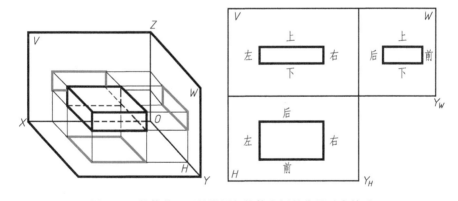

图 2-13 物体的三面投影图与物体之间的位置对应关系

第 3 章　点、直线、平面的投影

本章提要：

本章主要介绍点、直线、平面的投影规律。学习本章需要掌握点的投影规律，各种不同位置直线和平面的投影特性、两直线的相对位置、直线与平面的相对位置、两平面的相对位置以及会用换面法解决简单的空间几何问题。

■ 3.1　点的投影

点是空间最基本的几何元素，点在某一个投影面上的投影实际上是该点向投影面所作的垂足。因此，点的投影仍然是点。

3.1.1　点的一面投影

如图 3-1 所示，已知空间点 A，若投影方向确定后，A 点在 H 面上就有唯一确定的投影 a。但如果知道了一点在投影面上的投影，并不能确定该点的空间位置，如图 3-1 中已知点 C 的水平投影 c，并不能确定 C 点的空间位置，所以点的一面投影不能确定其在空间的位置，需要研究点的多面投影问题。

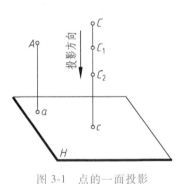

图 3-1　点的一面投影

3.1.2　点的两面投影

1. 两面投影体系的形成

如图 3-2 所示，取互相垂直的两个投影面 H 和 V，两者的交线为 OX 轴，在几何学中，平面是广阔无边的。使 V 面向下延伸，H 面向后延伸，则将空间划分为四个部分，称为四个分角。在 V 面之前 H 面之上的分角称为第一分角；V 面之后 H 面之上的分角称为第二分角；

V 面之后 H 面之下的分角称为第三分角；V 面之前 H 面之下的分角称为第四分角，则该体系称为两面投影体系。我国制图标准规定，画投影图时物体处于第一分角，所得的投影称为第一分角投影。

2. 点的两面投影及其投影规律

如图 3-3a 所示，空间点 A 在第一分角内，由 A 点向 H 面作垂线，在 H 面的垂足即为 A 点在 H 面上的投影，用 a 表示；由 A 点向 V 面作垂线，在 V 面的垂足即为 A 点在 V 面上的投影，用 a' 表示。规定空间点用大写字母标记，如 A、B、C 等，H 面投影用相应的小写字母标记，如 a、b、c 等，V 面投影用相应的小写字母加一撇标记，如 a'、b'、c' 等。A 点的两个投影 a' 和 a 便可确定空间点的位置。

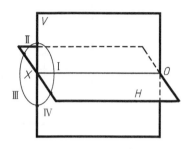

图 3-2 两面投影体系

由图 3-3a 可看出，由 Aa' 和 Aa 可以确定一个平面 Aaa_xa'，且 Aaa_xa' 为一矩形，故得：$aa_x = Aa'$（A 点到 V 面的距离），$a'a_x = Aa$（A 点到 H 面的距离）。

同时，还可以看出：因 $Aa \perp H$ 面，$Aa' \perp V$ 面，故平面 $Aaa_xa' \perp H$ 面，$Aaa_xa' \perp V$ 面，则 $OX \perp a'a_x$，$OX \perp aa_x$。当两面投影体系按展开规律展开后，aa_x 与 OX 轴的垂直关系不变，故 $a'a_xa$ 为一垂直于 OX 轴的直线，如图 3-3b 所示。

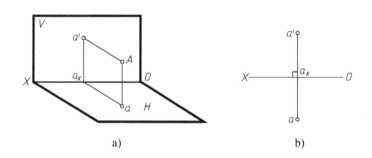

a)   b)

图 3-3 点的两面投影及其投影规律

a）点的投影空间图 b）投影图

综上所述，可得点的两面投影规律如下：

1）点的正面投影与水平投影的连线垂直于 OX 轴，即 $aa' \perp OX$。

2）点的正面投影到 OX 轴的距离等于该点到 H 面的距离，点的水平投影到 OX 轴的距离等于该点到 V 面的距离；即 $a'a_x = Aa$，$aa_x = Aa'$。

3.1.3 点的三面投影

1. 点的三面投影形成

图 3-4a 是空间点 A 的三面投影的直观图，过 A 点分别向 H、V、W 面的投影为 a、a'、a''。

将三面投影体系按投影面展开规律展开，便得到 A 点的三面投影图，因为投影面的大小不受限制，所以通常不必画出投影面的边框。图 3-4b 是点 A 的三面投影图。

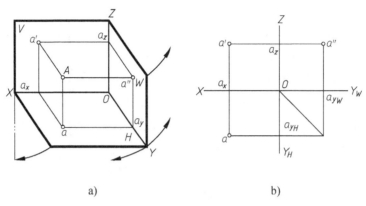

a)   b)

图 3-4　点的三面投影

a）空间状况　b）投影图

2. 点的三面投影规律

从图 3-4a 可看出：$aa_x = a''a_z = Aa'$，即 A 点的水平投影 a 到 OX 轴的距离等于 A 点的侧面投影 a'' 到 OZ 轴的距离，都等于 A 点到 V 面的距离。三面投影体系按展开规律展开后，分析可得：$a'a'' \perp OZ$，如图 3-4b 所示。

点的三面投影规律如下：

1）点的水平投影与正面投影的连线垂直于 OX 轴，即 $aa' \perp OX$。

2）点的正面投影与侧面投影的连线垂直于 OZ 轴，即 $a'a'' \perp OZ$。

3）点的侧面投影到 OZ 轴的距离等于该点的水平投影到 OX 轴的距离，都反映该点到 V 面的距离，即 $a''a_z = aa_x = Aa'$。

上述投影规律说明，点的投影之间有一定的对应关系，只要知道点的任意两个投影就可以作出第三面投影。

3. 例题分析

以下用例题说明如何根据点的两个投影作出第三面投影。

【例 3-1】　如图 3-5a 所示，已知点 A、B 的两面投影求作第三面投影。

分析：

由三面投影规律可知：点的水平投影与正面投影的连线垂直于 OX 轴；点的正面投影与侧面投影的连线垂直于 OZ 轴；点的水平投影到 OX 轴的距离等于该点的侧面投影到 OZ 轴的距离，都反映该点到 V 面的距离。

作图步骤：

1）过 O 点向右下角作 45°辅助线，过 a' 点作 $a'a'' \perp OZ$ 轴，过 a 点作直线平行于 OX 轴，与 45°辅助线相交后作平行于 OZ 轴的直线且交 $a'a''$ 于 a'' 点，如图 3-5b 所示。

2）过 b' 点作 $bb' \perp OX$ 轴，过 b'' 点作直线平行 OZ 轴，与 45°辅助线相交后作平行于 OX 轴的直线且交 bb' 于 b 点，如图 3-5b 所示。

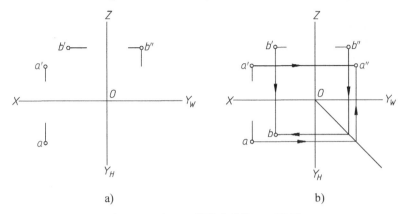

图 3-5 已知两面投影求作第三面投影

a）已知条件 b）作图结果

【例 3-1】讲解

4. 投影面、投影轴上的点的投影

如图 3-6 所示，如果空间点处于特殊位置，例如点恰巧在投影面上或投影轴上，这些点的投影规律具有以下特点：

1）若点在投影面上，则点在该投影面上的投影与空间点重合，另两个投影均在投影轴上，如图 3-6 中的 A 点和 B 点。

2）若点在投影轴上，则点的两个投影与空间点重合，另一个投影在原点，如图 3-6 中的 C 点。

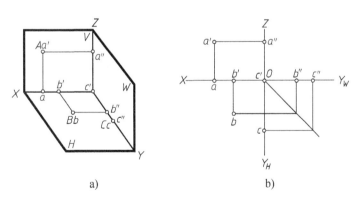

图 3-6 投影面、投影轴上的点的投影

a）空间状况 b）投影图

5. 点的投影与坐标的关系

如图 3-7 所示，如果把三个投影面视为三个坐标面，则点到投影面的距离就可以用点的坐标 x、y、z 表示。

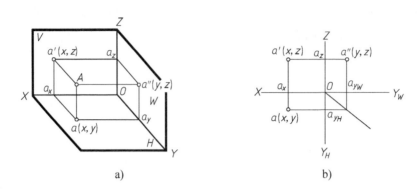

图 3-7　点的投影与坐标的关系

a）空间状况　b）投影图

从图 3-7 可以看出，点的投影与坐标的关系如下：

1）A 点到 H 面的距离 $Aa = a_zO = a'a_x = a''a_y = A$ 点的 z 坐标。

2）A 点到 V 面的距离 $Aa' = a_yO = aa_x = a''a_z = A$ 点的 y 坐标。

3）A 点到 W 面的距离 $Aa'' = a_xO = a'a_z = aa_y = A$ 点的 x 坐标。

综上所述，已知点的三面投影就能确定该点的三个坐标；反之，已知点的三个坐标，就能确定该点的三面投影或空间点的位置。

3.1.4　两点的相对位置与重影点

1. 两点的相对位置

两点的相对位置是指两点间的左右、前后、上下关系。根据两点的投影，可判断两点的相对位置。如图 3-8a 所示，根据两点的三个投影判断其相对位置时，可由正面投影或侧面投影判断上下位置，由正面投影或水平投影判断左右位置，由水平投影或侧面投影判断前后位置。例如图 3-8b 中 A、B 两点的投影，可判断出 A 点在 B 点的左、前、上方；反之，B 点在 A 点的右、后、下方。

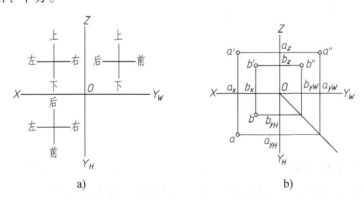

图 3-8　两点的相对位置

a）三面投影的相对位置　b）A、B 两点的相对位置

【例3-2】　如图3-9a所示，已知 A 点的三面投影，另一点 B 在 A 点上方8mm，左方12mm，前方10mm处，求作 B 点的三面投影。

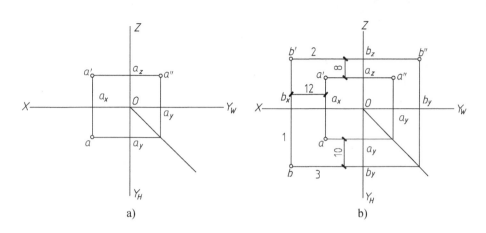

【例3-2】讲解

图3-9　根据两点相对位置求点的投影

a）已知条件　b）作图结果

作图步骤：

1）在 a' 点左方12mm处画一条垂直于 OX 轴的细实线为辅助线1，在 a' 点上方8mm处作一条垂直于 OZ 轴的细实线为辅助线2，这两条辅助线的交点即为 b' 点。

2）在 a 点前10mm处作一条垂直于 Y_H 轴的辅助线3，辅助线1与辅助线3的交点即为 b 点。

3）按投影关系求得 b'' 点。作图结果如图3-9b所示。

2. 重影点及可见性的判断

当空间两点位于某一投影面的同一条投影线上时，则此两点在该投影面上的投影重合，这两点称为对该投影面的重影点。

如图3-10a所示，A、C 两点处于对 V 面的同一条投影线上，它们的 V 投影 a'、c' 重合，A、C 就称为对 V 面的重影点。同理，A、B 两点处于对 H 面的同一条投影线上，两点的 H 投影 a、b 重合，A、B 就称为对 H 面的重影点。大家可以自行分析一下 A 点与 D 点。

当空间两点在某一投影面上的投影重合时，其中必有一点遮挡另一点，这就存在着可见性的问题。如图3-10b所示，A 点和 C 点在 V 面上的投影重合为 $a'(c')$ 点，A 点在前遮挡 C 点，其正面投影 a' 点是可见的，而 C 点的正面投影（c' 点）不可见，加括号表示（V 投影前遮后，即前可见后不可见）。同时，A 点在上遮挡 B 点，a 点为可见，（b）点为不可见（H 投影上遮下，即上可见下不可见）。同理，W 投影左遮右（左可见右不可见），如 A 点遮住 D 点，W 投影写成 $a''(d'')$ 点。

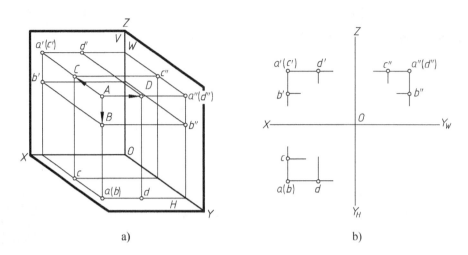

图 3-10 重影点的可见性

a）空间状况 b）投影图

3.2 直线的投影

直线常用线段的形式表示，在不考虑线段本身长度时，也通常把线段称为直线。

直线的投影一般情况下仍然是直线，特殊情况下当直线垂直于投影面时积聚为一点。由于空间两个点可以确定一条直线，所以直线的投影可以由直线上任意两点的同面投影连成直线来确定。对于直线段，一般取其两个端点。要绘制一条直线的三面投影图，只要将直线上两端点的各同面投影相连，便得直线的投影。直线的投影用粗实线表示。

3.2.1 各类直线的投影特性

根据直线与投影面的相对位置的不同，可以把直线可分为一般位置直线、投影面平行线和投影面垂直线，投影面平行线和投影面垂直线统称为特殊位置直线。

1. 一般位置直线

（1）空间位置 一般位置直线对三个投影面都处于倾斜位置，其与 H、V、W 面的倾角 α、β、γ 均不等于 0°或 90°，如图 3-11 所示。

（2）投影特性 如图 3-11a 所示，通过直线 AB 上各点向 H 投影面作投影，这些投影线在空间形成一个平面，这个平面与投影面 H 的交线 ab 就是直线 AB 的 H 投影。图 3-11b 为直线 AB 的三面投影。

根据一般位置直线的空间位置，可得其投影特性如下：

1）一般位置直线的三面投影均倾斜于投影轴，均不反映实长。

2）三面投影与投影轴的夹角均不反映直线与投影面的实际夹角。

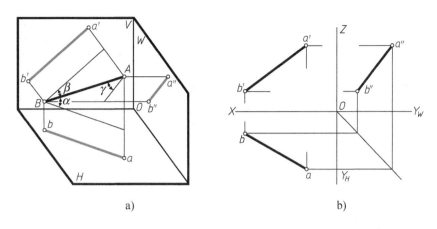

图 3-11 直线的投影

a）空间位置 b）投影图

2. 投影面平行线

（1）投影面平行线分类 平行于某一个投影面，与其他两个投影面都倾斜的直线，称为投影面平行线。投影面平行线可分为三种：平行于 V 面，与 H、W 面倾斜的直线称为正平线；平行于 H 面，与 V、W 面倾斜的直线称为水平线；平行于 W 面，与 H、V 面倾斜的直线称为侧平线。

（2）投影特性 根据投影面平行线的空间位置，可以得出其投影特性。正平线、水平线及侧平线的直观图、投影图及投影特性见表 3-1。

表 3-1 投影面平行线的投影特性

直线的位置	直观图	投影图	投影特性
正平线			1）正面投影 $a'b'$ 反映线段实长，它与 OX、OZ 轴的夹角反映实际倾角 α、γ 2）其他两面投影分别平行 OX、OZ 轴（或同垂直于 OY 轴）
水平线			1）水平投影 ab 反映线段实长，它与 OX、OY_H 轴的夹角反映实际倾角 β、γ 2）其他两投影分别平行 OX、OY_W 轴（或同垂直于 OZ 轴）

（续）

直线的位置	直观图	投影图	投影特性
侧平线			1）侧面投影 $a''b''$ 反映线段实长，它与 OY_W、OZ 轴的夹角反映实际倾角 α、β 2）其他两投影分别平行 OZ、OY_H 轴（或同垂直于 OX 轴）

从表 3-1 可概括出投影面平行线的投影特性如下：

1）投影面平行线在其所平行的投影面上的投影反映实长，并反映与另两投影面的实际夹角。

2）其他两投影面上的投影分别平行于该直线所平行的那个投影面的两条投影轴，且长度都小于其实长。

3. 投影面垂直线

（1）投影面垂直线分类　把垂直于某一个投影面，与其他两投影面都平行的直线，称为投影面垂直线。投影面垂直线分为三种：垂直于 V 面的直线称为正垂线；垂直于 H 面的直线称为铅垂线；垂直于 W 面的直线称为侧垂线。

（2）投影特性　根据投影面垂直线的空间位置，可以得出其投影特性。正垂线、铅垂线、侧垂线的直观图、投影图及投影特性见表 3-2。

表 3-2　投影面垂直线的投影特性

直线的位置	直观图	投影图	投影特性
正垂线			1）正面投影 $a'(b')$ 积聚成一点 2）水平投影 $ab \perp OX$ 轴，侧面投影 $a''b'' \perp OZ$ 轴（即 ab、$a'b'$ 均平行于 OY 轴），并且都反映线段实长
铅垂线			1）水平投影 $a(b)$ 积聚成一点 2）正面投影 $a'b' \perp OX$ 轴，侧面投影 $a''b'' \perp OY_W$ 轴（即 $a'b'$、$a''b''$ 均平行于 OZ 轴），并且都反映线段实长

（续）

直线的位置	直观图	投影图	投影特性
侧垂线	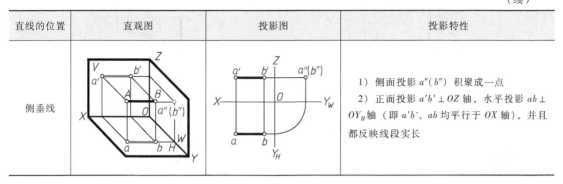		1）侧面投影 $a''(b'')$ 积聚成一点 2）正面投影 $a'b' \perp OZ$ 轴，水平投影 $ab \perp OY_H$轴（即 $a'b'$、ab 均平行于 OX 轴），并且都反映线段实长

从表 3-2 可概括出投影面垂直线的投影特性：

1）投影面垂直线在其所垂直的投影面上的投影积聚成一点。

2）在其他两个投影面上的投影分别垂直于该直线所垂直的那个投影面的两条投影轴（或其他两投影同平行于同一投影轴），并且都反映线段的实长。

3.2.2 直线上的点

1. 点和直线的从属关系

若点在直线上，则点的各个投影必在直线的同面投影上。如图 3-12 所示，C 点在直线 AB 上，则有 c 点在 ab 上，c'点在 $a'b'$ 上，c''点在 $a''b''$上。反之，如果点的各个投影均在直线的同面投影上，则可判断点在直线上。

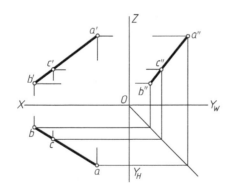

图 3-12 点和直线的从属关系

【例 3-3】 如图 3-13a 所示，判断 C 点是否在直线 AB 上。

分析：由图 3-13a 可知，c 点在 ab 上，c'点在 $a'b'$ 上，但点的两面投影分别在直线的同面投影上，并不能确定点在直线上。我们可以作出点和直线的第三面投影，看是否 c''点也在 $a''b''$上，如果在，则 C 点在直线 AB 上，否则 C 点就不在直线 AB 上。

作图过程和结果如图 3-13b 所示，由图 3-13b 可见，c''点不在 $a''b''$上，故 C 点不在线段 AB 上。

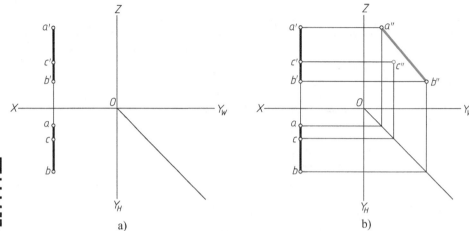

【例3-3】讲解

图3-13　判断点是否在线上（作第三投影）

a）已知条件　b）作图结果

2. 点分割直线段成定比

如图3-14所示，直线上的点分割直线段之比等于其投影之比。即：$AC:CB=ac:cb=a'c':c'b'$，此规律也称为简单比定理。

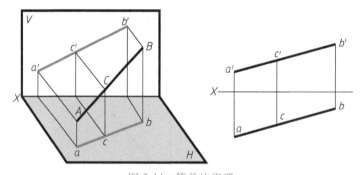

图3-14　简单比定理

【例3-4】　应用简单比定理判断例3-3中的 C 点是否在直线段 AB 上。

分析：

如果 C 点在直线段 AB 上，则 C 点分割直线段 AB 应符合简单比定理，因此，我们只需要判断 $ac:cb$ 是否等于 $a'c':c'b'$，就能推断出 C 点是否在直线段 AB 上。

作图步骤：

1）在 H 投影上，过 b 任作一条直线 bA_1。

2）在 bA_1 上取 $bA_1=a'b'$，$bC_1=b'c'$。

3）连接 A_1a，过 C_1 点作直线平行于 A_1a，与 ab 交于 c_1 点。

作图结果如图3-15所示。

若 c 点与 c_1 点重合，说明 C 点分割线段 AB 符合简单比定理，

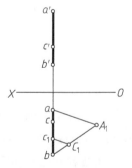

图3-15　判断点是否在线上

（应用简单比定理）

则 C 点在 AB 上。由图 3-15 可见，已知投影 c 点与 c_1 点不重合，所以 C 点不在直线段 AB 上。

3.2.3 直角三角形法求一般位置直线的实长及倾角

从前述直线的投影可以看出，对于特殊位置直线，比较容易从投影找到它们的实长和倾角，但对于一般位置直线，直接从其三面投影中找不出它的实长和倾角。可用直角三角形法求线段的实长和倾角，即在投影、倾角、实长三者之间建立直角三角形关系，通过在投影图上作图求出一般位置直线的实长和倾角。

根据几何学原理可知：直线与其投影面的夹角就是直线与它在该投影面的投影所成的角。如图 3-16a 所示，要求线段 AB 与 H 面的夹角 α 及实长，可以自 A 点引 $AB_1 \parallel ab$，得直角三角形 AB_1B，其中 AB 是斜边，$\angle B_1AB$ 就是 α 角，直角边 $AB_1 = ab$，另一直角边 BB_1 等于 B 点的 z 坐标与 A 点的 z 坐标之差，即 $BB_1 = z_B - z_A = \Delta z$。所以在投影图中可根据线段的 H 投影 ab 及坐标差 Δz 作出与 $\triangle AB_1B$ 全等的一个直角三角形，从而求出线段 AB 与 H 面的夹角 α 及线段 AB 的实长，如图 3-16b 所示。

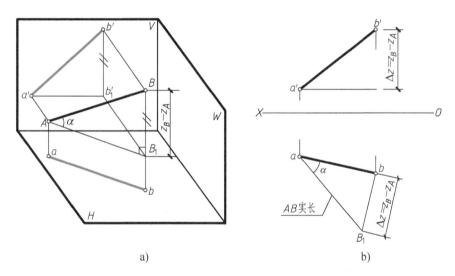

a) b)

图 3-16 直角三角形法求线段实长及夹角 α
a）空间位置 b）投影图

由此，总结出线段 AB 的投影、倾角与实长之间的直角三角形边角关系见表 3-3。

表 3-3 线段 AB 的各种直角三角形边角关系

倾角	α	β	γ
直角三角形边角关系	Δz / AB实长 / 水平投影 ab	Δy / AB实长 / 正面投影 $a'b'$	Δx / AB实长 / 侧面投影 $a''b''$
	$\Delta z = A$、B 两点的 z 坐标差	$\Delta y = A$、B 两点的 y 坐标差	$\Delta x = A$、B 两点的 x 坐标差

从表 3-3 可以看出，构成各直角三角形共有四个要素如下：

1）某投影的长度（直角边）。

2）该投影面中不包含的那个坐标差（直角边）。

3）实长（斜边）。

4）对投影面的倾角（投影与实长的夹角）。

在这四个要素中，只要知道其中任意两个要素，就可求出其他两个要素。并且还能够知道：不论用哪个直角三角形，所作出的直角三角形的斜边一定是线段的实长，斜边与投影的夹角就是该线段与相应的投影面的倾角。

利用直角三角形关系图解关于直线段投影、倾角、实长问题，在图解过程中，若不影响图形清晰时，直角三角形可直接画在投影图上，也可画在图纸的任何空白地方。

【例 3-5】 如图 3-17a 所示，已知直线 AB 的水平投影 ab 和 A 点的正面投影 a'，并知 AB 对 H 面的倾角 $\alpha = 30°$，B 点高于 A 点，求 AB 的正面投影 $a'b'$。

分析：

在构成直角三角形四个要素中，已知其中两要素，即水平投影 ab 及倾角 $\alpha = 30°$，可直接作出直角三角形，从而求出 b' 点。

作图步骤：

1）在图纸的空白地方，如图 3-17c 所示，作一条与 ab 等长的线，以这条线为一直角边，过 a 点作 30° 的斜线，此斜线与过 b 点的垂线交于 B_0 点，bB_0 即为另一直角边 Δz。

2）利用 bB_0 即可确定 b' 点，连接 $a'b'$ 即得 AB 的正面投影，如图 3-17b 所示。

本例题也可将直角三角形直接画在投影图上，以便节约时间与图纸，如图 3-17b 所示。

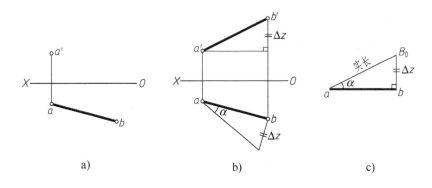

图 3-17　利用直角三角形法求 $a'b'$

a）已知条件　b）作图结果（一）　c）作图结果（二）

3.2.4　两直线的相对位置

两直线在空间的相对位置关系包括：平行、相交、交叉、垂直。

1. 两直线平行

若空间两直线平行，则它们的同面投影必然互相平行，如图 3-18 所示。

反之，若两直线的各个同面投影都互相平行，则两直线在空间也一定互相平行，且两平行线段的长度之比等于它们的同面投影长度之比。即若 $AB//CD$，则有 $AB:CD=ab:cd=a'b':c'd'$。

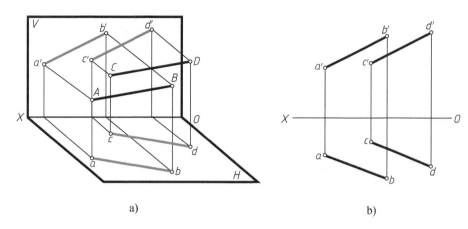

图 3-18　两直线平行

a）空间位置　b）投影图

但当两直线均为某投影面平行线时，如图 3-19a 所示，则需要观察两直线在其他投影面上的投影才能确定它们在空间是否平行。如图 3-19b 所示，通过侧面投影可以看出，AB、CD 两直线在空间是不平行的。

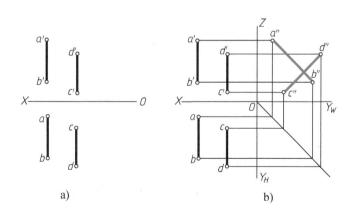

图 3-19　两直线不平行

a）已知两投影平行　b）补作第三投影

2. 两直线相交

若空间两直线相交，则它们的同面投影也必然相交，并且交点的投影符合点的投影规律，如图 3-20 所示。此时，投影的交点，就是空间两直线交点的投影。

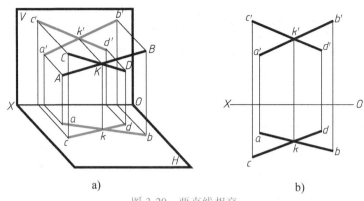

图 3-20　两直线相交

a）空间位置　b）投影图

3. 两直线交叉

空间两条既不平行也不相交的直线，称为交叉直线，其投影不满足直线平行和相交两直线的投影特点。若空间两直线交叉，则它们的同面投影可能有一个或两个平行，但不会三个同面投影都平行；它们的同面投影也可能有一个、两个或三个相交，但交点不符合点的投影规律（交点的连线不垂直于投影轴）。

两交叉直线同面投影的交点是两直线对该投影面的重影点的投影，对重影点须判别可见性。重影点的可见性可根据重影点的其他投影按照前遮后、上遮下、左遮右的原则来判断。如图 3-21 所示，AB 与 CD 的 H 面投影 ab、cd 的交点为 CD 上的 E 点和 AB 上的 F 点在 H 面上的重合投影，从 V 投影看，E 点在上，F 点在下，所以 e 点为可见，f 点为不可见。同理，AB 与 CD 的 V 投影 $a'b'$、$c'd'$ 的交点为 AB 上的 M 点与 CD 上的 N 点在 V 面上的重合投影，从 H 投影看，M 点在前，N 点在后，所以 m' 点可见，n' 点不可见。

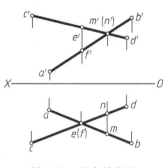

图 3-21　两直线交叉

4. 两直线垂直

两直线垂直包括相交垂直和交叉垂直，是相交和交叉两直线的特殊情况。

两直线垂直，其夹角的投影有以下三种情况：

1）当两直线都平行于某一投影面时，其夹角的投影反映直角实形。

2）当两直线都不平行于某一投影面时，其夹角的投影不反映直角实形。

3）当两直线中有一条直线平行于某一投影面时，其夹角在该投影面上的投影仍然反映直角实形。这一投影特性称为直角投影定理。

如图 3-22 所示，对直角投影定理的证明：设直线 $AB \perp BC$，且 $AB /\!/ H$ 面，BC 倾斜于 H 面。由于 $AB \perp BC$，$AB \perp Bb$，所以 $AB \perp$ 平面 $BCcb$，又 $AB /\!/ ab$，故 $ab \perp$ 平面 $BCcb$，因而 $ab \perp bc$。

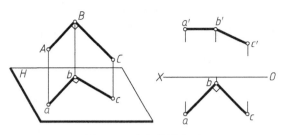

图 3-22 直角投影定理

【例 3-6】 如图 3-23a 所示，求 C 点到正平线 AB 的距离。

分析：

一点到一直线的距离，即由该点到该直线所引的垂线的长度，因此本例题应分两步进行：一是，过已知点 C 向正平线 AB 引垂线，二是，求垂线的实长。

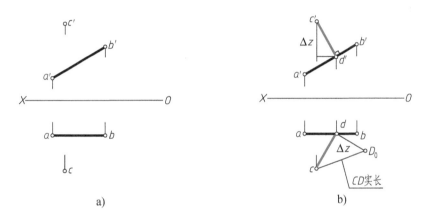

图 3-23 求一点到正平线的距离

a）已知条件 b）作图结果

作图步骤：

1）过 c' 点作 $c'd' \perp a'b'$。

2）由 d' 点作出 d 点。

3）连接 cd，则直线 $CD \perp AB$。

4）用直角三角形法求 CD 的实长，cD_0 即为所求 C 点到正平线 AB 的距离，如图 3-23b 所示。

【例 3-7】 如图 3-24a 所示，已知矩形 $ABCD$ 的不完全投影，试补全该矩形的两面投影。

分析：

由已知条件知，$ABCD$ 是矩形，则 $AB \perp AD$，从已知条件可以看出，AB 为正平线，由直角投影定理，$a'b'$ 与 $a'd'$ 夹角反映直角实形。

作图步骤：

1）在 H 投影中作 bc 平行于 ad，dc 平行于 ab，交于 c 点。

2）过 a'点作 a'd'⊥a'b'；注意 d 点与 d'点长对正，确定作出 d'点。

3）过 d'点作 d'c'平行于 a'b'，作出 c'点。

4）连接 b'c'。

作图结果如图 3-24b 所示。

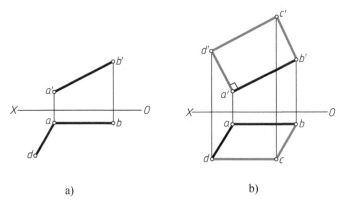

a)   b)

图 3-24 补画矩形的两面投影

a）已知条件 b）作图结果

■ 3.3 平面的投影

3.3.1 平面的表示法

1. 用几何元素表示平面

用几何元素表示平面，其空间位置有五种形式确定，如图 3-25 所示。

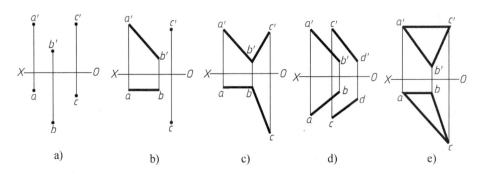

a)   b)   c)   d)   e)

图 3-25 几何元素表示平面

a）不在同一直线上的三点 b）一直线和直线外一点 c）两相交直线 d）两平行直线 e）平面图形

1）不在同一直线上的三点。

2）一直线和直线外一点。

3）两相交直线。

4）两平行直线。

5）任意平面图形（如四边形、三角形、圆等）。

2. 用迹线表示平面

平面与投影面的交线，称为迹线，用迹线表示的平面称为迹线平面，如图 3-26 所示。平面与 V 面、H 面、W 面的交线分别称为正面迹线（V 面迹线）、水平面迹线（H 面迹线）、侧面迹线（W 面迹线），迹线的符号分别用 P^V、P^H、P^W 表示。

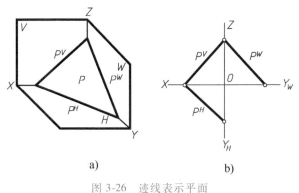

a)   b)

图 3-26 迹线表示平面

a）立体图 b）迹线平面

3.3.2 各种位置平面的投影特性

根据平面与投影面相对位置的不同，平面可分为一般位置平面、投影面平行面、投影面垂直面。投影面平行面和投影面垂直面统称为特殊位置平面。

1. 一般位置平面

（1）空间位置 与三个投影面既不平行也不垂直的平面，称为一般位置平面，如图 3-27a 所示。

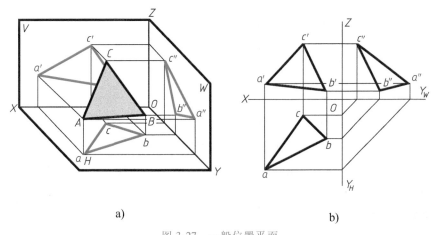

a)   b)

图 3-27 一般位置平面

a）空间位置 b）投影图

（2）投影特性　因为一般位置平面与三个投影面既不平行，也不垂直。因此，可概括出一般位置平面的三个投影既不反映实形，也不积聚成直线，均是类似形，如图 3-27b 所示。

2. 投影面平行面

（1）空间位置　把平行于某一个投影面，与其他两个投影面都垂直的平面，称为投影面平行面。投影面平行面分为三种：平行于 V 面，与 H、W 面垂直的平面称为正平面；平行于 H 面，与 V、W 面垂直的平面称为水平面；平行于 W 面，与 H、V 面垂直的平面称为侧平面。

（2）投影特性　根据投影面平行面的空间位置，可以得出其投影特性。各种投影面平行面的直观图、投影图及投影特性见表 3-4。

表 3-4　投影面平行面的投影特性

名称	直观图	投影图	投影特性
正平面	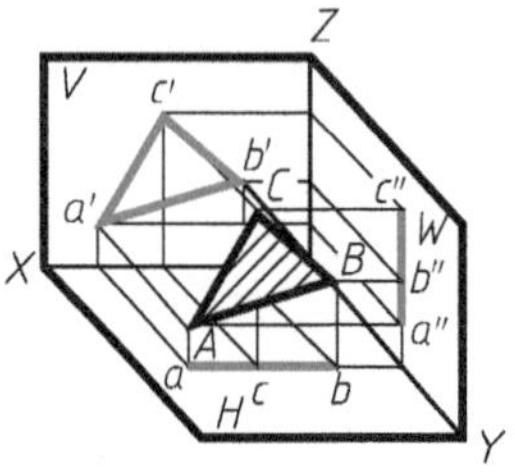	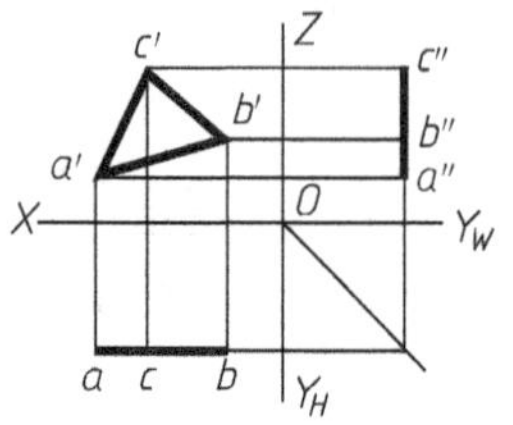	1）V 投影反映实形 2）H 投影、W 投影积聚成直线，分别平行于投影轴 OX、OZ
水平面	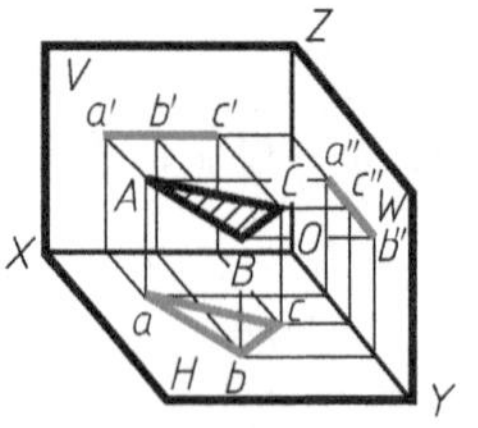	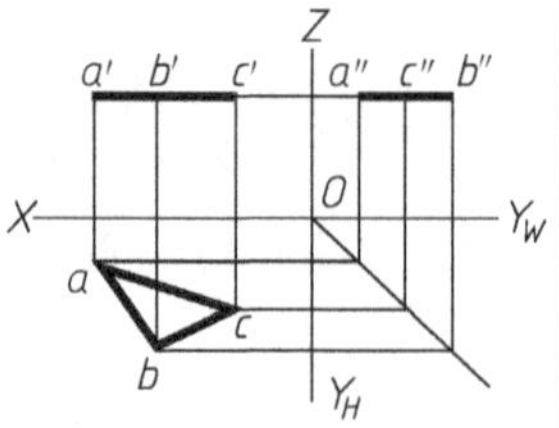	1）H 投影反映实形 2）V 投影、W 投影积聚成直线，分别平行于投影轴 OX、OY_W
侧平面	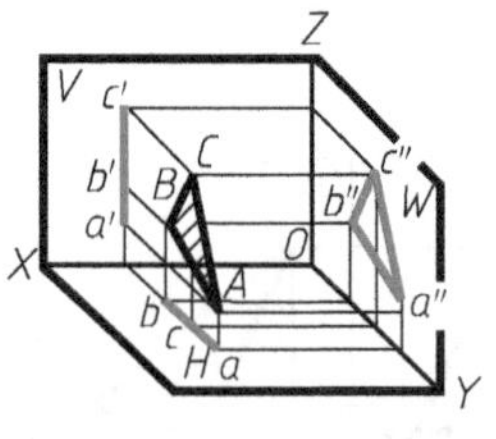	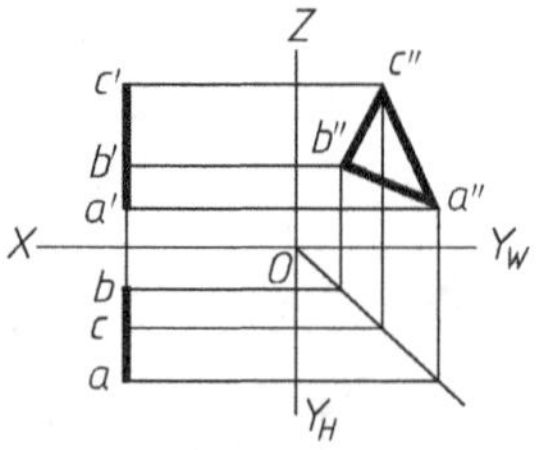	1）W 投影反映实形 2）V 投影、H 面投影积聚成直线，分别平行于投影轴 OZ、OY_H

从表 3-4 可概括出投影面平行面的投影特性：

1）投影面平行面在它所平行的投影面上的投影反映实形。

2）在其他两个投影面上的投影，分别积聚成直线段，并且分别平行于该平面所平行的那个投影面的两条投影轴。

3. 投影面垂直面

（1）空间位置　把垂直于某一个投影面，与其他两个投影面都倾斜的平面，称为投影面垂直面。投影面垂直面分为三种：垂直于 V 面，与 H、W 面倾斜的平面称为正垂面；垂直于 H 面，与 V、W 面倾斜的平面称为铅垂面；垂直于 W 面，与 H、V 面倾斜的平面称为侧垂面。

（2）投影特性　各种投影面垂直面的直观图、投影图及投影特性见表 3-5。

表 3-5　投影面垂直面的投影特性

名称	直观图	投影图	投影特性
正垂面	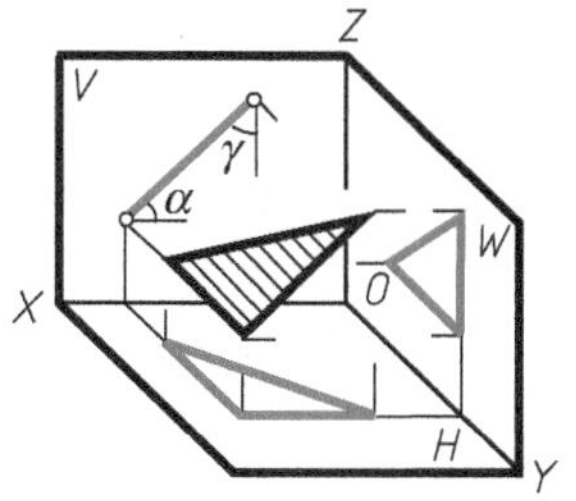	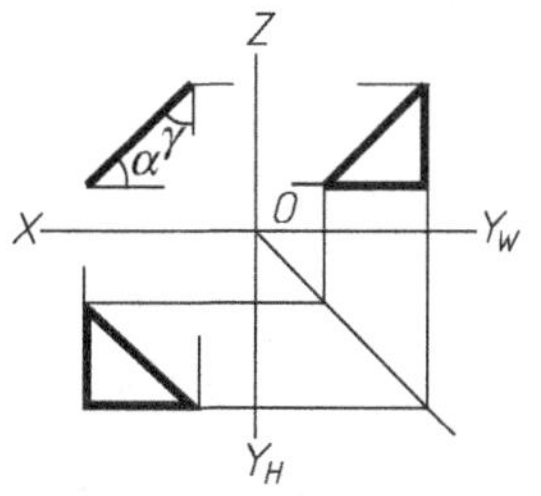	1）V 投影积聚成一直线，并反映与 H、W 面的倾角 α、γ 2）其他两投影为面积缩小的类似形
铅垂面	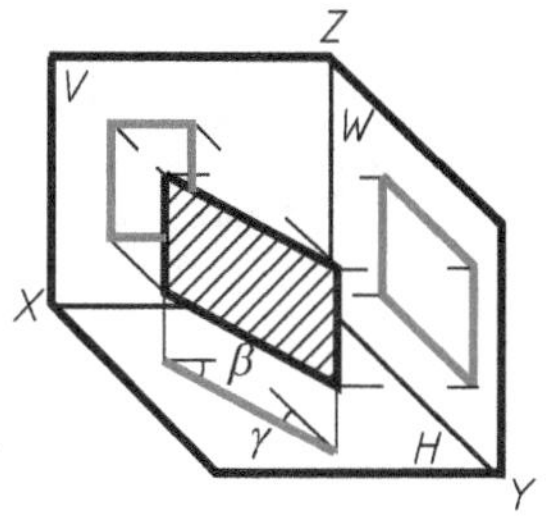	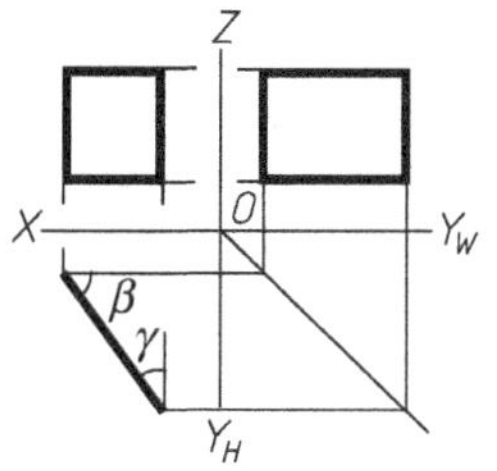	1）H 投影积聚成一直线，并反映与 V、W 面的倾角 β、γ 2）其他两投影为面积缩小的类似形
侧垂面	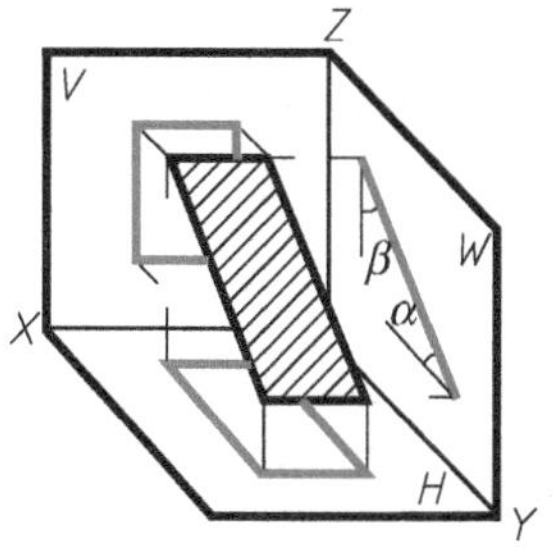	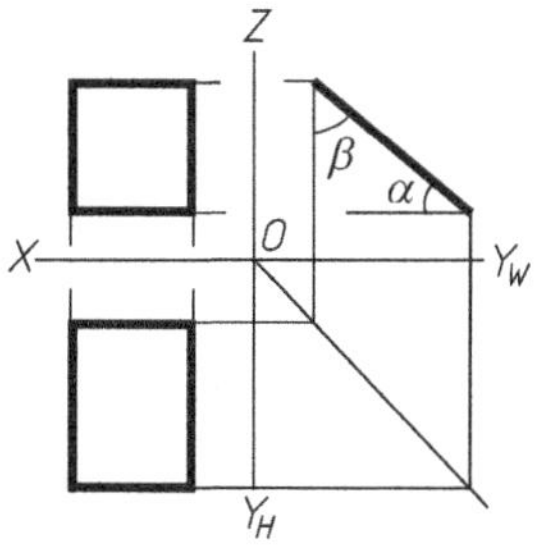	1）W 投影积聚成一直线，并反映与 H、V 面倾角 α、β 2）其他两投影为面积缩小的类似形

从表 3-5 可概括出投影面垂直面的投影特性：

1）投影面垂直面在它所垂直的投影面上的投影积聚成直线，它与投影轴的夹角，分别反映该平面对其他两投影面的夹角。

2）在其他两投影面上的投影为面积缩小的类似形。

3.3.3　平面内的点和直线

1. 平面内点的投影

点在平面内的几何条件：点在平面内的一条直线上，则点在平面内。

过平面内的一个点可以在平面内作无数条直线，要在平面内取点必须先在平面内取线，然后再在此线上取点，即点在线上，线在面内，那么点一定在面内。

【例3-8】 如图3-28a所示，已知平面△ABC的两面投影，及△ABC内K点的水平投影k，作其正面投影k′点。

分析：

过平面内一个点可以在平面内作无数条直线，任取一条过该点且属于该平面的已知直线，则点的投影一定落在该直线的同面投影上。

作图步骤：

1）连接ak并延长，与bc交于d点，过d点作OX轴的垂线，长对正上去，与V投影中的b′c′交于d′点，连接a′d′，如图3-28b所示。

2）由k点作OX轴的垂线，与a′d′相交于一点，此点即为k′点，如图3-28c所示。

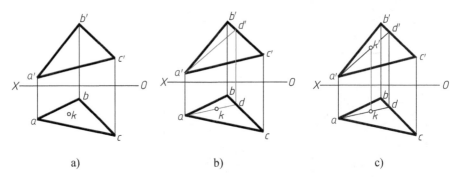

a)　　　　　　　　　b)　　　　　　　　　c)

图3-28　作平面内点的投影

a）已知条件　b）作辅助线　c）作出点的投影

【例3-9】 已知四边形平面ABCD的H投影abcd和ABC的V投影a′b′c′，如图3-29a所示，试完成平面的V投影。

分析：

已知四边形平面ABCD的H投影abcd和ABC的V投影a′b′c′，要完成平面的V投影，关键是求出四边形顶点D的V投影d′点。在求d′点时，要保证A、B、C、D四点在一个平面内，因此问题就可以转化为在平面ABC内，求一点D的V投影。那么怎样保证D点在ABC内呢？同样也要通过作辅助线来解决。

作图步骤：

1）连接ac和a′c′，得辅助线AC的两投影。

2）连接bd交ac于e点。

3）由e点作OX轴的垂线，与a′c′相交于一点，此点即为e′点。

4）连接b′e′，从d点作OX的垂线，与b′e′延长线相交，交点即为d′点。

5）分别连接a′d′及c′d′，连成粗实线，即得到四边形的V投影，如图3-29b所示。

2. 平面内的直线

直线在平面内的几何条件：直线通过平面内的两点，或通过平面内一点且平行于平面上的一条线。

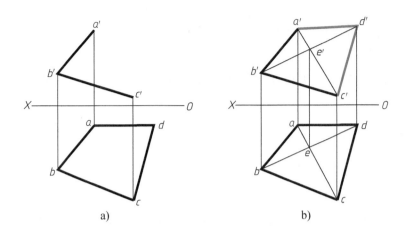

图 3-29　补全平面的投影

a）已知条件　b）作图结果

【例 3-10】　如图 3-30a 所示，在平面 ABC 内作一条水平线，使其到 H 面的距离为 10mm。

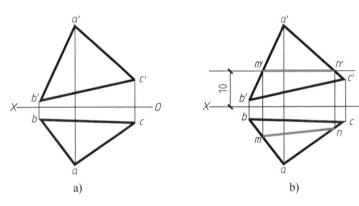

图 3-30　在平面内作水平线

a）已知条件　b）作图结果

【例 3-10】讲解

分析：

水平线的 V 投影平行于 OX 轴，其到 OX 轴的距离反映直线到 H 面的距离。同时还需要保证这条直线在平面内。

作图步骤：

1）在 OX 轴上方 10mm 处作 m'n'平行于 OX 轴。其中 m'点位于 a'b'上，n'点位于 a'c'上。

2）根据投影规律，在 H 投影中 ab 上找到 m 点，ac 上找到 n 点，连接 mn。

这样就作出了符合题目要求的一条直线 MN 的 V 投影和 H 投影，如图 3-30b 所示。

3.4 直线与平面、平面与平面的相对位置

直线与平面、平面与平面的相对位置，有平行、相交两种情况，垂直是相交的特殊情况。

3.4.1 直线与平面平行

直线与平面平行的几何条件：如果平面外一条直线平行于平面内的某一直线，则该直线平行于平面。反之，如果直线平行于平面，则平面内必包含与该直线平行的直线。

【例 3-11】 如图 3-31a 所示，已知直线 AB、$\triangle CDE$ 和 P 点的两面投影，请：

1）检验直线 AB 是否与 $\triangle CDE$ 互相平行？

2）过 P 点作一水平线平行于 $\triangle CDE$。

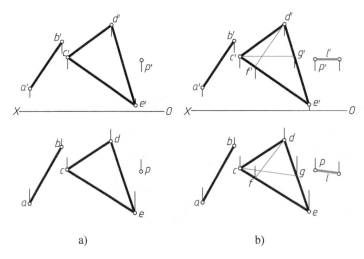

图 3-31 直线和平面平行的检验和作图
a）已知条件 b）检验与作图结果

1）分析：检验直线 AB 是否与 $\triangle CDE$ 平行，只需要在 $\triangle CDE$ 平面上，检验能否作出一条平行于 AB 的直线即可。

检验过程如图 3-31b 所示：

① 过 d' 点作 $d'f' \parallel a'b'$，与 $c'e'$ 相交得 f' 点。过 f' 点作 OX 轴的垂线，与 ce 相交得 f 点，连接 df。

② 检验 df 是否与 ab 平行：由于图中的检验结果是不平行的，说明在 $\triangle CDE$ 平面上不可能作出平行于 AB 的直线，故 AB 不平行于 $\triangle CDE$。

2）分析：过 P 点作一水平线与 $\triangle CDE$ 相平行，只需在 $\triangle CDE$ 平面内作出一任意水平线，过 P 点作出该水平线的平行线即可。

作图过程如图 3-31b 所示：

① 过 c' 点作 $c'g' \parallel OX$ 轴，与 $d'e'$ 相交得 g' 点。过 g' 点作 OX 轴的垂线，与 de 相交得 g 点，连接 cg。

② 过 p' 点作 $l' \parallel c'g'$，过 p 点作 $l \parallel cg$，l 和 l' 即为水平线的两面投影。

3.4.2 直线与平面相交

直线与平面只有一个公共点，则称直线与平面相交，该公共点即为交点。直线与平面的相交问题，主要是求交点和判别可见性的问题。

1. 直线与平面中至少有一个垂直于投影面时相交

直线与平面相交，只要其中有一个元素垂直于投影面，就可直接用投影的积聚性求作交点。在直线与平面都没有积聚性的同面投影处，可由交叉线重影点确定或由投影图直接看出直线投影的可见性，而交点的投影就是可见和不可见的分界点。

【例 3-12】 求作正垂线 AB 与一般位置平面 $CDEF$ 的交点 K，并指明投影的可见性，如图 3-32a 所示。

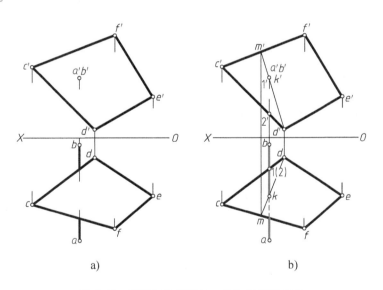

图 3-32 投影面垂直线与一般位置平面相交
a）已知条件 b）作图结果

分析：

因正垂线 AB 在 V 面上的投影有积聚性，AB 上各点的 V 投影都积聚在 AB 的积聚投影 $a'b'$ 上，故 AB 与 $CDEF$ 的交点 K 的 V 投影 k' 必定积聚在 $a'b'$ 上。又因为 K 点也位于平面内，K 点必在平面内过 K 点的任一直线 DM 上，所以可利用辅助线法求出 K 点的 H 投影 k 点。

作图步骤：

1）在 $a'b'$ 处标出 K 点的 V 投影 k' 点，连接 d' 和 k'，延长 $d'k'$，与 $c'f'$ 相交得 m' 点。

2）过 m' 点作 OX 轴的垂线，与 cf 相交得 m 点，连接 dm，dm 与 ab 相交得 k 点，即为交点 K 的 H 投影。

3）在 ab 与 cd 的交点处，标注出 AB 与 CD 对 H 面的重影点 Ⅰ 与 Ⅱ 的 H 投影 1（2）点，由 1（2）点作 OX 轴的垂线，与 $c'd'$ 交得 2'点，1'点与 $a'b'$ 重合，经观察，Ⅰ 点位于 Ⅱ 点的上方，于是 ab 上的 1 点可见，cd 上的 2 点不可见，从而 $1k$ 画成粗实线，以 k 为分界点，ab 的另一段必为不可见，画成虚线，如图 3-32b 所示。

为了表明投影的可见性，一般在投影图中，可见线段的投影画成粗实线，不可见线段的投影画成中虚线（或细虚线），作图过程中产生的辅助线，都画成细实线。

【例 3-13】 如图 3-33a 所示，求作一般位置直线 MN 与正垂面 △ABC 的交点 K，并指明投影的可见性。

分析：

因正垂面 △ABC 在 V 面上的投影有积聚性，△ABC 上各点的 V 投影都积聚在 △ABC 的积聚投影 $b'a'c'$ 上，故 MN 与 △ABC 的交点 K 的 V 投影 k' 点必定积聚在 $b'a'c'$ 上。又因为 K 点也位于直线 MN 上，所以 $m'n'$ 与 $b'a'c'$ 的交点即为 k' 点，再由 k' 点作 OX 轴的垂线，与 mn 相交得 k 点。

作图步骤：

1）在 $m'n'$ 与 $b'a'c'$ 的相交处，标注出交点 K 的 V 投影 k' 点，由 k' 点作 OX 轴的垂线，与 mn 相交得 K 点的 H 投影 k 点。

2）在 V 投影中可直接看出直线 MN：交点 K 左侧的一段，位于 △ABC 之下，故 mk 上与平面重合的那一段为不可见，画成虚线，另一段则可见，画成粗实线，如图 3-33 所示。

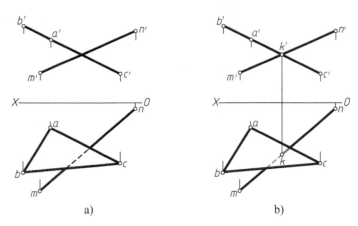

【例 3-13】讲解

图 3-33 投影面垂直面与直线一般位置相交

a）已知条件 b）作图结果

2. 直线与平面都不垂直于投影面时相交

当直线与平面都不垂直于投影面时，可以通过作辅助直线的方法来求。如图 3-34 所示，一般位置直线 MN 和一般位置平面 △ABC 相交，为求交点可先在平面 ABC 内求一条直线 ⅠⅡ，

使该直线的 H 投影与 MN 的 H 投影重合，然后求出直线 II 的 V 投影 $1'2'$，$1'2'$ 与 $m'n'$ 的交点即为 k'。

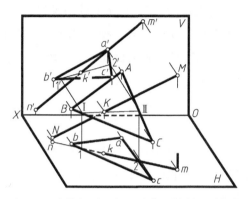

图 3-34　直线与平面都不垂直于投影面时相交

【例 3-14】　如图 3-35a 所示，求作直线 MN 和平面 $\triangle ABC$ 的交点 K，并判别投影的可见性。

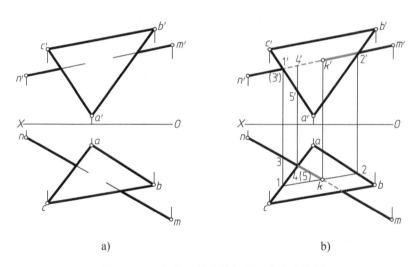

a)　　　　　　　　　　b)

图 3-35　一般位置的直线与平面的交点作图

a）已知条件　b）作图结果

分析：

由已知条件可见，直线 MN 为一般位置直线，平面 ABC 为一般位置平面，因此交点可以采用辅助直线法来求。

作图步骤：

1）在 V 面投影图中标出 $\triangle ABC$ 的两边 AC、AB 与直线 MN 的重影点 $1'$、$2'$。

2）由 $1'$ 点、$2'$ 点作 OX 轴的垂线分别与 ac 和 ab 相交得 1 点、2 点，连接 12，与 mn 相交得 k 点。

3）由 k 点作 OX 轴的垂线，与 $m'n'$ 相交得 k' 点。

4）判别可见性。直线 MN 穿过 △ABC 之后，必有一段被平面遮挡而看不见。可用以下方法进行判别：过 $m'n'$ 和 $a'c'$ 的交点 1′（3′）作 OX 轴的垂线，与 ac 相交得 1 点，与 mn 相交得 3 点，由 H 投影可见，1 点位于 3 点之前，故可判断，在 V 面投影图中，直线 MN 上的一段 $3'k'$ 位于平面 △ABC 后面而不可见，画成虚线，另一段 $2'k'$ 必为可见，画成粗实线。同理可判别：在 H 投影图中 $4k$ 段可见。

3.4.3 直线与平面垂直

直线与平面垂直的几何条件是：直线只要垂直于该平面内的任意两条相交直线，不管该直线是否通过两条相交直线的交点，直线与平面必相互垂直。

1. 一般位置的直线与平面垂直

由直角投影定理，两直线垂直，当其中一条直线为投影面的平行线时，则两直线在该投影面上的投影仍相互垂直。因此在投影图上作平面的垂线时，可首先作出平面上的一条正平线和一条水平线作为平面上的两相交直线，再作垂线。此时所作垂线与正平线所夹的直角，其 V 投影仍是直角，垂线与水平线所夹的直角，其 H 投影也是直角。

【例 3-15】 如图 3-36a 所示，已知空间一点 M 和平面 $ABCD$ 的两面投影，求作过 M 点与平面 $ABCD$ 相垂直的垂线 MN 的投影（MN 可为任意长度）。

作图步骤（见图 3-36b）：

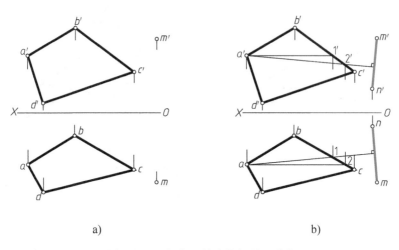

a)   b)

图 3-36 一般位置的直线与平面垂直

a）已知条件 b）作图结果

1）过 a' 点作 $a'1'$ ∥ OX 轴，与 $b'c'$ 相交得 1′ 点。过 1′ 点作 OX 轴的垂线，与 bc 相交得 1 点，连接 $a1$ 并延长 $a1$，过 m 点作 $a1$ 的垂线。

2）过 a 点作 $a2$ ∥ OX 轴，相交 bc 得 2 点，过 2 点作 OX 轴垂线，交 $b'c'$ 得 2′ 点，连接 $a'2'$ 并延长 $a'2'$，过 m' 点作 $a'2'$ 的垂线 $m'n'$。

3）过 n' 点作 OX 轴的垂线，得 n 点，将 $m'n'$ 和 mn 画成粗实线。$m'n'$、mn 即为垂线 MN 的投影。

本例题只要求作出一任意长度的垂线 MN，故在取 N 点的投影时，可在两面投影中的垂线上任意定出 N 点，注意 N 点的两面投影要符合投影规律。

2. 特殊位置的直线与平面垂直

与投影面垂直线相垂直的平面，一定是该投影面的平行面；与投影面平行面相垂直的直线，一定是该投影面的垂直线。

3.4.4 平面与平面平行

两平面相互平行的几何条件：如果一平面上的一对相交直线，分别与另一平面上的一对相交直线互相平行，则两平面互相平行。利用该几何条件可以进行平面与平面平行的检验和作图。

【例 3-16】 如图 3-37a 所示，已知两平面 $\triangle ABC$ 和 $\triangle DEF$ 的两面投影，请检验两平面 $\triangle ABC$ 和 $\triangle DEF$ 是否互相平行？

分析：

检验两平面平行，只要在一平面上作出两相交直线，看能否在另一平面上找出两相交直线分别与这两条直线平行即可。

作图步骤（见图 3-37b）：

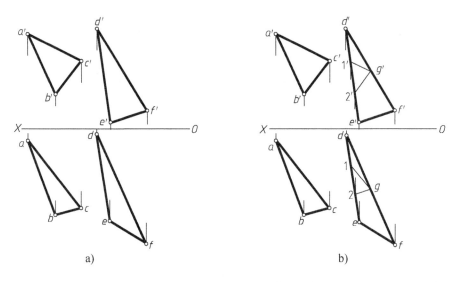

图 3-37 平面与平面平行的检验和作图
a）已知条件 b）作图结果

1）在 $\triangle DEF$ 的 DF 边上找一点 G，标出其两面投影 g 点、g' 点。

2）过 g' 点作 $g'1' \mathbin{/\!/} a'c'$，与 $d'e'$ 相交得 $1'$ 点。

3）过 g' 点作 $g'2'$ ∥ $b'c'$，与 $d'e'$ 相交得 $2'$ 点。

4）过 $1'$ 点、$2'$ 点分别作 OX 轴的垂线，与 de 相交得 1 点、2 点，连接 $g1$ 和 $g2$。

5）检验 $g2$ 是否平行于 bc，$g1$ 是否平行于 ac。本例题经检验 $g2$ ∥ bc，$g1$ ∥ ac，即 $G\,\mathrm{II}$ ∥ BC，$G\,\mathrm{I}$ ∥ AC，故 $\triangle ABC$ ∥ $\triangle DEF$。

若检验结果为 $g2$ 不平行于 bc 或 $g1$ 不平行于 ac，即可判断 $\triangle ABC$ 与 $\triangle DEF$ 一定不平行。

在特殊情况下，当两平面都是同一投影面的垂直面时，则两平面的平行关系，可直接在两平行平面有积聚性的投影中反映出来，即二者的有积聚性的同面投影互相平行。

3.4.5　平面与平面相交

两平面相交于一条直线，称为交线。平面与平面相交的问题，主要是求交线和判别可见性的问题。两平面的交线是两平面所共有的直线，一般通过作出交线的两端点从而连接得交线。交线作出后，在判别投影可见性时必须注意：可见性是相对的，有遮挡，就有被遮挡；可见性只存在于两平面图形投影重叠部分，对两平面图形投影不重叠部分都认为是可见的。

1. 两特殊位置平面相交

垂直于同一个投影面的两个平面的交线，必为该投影面的垂直线，两平面的积聚投影的交点就是该垂直线的积聚投影。如图 3-38 所示，平面 P 与平面 Q 都垂直于投影面 H，则两平面 P 和 Q 的交线 MN 必垂直于投影面 H，而且平面 P 和 Q 的 H 投影 P_H 和 Q_H 的交点必为 MN 的积聚投影 mn。

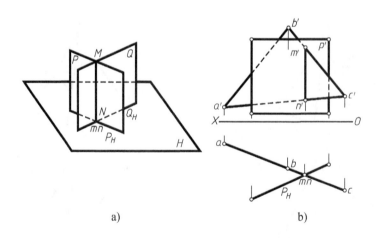

a) 空间位置　b) 两投影面垂直面相交作图

图 3-38　两投影面垂直面相交

【例 3-17】　如图 3-38b 所示，求作两投影面垂直面 P 和 $\triangle ABC$ 的交线 MN，并指明其可见性。

作图步骤：

1）在 abc 与 P_H 的交点处标出 mn，即为交线 MN 的 H 投影。

2）过 mn 作 OX 轴的垂线，得交点 m'、n'，连接 $m'n'$，即为所求交线 MN 的 V 投影。

3）判别可见性。在 mn 的左方，P_H 位于 $abmn$ 之前，故在 V 投影中平面 p' 在 $m'n'$ 左侧为可见，右侧与 $\triangle ABC$ 重叠的部分必为不可见，作图结果如图 3-38b 所示。

2. 两个平面中有一个平面处于特殊位置时相交

两平面相交，只要其中有一个平面对投影面处于特殊位置，就可直接用投影的积聚性求作交线。在两平面都没有积聚性的同面投影重合处，可由投影图直接看出投影的可见性，而交线的投影就是可见和不可见的分界线。

【例 3-18】　如图 3-39a 所示，求作一般位置平面 $\triangle ABC$ 与正垂面 $\triangle DEF$ 的交线 MN，并指明其可见性。

作图步骤（见图 3-39b）：

1）在 $b'c'$、$a'c'$ 与有积聚性的同面投影 $d'e'f'$ 的交点处，分别标出 m' 点、n' 点，由 m' 点、n' 点分别作 OX 轴的垂线，与 bc 相交得 m 点，与 ac 相交得 n 点。

2）连接 mn，即为所求交线 MN 的 H 投影；MN 的 V 投影，积聚在 $d'e'f'$ 上。

3）判别可见性。从 V 投影中可直接看出，四边形 $a'b'm'n'$ 位于 $\triangle d'e'f'$ 的上方，故应可见，$\triangle c'm'n'$ 位于 $\triangle d'e'f'$ 的下方，故在 H 投影中与 $\triangle def$ 的重合部分不可见。

4）在已知投影图上画出适当的线型（被遮挡的虚线也可不画，表示不可见）。

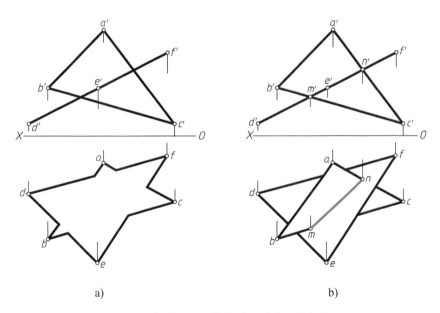

a)　　　　　　　　　　　　　b)

图 3-39　一般位置平面与投影面垂直面相交（一）

a）已知条件　b）作图结果

【例 3-19】　如图 3-40a 所示，求作一般位置平面 $\triangle ABC$ 与正垂面 $\triangle DEF$ 的交线 MN，并表明其可见性。

两平面的交线是两平面的公有线，因正垂面的 V 投影具有积聚性，故交线 MN 的 V 投影必积聚在正垂面的 V 投影上。由图 3-40a 可知，一般位置平面△ABC 的 AB 边与△DEF 必产生一个交点，即为交线 MN 的一个端点 M，再求另一端点 N 的投影。

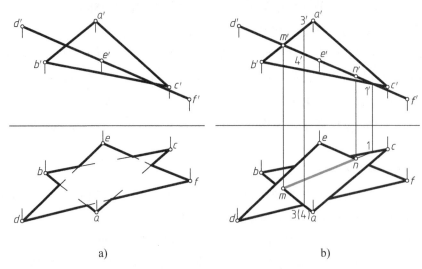

图 3-40　一般位置平面与投影面垂直面相交（二）
a）已知条件　b）作图过程和结果

由图 3-40 知，△ABC 的 BC 边与△DEF 并没有产生实际的交点，但平面是可以延伸的，我们可以作出 BC 边与延伸的△DEF 之间的交点。作出这个点的 V 投影 1′点，按照投影规律在 bc 上找到 1 点，连接 m1，作出 m1 和 ef 的交点 n，再根据投影规律，找出 n′点。也就是说交线 MN 的投影只画两个平面的公共部分。最后按照可见性的判别方法进行可见性分析，作图过程和结果如图 3-40b 所示。

实际上两平面相交时，每一平面上的每一边对另一平面都会有交点，因此从理论上，作图时可选择任一边对另一平面求交点，求得两个交点然后取其在两面投影重叠部分内的一段即可得 MN。

3. 两个一般位置平面相交

求两个一般位置平面的交线，实质上是分别求某一平面内的两条边线与另一平面的两个交点，连接这两个交点即是两平面的交线。由于两平面的投影都没有积聚性，在解题前，可先观察出投影图上没有重叠的平面图形边线，它们不可能与另一平面有实际的交点，故不必求作这种边线对另一平面的交点。如图 3-41a 中边线 AC、DG、EF。这种方法称为线面交点观察法。

【例 3-20】　如图 3-41a 所示，求作平面△ABC 与四边形 DEFG 的交线 MN 的两面投影，并表明其可见性。

作图步骤（见图 3-41b）：

1）经反复观察和试求，确定四边形 DEFG 的两边 ED、FG 与△ABC 平面的交点即为所求交线 MN 的两端点。

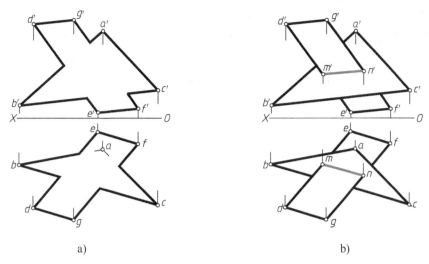

图 3-41　两个一般位置平面相交的求解

a）已知条件　b）作图结果

2）利用辅助直线法分别作出边线 ED 与 $\triangle ABC$ 交点的投影 m、m'，边线 FG 与 $\triangle ABC$ 交点的投影 n、n'。

3）连接 mn 和 $m'n'$，即为所求。

4）判别可见性。可利用前述的判别方法判别出两平面重影部分的可见性。

3.4.6　平面与平面垂直

两平面垂直的几何条件：如果一个平面包含另一个平面的一条垂线，则两个平面就相互垂直。

【例 3-21】　如图 3-42a 所示，已知平面 $\triangle ABC$ 和 P 点的两面投影，求作过 P 点且与 $\triangle ABC$ 相垂直的平面的两面投影。

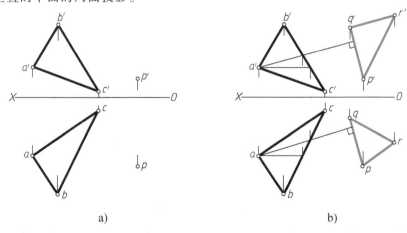

图 3-42　过 P 点作 $\triangle ABC$ 的垂直面

a）已知条件　b）作图结果

作图步骤（见图 3-42b）：

1）过 P 点作出一条垂直于 $\triangle ABC$ 的线 PQ，标注出 p' 点、p 点、q' 点、q 点。

2）任选点 r'、点 r，连接 $p'r'$、$q'r'$ 和 pr、qr，因 $PQ \perp \triangle ABC$，又由作图知，PQ 位于平面 $\triangle PQR$ 上，故 $\triangle p'q'r'$、$\triangle pqr$ 即为所求平面的投影。

■ 3.5 换面法

当直线或者平面相对于投影面处于特殊的位置——平行或者垂直时，它们的投影反映实长、实形或有积聚性，求它们的定位或者度量问题比较简单。而一般位置直线或者平面，求解有关定位或度量问题的作图则比较复杂。如果我们能把直线和平面从一般位置变换成特殊位置，那么问题的解决就会变得快速且准确。

如果让空间几何元素保持不动，设立新的投影面代替旧的投影面，使空间几何元素对新的投影面的相对位置处于有利于解题的特殊位置，进行投影变换，这种方法称为换面法。

3.5.1 换面法的基本原则

换面法中，新投影面的建立必须符合以下两个条件：

1）新投影面必须垂直于一个不变投影面（基于正投影原理的需要）。

2）新投影面必须和空间几何元素处于有利于解题的位置。

如图 3-43 所示一铅垂面 $\triangle ABC$，在 V 面和 H 面的投影体系（以后简称 V/H 体系）中的两个投影都不反映实形。为使新的投影反映实形，取一个平行于 $\triangle ABC$ 且垂直于 H 面的面 V_1，来代替 V 面，则新的 V_1 面和不变的 H 面构成一个新的投影面体系 V_1/H。

$\triangle ABC$ 在新的 V_1 面上的投影 $\triangle a_1'b_1'c_1'$ 就反映实形。

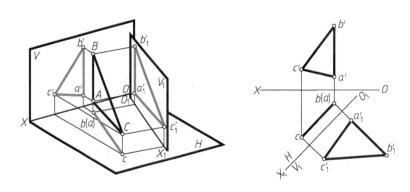

图 3-43 新投影面体系的建立

V_1 面即新投影面，H 面称为不变投影面，V 面称为旧投影面；O_1X_1 轴称为新投影轴，OX 轴称为旧投影轴；相应地把 V_1 面上的投影 $\triangle a_1'b_1'c_1'$ 称为新投影，H 面上的投影 $\triangle abc$ 称为不变投影，V 面上的投影 $\triangle a'b'c'$ 称为旧投影。

3.5.2 点的投影换面

1. 点的一次换面

点是最基本的几何元素，因此，在变换投影面时，首先要了解点的投影变换规律。

（1）变换 V 面 如图3-44所示，A 点在 V/H 体系中的正面投影为 a' 点，水平投影为 a 点。现在保留 H 面不变，取一铅垂面 V_1（$V_1 \perp H$），使之形成新的两投影面体系 V_1/H。O_1X_1 轴为新投影轴，过 A 点向 V_1 面作垂线，垂线与 V_1 面的交点 a_1' 即为 A 点在 V_1 面上的新投影。

因为新旧两投影体系具有同一个水平面 H，因此 A 点到 H 面的距离（即 z 坐标）在新旧体系中都是相同的，即 $a'a_x = Aa = a_1'a_{x1}$。当 V_1 面绕 O_1X_1 轴旋转到与 H 面重合时，根据点的投影规律可知，A 点的两投影 a 点和 a_1' 点的连线 aa_1' 应垂直于 O_1X_1 轴。

根据以上分析，可以得出点的投影变换规律如下：

1）点的新投影和不变投影的连线垂直于新投影轴。

2）点的新投影到新投影轴的距离等于被替换的旧投影到旧投影轴的距离。

将 V/H 体系中的旧投影（a' 点）变换成 V_1/H 体系的新投影（a_1' 点）的作图过程，如图3-44b所示。首先按要求作出新投影轴 O_1X_1，新投影轴确定了新投影面在投影体系中的位置。然后过 a 点作 $aa_1' \perp O_1X_1$，在垂直线上截取 $a_1'a_{x1} = a'a_x$，则 a_1' 点即为 A 点的新投影。

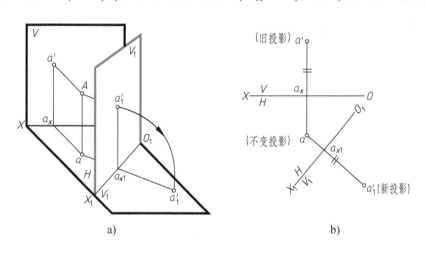

图3-44 点的一次换面（变换 V 面）
a）空间示意 b）投影图

（2）变换 H 面 变换水平面 H 的作图过程，如图3-45所示。取正垂面 H_1 来代替 H 面，H_1 面和 V 面构成新投影体系 V/H_1，新旧两体系具有同一个 V 面，因此 $a_1a_{x1} = Aa' = aa_x$。图3-45b表示在投影图上，由点 a、a' 求作 a_1 点的过程，首先作出新投影轴 O_1X_1，然后过 a' 点作 $a'a_{x1} \perp O_1X_1$，在垂线上截取 $a_1a_{x1} = aa_x$，则 a_1 点即为所求的新投影。

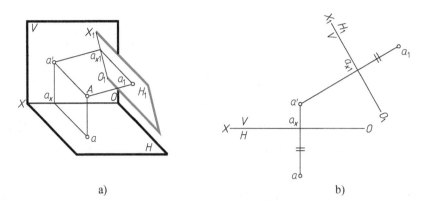

a)   b)

图 3-45　点的一次变换（变换 H 面）

a）空间示意　b）投影图

2. 点的二次换面

二次换面是在一次换面的基础上再做一次换面。其原理及作图方法如图 3-46 所示。

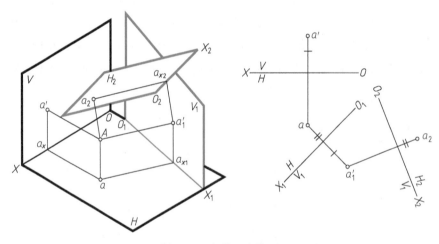

图 3-46　点的二次换面

必须指出：在变换多次投影面时，新投影面的选择除必须符合前述的两个条件外，还必须是在一个投影面更换完以后，在新的两面体系中交替地再变换另一个面。即：$V/H \rightarrow V_1/H \rightarrow V_1/H_2 \rightarrow V_3/H_2 \rightarrow \cdots$，或者是 $V/H \rightarrow V/H_1 \rightarrow V_2/H_1 \rightarrow V_2/H_3 \rightarrow \cdots$。

3.5.3　直线的投影变换

1. 一般位置直线变换成投影面平行线

通过一次换面可将一般位置直线变换成投影面平行线，从而解决求一般位置直线的实长及对某一投影面的倾角问题。

如图 3-47a 所示，直线 AB 为一般位置直线，为使直线 AB 在 V_1/H 体系中成为 V_1 面的平行线，可设立一个与 AB 平行且垂直于 H 面的 V_1 面，替换 V 面，新投影轴 O_1X_1 平行于原有的 H 投影 ab，作图过程如图 3-47b 所示：

1）在适当位置作新投影轴 $O_1X_1 /\!/ ab$，并标注 V_1/H。

2）按照点的投影变换规律，分别求出线段 AB 两端点的新投影 a_1' 和 b_1'。

3）连接 $a_1'b_1'$，即为直线 AB 在 V_1 面上的投影。

根据投影面平行线的投影特性可知，AB 的新投影 $a_1'b_1'$ 反映线段 AB 的实长，$a_1'b_1'$ 与 O_1X_1 轴的夹角反映 AB 对 H 面的倾角 α。

当然也可以不变换 V 面，变换 H 面，同样可以把 AB 变成新投影面的平行线，并得到 AB 的实长及其对 V 面的倾角 β。

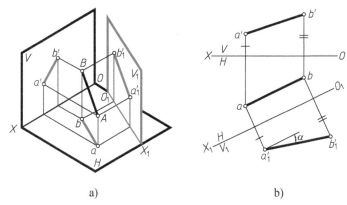

a)　　　　　　　　　　　　　　b)

图 3-47　将一般位置直线变换成投影面平行线

a）空间示意　b）投影图

2. 投影面平行线变换成投影面垂直线

通过一次换面可将投影面平行线变换成投影面垂直线，从而解决点到投影面平行线的距离和两条平行的投影面平行线的距离等问题。

将投影面平行线变换为投影面垂直线，只需作一个新的投影面使其垂直于已知直线，且垂直于一个原有的投影面即可。此时，投影面平行线在新投影体系中成为新投影面的垂直线，其新投影积聚为一点，因此投影轴 O_1X_1 应垂直于投影面平行线中反映实长的投影。

如图 3-48a 所示，在 V/H 体系中，有正平线 AB，因为与 AB 垂直的平面必然垂直于 V 面，故可用 H_1 面替换 H 面，使 AB 成为 V/H_1 体系中的 H_1 面垂直线。在 V/H_1 体系中，按照 H_1 面垂直线的投影特性，新投影轴 O_1X_1 应垂直于 $a'b'$。作图过程如图 3-48b 所示：

1）在适当位置作新投影轴 $O_1X_1 \perp a'b'$，并标注 V/H_1 体系。

2）按照点的投影变换规律，求作 A、B 两点的积聚投影 a_1、b_1 点，AB 即为 V/H_1 体系中 H_1 面的垂直线。

同理，通过一次换面，也可将水平线变换成 V_1 面垂直线。

3. 投影面平行线一般位置直线变换成投影面垂直线

将投影面平行线一般位置直线变为投影面的垂直线，需要经过两次换面才能完成。第一次先将一般位置直线变换成投影面平行线，第二次再变换成投影面的垂直线，从而解决点到一般位置直线的距离及两平行的一般位置直线间的距离等实际问题。

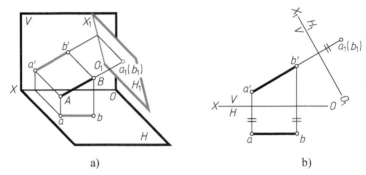

图 3-48　将投影面平行线变换成投影面垂直线

a）空间示意　b）投影图

3.5.4　平面的投影变换

1. 一般位置平面变换成投影面垂直面

通过一次换面可将一般位置平面变换成投影面垂直面，从而解决平面对投影面的倾角、点到平面的距离、两平行平面间的距离、直线与一般位置平面的交点和两平面交线等问题。

要将一般位置平面变换成投影面垂直面，只需将平面上的某一直线变成投影面的垂直线即可。但如果在平面上取一条一般位置直线，要变成投影面垂直线必须经过两次换面，而如果在平面上取一条投影面平行线，要变成投影面垂直线只需一次换面。因此，要把一般位置平面变成投影面的垂直面，可分两步进行，先在一般位置平面上取一条投影面平行线，然后再经一次换面将投影面平行线变成投影面垂直线。

如图 3-49a 所示，$\triangle ABC$ 在 V/H 体系中是一般位置平面，为了把它变成投影面垂直面，先在 $\triangle ABC$ 上作一水平线 AD，然后作新投影面 V_1 垂直于 AD，此时 $\triangle ABC$ 在 V_1/H 体系中就变成 V_1 面的垂直面了。

作图步骤如图 3-49b 所示：

1）在 $\triangle ABC$ 上取一条水平线 AD（投影 $a'd'$，ad）。

2）在适当位置作新投影轴 O_1X_1，垂直于 ad。

3）按点的投影变换规律，作出各点的新投影 a_1'、b_1'、c_1'，则 $a_1'b_1'c_1'$ 必然积聚成一条直线。并且 $a_1'b_1'c_1'$ 与 O_1X_1 轴的夹角即为 $\triangle ABC$ 与 H 面的夹角 α。

若要求作 $\triangle ABC$ 与 V 面的倾角 β，应在 $\triangle ABC$ 上取一条正平线，将这条正平线变成新投影面 H_1 的垂直线，$\triangle ABC$ 就变成新投影面 H_1 的垂直面了，积聚投影 $a_1b_1c_1$ 与 O_1X_1 轴的夹角即为 $\triangle ABC$ 与 V 面的倾角 β。

2. 投影面垂直面变换为投影面平行面

通过一次换面可将投影面垂直面变换为投影面平行面，从而解决求投影面垂直面的实形问题。

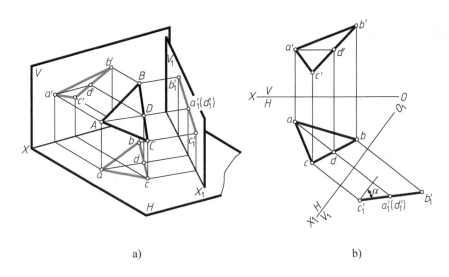

a)   b)

图 3-49　将一般位置平面变换成投影面垂直面

a）空间示意　b）投影图

　　要将投影面垂直面变换为投影面平行面，应设立一个与已知平面平行，且与 V/H 投影体系中某一投影面垂直的新投影面。根据投影面平行面的投影特点可知，新投影轴应平行于平面有积聚性的投影。

　　将投影面垂直面 $\triangle ABC$ 变换为投影面平行面的作图步骤如图 3-50 所示：

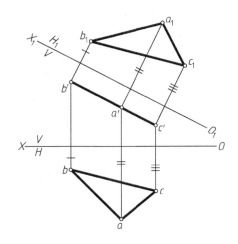

图 3-50　将投影面垂直面变换为投影面平行面

　　1）作 $O_1X_1 /\!/ a'b'c'$。

　　2）在新投影面上作出 A、B、C 三点的新投影 a_1、b_1、c_1，得 $\triangle a_1b_1c_1$。$\triangle a_1b_1c_1$ 即为 $\triangle ABC$ 的实形。

　　若求作处于铅垂位置的平面图形的实形，应使新投影面 V_1 平行于该平面，新投影轴平行于平面有积聚性的投影。此时，平面在 V_1 面上的投影反映实形。

3. 平面的二次换面

通过二次换面可将一般位置平面变换为投影面平行面，从而解决求一般位置平面的实形问题。

要将一般位置平面变换为投影面平行面，显然一次换面是不行的。因为若选新投影面平行于一般位置平面，则新投影面也必然是一般位置平面，它与原体系中的两投影面均不垂直，不能构成新的投影面体系。若想达到上述目的应先将一般位置平面变换成投影面垂直面，再将投影面垂直面变换成投影面平行面。

如图 3-51 所示，求作一般位置平面 $\triangle ABC$ 的实形，可先将 V/H 体系中的一般位置平面 $\triangle ABC$ 变成 H_1/V 体系的 H_1 面的垂直面，再将 H_1 垂直面变成 V_2/H_1 中的 V_2 面的平行面，$\triangle a_2'b_2'c_2'$ 即为 $\triangle ABC$ 的实形，作图步骤如下：

1）先在 V/H 体系中作 $\triangle ABC$ 上的正平线 AD 的两面投影 $a'd'$ 和 ad。

2）作 $O_1X_1 \perp a'd'$ 求作点 A、B、C 的 H_1 投影 a_1、b_1、c_1 点。

3）作 $O_2X_2 \ // \ a_1b_1c_1$，在 V_2 面上作出 $\triangle a_2'b_2'c_2'$，即为 $\triangle ABC$ 的实形。

当然也可在 $\triangle ABC$ 上取水平线，先将 $\triangle ABC$ 变成 V_1/H 体系中的 V_1 面的垂直面，再将其变成 V_1/H_2 体系中的 H_2 面的平行面，在 H_2 面上作出 $\triangle a_2b_2c_2$ 即为 $\triangle ABC$ 的实形。

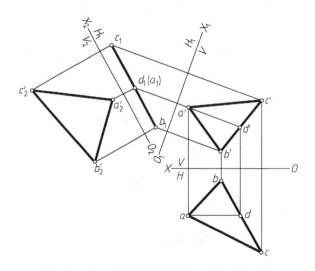

图 3-51　将一般位置平面变换为投影面平行面

第 4 章　基本体的投影

本章提要：

　　本章主要介绍典型的平面立体和曲面立体的三面投影特点及画法，以及在立体表面上取点和取线的方法。

　　立体是由其表面所围成的实体。表面都是平面的立体称为平面立体。表面是曲面或曲面与平面的立体称为曲面立体。

■ 4.1　平面立体的投影

　　平面立体是由若干个平面围成的多面体。立体表面上面面相交的交线称为棱线，棱线与棱线的交点称为顶点。平面立体的投影就是作出组成立体表面的各平面和棱线的投影。可见的棱线画成粗实线，不可见的棱线画成虚线。当粗实线与虚线重合时，画粗实线。

　　平面立体主要有棱柱、棱锥等。

4.1.1　棱柱

1. 棱柱的投影

　　棱柱由侧棱面以及上顶面、下底面共同围成，其侧棱线互相平行，上顶面和下底面互相平行且大小相等。例如，图 4-1 所示的正六棱柱的投影。

　　正六棱柱由两个端面和六个侧棱面所围成。两个端面为正六边形、六个侧棱面为矩形，六条棱线相互平行。当正六棱柱如图 4-1 所示位置放置时，它的上顶面和下底面为水平面，前棱面和后棱面为正平面，其余四个棱面为铅垂面。上顶面、下底面的水平投影反映实形，正面投影和侧面投影积聚为直线，但其正面投影和侧面投影这两条直线的长度是不一样的，正面投影反映正六边形的对角距离，侧面投影反映正六边形的对边距离；前后棱面的正面投影反映实形，水平和侧面投影积聚为直线；其余四个棱面的水平投影积聚为直线，正面和侧面投影为类似形。

其中棱线和顶点的投影，学生可自行分析。

从本章开始，在作图时就可以不再作出投影轴。作图时，只要各点的正面投影与水平投影在铅垂方向对应起来（长对正），正面投影与侧面投影在水平方向对应起来（高平齐），任意两点的水平投影和侧面投影的 y 坐标之差保证相等（宽相等），就可以了。

正六棱柱的作图过程：

1）先作出对称中心线，如图 4-1b 所示。

2）作出上顶面和下底面水平投影的正六边形，然后，再根据投影规律作出六边形的其余两个投影。

3）作出各棱线的三面投影：H 投影积聚为正六边形的六个顶点，其 V 投影和 W 投影均反映实长。

4）三面投影满足长对正、高平齐、宽相等三等定律，省略三根投影轴，如图 4-1b 所示。

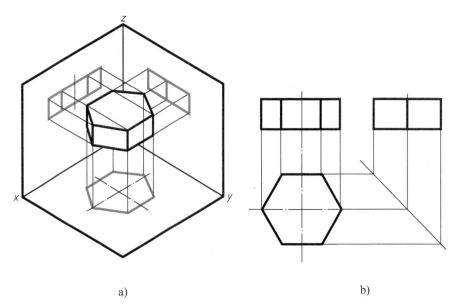

a)　　　　　　　　　　　　b)

图 4-1　正六棱柱的投影

a）空间示意　b）投影图

2. 棱柱表面取点、取线

由于组成棱柱的各表面都是平面，因此，在平面立体表面上取点、取线的问题，实质上就是在平面上取点、取线的问题，可利用前述在平面上取点、取线的方法求得。解题时应首先确定所给点、线在哪个表面上，再根据表面所处的空间位置利用投影的积聚性或辅助线作图。

对于立体表面上的点和线，还要考虑它们的可见性，判别立体表面上点和线可见与否的原则：如果点、线所在表面的投影可见，那么点、线的同面投影可见，否则不可见。

【例 4-1】 如图 4-2a 所示，已知正六棱柱表面上 M、N 点的 V 投影 m' 点、（n'）点及 K 点的 H 投影 k 点，求作 M、N、K 点的其余两投影。

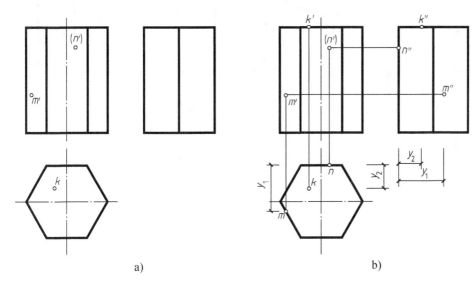

a)   b)

图 4-2 正六棱柱表面上取点

a）已知条件 b）作图结果

【例 4-1】讲解

分析：

正六棱柱的六个侧面 H 投影都有积聚性，根据 m' 点、（n'）点判断 M 点和 N 点分别位于正六棱柱的左前侧面和后侧面上，其 H 投影必在该两侧面的积聚投影上。根据 K 点的 H 投影 k 点可判断 K 点位于六棱柱的顶面上，而六棱柱的顶面为水平面，其 V 投影和 W 投影均积聚为直线段，因此 k' 点和 k'' 点也必然位于其顶面的积聚投影上。

作图步骤（见图 4-2b）：

1）分别过 m' 点、（n'）点向下引垂线，在 H 投影中交左前表面积聚投影于 m 点、交后表面的积聚投影于 n 点。

2）根据已知点的两面投影求第三投影的方法求得 m'' 点（高平齐、宽相等）；正六棱柱的后侧面为正平面，其 W 投影积聚为一条平行于 OZ 轴的直线段，根据（n'）点高平齐即可求出 n'' 点。

3）过 K 点的 H 投影 k 点向上引垂线（长对正）交正六棱柱 V 投影的顶面积聚投影于 k' 点。

4）根据 k 点、k' 点（即二补三）求得 k'' 点。

5）判别可见性：因 M 点在左前侧面，则 m'' 点可见；而 N 点的 H 投影、W 投影及 K 点的 V 投影、W 投影均在积聚投影上，所以均不用打括号。

【例 4-2】 如图 4-3a 所示，已知四棱柱的 H 投影和 V 投影，以及四棱柱表面上折线

$ABCD$ 的 V 投影 $a'b'c'd'$，求作四棱柱的 W 投影以及折线的其余两面投影。

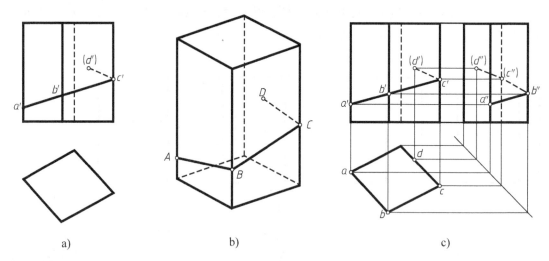

图 4-3　四棱柱表面上取线

a）已知条件　b）立体图　c）作图结果

分析：

四棱柱的四个侧面都是铅垂面，H 投影都有积聚性。上顶面和下底面是水平面，其 H 投影反映实形。A、B、C 三个点分别位于四棱柱的左棱线、前棱线和右棱线上，D 点位于四棱柱的右后侧面上，如图 4-3b 所示。求作这四个点的其余两面投影，连线，注意虚实即可。

作图步骤（见图 4-3c）：

1）先作出四棱柱的 W 投影：根据投影规律，高平齐，宽相等，分别作出四条铅垂的侧棱线的投影，补全上顶面、下底面的 W 投影，注意在 W 投影中，右侧棱线是不可见的，需要画成虚线。

2）根据 A、B、C 三个点分别位于四棱柱的左棱线、前棱线和右棱线上，而这几条棱线的 H 投影都具有集聚性，因此可以直接找到它们的 H 投影 a、b、c 三个点。D 点在右后侧面上，从 d' 点向下长对正，与右后侧面的 H 投影交于 d 点。

3）A、B、C 三个点的 W 投影，由其 V 投影高平齐作辅助线，与其对应棱线 W 投影的交点即为其 W 投影。D 点的 W 投影可由其 H 投影和 V 投影得到。注意不可见的（c''）点、（d''）点要打上括号。

4）连接折线段 $a''b''c''d''$。连接的时候要注意，只有连接的两个点都可见才能连成实线，只要对连接的其中一个点不可见，就要连成虚线。由于 a'' 点、b'' 点均可见，（c''）点、（d''）点都不可见，因此 $a''b''$ 段连成粗实线，$b''c''$、$c''d''$ 都要连成虚线。

4.1.2　棱锥

棱锥的棱线交于一点。常见的棱锥有三棱锥、四棱锥、五棱锥等。

1. 棱锥的投影

以图 4-4 所示的正三棱锥的投影为例。

分析：

该正三棱锥由一个底面和三个侧面所组成。底面及侧面均为三角形。三条棱线交于一个顶点。当正三棱锥如图 4-4a 所示位置放置时，它的底面为水平面，侧面 △SAC 为侧垂面，其余 △SAB 和 △SBC 面均为一般位置平面。

棱锥投影的画法：

1）作出底面 △ABC 的三面投影：H 投影反映实形，V、W 投影均积聚为直线段。

2）作出顶点 S 的三面投影，将顶点 S 和底面 △ABC 的三个顶点 A、B、C 的同面投影两两连线，即得三条棱线的投影，三条棱线围成三个侧面，完成三棱锥的投影，如图 4-4b 所示。

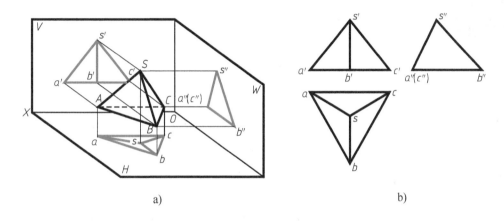

a)   b)

图 4-4 正三棱锥的投影

a）空间示意 b）投影图

2. 棱锥表面上取点、线

【例 4-3】 如图 4-5a 所示，已知正四棱锥表面上折线 ABCDE 的 H 投影 abcde，求作四棱锥的 W 投影及折线 ABCDE 的其余两投影。

分析：

正四棱锥的四个侧面均为三角形平面，三个投影均没有积聚性，底面为水平面，在其余两个投影面上的投影积聚为直线，由于该四棱锥左右、前后对称，故其 W 投影的形状与 V 投影完全一样。折线 ABCDE 共有 4 段，分别位于四个侧面上，只要求出了 A、B、C、D、E 五个点的投影，进行连线即可求出折线的投影。在求点的投影时，棱线上的点 B、C、D、E 的投影可根据投影规律直接求得，A 点不在棱线上，在棱锥的左前平面内，需要作辅助线来求作。

作图步骤（见图 4-5b）：

1）首先补作出四棱锥的 W 投影。

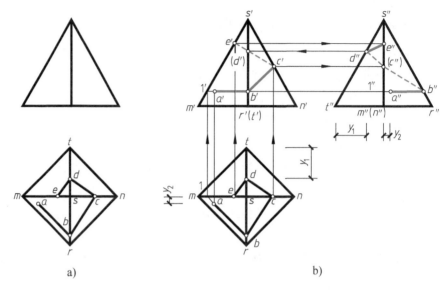

【例 4-3】讲解

图 4-5　正四棱锥表面上取点

a）已知条件　b）作图结果

求作 B 点、A 点的投影：经观察 AB 与四棱锥的底边 MR 平行，为了保证这一特性，减小作图误差，我们可以以底边的平行线作为辅助线。连接 ba 并延长与 sm 交于 1 点，过 1 点向上作垂线与四棱锥左棱线的 V 投影 s′m′ 交于 1′点，过 1′点作 m′r′ 的平行线，与 s′r′ 相交于 b′点；然后过 a 点向上作垂线，与 1′b′ 相交得 a′点。

2）根据点的投影规律作出 a″点，B 点在前棱线上，可以直接根据 b′点高平齐作出 b″点。

3）C 点、E 点分别在侧棱 SN、SM 上，利用从属性求得 E 点和 C 点的两面投影 e″点、e′点、c″点、c′点。

4）根据"宽相等"的规律，在后棱线 W 投影上求出点 d″点，进而高平齐作出 d′点。

5）在 V 投影中，依次连接 a′b′c′d′e′，在 W 投影中，依次连接 a″b″c″d″e″。

6）判别可见性：因 CDE 在后两侧面上，则 c′d′e′ 不可见，作成虚线；因 BCD 在右两侧面上，则 b″c″d″ 不可见，画成虚线。

■ 4.2　曲面立体的投影

曲面立体是由曲面或曲面与平面围合而成的。常见的曲面立体是回转体，如圆柱体、圆锥体、圆球体等。回转体是由回转曲面或回转曲面与平面共同围成的立体。回转曲面是由一条母线（直线或者曲线）绕着一条固定的轴线（直线）做回转运动而形成的曲面，曲面上任一位置的母线称为素线。

在投影面上表示回转体就是把组成回转体的曲面或曲面与平面表示出来，然后判别其可见性。曲面上可见与不可见的分界线称为曲面对该投影面的转向轮廓线。因为转向轮廓线是对某一投影面而言，所以它们的其他投影不应画出。

4.2.1　圆柱体

圆柱体由圆柱面、顶面、底面围成。圆柱面可看成是由一条直母线绕与它平行的轴线旋转一周而形成的，也可看作是由无数条与轴线等距且相互平行、长度相等的素线所围成的。

1. 圆柱体投影

分析：

如图 4-6a 所示，圆柱轴线垂直于 H 面，底面、顶面为水平面，底面、顶面的水平投影反映圆的实形，其他投影积聚为直线段。

圆柱面上所有素线都是铅垂线，圆柱面的水平投影积聚成一个圆，与顶面和底面的水平投影重合。圆柱的正面投影左右两条线 $a'a_1'$ 和 $b'b_1'$ 是圆柱面上最左最右素线 AA_1 和 BB_1 的正面投影，即圆柱面正面投影转向轮廓线的投影；AA_1 和 BB_1 的侧面投影 $a''a_1''$ 和 $b''b_1''$ 与轴线的侧面投影重合，不需要画出；同样，圆柱的侧面投影的转向轮廓线为圆柱面上的最前、最后素线 CC_1 和 DD_1，其 W 投影为 $c''c_1''$ 和 $d''d_1''$，CC_1 和 DD_1 的正面投影 $c'c_1'$ 和 $d'd_1'$ 与轴线的正面投影重合，不需要画出。

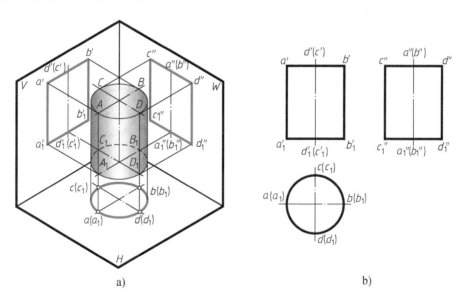

a)　　　　　　　　　　　　　　　　　　b)

图 4-6　圆柱体的投影

a）空间示意　b）投影图

圆柱体投影的作图步骤（见图 4-6b）：

1）用点画线作出圆柱体的轴线、中心线。

2）作出顶面、底面圆的三面投影。

3）作转向轮廓线的三面投影。

4）注意圆柱体的 H 投影是整个圆柱面积聚成的圆周，圆柱面上所有的点和线的 H 投影都重合在该圆周上。圆柱体的三面投影特征为一个圆对应两个矩形。

2. 圆柱体表面上取点、取线

在圆柱体表面上取点，可直接利用圆柱投影的积聚性作图。

【例 4-4】 如图 4-7a 所示，已知圆柱面上的 M、N 点的正面投影，求作其另两个投影。

分析：

M 点的正面投影 m' 点可见，又在点画线的左面，由此判断 M 点在圆柱面的左前部分，其 H 投影就应在圆上左前部分，其侧面投影也可见。N 点的正面投影（n'）点不可见，又在点画线的右面，由此判断 N 点在圆柱面的右后部分，侧面投影不可见。

作图步骤（见图 4-7b）：

1）作 m 点、m'' 点。过 m' 点向下作垂线与圆柱体的 H 投影的圆周有两个交点，由前述分析可知，取与左前圆周的交点为 m 点，根据 y 坐标之差 y_1 坐标作出 m'' 点。

2）作 n 点、n'' 点。画法与 M 点方法类似，请学生自行分析。

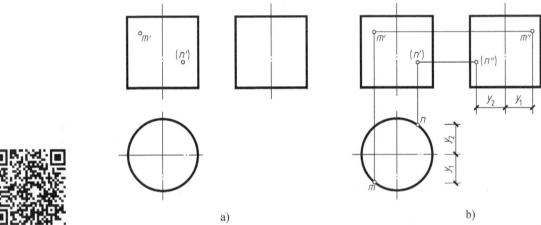

【例 4-4】讲解

图 4-7 圆柱体表面上取点
a）已知条件 b）作图结果

【例 4-5】 如图 4-8a 所示，已知圆柱面上的 AB 线段的正面投影 $a'b'$，求作其另两个投影。

分析：

此圆柱为横放的圆柱，其左端面和右端面均为侧平面，圆柱面上所有的素线均为侧垂线。圆柱面上的线除了素线外均为曲线，由此判断 AB 线段是圆柱面上的一段曲线。又因 $a'b'$ 可见，因此曲线 AB 位于前半圆柱面上。表示曲线的方法是作出曲线上的诸如端点、转向轮廓线上的点、分界点等特殊位置点及适当数量的一般位置点，把它们光滑连接即可。

作图步骤（见图 4-8b）：

1）作端点 A、B 的投影：利用积聚性高平齐由 a' 点、b' 点作出 W 投影 a'' 点、b'' 点，再根据 V 与 W 两投影作出其 H 投影 a 点、b 点；其中 b 不可见，需要打上括号。

2）作 H 面转向轮廓线上的 C 点的投影 c 点、c'' 点。

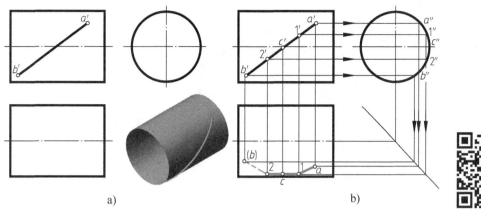

a)　　　　　　　　　　　　　b)

【例 4-5】讲解

图 4-8　圆柱体表面上取线

a) 已知条件　b) 作图结果

3）作适当数量的中间点：在 $a'c'$ 和 $c'b'$ 中间取 $1'$ 点、$2'$ 点，然后作出其 W 投影 $1''$ 点、$2''$ 点和 H 投影 1 点、2 点。

4）判别可见性并连线：由于圆柱面的 W 投影具有集聚性，整条曲线的侧面投影都在 W 投影的圆上；H 投影中 $a1c2b$ 连成光滑的曲线，c 点为曲线可见与不可见分界点，因此 $a1c$ 可见，画成实线，$c2b$ 不可见，画成虚线。

4.2.2　圆锥体

1. 圆锥体的投影

分析：

如图 4-9 所示，圆锥体是由圆锥面和底面围合而成的。圆锥面可看作一直母线绕与其相交（不垂直）的轴线旋转而成。因此圆锥体可看作是由无数条交于顶点的素线所围成的，也可看作是由无数个平行于底面的纬圆所组成的。图 4-9 所示圆锥轴线垂直于 H 面，底面为水平面，H 投影反映底面圆的实形，其他两投影均积聚为直线段。

圆锥体投影的作图步骤（见图 4-9）：

1）用点画线作出圆锥体各投影轴线、中心线。

2）作出底面圆和锥顶 S 的三面投影。

3）作出各转向轮廓线的投影：正面转向轮廓线的 V 投影 $s'a'$、$s'b'$，侧面转向轮廓线的 W 投影为 $s''c''$、$s''d''$。

4）圆锥面的三个投影都没有积聚性。

圆锥体三面投影的特征为一个圆对应两个等腰三角形。

2. 圆锥体表面上取点、取线

由于圆锥面的三个投影都没有积聚性，作表面上的点时，需采用辅助线法。为了作图方便，在曲面上作的辅助线应尽可能是直线（素线）或平行于投影面的圆（纬圆）。因此在圆锥面上取点的方法有两种：素线法和纬圆法。

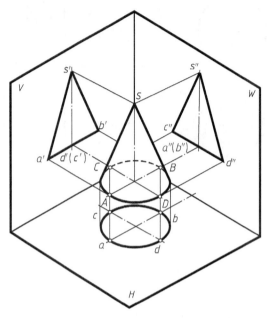

图 4-9　圆锥体的投影

【例 4-6】　如图 4-10 所示，已知圆锥面上 *M* 点的正面投影 *m′* 点，求作 *m* 点、*m″* 点。

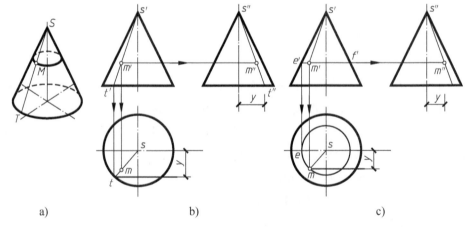

a)　　　　　　　　　　b)　　　　　　　　　　c)

【例 4-6】讲解

图 4-10　圆锥面上取点

a）空间示意　b）素线法　c）纬圆法

方法一：素线法

分析：

如图 4-10a 所示，*M* 点位于圆锥面的左前部分，它在圆锥面上，一定在圆锥面的一条素线上，故过锥顶点 *S* 和 *M* 点作一素线 *ST*，求作素线 *ST* 的各投影，根据点线的从属关系，即可作出 *m* 点、*m″* 点。

作图步骤（见图 4-10b）：

1）在图 4-10b 中连接 $s'm'$ 延长相交底圆于 t' 点，在 H 投影上作出 t 点，根据 t 点、t' 点作出 t'' 点，连接 st、$s''t''$ 即为素线 ST 的 H 投影和 W 投影。

2）根据点线的从属关系作出 m 点、m'' 点。

方法二：纬圆法

分析：

过 M 点作一平行于圆锥底面的纬圆。该纬圆的水平投影为圆，正面投影、侧面投影为一直线。M 点的投影一定在该圆的投影上。

作图步骤（见图 4-10c）：

1）在图 4-10c 中，过 m' 点作与圆锥轴线垂直的线 $e'f'$，其中 E 点在圆锥面的最左素线上，长对正在 H 投影中找到 e 点，M 点所在的纬圆的 H 投影，即为以 s 点为圆心、se 为半径的圆，m 点必在此圆周上。

2）由 m' 点长对正求得 m 点，进一步作出 m'' 点。

【例 4-7】　如图 4-11a 所示，已知圆锥面上的曲线 AB 的水平投影，求作其另两个投影。

分析：

在圆锥面上，只有过顶点的素线为直线，其余的线条都为曲线。由已知条件可知，AB 为曲线。求圆锥面上线段的投影的方法是求出线段上端点、转向轮廓线上的点、极限点等特殊位置点及适当数量的一般点，依次光滑连接各点的同面投影即可。

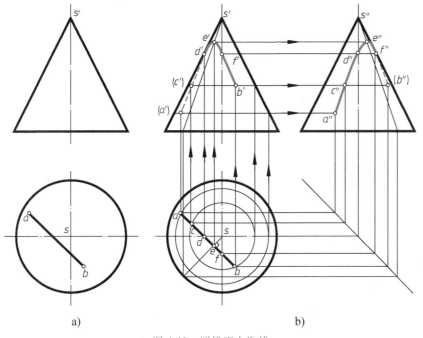

a）　　　　　　　　　　　　　　　b）

图 4-11　圆锥面上取线

a）已知条件　b）作图结果

【例 4-7】讲解

作图步骤（见图 4-11b）：

1）补充圆锥的 W 投影。

2）作端点：A、B 两点均为一般点，可利用纬圆法或素线法求出其 V 投影和 W 投影。图 4-11b 中采用的纬圆法。

3）作特殊点：

转向点：AB 与圆锥的最左素线、最前素线相交，因此该曲线上有两个转向点，分别记为 D 和 F 点；根据 D 点的 H 投影 d 点和投影对应关系，很容易作出 d′ 点，进一步作出 d″ 点。F 点可以先作 W 投影，再作其 V 投影。

极限点：在曲线 AB 上，最左点、最后点为 A 点，最右点、最前点为 B 点；对于圆锥，点离锥顶越近，就越高。因此线条 AB 上离锥顶最近的点就是最高点，在 H 投影中过 s 点作 ab 的垂线，垂足为 e 点，那么 E 点就应该是曲线 AB 上的最高点；利用素线法求出 e′ 和 e″ 点。曲线 AB 上的最低点就是离锥顶最远的 A 点。

4）作一般点：为保证作图准确，还需要取一定数量的一般点，本例题中取了 C 点作为一般点。为了作图方便，减少辅助线数量，取的 C 点正好和 B 点在同一个纬圆上，利用纬圆法作出 c′ 和 c″ 点。

5）连线：依次光滑连接这些点的同面投影，在连接时，注意可见性的判断，不可见的画成虚线，作图结果如图 4-11b 所示。

4.2.3 圆球体

圆球体是由圆球面围合而成的，圆球面可看作是由半圆绕其直径旋转一周而形成的。

1. 圆球体的投影

分析：

如图 4-12a 所示，圆球的三个投影均为大小相等的圆，其直径等于圆球的直径。正面投影圆是前后半球的分界圆，是球面上最大的正平圆；水平投影圆是上下半球的分界圆，是球面上最大的水平圆；侧面投影圆是左右半球的分界圆，是球面上最大的侧平圆。以上三个圆分别是球面对 V 面、H 面、W 面的转向轮廓线。

圆球体投影的作图步骤（见图 4-12b）：

1）确定球心位置，并用点画线作出它们的对称中心线。各中心线分别是转向轮廓线投影的位置。

2）分别作出球面上对三个投影面的转向轮廓线圆的投影。

2. 圆球面上取点、取线

球面的三个投影均无积聚性，球面上取点常用纬圆法。圆球面是比较特殊的回转面，它的特殊性在于过球心的任意一直径都可作为回转轴，过表面上一点，可作属于球面上的无数个纬圆。为作图方便，常选取平行于投影面的纬圆作为辅助纬圆，即过球面上一点可作正平纬圆、水平纬圆或侧平纬圆。

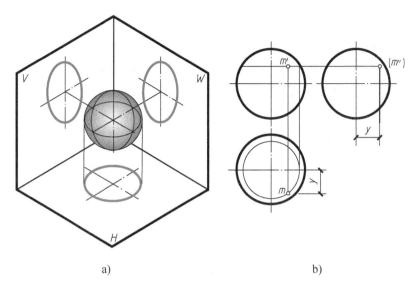

图 4-12 圆球体的投影及圆球面上取点

a）空间示意 b）投影图

如图 4-12b 所示，已知属于球面上的 *M* 点的正面投影 *m'* 点，求其另两个投影。

根据 *m'* 点的位置和可见性，可判断 *M* 点位于圆球的右前上半部分，因此 *M* 点的水平投影 *m* 点可见，侧面投影（*m"*）点不可见。作图时可过 *m'* 点作一水平纬圆，作出水平纬圆的 *H*、*W* 投影，从而作出 *m* 点、*m"* 点。

当然，也可采用过 *m'* 作正平纬圆或侧平纬圆来解决，学生可以自行尝试，这里不再详述。

【例 4-8】 如图 4-13a 所示，已知圆球面上的曲线段 *CBAFE* 和 *CDE* 的正面投影，作出圆球的 *W* 投影，并作出圆球表面上曲线 *CBAFE* 和 *CDE* 的另两个投影。

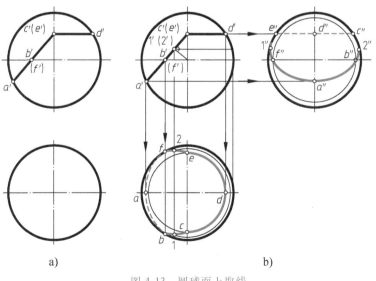

图 4-13 圆球面上取线

a）已知条件 b）作图结果

【例 4-8】讲解

根据圆球体的投影特点，可补充圆球体的 W 投影，是一个与 H、V 面投影相同的圆。圆球表面上曲线段由两部分组成，CDE 为圆球表面上平行于 H 投影面的曲线，显然它是一个水平圆的一半，因此它在 H 投影面上的投影反映实形，在 W 投影面上的投影积聚为直线段（本例题中为虚线）；$CBAFE$ 为圆球表面上的一段圆弧，这段圆弧所在平面是一个正垂面，它在 H、W 投影面上的投影为椭圆弧的一部分，作图时除了通过 C、B、A、F、E 五个点来进行求作外，为了较为准确地作出 H、W 的椭圆弧，还需要从 V 投影中的圆心作 $a'b'c'$ 的垂线，垂足为 $1'$（$2'$）点，还需作出空间点 Ⅰ、Ⅱ 的 H 投影和 W 投影，因为它们为圆弧上的最前、最后点。作图结果如图 4-13b 所示。

第5章 立体的截切与相贯

本章提要：

本章主要介绍平面立体的截切、曲面立体的截切的截交线的作图方法；两平面立体相贯、平面立体和曲面立体相贯、两曲面立体相贯的相贯线的作图方法。

　　建筑工程中，有时会遇到形体与平面相交的情况，称为截切；有时会遇到两个立体相交的情况，称为两立体相贯。图 5-1 为青岛海上皇宫，可以看成是几个大小不等的圆球截切得到的；图 5-2 为新圩阻击战纪念馆，可以看成棱锥与棱锥相贯。因此很有必要研究立体的截切和相贯。

图 5-1　青岛海上皇宫

图 5-2　新圩阻击战纪念馆

　　当平面与立体相交时，与立体相交的平面称为截平面；截平面与立体表面的交线称为截交线；由截交线所围成的平面图形称为截面（断面），如图 5-3 所示。

　　截平面的位置不同，立体形状的不同，所得截交线的形状也不同，但任何截交线都具有以下基本性质：

　　（1）封闭性　立体表面上的截交线总是封闭的平面图形（如平面折线、平面曲线或两者组合）。

（2）共有性　截交线既属于截平面，又属于立体的表面，所以截交线是截平面与立体表面的共有线。

组成截交线的每一个点，都是立体表面与截平面的共有点，所以作截交线实质上是作截平面与立体表面的共有点。

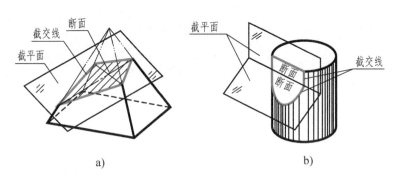

图 5-3　平面与立体表面相交

a）平面立体的截切　b）曲面立体的截切

■ 5.1　平面立体的截切

5.1.1　截交线的形状分析

平面截割平面立体所得的截交线，是由直线段组成的封闭的平面多边形。平面多边形的每一个顶点是平面立体的棱线与截平面的交点，每一条边是平面体的表面与截平面的交线，如图 5-3a 所示。

作平面立体截交线的方法通常有两种：

（1）交点法　作出平面立体的棱线与截平面的交点，再把同一侧面上的点相连。

（2）交线法　直接作平面立体的表面与截平面的交线。

【例 5-1】　如图 5-4a 所示，求作四棱锥被正垂面 P 截割后，截交线的投影。

分析：

由图 5-4a 可见，截平面 P 与四棱锥的四个侧面都相交，所以截交线为四边形，如图 5-4b 所示。四边形的四个顶点是四棱锥的四条棱线与截平面的交点。由于截平面 P 为正垂面，故截交线的 V 投影积聚为直线段，可直接确定，然后由 V 投影作 H 和 W 投影。

作图步骤（见图 5-4c）：

1）根据截交线投影的积聚性，在 V 投影中直接作出截平面 P 与四棱锥四条棱线交点的 V 投影 $1'$、$2'$、$3'$、$4'$点。

2）根据从属性，在四棱锥各条棱线的 H、W 投影上，作出交点的相应投影 1、2、3、4 点和 $1''$、$2''$、$3''$、$4''$点。

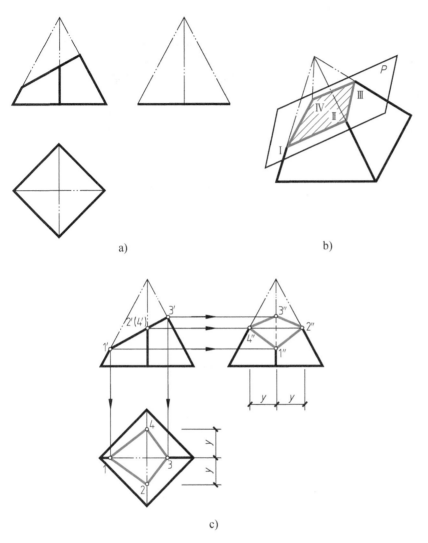

图 5-4 平面截切四棱锥

a）已知条件 b）空间示意 c）作图结果

3）将各点的同面投影依次相连（注意同一侧面上的两点才能相连），即得截交线的各投影。由于四棱锥截平面以上的部分被切掉了，所以截交线的三个投影均为可见。

4）整理棱线：将各个投影中棱线被截切掉的部分去除，要注意 W 投影中四棱锥的右棱线到 3″点，不要漏掉那段虚线。

【例 5-2】 如图 5-5a 所示，已知六棱柱被正垂面切割，补全其 H 投影，并补作 W 投影。

分析：

本例题是一个正六棱柱被正垂面截切，正垂面与正六棱柱的四条棱线相交，得到四个转折点，同时正垂面与正六棱柱的上表面相交，得到一条交线，有两个顶点，因此截交线一共有六个转折点，是一个平面六边形。截交线六边形的 V 投影有积聚性，就在正垂面的积聚性投影上；其 H 投影和 W 投影是类似形，也是六边形。

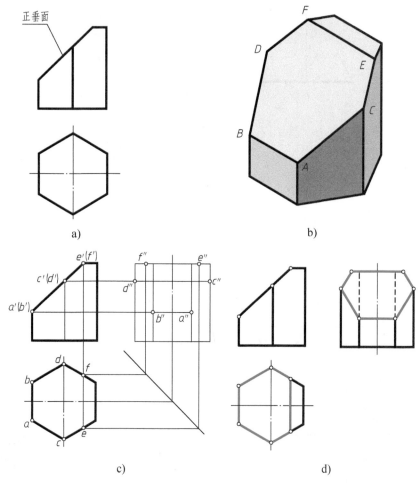

图 5-5　六棱柱被正垂面切割

a）已知条件　b）立体图　c）作图步骤　d）作图结果

作图步骤：

1）如图 5-5b 所示，若 A、B、C、D 点分别为正六棱柱的左前、左后、前、后棱线与截平面的交点，E、F 点为截平面与正六棱柱顶面交线的两个端点，根据截交线投影的积聚性，在 V 投影中可直接标出六个转折点的 V 投影 a'、b'、c'、d'、e'、f' 点，如图 5-5c 所示。

2）用细实线画出没有被切割的正六棱柱的 W 投影，在此基础上，根据截交线六边形的六个顶点的 V 投影和投影规律，作出其余两面投影，如图 5-5c 所示。

3）将各点的同面投影依次相连（注意同一侧面上的两点才能相连），即得截交线的 H 投影和 W 投影的六边形。由于 H 投影的 ec、ca、ab、bd、df 五条线与六棱柱的 H 投影重合，不需要再画，只需要将 ef 连接成粗实线即可；六个转折点的 H 投影和 W 投影都是可见的，因此连接成粗实线。

4）整理棱线：由于六棱柱的四条棱线分别切到了 A、B、C、D 四个点，再往上就被切掉了，因此 W 投影中左前、左后棱线从下画到 a″、b″ 点即可，前、后棱线画到 c″、d″ 点。特别要注意：右前、右后棱线没有被切掉，W 投影被挡住了，因此需要补作两段虚线。

擦掉多余轮廓线，作图结果如图 5-5d 所示。

【例 5-3】　如图 5-6a、b 所示，正三棱锥中间挖通了一个三棱柱形的孔，已知其 V 投影，求作其 H 和 W 投影。

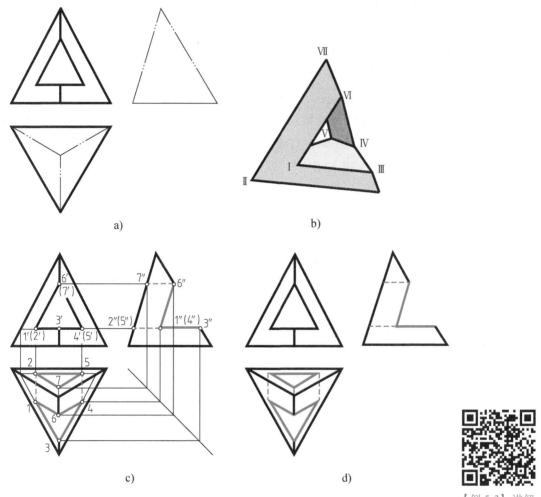

图 5-6　作挖切三棱锥的投影

a）已知条件　b）立体图　c）作图步骤　d）作图结果

【例 5-3】讲解

分析：

三棱锥被三个平面截切，一个水平面和两个对称的正垂面。水平面只与三棱锥的前棱线相交，交点为Ⅲ点，左边正垂面与水平面有一条交线，交线的两个端点分别在三棱锥的左前表面和后表面上，分别记为Ⅰ点和Ⅱ点；同理，右边正垂面与水平面的交线也有两个端点，分别为Ⅳ点和Ⅴ点；因此，水平面上应该有五个转折点，截交线为五边形。两个正垂面也只与三棱锥的前棱线相交，交点正好是两个正垂面交线的前端点Ⅵ点，交线的另外一个端点在三棱锥后表面上，为Ⅶ点，再加上正垂面与水平面的交线，两个正垂面的截交线形状应该是两个四边形。三棱锥的截交线一共有七个转折点。

作图步骤（见图5-6c）：

1）根据截交线投影的积聚性，在 V 投影中直接标出七个转折点的 V 投影 $1'$、$2'$、$3'$、$4'$、$5'$、$6'$、$7'$点。

2）作出这七个点的其余两面投影。其中 1、2、3、4、5 这五个点可以以底边平行线作为辅助线来求。

3）将各点的同面投影依次相连（应注意：同一侧面上的两点才能相连），即得截交线的各投影。在连接过程中注意虚实，例如 12 和 45 这两条线，在 H 投影中是不可见的，需要连成虚线。

4）整理棱线：将各个投影中棱线被截切掉的部分去除，没有被截掉的画成粗实线。要注意 W 投影中三棱锥的前棱线 $3''$点到 $6''$点线段被截掉了；同时注意，67 应该连接虚线，但是这段虚线被 6 点到顶点的实线段遮住了一部分。

具体作图过程如图5-6c所示，作图结果如图5-6d所示。

5.1.2 画平面立体截交线的步骤

由前述两个例题，归纳作平面立体截交线的步骤如下：

1）分析是什么立体被截切，被几个截平面截切，截平面与立体和投影面的相对位置如何，从而确定出截交线的形状（有几个转折点）。

2）找出截交线的积聚投影，并作出棱线与截平面交点的其他两面投影。

3）连接各交点的同面投影，同一表面上的相邻两点才能相连接。

4）如果有多个截平面还应作出截平面的交线。

5）判别可见性。可见表面上的交线可见，反之不可见。不可见的交线用虚线表示。

6）整理立体的棱线。

■ 5.2 曲面立体的截切

5.2.1 截交线的形状分析

平面与曲面立体相交，其截交线一般为封闭的平面曲线，特殊情况为直线与曲线或完全由直线组成。其形状取决于曲面立体的几何特征，以及截平面与曲面立体的相对位置。截交线是截平面与曲面立体表面的共有线，求作截交线时只需求出若干共有点，然后按顺序光滑连接成封闭的平面图形即可。因此，作曲面立体的截交线实质上就是在曲面立体表面上取点。

平面与曲面立体相交，截交线上的任一点都可看作是曲面立体表面上的某一条线与截平面的交点。对于回转体，一般在曲面上适当地作出一系列的素线或纬圆，并作出它们与截平面的交点。交点分为特殊点和一般点，作图时应先作出特殊点。特殊点能确定截交线的形状和范围，如最高、最低点，最前、最后点，最左、最右点以及转向轮廓线上的点等；为了能比较准确作出截交线的投影，还应在特殊点之间作出一定数量的一般点。

5.2.2 平面截切圆柱

1. 截切圆柱的三种情况

平面截切圆柱时，根据截平面与圆柱轴线的相对位置的不同，截交线有三种不同的形状，见表5-1。

表 5-1 平面与圆柱相交

截平面与圆柱轴线的相对位置	截平面与轴线平行	截平面与轴线垂直	截平面与轴线倾斜
立体图	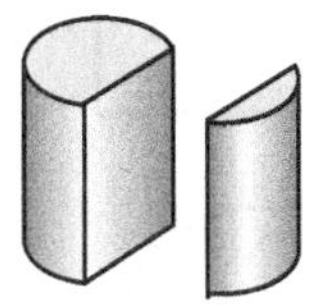	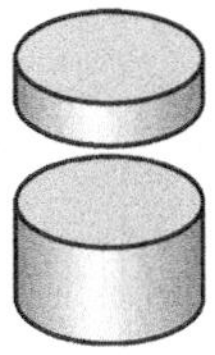	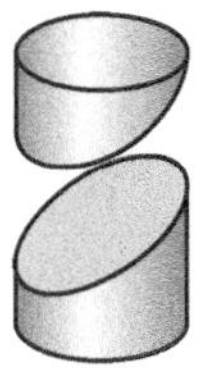
投影图	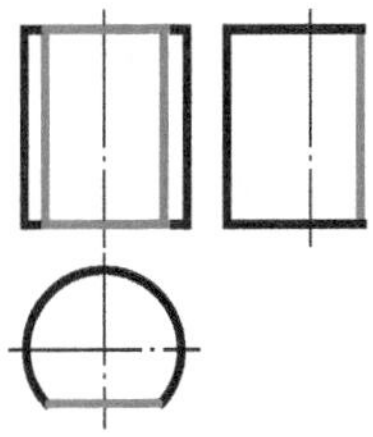	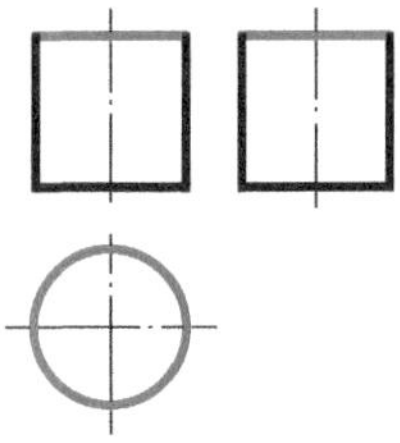	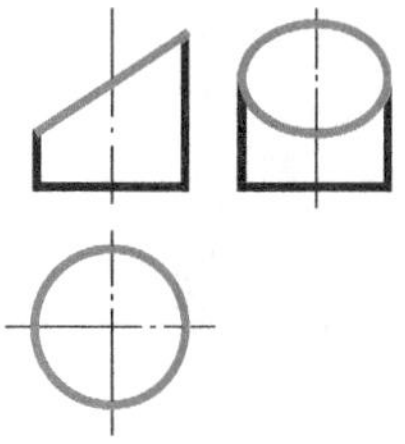
截交线形状	截交线为矩形	截交线为圆	截交线为椭圆

【例 5-4】 如图 5-7a 所示，求作正垂面 P 截切圆柱所得的截交线的投影。

分析：

正垂面 P 倾斜于圆柱轴线，截交线的形状为椭圆。平面 P 垂直于 V 面，所以截交线的 V 投影和平面 P 的 V 投影重合，积聚为一段直线。由于圆柱面的水平投影具有积聚性，所以截交线的水平投影也有积聚性，与圆柱面 H 投影的圆周重合。截交线的侧面投影是一个椭圆，需作图求出。

作图步骤（见图 5-7b）：

1）求特殊点。

① 极限点：要确定椭圆的形状，需找出椭圆的长轴和短轴。椭圆长轴为Ⅰ Ⅱ，短轴为Ⅲ Ⅳ，其投影分别为 1′2′、3′（4′）。Ⅰ、Ⅱ、Ⅲ、Ⅳ点分别为截交线椭圆上的最低、最高、最前、最后点，Ⅰ、Ⅱ点分别为截交线上的最左、最右点。

② 转向点：截平面与圆柱面的四条转向轮廓线都相交，交点分别为Ⅰ、Ⅱ、Ⅲ、Ⅳ点，

因此该题目转向点与极限点重合。

由 V 投影 1′、2′、3′、4′点可直接求出 H 投影 1、2、3、4 点和 W 投影 1″、2″、3″、4″。

2）求作一般点。为作图准确方便，在 V 投影上对称性的取 5′（6′）、7′（8′）点，H 投影 5、6、7、8 点一定在柱面的积聚投影上，由 H、V 投影再求出其 W 投影 5″、6″、7″、8″。取点的多少一般可根据作图准确程度的要求而定。

3）连接截交线。依次光滑连接 1″8″4″6″2″5″3″7″1″即得截交线的侧面投影，截交线的侧面投影可见，画成粗实线。

4）整理轮廓线。圆柱最前最后素线截到Ⅲ、Ⅳ点，因此将 W 面转向轮廓线的投影整理到 3″和 4″即可。

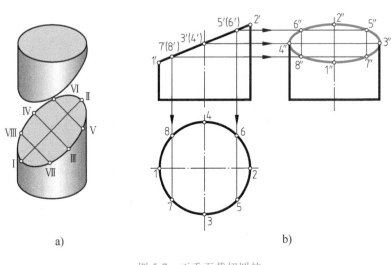

【例 5-4】讲解

图 5-7 正垂面截切圆柱

a）立体图 b）作图结果

【例 5-5】 如图 5-8a 所示，已知截切后圆柱的 V 投影，补画其 H 投影和 W 投影。

分析：

本例题立体是一个圆柱，被一个正垂面、一个侧平面和一个水平面截切，截掉了中间三棱柱部分，如图 5-8b 所示。正垂面倾斜于圆柱轴线，截交线的形状为前后两段椭圆弧。水平面垂直于圆柱轴线，截交线为前后两段圆弧。侧平面平行于圆柱轴线，截交线为矩形。三个截平面之间有交线，截交线前后对称。由于截平面的正面投影都具有积聚性，其截交线就在截平面的积聚性投影上，圆柱面的水平投影也具有积聚性，所以截交线的水平投影也有一定的积聚性。

作图步骤（见图 5-8c）：

1）作出圆柱的 H 投影和 W 投影。在 V 投影中，标出各个截平面交线端点，即截交线的转折点 1′（2′）、3′（4′）、5′（6′）点。

2）求作这些点的其余两面投影。根据圆柱面的积聚性求作 1、2、3、4、5、6 点，再根据投影对应规律求作 1″、2″、3″、4″、5″、6″点。这样水平面截切的圆弧和侧平面截切的矩形即可作出。

3）求作正垂面截切的椭圆弧。在正垂面截切的椭圆弧上，求作最前最后点的 V 投影 7′（8′）点，并求作它的 H 投影和 W 投影（必要情况下，还可以在椭圆弧上求作一些一般点）。

4）顺次连接截交线：水平面截切得到圆弧 H 投影积聚在圆上，W 投影积聚为一条平行于 OY_W 轴的线。侧平面的截交线 H 投影积聚在 56 这条线上，侧面投影反映实形 3″4″6″5″，连接的时候注意虚实。正垂面截交线的两段椭圆弧 H 投影积聚在圆上，W 投影为椭圆。顺次连接 1″7″5″和 2″8″6″连成椭圆弧，连接时注意虚实。

5）整理圆柱的转向轮廓线。圆柱的最前、最后素线被截切掉一部分，因此 W 投影的转向轮廓线从上面画到 7″、8″点，再往下直到水平面之间，转向轮廓线不应该画出。

作图结果如图 5-8d 所示。

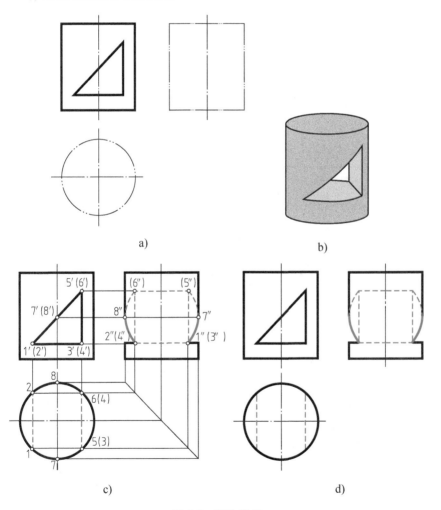

图 5-8　圆柱截切

a）已知条件　b）立体图　c）作图步骤　d）作图结果

【例 5-5】讲解

2. 作曲面立体截交线的具体步骤

由前述两个例题，归纳作曲面立体截交线的步骤如下：

1）分析立体、截平面的数目以及它们的相对位置，从而确定出截交线的形状。

2）看截交线的投影有无积聚性，找出截交线上特殊点的一面投影；特殊点包括：

① 极限点：最高点、最低点、最左点、最右点、最前点、最后点。

② 转向点：截平面与转向轮廓线的交点。

为作图方便，通常在求点时编上号，做到三个投影相对应；并补全这些特殊点的其他两面投影。

3）作出截交线上一些一般点的三面投影。

4）将所作出的点的同面投影顺序相连，连接成光滑的曲线，在连线时，应注意分清虚实。

5）最后整理曲面立体的转向轮廓线。

5.2.3 平面截切圆锥

平面截切圆锥时，根据截平面与圆锥相对位置的不同，其截交线有五种不同的情况，见表 5-2。

表 5-2 平面与圆锥相交

截平面与圆锥的相对位置	截平面过锥顶	截平面垂直于轴线	截平面与所有素线都相交	截平面平行于轴线（平行于两条素线）	截平面平行于一条素线
立体图	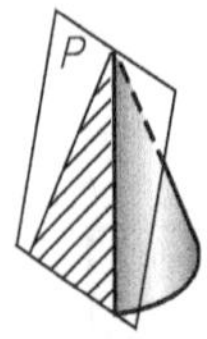	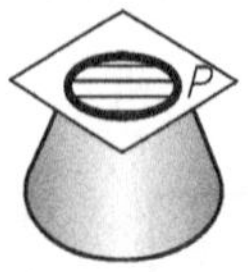	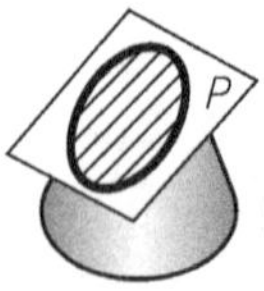	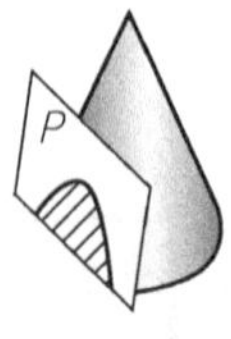	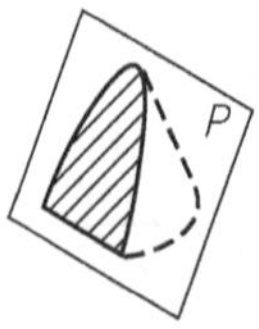
投影图	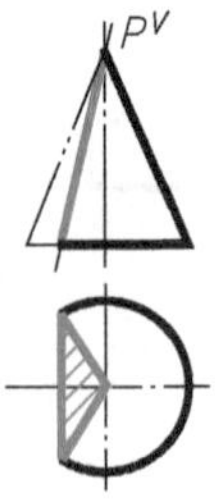	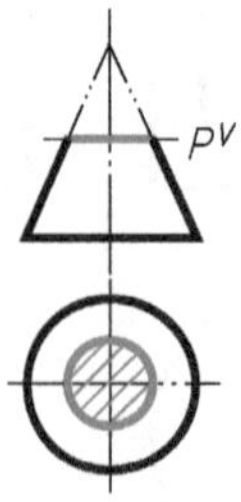	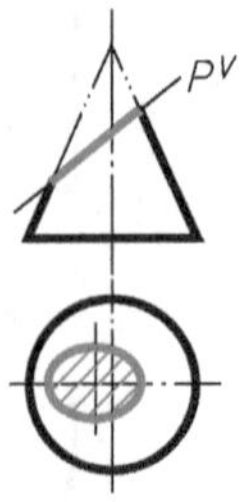	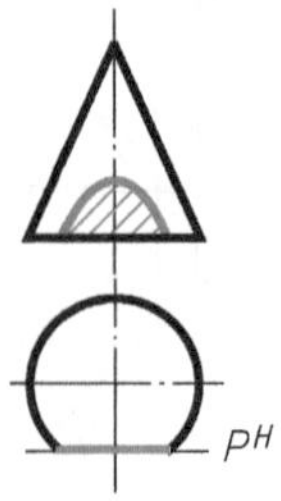	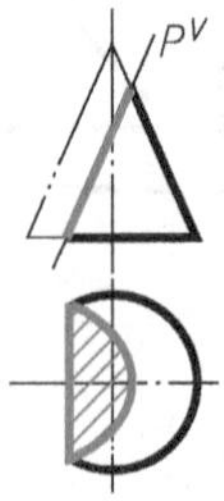
截交线形状	截交线为三角形	截交线为圆	截交线为椭圆	截交线为双曲线+直线段	截交线为抛物线+直线段

【例 5-6】 如图 5-9a 所示，补全正垂面截切圆锥所得的截交线的 *H* 投影并补作 *W* 投影。

分析：

由图 5-9 可以看出，正垂面与圆锥的所有素线都相交，属于圆锥截切的表 5-2 中的第三种情况，截交线应该是一个椭圆，其 *H* 投影和 *W* 投影都是椭圆。由于截平面为正垂面，截交线的 *V* 投影具有积聚性，积聚在正垂面内。

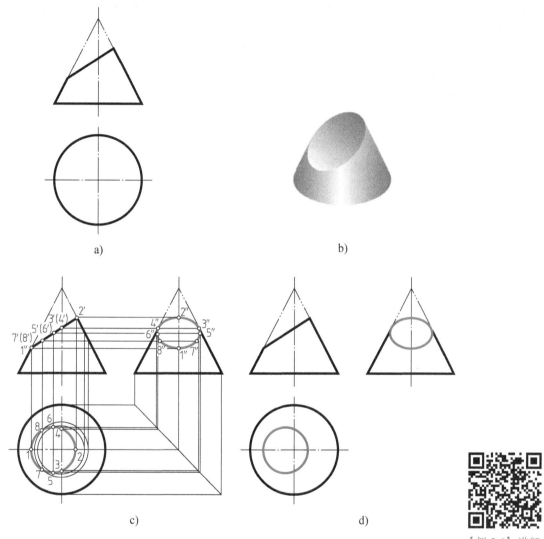

图 5-9 圆锥被正垂面截切

a）已知条件 b）立体图 c）作图步骤 d）作图结果

【例 5-6】讲解

作图步骤（见图 5-9c）：

1）求作特殊点。特殊点包括转向点和极限点。

① 转向点：正垂面与圆锥的四条转向线都相交，因此转向点一共四个，可以记为Ⅰ、Ⅱ、Ⅲ、Ⅳ点，其 *V* 投影 1′、2′、3′、4′点可以在圆锥的 *V* 投影中直接标出。

② 极限点：最高点为Ⅱ点，最低点为Ⅰ点，最左点也是Ⅰ点，最右点为Ⅱ点，这四个极限点和转向点重合；本例题特别要注意的是，截交线椭圆上的最前、最后点应该在其短轴上，它们的 *V* 投影应该在截交线积聚性投影 1′2′的中点处，即图 5-9c 中的 5′（6′）点。因

97

此，特殊点一共有六个，可以根据圆锥表面上取点的方法，求作这些特殊点的其余两面投影。

2）求作一般点。根据需要可以再找出几个一般位置的点，本例题中 1 和 5、6 点之间，以及 1″和 5″、6″点之间，间隔较大，为了保证作图的准确性，又求了一对一般点。先在 V 投影作出 7′、（8′）点，根据投影规律作出另外两面投影 7、8 点和 7″、8″点。

3）顺次连接截交线。由于截交线椭圆的 H 投影、W 投影都是可见的，因此依次光滑连接 175324681 和 1″7″5″3″2″4″6″8″1″，连接成粗实线，即得截交线的 H 投影和 W 投影。

4）整理圆锥的转向轮廓线。由于圆锥的最前最后素线分别截到 Ⅲ、Ⅳ点，再往上就被截掉了，因此 W 投影的最前、最后素线只画到 3″和 4″点。

作图结果如图 5-9d 所示。

【例 5-7】 如图 5-10a 所示，求作被挖通的圆锥的 H 投影和 W 投影（圆锥 V 投影中间的三角形挖通了）。

分析：

由图 5-10a 可以看出，圆锥被三个平面截切，左边一个正垂面过锥顶，截交线应该是两段素线，加上与右边正垂面以及水平面的交线，截交线应该是一个前后对称的梯形；右边正垂面如果延长的话，会与圆锥的所有素线都相交，截交线应该是前后两段对称的椭圆弧；水平面与圆锥的轴线垂直，截交线应该是前后两段对称的圆弧。立体图如图 5-10b 所示。

作图步骤（见图 5-10c）：

1）作水平面截交线。水平面截切圆锥，利用纬圆法可求得两段圆弧截交线的水平投影，由于圆锥被三个平面所截切，水平面的截交线的 H 投影只是图 5-10c 中 13 和 24 之间的一部分，它们的 W 投影积聚为一条线。

2）作左边正垂面的截交线梯形。左边正垂面截切圆锥面得到两条素线，这两条素线的一个端点为圆锥顶点 S，另外两个端点的 V 投影是 1′、2′点，很容易把这两条素线的 H 投影求出来，根据投影规律，由 5′、6′点求出 5、6 点和 5″、6″点。

3）作右边正垂面截交线。右面正垂面截切圆锥后得到椭圆的一部分，这两段椭圆弧的 V 投影积聚为一条线，其两个端点就是 5′（6′）和 3′（4′）；这个正垂面与圆锥的最前、最后素线相交，因此截交线上有两个转向点，其 V 投影为 7′（8′）点；正垂面截切圆锥得到的椭圆，最前、最后点应该在延长这个切平面，与圆锥的 V 投影相交所得的直线的中点处，即图 5-10c 中的 9′（10′）点，这两个点是截交线上的极限点，不能遗漏。根据投影规律作出这些点的其余两面投影。

4）连线。H 投影中 2、4 点和 1、3 点分别连接成圆弧，2、6 点和 1、5 点分别连接成直线段，4、10、8、6 点和 3、9、7、5 点依次光滑连接成椭圆弧，同时三个切平面之间的交线连成虚线；W 投影 2″、6″点和 1″、5″点分别连接成直线段，4″、10″、8″、6″点和 3″、9″、7″、5″点分

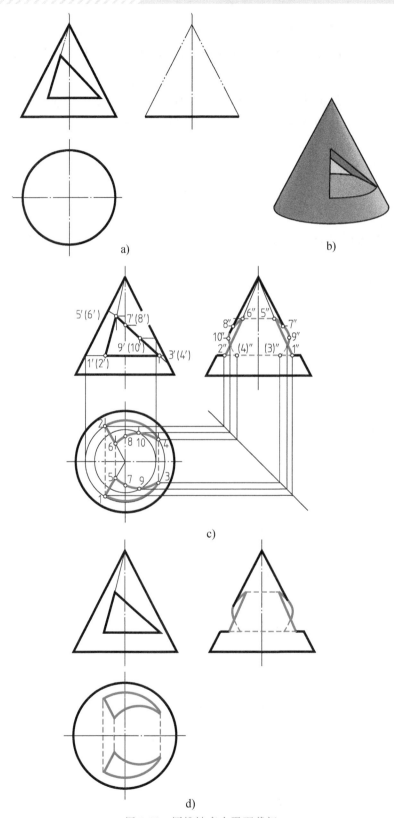

a)

b)

c)

d)

图 5-10　圆锥被多个平面截切

a）已知条件　b）立体图　c）作图步骤　d）作图结果

【例 5-7】讲解

别连接成椭圆弧，2″4″和1″3″是水平圆弧具有积聚性，连接成直线。在连线过程中，注意遮挡的处理，椭圆弧的 W 投影有一部分被遮挡，需要连成虚线，2″4″和1″3″也有一部分被遮挡，需要连成虚线。

5）整理轮廓线。整理圆锥投影的轮廓线，W 投影圆锥的最前、最后素线，在水平面与7″8″之间的那一部分被截切掉了，不应该画出来。最后作图结果如图 5-10d 所示。

5.2.4 平面截切圆球

平面与圆球相交，不管截平面的位置如何，其截交线均为圆。而截交线的投影可分为三种情况，见表 5-3。

1）当截平面平行于投影面时，截交线在该投影面上的投影反映圆的实形，其余投影积聚为直线。

2）当截平面垂直于投影面时，截交线在该投影面上具有积聚性，其他两投影为椭圆。

3）截平面为一般位置时，截交线的三个投影都是椭圆。

表 5-3　平面与圆球相交

截平面位置	与 V 面平行	与 H 面平行	与 V 面垂直
轴测图	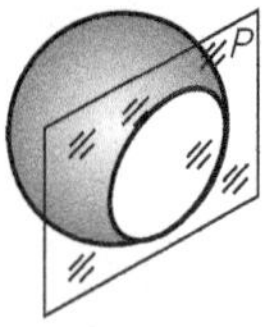	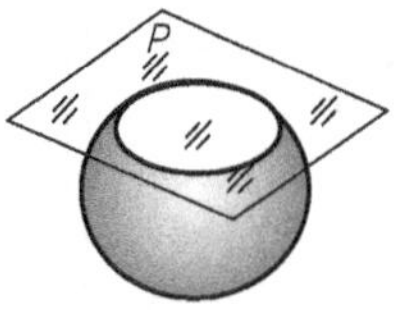	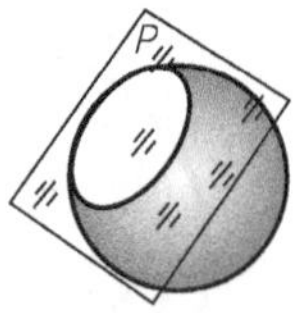
投影图	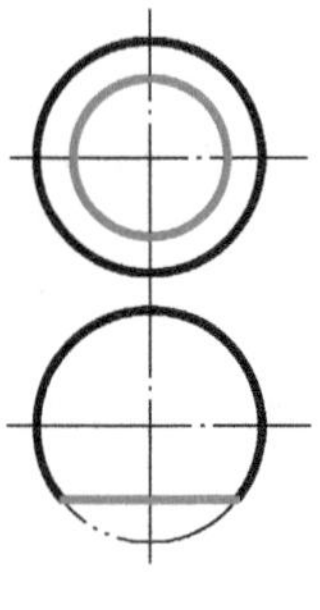	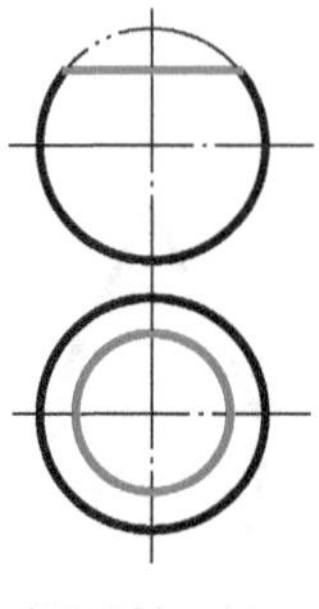	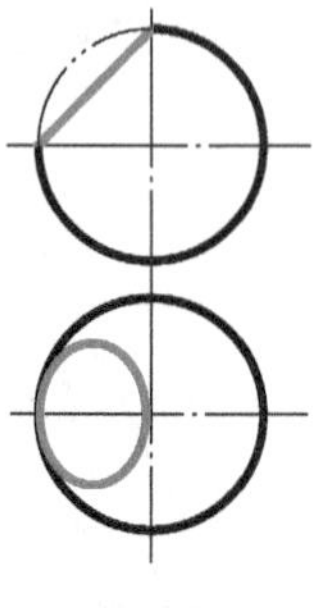
特点	V 投影是反映实形的圆 H 投影是反映圆的直径	H 投影是反映实形的圆 V 投影是反映圆的直径	V 投影是反映圆的直径 H 投影是椭圆

【例 5-8】　如图 5-11a 所示，求作正垂面截切圆球所得截交线的投影。

正垂面 P 截切圆球所得截交线为圆，因为截平面垂直于 V 面，所以截交线的 V 投影积聚为直线，H 投影和 W 投影均为椭圆。作图步骤（见图 5-11b）：

1）求特殊点。

① 极限点：Ⅰ、Ⅱ分别为截交线圆上的最低点、最高点，也为最左点、最右点；截交

线的最前、最后点的 V 投影应该在 $1'2'$ 连线的中点处，如图 5-11b 中的 $3'$（$4'$）点，因此极限点有四个。

② 转向点：圆球有三条转向线，分别为 H 投影最大圆周、V 投影最大圆周和 W 投影最大圆周；此题中正垂面与三条转向线都相交，转向点应该有六个，其中截平面与 V 投影最大圆周的转向点即为 Ⅰ 、Ⅱ 点，与极限点重合；与 H 投影最大圆周以及 W 投影最大圆周分别有两个交点，其 V 投影可以直接标出，分别记为 $5'$（$6'$）、$7'$（$8'$）点。

因此，本题的特殊点一共有八个。

根据 V 投影 $1'$、$2'$ 点可作出 H、W 投影 1、2 点和 $1''$、$2''$点。取 $1'2'$ 的中点 $3'$（$4'$）用纬圆法求出 34 和 $3''4''$。根据水平投影的转向点的 V 投影即 $5'$（$6'$）点，可直接长对正求出 H 投影 5、6 点，并由此求出其 W 投影 $5''$、$6''$点。同理可根据 $7'$（$8'$）点，先直接作出 W 投影 $7''$、$8''$点，并由此作出其 H 投影 7、8 点。

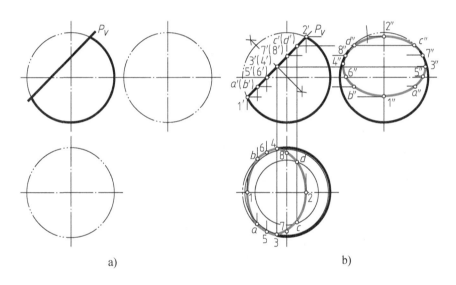

图 5-11　平面截切圆球

a）已知条件　b）作图步骤

【例 5-8】讲解

2）作一般点。可在截交线的 V 投影 $1'2'$ 上插入适当数量的一般点［如 A、B、C、D 点，即 V 投影的 a'、（b'）、c'、（d'）］，用纬圆法求出其他两投影（在此不再详细作图，学生可自行试作）。

3）依次光滑连接各点的 H 投影和 W 投影，即得截交线的投影。

4）整理圆球的转向轮廓线。

【例 5-9】　如图 5-12a 所示，求作半圆球被截切后所得截交线的投影。

由图 5-12a 可见，半球被两个对称的侧平面和一个水平面截切，截得截交线形状分别为侧平圆的一部分和水平圆的一部分。侧平圆的半径应为图 5-12b 中的 R_1，水平圆的半径应为图 5-12b 中的 R_2，作图结果如图 5-12b 所示。

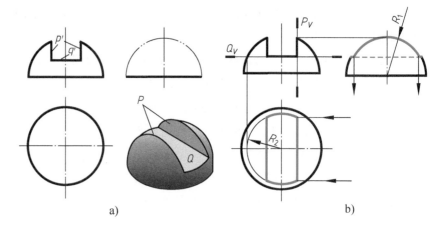

【例 5-9】讲解

图 5-12　平面截切半圆球

a）已知条件　b）作图结果

■ 5.3　两平面立体相贯

两立体相交又称为两立体相贯，相交的立体称为相贯体，相贯体表面的交线称为相贯线。立体相贯分为两平面立体相贯（见图 5-13a）、平面立体与曲面立体相贯（见图 5-13b）、两曲面立体相贯（见图 5-13c）三种情况。

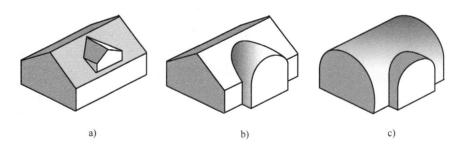

图 5-13　两平面立体相贯的三种情况

a）两平面立体相贯　b）平面立体与曲面立体相贯　c）两曲面立体相贯

本节介绍两平面立体相贯时相贯线的求法。如图 5-14 所示，一个立体全部贯穿另一个立体的相贯称为全贯，当两个立体相互贯穿时，称为互贯。

5.3.1　相贯线的特点

两立体相贯，其相贯线是两立体表面的共有线，相贯线上的点为两立体表面的共有点。两平面体相贯时，相贯线为封闭的空间折线或平面多边形，每一段折线都是两平面立体某两侧面的交线，每一个转折点为一平面立体的某棱线与另一平面立体某侧面的交点（贯穿点）。因此，求作两平面立体相贯线，实质上就是求作直线与平面的交点或求两平面交线的问题。

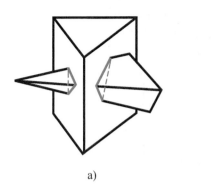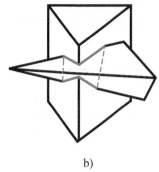

a) b)

图 5-14 两平面立体相贯

a）全贯（有两条交线） b）互贯（有一条交线）

5.3.2 相贯线的求法

1. 交点法

依次检查两平面立体的各棱线与另一平面立体的侧面是否相交，然后求出两平面立体各棱线与另一平面立体某侧面的交点，即相贯点，依次连接各相贯点，即得相贯线。

2. 交线法

直接求作两平面立体某侧面的交线，即相贯线段。依次检查两平面立体上各相交的侧面，求作相交的两侧面的交线（一般可利用积聚投影求交线，参考前面两平面相交求交线的方法），即为相贯线。

【例 5-10】 如图 5-15a 所示，求作两三棱柱的相贯线。

分析：

三棱柱 ABC 和三棱柱 EFG 是互贯，相贯线为一组空间折线，如图 5-15b 所示。三棱柱 ABC 各个侧面垂直于 W 面，侧面投影有积聚性，相贯线的侧面投影与其重合。三棱柱 EFG 各个侧面都垂直于 H 面，水平投影有积聚性，相贯线的水平投影与其重合。这样相贯线的水平投影与侧面投影都可直接求得，只需求作其正面投影。

作图步骤（见图 5-15c）：

1）求作三棱柱 ABC 的棱线 A 与三棱柱 EFG 的侧面 EF、FG 的贯穿点 Ⅰ、Ⅱ。在 H 投影上找到 1、2 点，从而作出 1′、2′点。

2）求作三棱柱 ABC 的棱线 C 与三棱柱 EFG 的侧面 EF、FG 的贯穿点 Ⅲ、Ⅳ。在 H 投影上找到 3、4 点，从而作出 3′、4′点。

3）求作三棱柱 EFG 的棱线 F 与三棱柱 ABC 的侧面 AB、BC 的贯穿点 Ⅴ、Ⅵ。在 W 投影上找到 5″、6″点，从而作出 5′、6′点。

4）判别可见性并连线。根据"同时位于两形体同一侧面上的两点才能相连"的原则，在 V 投影上连成 1′3′6′4′2′5′1′相贯线。在 V 投影上，三棱柱 ABC 的 AB、BC 侧面和三棱柱

EFG 的 EF、FG 侧面均可见，根据"同时位于两形体都可见的侧面上的交线才是可见的"的原则判断：$1'5'$、$2'5'$、$3'6'$、$4'6'$可见，$1'3'$、$2'4'$不可见。

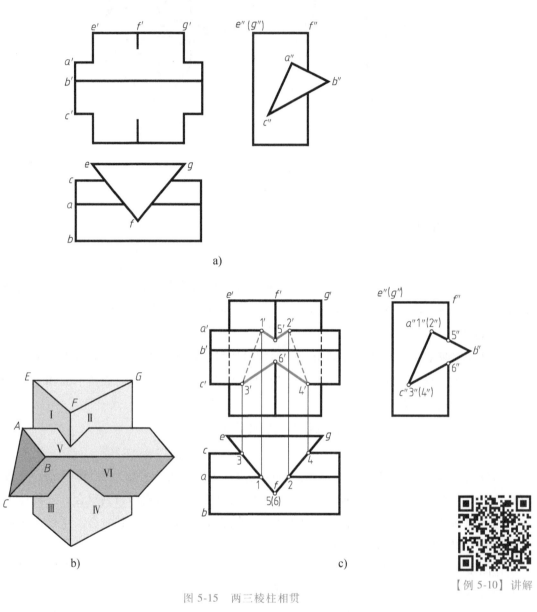

图 5-15　两三棱柱相贯

a）已知条件　b）立面体　c）作图步骤

【例 5-10】讲解

【例 5-11】　如图 5-16a 所示，补全四棱锥与四棱柱的相贯体的 H 投影。

分析：

根据已知的 V 投影并参照 H 投影可以想象出两立体为全贯，如图 5-16b 所示。四棱锥的前后侧棱与四棱柱相交，四棱柱的四条棱线都与四棱锥相交，相贯线是两条空间折线且前后对称。四棱锥的前后侧棱与四棱柱有四个交点，四棱柱的四条侧棱与四棱锥表面有八个交点，所以相贯线的转折点（贯穿点）一共有十二个，求作相贯线的关键是求作这十二个转折点的投影。

作图步骤（见图 5-16c）：

1）四棱柱的四个侧面有两个水平面、两个侧平面，12 个交点都在这两个水平面与四棱锥的交线上。四棱柱与四棱锥相交的四个侧面的 V 投影都具有积聚性，因此相贯线的 V 投影就积聚在四棱柱 V 投影积聚的长方形上。

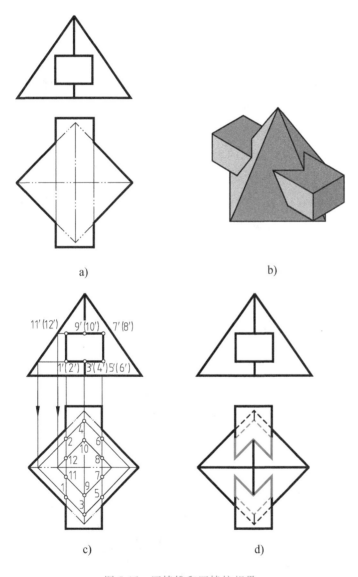

【例 5-11】讲解

图 5-16　四棱锥和四棱柱相贯

a）已知条件　b）立体图　c）作图步骤　d）作图结果

所以，可以先在 V 投影中标出 12 个交点的投影 1′（2′）、3′（4′）、5′（6′）、7′（8′）、

9′（10′）、11′（12′）点，根据四棱柱上下两个水平面与四棱锥表面的交线的 H 投影（采用底面的平行线作为辅助线），依据投影规律作出 1、2、3、4、5、6、7、8、9、10、11、12 点。

2）依据 V 投影中点的连接顺序，H 投影中连点的顺序为 1→3→5→7→9→11→1，这是第一条相贯线；2→4→6→8→10→12→2，这是第二条相贯线，与第一条对称。在连接过程中，注意可见性的判断要按照"只有当其所在的两立体的两个侧面同时可见时，它才是可见的"原则，1→3→5 与 2→4→6 在四棱柱底部，是不可见的，要画成虚线。

3）整理立体的轮廓线。四棱锥左右棱线与四棱柱不相贯，仍然画成粗实线；前后棱线上面部分可见，画成粗实线；中间两段与四棱柱相贯为一体，不再画出；下面两段被四棱柱挡住，画成虚线；四棱锥底面的正方形也有一部分被四棱柱挡住，画成虚线。四棱柱的四条棱线画到交点为止。作图结果如图 5-16d 所示。

【例 5-12】 如图 5-17a 所示，求作房屋模型的表面交线。

分析：

房屋模型可以看为一个五棱柱和一个七棱柱相贯，由于两个棱柱的底面（相当于地面）在同一平面上，所以相贯线是不封闭的空间折线。相贯线的前后左右应该对称。

五棱柱的棱面都垂直于 W 面，七棱柱的棱面都垂直于 V 面，所以交线的正面、侧面投影为已知，本例题主要根据正面、侧面投影求作交线的水平投影。

学生可以自行尝试，在此不再详述，作图结果如图 5-17b 所示，其中 2 点的求法要注意，需要作辅助线。

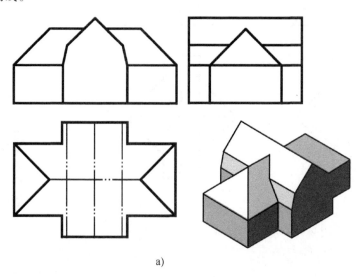

a)

图 5-17 高低屋面的交线

a）已知条件

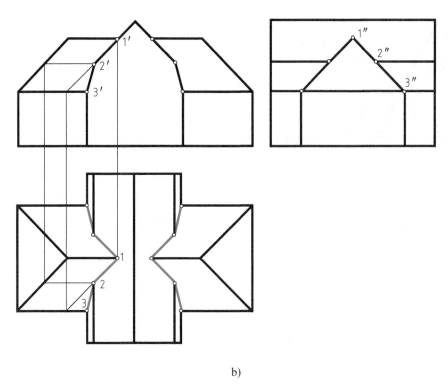

b)

图 5-17 高低屋面的交线（续）

b）作图步骤和结果

5.3.3 求作两平面立体相贯线的步骤

通过以上例题总结求作两平面立体相贯线的步骤如下：

1）分析两立体表面特征及与投影面的相对位置，确定相贯线的形状及特点，观察相贯线的投影有无积聚性。

2）求作一平面立体的棱线与另一平面立体侧面的交点（贯穿点）。

3）连接各交点。连接时必须注意以下几点：

① 同时位于两立体同一侧面上的相邻两点才能相连。

② 相贯的两立体应视为一个整体，一个立体位于另一个立体内部的部分不必画出（即：同一棱线上的两点不能相连）。

③ 各投影面上点的连接顺序应一致。

4）判别可见性。每条相贯线段，只有当其所在的两立体的两个侧面同时可见时，它才是可见的；否则，若其中的一个侧面不可见，或两个侧面均不可见时，则该相贯线段不可见。

5）整理轮廓线。将相贯的各棱线延长至相贯点，完成两相贯体的投影。

【例 5-13】 如图 5-18 所示，补全三棱锥与三棱柱的相贯体的 H 投影和 W 投影。

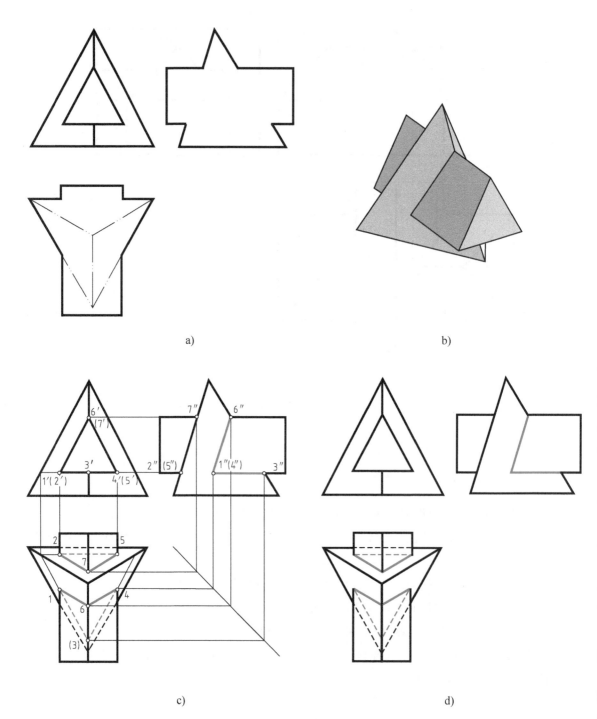

图 5-18 三棱锥和三棱柱相贯

a）已知条件   b）立体图   c）作图步骤   d）作图结果

分析：对比例 5-13 和例 5-3，可以看出它们的 V 投影是相同的，一个是相贯，一个是截切。本例题也是有七个转折点，转折点的求法与例 5-3 完全相同，但轮廓线的整理和可见性会有所不同，学生可以自行分析。由本例题可见，平面立体的截切和两平面立体相贯有很多相通之处。

5.3.4　同坡屋顶

1. 基本概念

为了排水需要，建筑屋面均有坡度，当坡度大于 10% 时称为坡屋面。坡屋面分为单坡、二坡和四坡屋面。当各坡面与地面（ H 面）倾角都相等时，称为同坡屋面。坡屋面的交线是两平面立体相交的工程实例，但因其特性，与前面所述的作图方法有所不同。坡屋面各种交线的名称如图 5-19 所示。

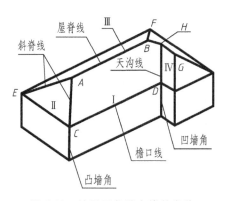

图 5-19　坡屋面各种交线的名称

2. 屋面交线的投影特性

同坡屋面交线有以下特点：

1）两坡屋面的檐口线平行且等高时，必交于一条水平屋脊线，屋脊线的 H 投影与该屋面两檐口线的 H 投影平行且等距。

2）檐口线相交的相邻两个坡面交成的斜脊线或天沟线，它们的 H 投影为两檐口线 H 投影夹角的平分线。当两檐口相交成直角时，斜脊线或天沟线在 H 面上的投影与檐口线的投影成 45°角。

3）在屋面上如果有两斜脊、两天沟或一斜脊一天沟相交于一点，则该点上必然有第三条线即屋脊线通过。这个点就是三个相邻屋面的共有点。如图 5-19 所示， A 点为三个坡屋面Ⅰ、Ⅱ、Ⅲ所共有，两条斜脊 AC 、 AE 和屋脊 AB 交于该点。

如图 5-20 所示是上述三个特点的投影图。图 5-20 中四坡屋面的左右两斜面为正垂面，前后两斜面为侧垂面，从 V 和 W 投影上可以看出这些垂直面对 H 面的倾角 α 都相等，在 H 投影上特点如下：

1） ab （屋脊）平行于 cd 和 ef （檐口），且 $Y_{db}=Y_{fb}$ 。

2）斜脊必为檐口与夹角的角平分线，如 $\angle eca = \angle dca = 45°$ 。

3）过 a 点有三条脊棱 ab 、 ac 和 ae 。

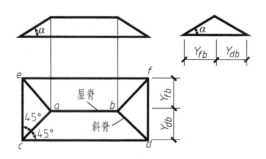

图 5-20 同坡屋面的投影

【例 5-14】 已知四坡屋面的倾角 $\alpha = 30°$ 及檐口线的 H 投影，如图 5-21a 所示。求屋面交线的 H 投影和屋面的 V、W 投影。

作图步骤：

1）求作屋面交线的 H 投影。在屋面的 H 投影上过每一屋角作 45° 分角线。在凸墙角上作出斜脊线 ac、ae、mg、ng、bf、bh；在凹墙角上作出天沟线 dh，如图 5-21 所示。其中 bh 是将 cd 延长至 k 点，从 k 点作分角线与天沟线 dh 相交而截取的。也可以按上述屋面交线的第三条特点作出。作出每一檐口线（前后或左右）的中线，即屋脊线 ab 和 hg，如图 5-21c 所示。

2）求作屋面的 V、W 投影。根据屋面倾角 $\alpha = 30°$ 和投影规律，作出屋面的 V、W 投影。一般先作出具有积聚性屋面的 V 投影（或 W 投影），再加上屋脊线的 V 投影（或 W 投影）即得屋面的 V 投影；然后根据投影规律作出屋面的 W 投影，如图 5-21d 所示。

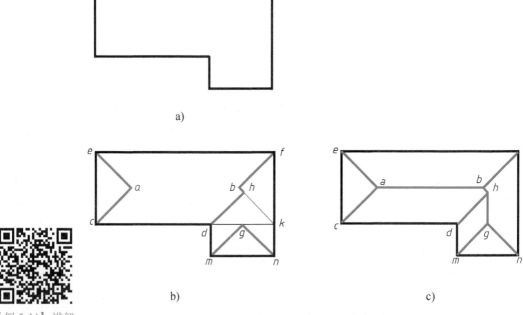

a)

b)

c)

【例 5-14】讲解

图 5-21 求同坡屋面交线

a）已知条件 b）屋面交线的 H 投影 c）作屋脊线

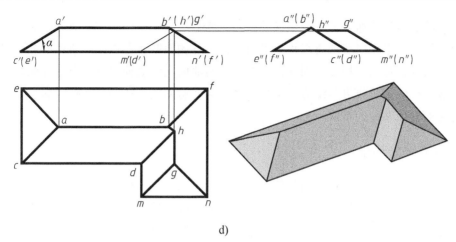

d)

图 5-21　求同坡屋面交线（续）

d）作 V 投影和 W 投影

3. 同坡屋面的四种典型情况

由同坡屋面的檐口尺寸不同，屋面可以划分为以下四种典型情况：

1）$ab<ef$，如图 5-22a 所示。

2）$ab=ef$，如图 5-22b 所示。

3）$ab=ac$，如图 5-22c 所示。

4）$ab>ac$，如图 5-22d 所示。

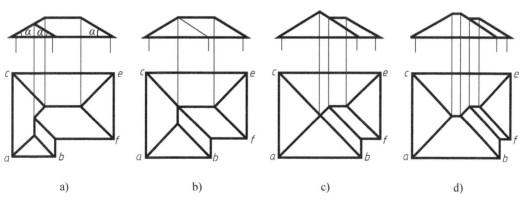

a)　　　　　　　　b)　　　　　　　　c)　　　　　　　　d)

图 5-22　同坡屋面的四种典型情况

由上述可见，屋脊线的高度随着两檐口之间的距离而变化，当平行两檐口屋面的跨度越大，屋脊线就越高。

■ 5.4　平面立体和曲面立体相贯

5.4.1　相贯线的特点

平面立体与曲面立体相交，相贯线一般情况下由若干段平面曲线所组成，特殊情况下，如平面立体的表面与曲面立体的底面或顶面相交或恰巧交于曲面立体的直素线时，相贯线有直线部分。每一段平面曲线或直线均是平面立体上各侧面截切曲面立体所得的截交线，每一段曲线或直线的转折点，均是平面立体上的棱线与曲面立体表面的贯穿点。因此，求作平面立体和曲面立体的相贯线可归结为求平面立体的侧面与曲面立体的截交线，和求作平面立体的棱线与曲面立体表面的贯穿点数。

5.4.2　相贯线的画法

求作平面立体和曲面立体的相贯线时，要将平面立体与曲面立体相交的每一个面上的交线都求出来。求相贯线的投影时，特别要注意不能漏掉特殊点，如极限点和转向点等，以便比较准确地作出相贯线的投影形状。然后在特殊点之间插入适当数量的一般点，以便于曲线的光滑连接。连接时应注意，只有在平面立体上处于同一侧面，并在曲面立体上又相邻的相贯点，才能相连接。

5.4.3　求作平面立体和曲面立体相贯线的步骤

求作平面立体和曲面立体相贯线的步骤如下：

1）分析两立体表面特征及与投影面的相对位置，确定相贯线的形状及特点。

2）找出相贯线每段平面曲线上特殊点的一面投影，并作出它们的其他两面投影。

① 极限点：如最高、最低点，最前、最后点，最左、最右点等。

② 转向点：位于转向轮廓线上的点。

3）找出一般点：为能比较准确作出相贯线的投影，还应在特殊点之间作出一定数量的一般点，并作出其他两面投影。

4）顺次将各点光滑连接，注意判别其可见性。每一段相贯线，只有当其所在的两立体的两个侧面同时可见时，它才是可见的；否则，若其中的一个侧面不可见，或两个侧面均不可见时，则该段相贯线不可见。

5）整理轮廓线：将相贯的各棱线或转向轮廓线延长至相贯点，完成两相贯体的投影。

【例 5-15】　如图 5-23 所示，求作四棱锥与圆柱的相贯线。

分析：

四棱锥与圆柱相贯，其相贯线是四棱锥四个侧面截切圆柱所得的四段截交线的总和。由于四棱锥的四个侧面均与圆柱轴线倾斜，相贯线为四段椭圆弧，四段椭圆弧的转折点是四棱锥的四条棱线与圆柱表面的交点。

由于圆柱面的 H 投影有积聚性，所以相贯线的 H 投影与圆柱的 H 投影重合，只需求作相贯线的 V、W 投影。从立体图可以看出，相贯线前后、左右对称，作图时，只需作出四棱锥的前侧面、左侧面与圆柱的截交线的投影即可。

作图步骤：

1）求作特殊点。先求相贯线的转折点，即四条椭圆弧的连接点。可根据 H 投影中的 1、2、3、4 点作出 1′、2′、3′、4′点和 1″、2″、3″、4″点，这四个点也是椭圆弧的最高点。

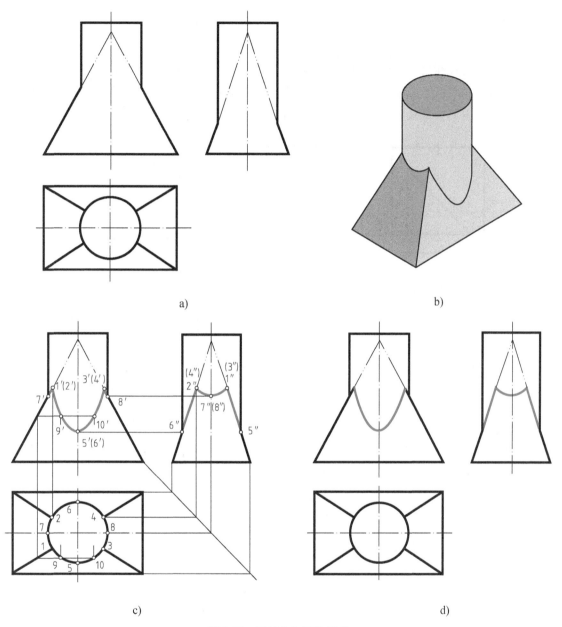

图 5-23 四棱柱与圆柱相贯

a）已知条件 b）立体图 c）作图步骤 d）作图结果

最低点：H 投影中的 5、6、7、8 分别为四段椭圆弧上的最低点的 H 投影，可根据已知的 H 投影，作出它们的 V 投影和 W 投影。

2）求作一般点。前后两段椭圆弧比较长，在最高点和最低点之间，取一对一般点，并根据其 H 投影 9、10 点作出它们的其余两面投影。

3）依次光滑连接各段相贯线上的点。由于相贯线前后对称，左右对称，V 投影前面的遮住后面的，W 投影左边的遮住右面的，粗实线与虚线重合的时候，画粗实线。

4）整理轮廓线。将圆柱的转向轮廓线以及四棱锥的棱线分别整理到贯穿点为止。

【例 5-16】 如图 5-24a 所示，求作圆柱和三棱柱的相贯线。

分析：

圆柱与三棱柱相贯，三棱柱的三个侧面分别为水平面、侧垂面和正垂面，水平面与圆柱的轴线垂直，相贯线为两段圆弧；侧垂面与圆柱的轴线平行，相贯线为两段直线；正垂面与圆柱的轴线倾斜，相贯线为两段椭圆弧，如图 5-24b 所示。

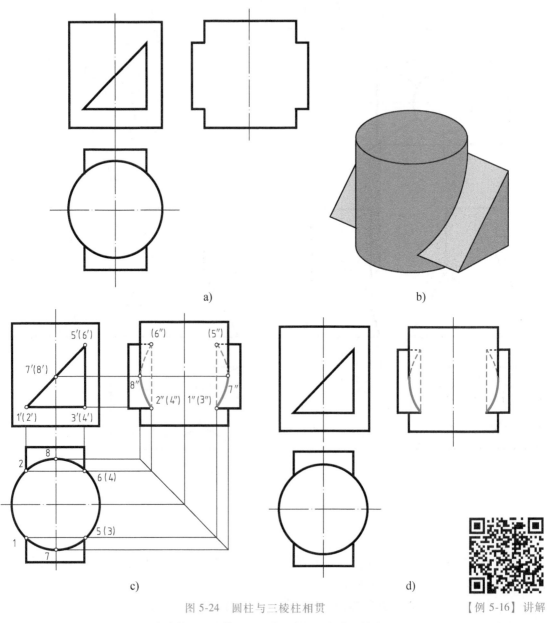

图 5-24 圆柱与三棱柱相贯

a）已知条件 b）立体图 c）作图步骤 d）作图结果

作图步骤如图 5-24c 所示，在此不再详述，作图结果如图 5-24d 所示。大家可以对比截交线的例 5-5，发现求截交线与求相贯线的相似之处。

【例 5-17】　如图 5-25a 所示，补全圆锥与三棱柱的相贯体的 H 投影和 W 投影。

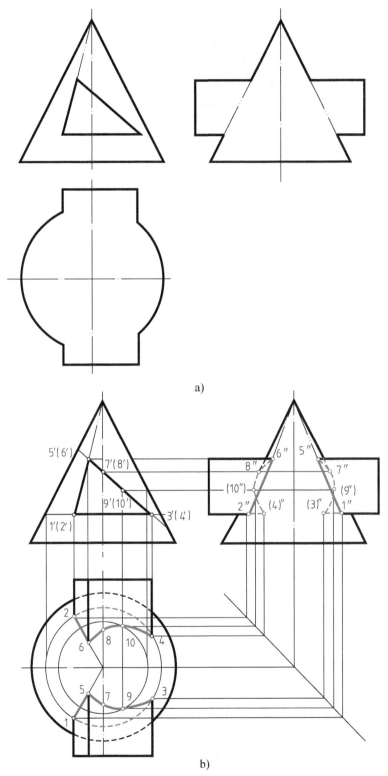

a)

b)

图 5-25　圆锥与三棱柱相贯

a）已知条件　b）作图步骤

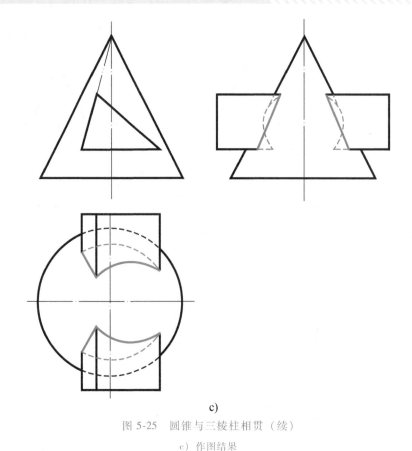

c)

【例 5-17】讲解

图 5-25　圆锥与三棱柱相贯（续）

c）作图结果

　　分析：本例题为圆锥与三棱柱相贯，三棱柱的三个侧面都与圆锥相交，并且这三个侧面与例 5-7 中截切圆锥的三个截平面的位置完全一样，因此本例题中圆锥与三棱柱的相贯线和例 5-7 中的截交线形状应该相同，但是要注意截交和相贯的不同之处，主要是相贯线的虚实以及轮廓线的整理不同。在此不再详述，作图步骤如图 5-25b 所示，作图结果如图 5-25c 所示。

■ 5.5　两曲面立体相贯

5.5.1　相贯线的特点与求法

　　两曲面立体相贯，其相贯线一般是封闭的空间曲线，特殊情况下为平面曲线或直线段（本节会介绍相贯线的特殊情况）。相贯线是两曲面立体表面的共有线，相贯线上每一点都是相贯两曲面立体表面的共有点。

　　根据相贯线的性质可知，求相贯线实质上就是求两曲面立体表面的若干共有点（在曲面立体表面上取点），将这些点光滑地连接起来即得相贯线。

　　求作两曲面立体相贯线，常用以下两种方法：表面取点法，即利用积聚性求相贯线和辅助平面法（三面共点原理）。

1. 表面取点法

当两个立体相贯，如果其中有一个是轴线垂直于投影面的圆柱，则相贯线在该投影面上的投影，就积聚在圆柱面的积聚性投影上。由此可利用已知点的两个投影求第三投影的方法作出相贯线的投影。

【例5-18】 如图5-26所示，利用积聚性求作正交的两圆柱的相贯线。

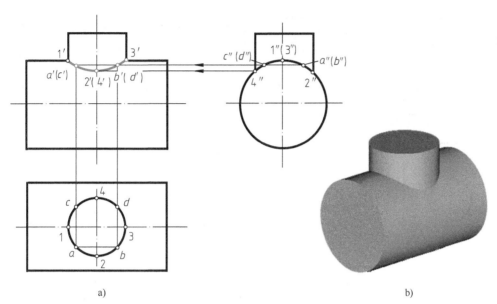

a) b)

图5-26 正交两圆柱相贯

a）作图过程 b）立体图

分析：

小圆柱与大圆柱的轴线正交，相贯线是前、后、左、右对称的一条封闭的空间曲线。根据两圆柱轴线的位置，大圆柱面的侧面投影及小圆柱面的水平投影具有积聚性，因此，相贯线的水平投影和小圆柱面的水平投影重合，其为一个圆；相贯线的侧面投影和大圆柱的侧面投影重合，其为一段圆弧。通过分析知道要求作的只是相贯线的正面投影。

作图步骤：

1）求作特殊点。由于已知相贯线的水平投影和侧面投影，故可直接作出相贯线上的特殊点。由 W 投影和 H 投影可看出，相贯线的最高点为Ⅰ、Ⅲ，Ⅰ、Ⅲ同时也是最左、最右点；最低点为Ⅱ、Ⅳ，Ⅱ、Ⅳ也是最前、最后点。同时，Ⅰ、Ⅱ、Ⅲ、Ⅳ四个点也是相贯线上的转向点。由 $1''$、$3''$、$2''$、$4''$ 点和 H 投影1、3、2、4点可以求出 V 投影 $1'$、$3'$、$2'$、$4'$点。

2）求作一般点。由于相贯线水平投影为已知，所以可直接对称取 a、b、c、d 四点，作出它们的侧面投影 a''（b''）、c''（d''）点，再由水平、侧面投影作出正面投影 a'（c'）、b'（d'）点。

3）判别可见性，光滑连接各点。相贯线前后对称，后半部与前半部重合，只画前半部相贯线的投影即可，依次光滑连接 $1'a'2'b'3'$，即为所求。

【例5-19】 如图5-27a所示，求作轴线垂直交叉的两圆柱的相贯线。

分析：

小圆柱与大圆柱的轴线垂直交叉，相贯线左、右对称，但前后不对称。根据两圆柱轴线的位置，大圆柱面的侧面投影及小圆柱面的水平投影具有积聚性，相贯线的水平投影和小圆柱面的水平投影重合，其为一个圆；相贯线的侧面投影和大圆柱的侧面投影重合，其为一段圆弧。因此通过分析知道要求作的只是相贯线的正面投影。

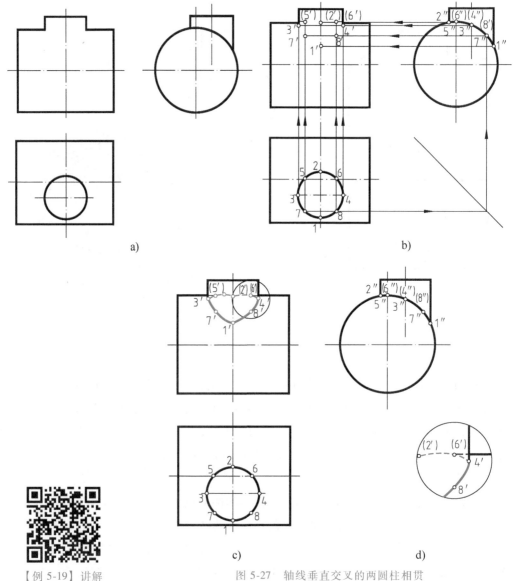

a)   b)

【例5-19】讲解   图 5-27 轴线垂直交叉的两圆柱相贯

c)   d)

a）已知条件　b）取点过程　c）作图结果　d）V 投影局部放大

作图步骤（见图 5-27b、c）：

1）求作特殊点。由于已知相贯线的水平投影和侧面投影，故可直接求出相贯线上的特殊点。由 W 投影可看出，相贯线的最高点为Ⅴ、Ⅵ，最低点为Ⅰ点；从 H 投影看出最左、最右点为Ⅲ、Ⅳ，最前、最后点为Ⅰ、Ⅱ。同时，这六个极限点也就是相贯线的转向点。根据这些特殊点的投影规律，作出它们的 *V* 投影 1′、2′、3′、4′、5′、6′点。

2）求作一般点。由于相贯线上Ⅰ点与Ⅲ、Ⅳ点之间较远，可以在它们之间取一对一般点Ⅶ、Ⅷ，先确定其 *H* 投影，找出其 *W* 投影，再根据投影规律作出其正面投影 7′、8′点。

3）判别可见性，光滑连接各点。相贯线中的点，只有同时对两个圆柱都可见才能连成实线。因此，光滑连接 3′7′1′8′4′成粗实线，光滑连接 3′5′2′6′4′成虚线。

4）整理轮廓线。轮廓线要画到转向点为止，因此，正面投影大圆柱的最上素线应画到 5′、6′点，小圆柱的最左、最右素线应该画到 3′、4′点，同时要注意大圆柱的最上素线有一小段被小圆柱挡住了，要画成虚线，如图 5-27d 所示。

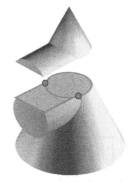

图 5-28　辅助平面法求相贯线上的点

2. 辅助平面法

辅助平面法就是用辅助平面同时截切相贯的两曲面立体，在两曲面立体表面得到两条截交线，这两条截交线的交点即为相贯线上的点，如图 5-28 所示。这些点既在两形体表面上，又在辅助平面上，因此，辅助平面法就是利用三面共点的原理，用若干个辅助平面求出相贯线上的一系列共有点。

为了作图简便，选择辅助平面时，应使所选择的辅助平面与两曲面立体的截交线投影最简单，如直线或圆，通常选特殊位置平面作为辅助平面。同时，辅助平面应位于两曲面立体相交的区域内，否则得不到共有点。

【例 5-20】　如图 5-29a 所示，用辅助平面法求作圆柱与圆锥的相贯线。

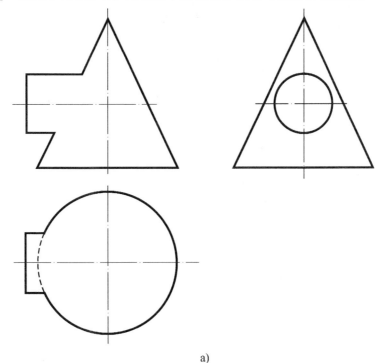

a）

图 5-29　圆柱与圆锥相贯

a）已知条件

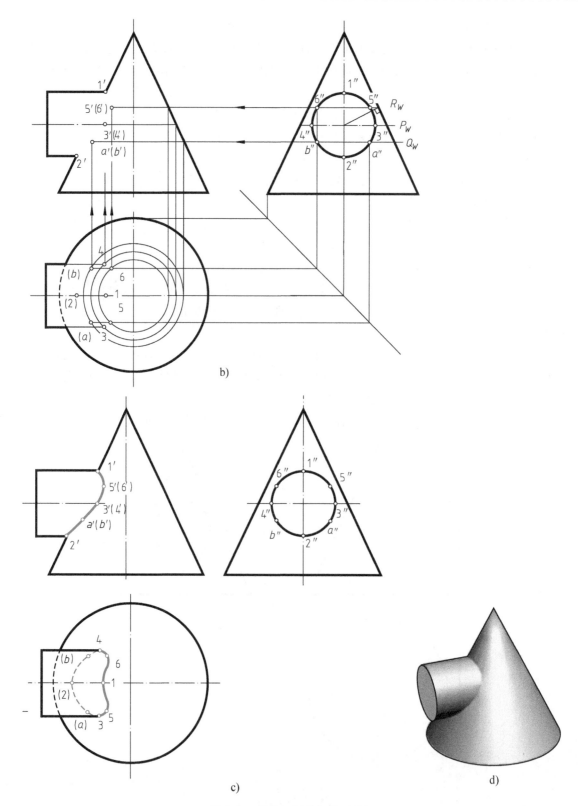

图 5-29 圆柱与圆锥相贯（续）

b）取点过程 c）作图结果 d）立体图

分析：

圆柱与圆锥轴线正交，相贯线为闭合的空间曲线且前后对称。求作相贯线的投影：圆柱轴线垂直于 W 面，所以圆柱面的侧面投影积聚为圆，相贯线的侧面投影与该圆重合，圆锥的三个投影都没有积聚性，所以需要求相贯线的正面投影及水平投影。

作图步骤：

1）求作特殊点。由相贯线的 W 投影可直接找出相贯线上的最高点Ⅰ、最低点Ⅱ，同时Ⅰ、Ⅱ点也是圆柱最上素线上的点，也是圆锥最左素线上的点。Ⅰ、Ⅱ两点的正面投影 1′、2′ 点也可直接求出，然后作出水平投影 1、2 点。

由相贯线的 W 投影可直接确定相贯线上的最前、最后点Ⅲ、Ⅳ的 W 投影 3″、4″ 点，同时Ⅲ、Ⅳ点也是圆柱最前、最后素线上的点。过圆柱的最前、最后素线作辅助水平面 P，它截圆柱得最前最后素线，它截圆锥得到一个水平纬圆，两者的交点即为Ⅲ、Ⅳ两点。先作出其水平投影 3、4 点，再长对正作出 3′（4′）点。

相贯线的最右点，可以通过侧面投影作辅助线的方法得到，通过解析几何可证，侧面投影从圆柱的积聚投影圆心处，向圆锥的最前最后素线的投影作垂线，相贯线的最右点就在垂足所在的水平面上。过垂足作水平面 R，水平面 R 截圆柱得到两条素线，截圆锥得到一个水平纬圆，根据投影规律作出它们的 H 投影，得到相贯线最右点的 H 投影 5、6 点；长对正找到 5′（6′）点。

2）求作一般点。在点Ⅱ和点Ⅲ、Ⅳ之间适当位置，作辅助水平面 Q，平面 Q 与圆锥面交于一水平纬圆，与圆柱面交于两条素线，这两条截交线的交点 A、B 两点，即为相贯线上的点。为作图方便，图 5-29 采用的辅助平面 Q 为平面 R 的对称面。

3）判别可见性，光滑连接。圆柱面与圆锥面具有公共对称面，相贯线正面投影前后对称，故前后曲线重合，用实线画出。圆锥面的水平投影可见，圆柱面上半部水平投影可见，按可见性原则可知，属于圆柱面上半部的相贯线可见，连接 46153 为粗实线，3（a）（2）（b）4 不可见，画成虚线。

4）整理轮廓线。将圆柱面的水平转向轮廓线延长至 3、4 点。

【例 5-21】 用辅助平面法，求作图 5-30a 中圆柱与半球的相贯线。

由图 5-30a、b 可以看出，圆柱与半球相贯，相贯线为前后对称的空间曲线，该曲线的 W 投影具有积聚性，积聚为圆。作图步骤：

1）求作特殊点。最高点、最右点为Ⅰ，最低点最左点为Ⅱ，最前点为Ⅴ，最后点为Ⅵ。转向点也是上述四个点。由 1′、2′ 点和 1″、2″ 点很容易根据投影规律求得 1、2 点。5′、6′ 点和 5、6 点的求法可用辅助平面法。用过圆柱最前、最后素线的水平面截切圆柱，得最前、最后素线，截切圆球得一个水平圆，在 H 投影中，该水平圆仍然为圆，这个圆与圆柱最前最后素线的交点即为 5、6 点，然后对应 V 投影找出 5′、6′ 点。

2）求作一般点。为作图方便，在 W 投影中，对称取两对点，3″、4″、7″、8″ 点，用辅助平面法，作出这些点的另外两面投影。如 3、4 点和 3′、4′ 点的求法：过 3″、4″ 点作一个辅助水平面，切圆柱得到两条素线，切半球得到一个水平圆，在 H 投影中，该圆与这两条素线的交点即为 3、4 点，根据投影规律由 3、4 点和 3″、4″点找出 3′、4′点。

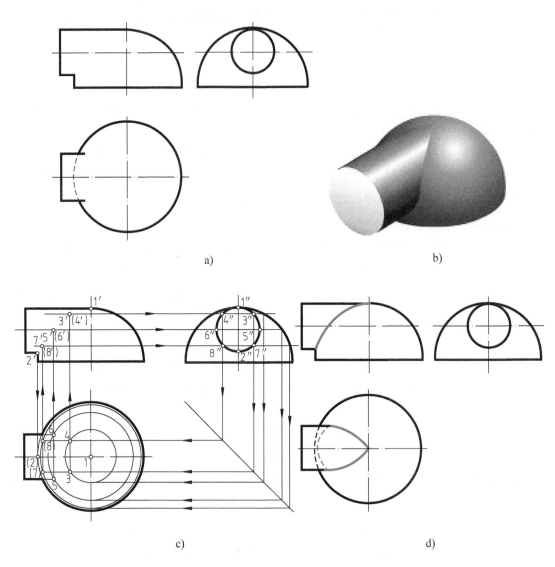

图 5-30 圆柱与半球相贯

a）已知条件   b）立体图   c）作图步骤   d）作图结果

3）连线，并判别其可见性。V 面投影，连接 1′3′5′7′2′为光滑粗实线，该相贯线前后对称，因此 1′4′6′8′2′应连成虚线与实线重合，就不再作出。H 投影中，连接 64135 为粗实线，827 对圆球虽然可见，但对圆柱不可见，因此连接 68275 为虚线。

4）整理轮廓线。曲面立体的转向轮廓线应画到相贯点为止，因此，圆柱最前、最后素线的 H 投影应该画到 5、6 点为止。

作图过程及结果如图 5-30c、d 所示。

5.5.2 求作两曲面立体相贯线的步骤

通过以上例题总结求作两曲面立体相贯线的步骤如下：

1）分析两曲面立体的形状、相对位置及相贯线的空间形状，分析相贯线的投影有无积聚性。

2）找出相贯线上的特殊点，并作出它们的各个投影。

① 转向点：曲面立体转向轮廓线上的点。

② 极限位置点：如最高点、最低点、最前点、最后点、最左点、最右点。

作出相贯线上的这些特殊点，目的是便于确定相贯线的范围和变化趋势。

3）作出一般点。为比较准确地作图，需要在特殊点之间插入若干一般点。

4）顺次将各点光滑连接并判别可见性。注意连接要光滑，轮廓线要到位。相贯线上的点只有同时位于两个曲面立体的可见表面上时，其投影才是可见的。否则，若其中的一个曲面不可见，或两个曲面均不可见时，则该相贯线段不可见。

5）整理转向轮廓线。将相贯的各转向轮廓线延长至相贯点，完成两相贯体的投影。

5.5.3 两曲面立体相贯线的特殊情况

两曲面立体（回转体）相交，其相贯线一般为空间曲线，但在特殊情况下，也可能是平面曲线或直线。

1）如图 5-31 所示，当两个回转体具有公共轴线时，相贯线为垂直于轴线的圆。

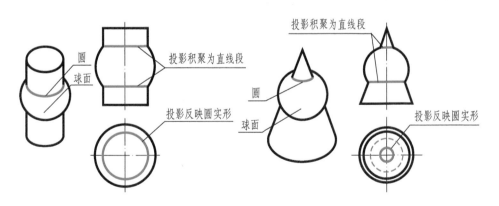

图 5-31 两个回转体具有公共轴线

2）如图 5-32 所示，当两圆柱轴线平行时，相贯线为两平行直线；两圆锥共锥顶时，相贯线为两相交直线。

3）如图 5-33 所示，当两圆柱或圆柱与圆锥轴线正交，并公切于同一个圆球时，相贯线为椭圆，该椭圆的正面投影为一直线段。

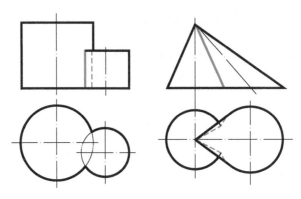

图 5-32　相贯线为直线

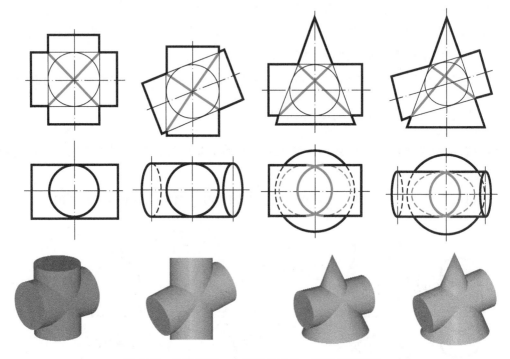

图 5-33　公切于同一个圆球的圆柱、圆锥的相贯线

5.5.4　圆柱、圆锥相贯线的变化规律

　　曲面立体相贯线的形状与相贯的两立体的形状、两立体的相对位置、两立体的大小有关。以下分别以圆柱与圆柱相贯、圆柱与圆锥相贯为例说明尺寸变化和相对位置变化对相贯线的影响。

1. 尺寸大小变化对相贯线的影响

1）两圆柱轴线正交。两圆柱轴线正交，尺寸变化时相贯线变化情况见表 5-4。

表 5-4 两圆柱轴线正交相贯线的变化情况

两圆柱直径变化情况	$d_1 < d_2$	$d_1 = d_2$	$d_1 > d_2$
立体图	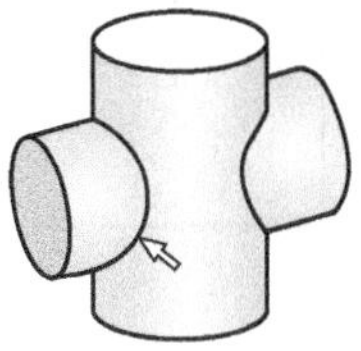	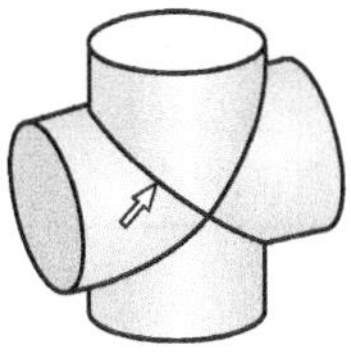	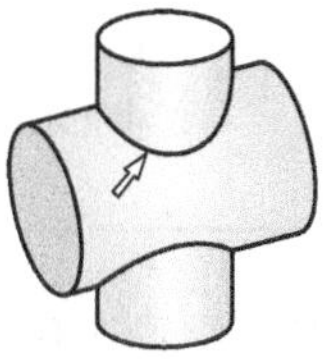
投影图	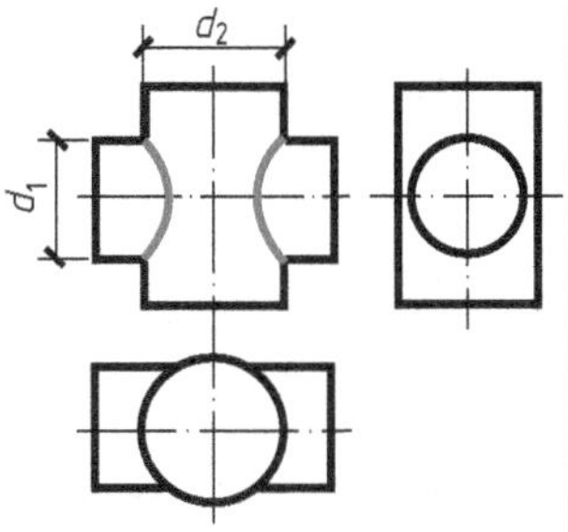	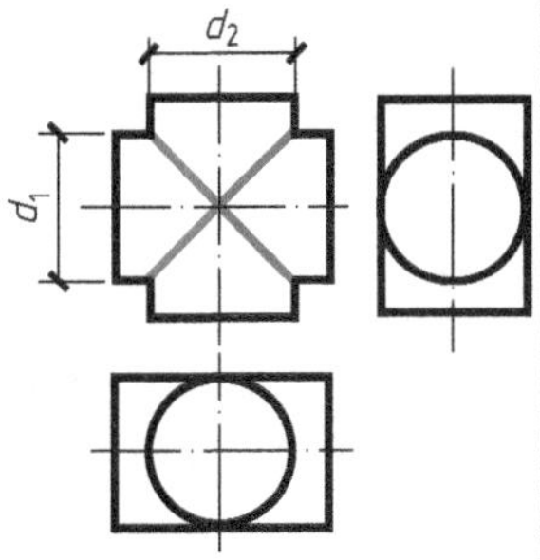	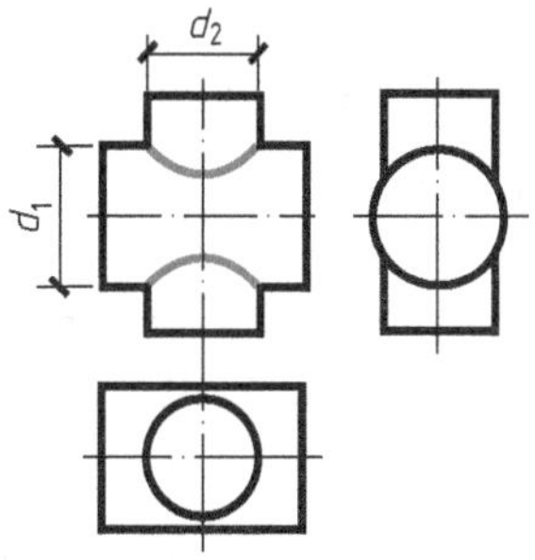
弯曲趋势	相贯线的弯曲趋势总是向大圆柱里弯曲，为左右两条封闭的空间曲线	相贯线从两条空间曲线变成两条平面曲线——椭圆，其正面投影为两条相交直线，水平投影和侧面投影均积聚为圆	相贯线为上下两条封闭的空间曲线

2）圆柱与圆锥轴线正交。当圆锥的大小和其轴线的相对位置不变，而圆柱的直径变化时，相贯线的变化情况见表 5-5。

表 5-5 圆柱与圆锥轴线正交相贯线的变化情况

圆柱变化情况	圆柱穿过圆锥	圆柱与圆锥公切于一球	圆锥穿过圆柱
立体图	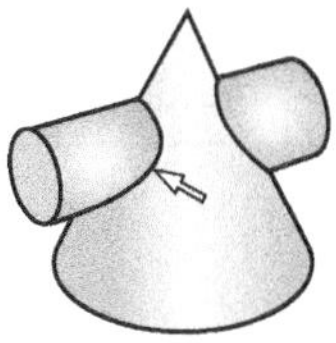	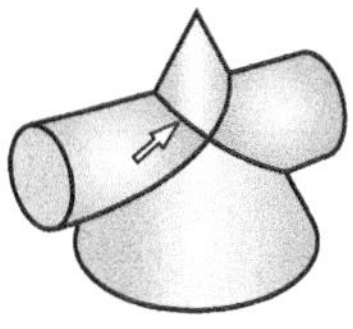	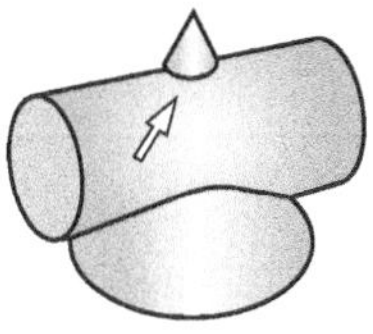
投影图	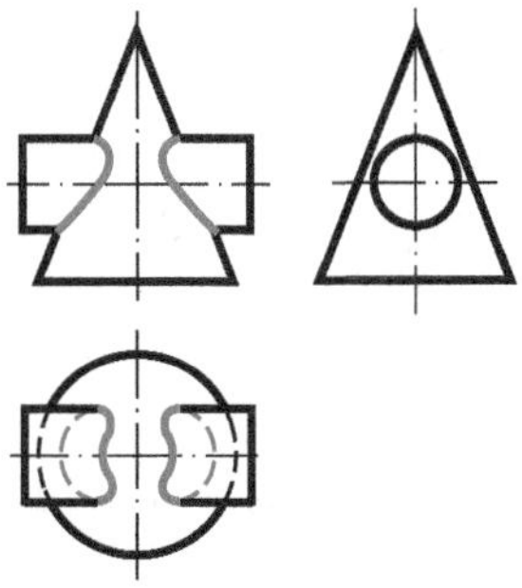	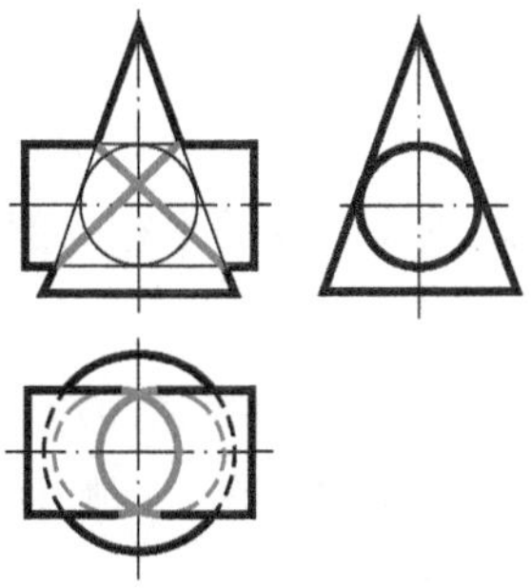	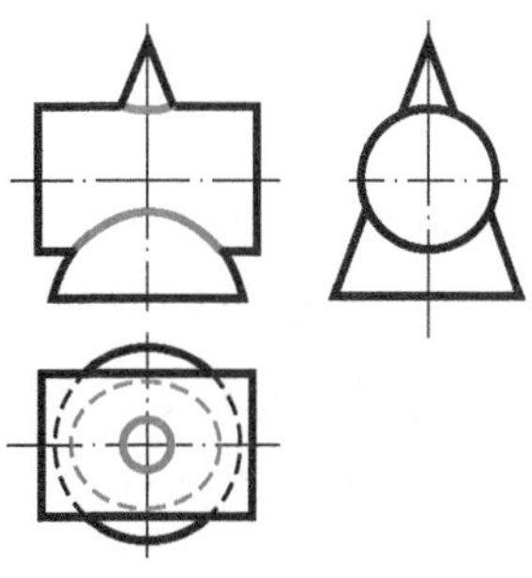

（续）

圆柱变化情况	圆柱穿过圆锥	圆柱与圆锥公切于一球	圆锥穿过圆柱
弯曲趋势	相贯线的弯曲趋势总是向大圆锥里弯曲，相贯线为左右两条封闭的空间曲线	相贯线从两条空间曲线变成平面曲线——椭圆，其正面投影为两相交直线，水平投影和侧面投影均积聚为椭圆和圆	相贯线为上、下两条空间曲线

2. 相对位置变化对相贯线的影响

两相交圆柱直径不变，改变其轴线的相对位置，则相贯线也随之变化。

表 5-6 给出了两相交圆柱，其轴线成交叉垂直，两圆柱轴线的距离变化时，其相贯线的变化情况。

表 5-6　两相交圆柱相贯线的变化情况

相对位置变化情况	大圆柱与小圆柱全贯	大圆柱与小圆柱互贯	大圆柱与小圆柱相切
投影图	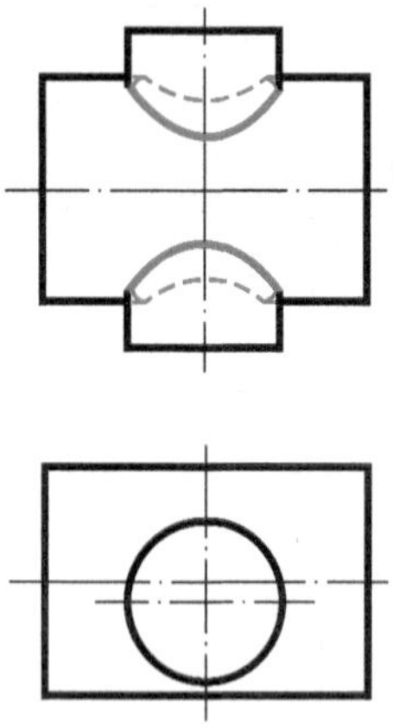	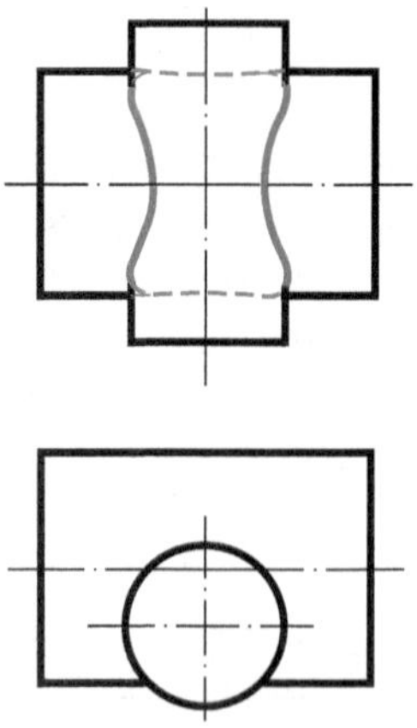	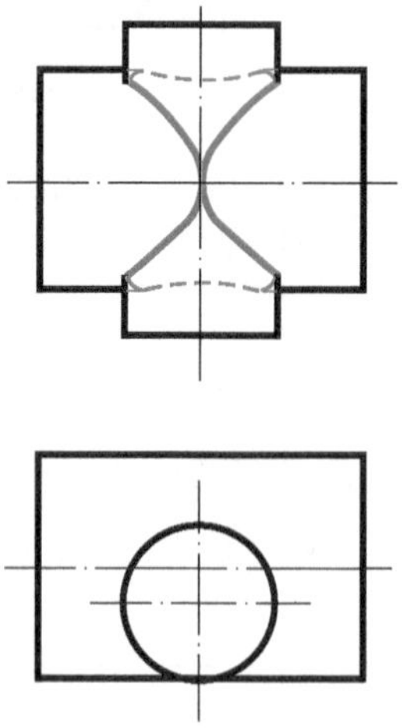
弯曲趋势	相贯线为上下两条封闭的空间曲线	相贯线为一条封闭的空间曲线	相贯线由两条变为一条空间曲线，并相交于切点

5.5.5　两圆柱相贯时相贯线的简化画法

1. 两非等径圆柱正交相贯线的近似画法

两圆柱正交直径相差较大时，在与两圆柱轴线所确定的平面平行的投影面上的相贯线投影可以采用圆弧代替。作图时，以较大圆柱的半径为圆弧半径，其圆心在小圆柱轴线上，相贯线弯向较小的立体，如图 5-34 所示。

2. 两直径相差很大的圆柱正交相贯线的简化画法

当小圆柱的直径与大圆柱相差很大时，在与两圆柱轴线所确定的平面平行的投影面上的相贯线投影可以采用直线代替，如图 5-35 所示。

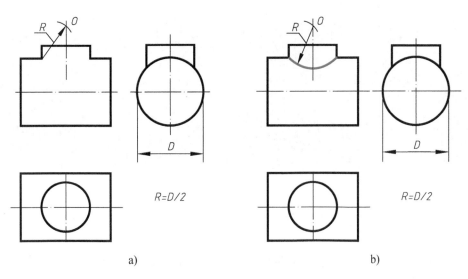

a)   b)

图 5-34 两非等径圆柱正交相贯线的近似画法

a）已知条件与作图过程 b）作图结果

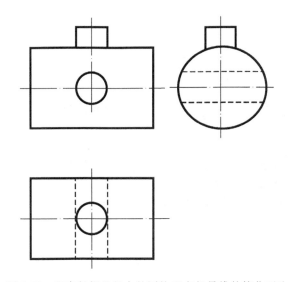

图 5-35 两直径相差很大的圆柱正交相贯线的简化画法

第6章 工程曲面

> **本章提要：**
> 本章主要介绍建筑工程中常见的曲面的形成及其投影图的画法。

在建筑工程中，会遇到各种各样的曲面，这些曲面称为工程曲面。图6-1即为曲面在建筑中的应用举例。

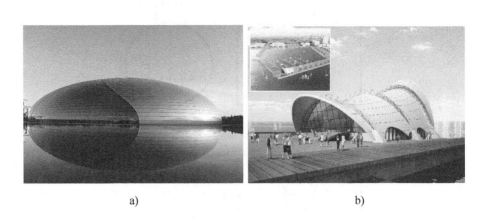

a)　　　　　　　　　　　　　　　　　b)

图 6-1　曲面应用

a）国家大剧院　b）青岛奥帆中心剧场

■ 6.1　曲面的形成和分类

6.1.1　曲面的形成

曲面是由直线或曲线在一定约束条件下运动而形成的。这条运动的直线或曲线，称为曲面的母线。母线运动时所受的约束，称为运动的约束条件。由于母线的不同，或约束条件的不同，便形成不同的曲面。例如圆柱面可以看成由直母线绕与它平行的轴线旋转而形成。

当母线运动到曲面上任一位置时，称为曲面的素线。曲面也可认为由若干按一定条件而紧靠着的素线所组成。

在约束条件中，把约束母线运动的直线或曲线称为导线，而把约束母线运动状态的平面称为导平面。如图6-2中的轴线 O 即为导线。

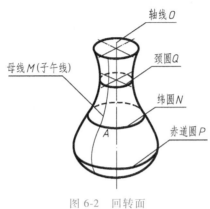

图 6-2　回转面

6.1.2　曲面的分类

1. 根据母线的运动方式分类

根据母线的运动方式划分，可以将曲面分为回转面和非回转面。

（1）回转面　这类曲面由母线绕一轴线旋转而形成。母线绕轴线旋转时，母线上任一点（见图6-2中 A 点）的运动轨迹都是一个垂直于回转轴的圆，该圆称为回转面的纬圆。曲面上比它相邻两侧的纬圆都大的纬圆，称为曲面的赤道圆。曲面上比它相邻两侧的纬圆都小的纬圆，称为曲面的颈圆。过轴线的平面与回转面的交线，称为子午线，它可以作为该回转面的母线。

（2）非回转面　这类曲面由母线根据其他约束条件运动而形成。

2. 根据母线的形状分类

根据母线的形状划分，可以将曲面分为直纹曲面和非直纹曲面。

（1）直纹曲面　这类曲面由直母线运动而形成。

（2）非直纹曲面　这类曲面由曲母线运动而形成。

在建筑物中常见的非回转曲面是由直母线运动而形成的直纹曲面。直纹曲面可划分以下两种：

1）可展直纹曲面：曲面上相邻的两素线是相交或平行的共面直线。这种曲面可以展开，常见的可展直纹曲面有锥面和柱面。

2）不可展直纹曲面（又称为扭面）：曲面上相邻两素线是交叉的异面直线。这种曲面只能近似地展开，常见的扭面有双曲抛物面、锥状面和柱状面。

■ 6.2 柱面和锥面

6.2.1 柱面

　　直母线 M 沿着曲导线 L 移动，并始终平行于一直导线 K 时，所形成的曲面称为柱面，如图 6-3a 所示。画柱面的投影图时，也必须画出曲导线 L、直导线 K 和一系列素线的投影，如图 6-3b 所示。柱面上相邻的两素线是平行直线。

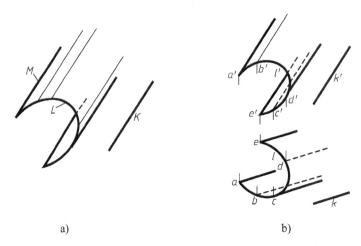

a)　　　　　　　　　　　　　　　　　　b)

图 6-3　柱面及其投影

a）立体图　b）投影图

　　柱面也是以它的正截交线的形状来命名的。如图 6-4a 为正圆柱面，图 6-4b 为椭圆柱面，图 6-4c 为椭圆柱面（其正截交线是椭圆），但它是以底圆为曲导线，母线与底圆倾斜，所以通常称为斜圆柱面。以平行于柱底的平面截该曲面时，截交线是一个圆。

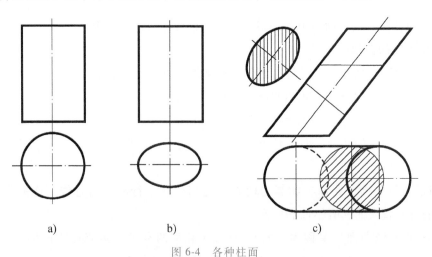

a)　　　　　　　　　b)　　　　　　　　　c)

图 6-4　各种柱面

a）正圆柱面　b）椭圆柱面（一）　c）椭圆柱面（二）

柱面在建筑物造型中用得非常多，如图 6-5 所示柱面在建筑中的应用。

图 6-5　柱面在建筑中的应用

6.2.2　锥面

直母线 M 沿着一曲导线 L 移动，并始终通过一定点 S，所形成的曲面称为锥面，如图 6-6a 所示，定点 S 称为锥顶。曲导线 L 可以是平面曲线，也可以是空间曲线；可以是闭合的，也可以是不闭合的。锥面上相邻的两素线是相交二直线。

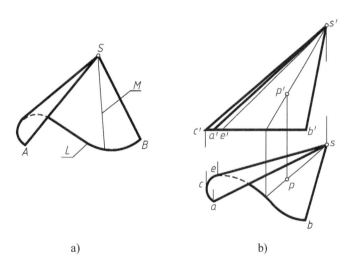

a)　　　　　　　　　　　　　b)

图 6-6　锥面及其投影

a) 立体图　b) 投影图

作锥面的投影图，必须画出锥顶 S 和曲导线 L 的投影，并画出一定数量的素线的投影，其中包括不闭合锥面的起始、终止素线（如 SA、SB），各投影的轮廓素线（如 V 投影轮廓素线 SC，H 投影轮廓 SE）等。作图结果如图 6-6b 所示。

各锥面是以垂直于轴线的截面（正截面）与锥面的交线（正截交线）形状来命名。如图 6-7a 为正圆锥面；图 6-7b 为椭圆锥面；图 6-7c 曲面圆的正截交线为一个椭圆，因此是一个椭圆锥面，但它的曲导线为圆，轴线倾斜于圆所在的平面，所以通常称为斜圆锥面。以平行于锥底的平面截该曲面时，截交线为一个圆。锥面在建筑中的应用如图 6-8 所示。

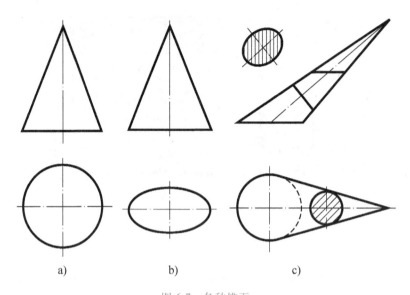

a)   b)   c)

图 6-7 各种锥面

a）正圆锥面 b）椭圆锥面（一） c）椭圆锥面（二）

图 6-8 锥面在建筑中的应用

■ 6.3 柱状面和锥状面

6.3.1 柱状面

柱状面是由直母线沿着两条曲导线移动，并始终平行于一个导平面而形成的。如图 6-9a

所示，柱状面的直母线 AC，沿着曲导线 AB 和 CD 移动，并始终平行于铅垂的导平面 P。如图 6-9b 所示，以 V 面为导平面（或平行于 V 面），以 AB 和 CD 为导线所作出的锥状面投影图。

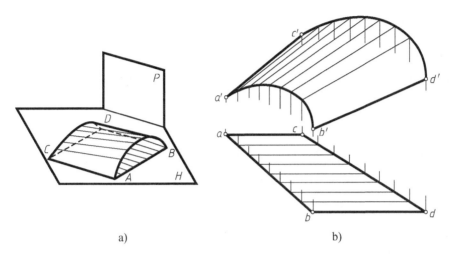

a)　　　　　　　　　　　　　b)

图 6-9　柱状面

a）形成柱状面　b）投影图

6.3.2　锥状面

锥状面是由直母线沿着一条直导线和一条曲导线移动，并始终平行于一个导平面而形成的。如图 6-10a 所示，锥状面的直母线 AC 沿着直导线 CD 和曲导线 AB 移动，并始终平行于铅垂的导平面 P。如图 6-10b 所示，以铅垂面 P 为导平面（不平行于 V 面），以 AB 和 CD 为导线所作出的锥状面投影图。

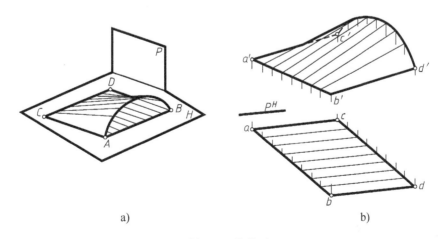

a)　　　　　　　　　　　　　b)

图 6-10　锥状面

a）形成锥状面　b）投影图

■ 6.4 螺旋线与螺旋面

6.4.1 圆柱螺旋线

1. 形成

若曲线上所有的点均位于同一平面上，则此曲线称为平面曲线，如圆、椭圆、双曲线和抛物线等。若曲线上任意四个连续的点不在同一平面上，则此曲线称为空间曲线，最常见的空间曲线是圆柱螺旋线。

当一个动点 M 沿着一直线等速移动，而该直线同时绕与它平行的一轴线 O 等速旋转时，动点的轨迹就是一根圆柱螺旋线（见图 6-11）。直线旋转时形成一圆柱面，圆柱螺旋线是该圆柱面上的一根曲线。当直线旋转一周，回到原来位置时动点移动到位置 M_1 点，M 点在该直线上移动的距离 MM_1，称为螺旋线的螺距，以 P 标记。

2. 圆柱螺旋线的分类

圆柱螺旋线按动点移动方向的不同分为右螺旋线和左螺旋线。

1）右螺旋线：螺旋线的可见部分自左向右上升，如图 6-12a 所示。右螺旋线上动点运动的规律可由右手法则来记：用右手握拳，动点沿着弯曲的四指向指尖方向转动的同时，沿着拇指的方向上升。

2）左螺旋线：螺旋线的可见部分自右向左上升，如图 6-12b 所示。左螺旋线动点的运动方向与左手手指方向相对应。

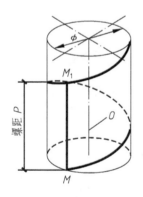

图 6-11　形成圆柱螺旋线

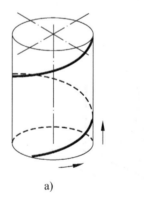
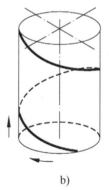

a)　　　　　　　　　　b)

图 6-12　圆柱螺旋线

a）右螺旋线　b）左螺旋线

3. 圆柱螺旋线的作图方法

圆柱的直径（或螺旋线的螺旋直径）ϕ、螺旋线的螺距 P、动点的移动方向是确定圆柱螺旋线的三个基本要素，若已知圆柱螺旋线的这三个基本要素，就能确定该圆柱螺旋线的投影。

【例 6-1】 已知圆柱的直径 φ，螺距 P，如图 6-13a 所示，求作该圆柱面上的右螺旋线。

作图步骤：

1）将 H 投影圆周分为若干等份（如十二等份），把螺距 P 也分为同等份数，如图 6-13b 所示。

2）从 H 投影的圆周上各分点引连线到 V 投影，与螺距相应分点所引的水平线相交，得螺旋线上各点的 V 投影 0′、1′、2′、…、11′、12′点，并将这些点用圆滑曲线连接起来，便是螺旋线的 V 投影。这是一根正弦曲线。在圆柱后半圆柱面上的一段螺旋线，因不可见而用虚线画出。圆柱螺旋线的水平投影，落在圆周上。

3）画出圆柱面的 W 投影。按照上一步的过程确定 0″、1″、2″、…、11″、12″点，并将这些点用圆滑曲线连接起来，便为螺旋线的 W 投影，如图 6-13c 所示。

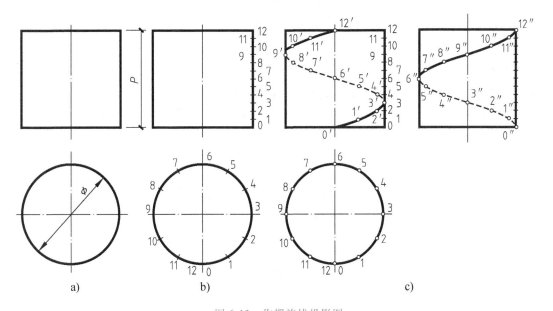

图 6-13 作螺旋线投影图

a）画出圆柱和螺距 b）等分圆周和螺距 c）右螺旋线的投影

6.4.2 螺旋面

1. 形成

螺旋面是锥状面的特例。它的曲导线是一条圆柱螺旋线，而直导线是该螺旋线的轴线。当直母线运动时，一端沿着曲导线，另一端沿着直导线移动，但始终平行于与轴线垂直的一个导平面，如图 6-14 所示。

2. 螺旋面的画法

若已知圆柱螺旋线及其轴 O 的两投影，由图 6-15a 可作出圆柱螺旋面的投影图，作图步骤如图 6-15b 所示。因螺旋线的轴 O⊥H 投影面，故螺旋面的素线 // H 投影面。

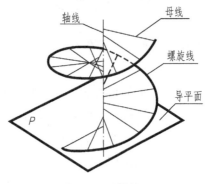

图 6-14　平螺旋面

1）素线的 *V* 投影是过螺旋线上各分点的 *V* 投影引到轴线的水平线。

2）素线的 *H* 投影是过螺旋线上的相应的各分点的 *H* 投影引向圆心的直线，即得螺旋面的两投影。

如果螺旋面被一个同轴的小圆柱面所截，如图 6-15c 所示，小圆柱面与螺旋面的所有素线相交，交线是一条与螺旋曲导线有相等螺距的螺旋线。该螺旋面是柱状面的特例。

3）作出螺旋面的 *W* 投影。按照上一步的过程确定 0″、1″、2″、⋯、11″、12″，并将这些点用圆滑曲线连接起来，便是螺旋线的 *W* 投影，如图 6-15c 所示。

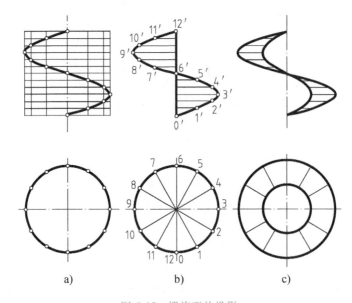

图 6-15　螺旋面的投影

a）螺旋线　b）螺旋面之一　c）螺旋面之二

【例 6-2】　完成图 6-16 楼梯扶手弯头的 *V* 投影。

作图步骤：

1）从所给投影图可看出，弯头是由一矩形截面 *ABCD* 绕轴线 *O* 做螺旋运动而形成的。运动后，截面的 AD 和 BC 边形成内、外圆柱面的一部分，而 AB 和 CD 边则分别形成螺旋面。

2）根据螺旋面的画法把半圆分成六等份，作出 AB 线形成的螺旋面。

3）同法作出 CD 线形成的螺旋面，判别可见性，完成 V 投影。作图步骤如图 6-16b、c 所示。

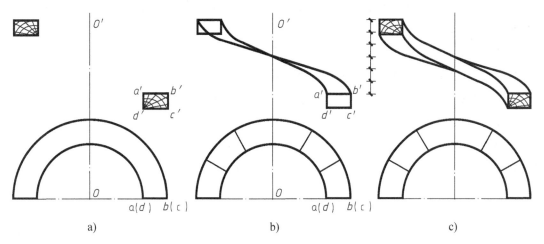

图 6-16　螺旋楼梯扶手弯头投影

a）已知条件　b）作过 AB 的螺旋面　c）完成投影图

■ 6.5　双曲抛物面

双曲抛物面是由直母线沿着两交叉直导线移动，并始终平行于一个导平面而形成的，如图 6-17 所示。双曲抛物面的相邻两素线是两交叉直线。如果给出两交叉直导线 AB、CD 和导平面 P，如图 6-18 所示，只要作出一系列素线的投影，便可完成该双曲抛物面的投影图。

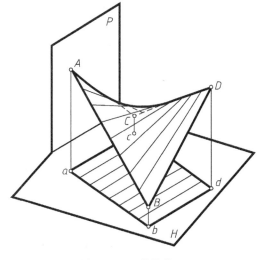

图 6-17　双曲抛物面

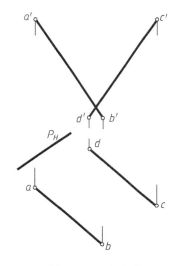

图 6-18　已知条件

作图步骤：

1）将直导线 AB 分为若干等份，如六等份，得各等分点的 H 投影 a、1、2、3、4、5、b 点和 V 投影 a'、$1'$、$2'$、$3'$、$4'$、$5'$、b' 点。

2）由于各素线平行于导平面 P，因此素线的 H 投影都平行于 P_H。例如作过分点Ⅱ的素线ⅡⅡ$_1$ 时先作 $22_1 /\!/ P_H$，求出 $c'd'$ 上的对应点 $2_1'$ 后，即可作出该素线的 V 投影 $2'2_1'$，过程如图 6-19a 所示。

3）同法作出过各等分点的素线的两面投影。

4）在 V 投影中，用光滑曲线作出与各素线 V 投影相切的包络线。这是一条抛物线，作图结果如图 6-19b 所示。

如果以原素线 AD 和 BC 作为导线，原导线 AB 或 CD 作为母线，以平行于 AB 和 CD 的平面 Q 作为导平面，也可形成同一个双曲抛物面，如图 6-19c 所示，因此，同一个双曲抛物面可有两组素线，各有不同的导线和导平面。同组素线互不相交，但每一素线与另一组所有素线都相交。

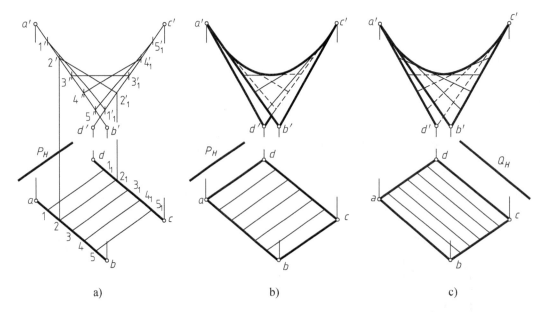

图 6-19　双曲抛物面的画法

a）作出素线　b）完成投影图　c）另一组素线

■ 6.6　单叶双曲回转面

1. 形成和特征

直母线 L 绕一条与它交叉的直线（旋转轴）旋转一周，所形成的曲面称为单叶双曲回转面，如图 6-20d 所示。从形成可知，单叶双曲回转面上相邻素线为交叉直线。直母线上距旋转轴最近点的轨迹为颈圆（又称为喉圆）。

2. 投影图画法

只要知道直母线和轴线，就可以作出单叶双曲回转面的投影。如已知旋转轴为铅垂线，并已知直母线 MN（m'n'，mn），如图 6-20a 所示。

作图步骤：

1）母线旋转时，每一点的运动轨迹都是一个垂直于 H 面的纬圆。作图时，先作出过母线两端点 M 和 N 的纬圆：以轴线的 H 投影 o 点为圆心，分别以 om 和 on 为半径作圆，即为所求两纬圆的 H 投影；这两个纬圆的 V 投影分别是过 m' 点和 n' 点的水平线段，长度等于纬圆的直径，如图 6-20b 所示。

2）把所作纬圆分别从 M 和 N 点开始，等分为相同等份，如进行十二等分，如图 6-20c 所示，MN 旋转 30°后，即为素线 PQ。根据其 H 投影 pq 作出 V 投影 p'q'。

3）顺次作出每旋转 30°后，各素线的 H 投影和 V 投影。

4）作出 V 投影轮廓线：引圆滑曲线作为包络线与各素线的 V 投影相切，作出来的 V 投影轮廓线是一对双曲线。因此，整个曲面也可以看成是由这对双曲线绕着它的虚轴旋转而成的。

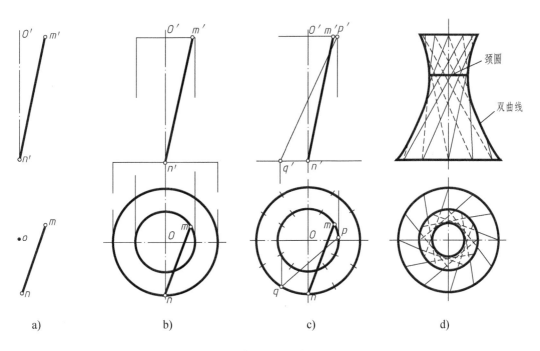

图 6-20 单叶双曲回转面的投影

a）已知轴线 O 和母线 MN b）作出过母线两端点的纬圆 c）作出素线 PQ d）作出整个曲面

3. 工程应用

单叶双曲回转面在土建工程中应用得较广泛，如冷凝塔等，如图 6-21 所示。

图 6-21　冷凝塔

第 7 章　组合体的投影图

本章提要：

　　本章主要介绍组合体的组合方式、组合体三面投影图的画法、组合体的尺寸标注的方法以及组合体的读图方法。

　　由基本立体按一定的组合方式组合而成的较为复杂的立体，称为组合体。组合体的投影，在制图课中起着承上启下的作用。

■ 7.1　组合体的形体分析

　　为了便于研究组合体，可以假想将组合体分解为若干简单的基本体，然后分析它们的形状、相对位置以及组合方式，这种分析方法称为形体分析法。形体分析法是组合体画图、读图和尺寸标注的基本方法。

7.1.1　组合体的组合方式

　　采用形体分析法对组合体进行分解，组合体的组合方式可以分为叠加、切割（包括穿孔）和综合三种形式。

　　一些比较复杂的形体，一般都可看作是由基本立体（如棱柱、棱锥、圆柱、圆锥、圆球等）通过叠加、切割或既有叠加又有切割而形成的。图 7-1a 所示的组合体是由一个四棱柱、一个圆柱、一个圆锥台叠加而成，图 7-1b 所示的组合体是由一个长方体被切割掉如图所示的两部分而成。图 7-2 所示组合体比较复杂，可以看成是由六个形体叠加而成的，Ⅱ、Ⅳ两个形体又是经过切割而形成的。

7.1.2　组合体相邻表面之间的结合关系

　　形成组合体的各基本体之间的表面结合有三种方式：相交、平齐（共面）、相切，在画投影图时，应注意这三种结合方式的区别，正确处理两结合表面的结合部位。

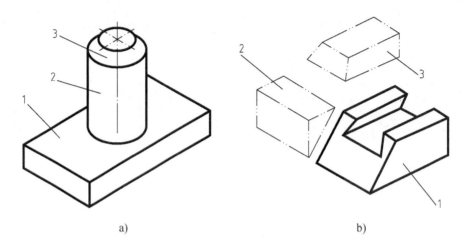

图 7-1　组合体的组合方式——叠加与切割

a）叠加　b）切割

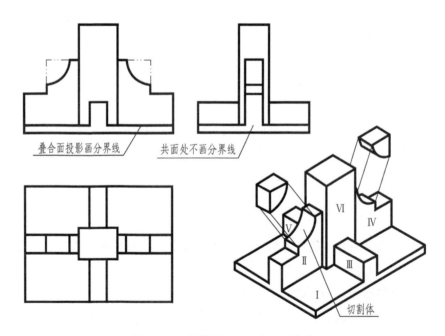

图 7-2　组合体的组合方式——综合

1. 相交

面与面相交时，要作出交线的投影。

两基本体的表面相交，在相交处必然产生交线，它是两基本体表面的分界线，必须作出交线的投影。如图 7-3a 中圆筒外表面与耳板之间的交线。

2. 平齐

两形体表面平齐时，不画分界线。

平齐（共面）是指两基本体的表面位于同一平面上，两表面没有转折和间隔，所以两表面间不画线。如图 7-3a 中圆筒上表面与耳板上表面之间平齐，图 7-3c 中的底板与上方形体前后表面都平齐，所以不画分界线。图 7-3b 中的底板与上方形体前面不平齐，应画分界线。

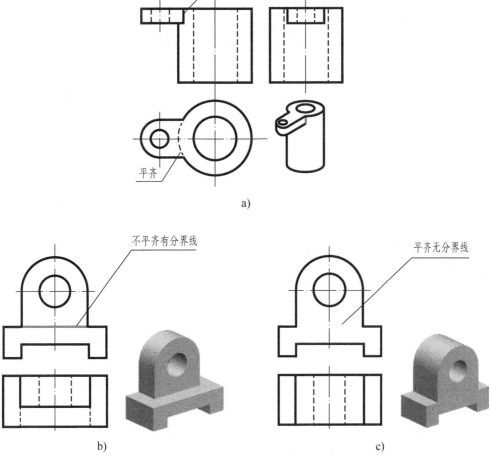

图 7-3　两形体表面相交和平齐

a）相交和平齐　b）不平齐表面有分界线　c）平齐表面无分界线

3. 相切

两表面相切时，相切处不画线。

相切可分为平面与曲面相切和曲面与曲面相切，不论哪一种，都是两表面的光滑过渡，不应画线。如图 7-4 中底板与左边圆筒外表面相切，相切处不画线。

而图 7-4 中右边大圆筒外表面与底板侧表面是相交关系，相交处要画交线。

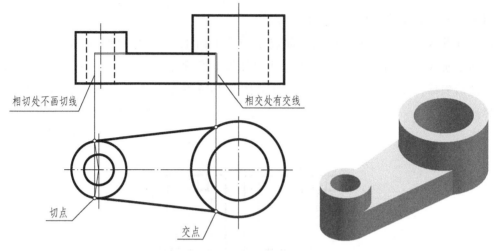

图 7-4　两形体表面相切和相交

■ 7.2　组合体的投影图画法

在作组合体的投影图时，应首先进行形体分析，确定组合体由哪几部分组成，并分析它们之间的结合形式和相对位置，然后作投影图。

本节以图 7-5a 所示肋式杯形基础为例，说明作建筑形体投影图的具体步骤：

1. 形体分析

分析组合体由哪些基本体所组成，它们的组合方式和相对位置如何，相邻表面之间是如何结合的。

如图 7-5 所示的肋式杯形基础，可以看成由四棱柱底板、中间四棱柱（其中挖去一楔形块）和 6 块梯形肋板叠加组成。中间四棱柱在底板中央，前、后各肋板的左、右外侧面与中间四棱柱左、右侧面共面，左、右两块肋板在四棱柱左、右侧面的中央，如图 7-5b 所示。

2. 确定安放位置

在确定形体安放位置时，应考虑形体的自然位置和工作位置，要掌握一个平稳的原则。根据基础在房屋中的位置，本着平稳的原则，形体应平放，使 H 面平行于底板底面，V 面平行于形体的正面。

3. 确定投影数量

确定投影的数量原则：用最少数量的投影把形体表达完整、清楚。根据组合的复杂程度，可采用单面投影、两面投影、三面投影，甚至更多的投影。

如图 7-6 所示的晒衣架，只用一个 V 投影，再加上文字说明钢筋的直径和混凝土块的厚度，就可以表达清楚。又如图 7-7 所示的几个不同形体，其形体特征由 V 投影和 H 投影能完全确定，所以就不需再作出 W 投影。

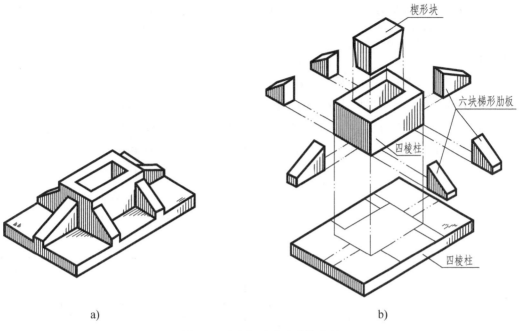

a)   b)

图 7-5 肋式杯形基础形体分析

a) 肋式杯形基础 b) 形体分析

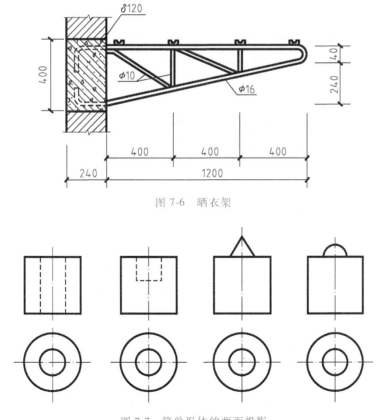

图 7-6 晒衣架

图 7-7 简单形体的两面投影

对于前述的肋式杯形基础，由于前后肋板的侧面形状要在 W 投影中反映，因此需要画出 V、H、W 三个投影。

4. 画投影图

在画组合体的投影图时，一般分为以下几步：

1）根据形体大小和注写尺寸所占的位置，选择适宜的图幅和比例。

2）布置投影图。先画出图框和标题栏线框，明确图纸上可以作图的范围，然后大致安排三个投影的位置，使每个投影在注完尺寸后，与图框的距离大致相等。

3）画投影图底稿。按形体分析的结果，使用绘图仪器和工具，顺次画出四棱柱底板（见图 7-8a）、中间四棱柱（见图 7-8b）、六块梯形肋板（见图 7-8c）和楔形杯口（见图 7-8d）的三面投影。

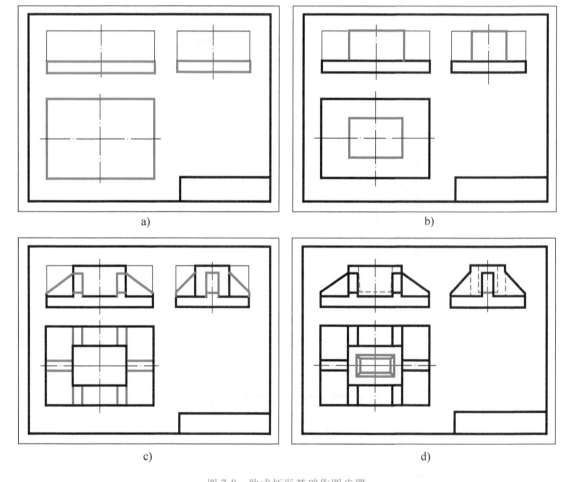

图 7-8　肋式杯形基础作图步骤

a）四棱柱底板　b）中间四棱柱　c）作出梯形肋板　d）作出楔形杯口并整理图形

画每一基本体时，先画其最具有特征的投影，然后按照"长对正、高平齐、宽相等"的对应规律，画其他投影。在 V、W 投影中杯口是看不见的，应画成虚线。

在画图时，特别要注意相邻表面结合方式等细节问题的处理。建筑物和构配件形体，实际上是一个不可分割的整体，形体分析仅仅是一种假想的分析方法。由于前后各肋板的左、右外侧面与中间四棱柱左、右侧面共面，不应该在它们之间画一条分界线；又如左边肋板的左侧面与底板的左侧面平齐，也就是共面关系，所以它们之间也不应画交线。

4）检查、加深图线。经检查无误之后，按各类线宽要求，对图形进行加深。

5. 标注尺寸

对形体的投影图进行尺寸标注。

6. 最后填写标题栏内各项内容，完成全图

所作的投影图，要求投影关系正确，尺寸标注齐全，布置均匀合理，图面清洁整齐，线型粗细分明，字体端正无误，符合"国标"规定。

■ 7.3 组合体的尺寸标注

组合体的投影图，仅仅表达形体的形状和各部分的相互关系，必须标注足够的尺寸，才能明确形体的实际大小和各部分的相对位置。

7.3.1 尺寸标注的种类

第1章中提到过尺寸分为定形尺寸和定位尺寸。对于组合体，通常还会有总体尺寸。

1. 定形尺寸

定形尺寸是确定组成组合体的各基本体大小的尺寸。基本体形状简单，只要标注它的长、宽、高或直径，即可确定它的大小。尺寸一般注在反映该形体特征的实形投影上，并尽可能集中标注在一两个投影的下方和右方。

如图7-9中组合体由两部分组成，一个底板，一个正立板，正立板的上半部分是个半圆柱，里面挖了个小圆柱形的孔。其中的定形尺寸包括：底板的长70，底板的宽30，底板的高10；正立板的半径24，圆孔直径24，厚度12等。

2. 定位尺寸

定位尺寸是确定组合体各组成部分之间的相对位置关系的尺寸。如图7-9中确定圆柱孔轴线高度的22等，有时定形尺寸也可以作定位尺寸用。

3. 总体尺寸

总体尺寸是确定组合体总长、总宽、总高的尺寸。如图7-9中的70是总长尺寸，30是总宽尺寸，56是总高尺寸。

7.3.2 基本立体的尺寸标注

组合体是由基本体组成的，熟悉基本体的尺寸标注法是组合体尺寸标注的基础。图7-10所示为常见的几种基本体（定形）尺寸的标注法。

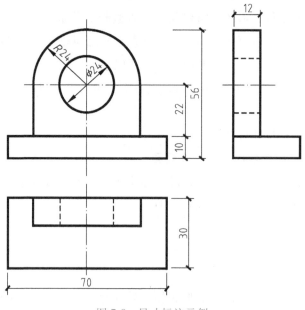

图 7-9　尺寸标注示例

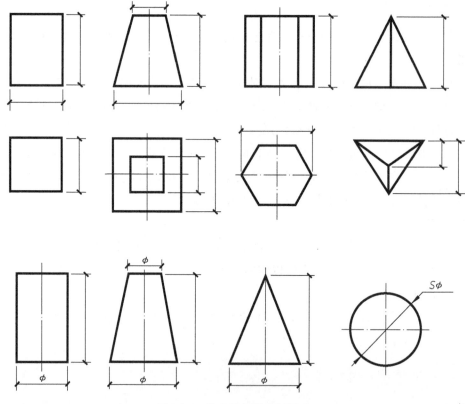

图 7-10　基本体的尺寸标注法

7.3.3 尺寸标注的基本要求和配置原则

1. 尺寸标注的基本要求

1）正确。要准确无误且符合制图标准的规定。

2）完整。所标注尺寸要完整，不能有遗漏。

3）清晰。尺寸布置要清晰，便于读图。

4）合理。尺寸标注要合理。

2. 尺寸标注的配置原则

确定了应标注哪些尺寸后，还应考虑尺寸如何配置，要注意以下几点：

1）尺寸标注要齐全，否则到施工时还得计算和度量。

2）一般应把尺寸布置在图形轮廓线之外，但又要靠近被标注的基本体。对某些细部尺寸，允许标注在图形内。

3）同一基本体的定形、定位尺寸，应尽量标注在反映该形体特征的投影图中，并把长、宽、高三个方向的定形、定位尺寸组合起来，排成几行，小尺寸在内，大尺寸在外。标注定位尺寸时，通常对圆形要确定圆心的位置，多边形要确定边的位置。

4）合理确定三个方向上的尺寸基准，一般将形体的底面、端面、轴线、对称面等作为标注尺寸的基准。

5）每一方向的细部尺寸的总和应等于该方向的总尺寸。

6）检查复核：标注尺寸是一项极严谨的工作，必须认真负责，一丝不苟。尺寸数字的书写必须正确无误和端正，同一张图幅内数字大小应一致。

7.3.4 组合体的尺寸标注

组合体标注尺寸的方法仍然是形体分析法，把建筑形体分解成若干基本体，先标注每一基本体的尺寸，然后标注建筑形体的总体尺寸，最后进行调整。以下以图 7-11 中的肋式杯形基础为例，介绍标注尺寸的步骤。

1. 标注定形尺寸

肋式杯形基础各基本体的定形尺寸：四棱柱底板长为 3000、宽为 2000 和高为 250；中间四棱柱长为 1500、宽为 1000 和高为 750；前后肋板长为 250、宽为 500、高为 600 和 100；左右肋板长为 750、宽为 250、高为 600 和 100；楔形杯口上底为 1000×500、下底为 950×450、高为 650 和杯口厚度为 250 等。

2. 标注定位尺寸

选择好尺寸基准。如肋式杯形基础，长度方向一般可选择左侧面或右侧面为起点，宽度方向可选择前侧面或后侧面为起点，高度方向一般以底面或顶面为起点。若物体是对称的，还可选择对称中心线作为标注长度和宽度尺寸的起点。

图 7-11 中基础的中间四棱柱的长、宽、高定位尺寸分别为 750、500、250；杯口

距离四棱柱的左右侧面为250，距离四棱柱的前后侧面为250。杯口底面距离四棱柱顶面为650，左右肋板的定位尺寸宽度方向为875，高度方向为250，长度方向因肋板的左右端面与底板的左右端面对齐，不用标注。同理，前后肋板的定位尺寸分别为750、250。

对于基础，还应标注杯口中线的定位尺寸，以便施工，如图7-11的投影中所标注的1500和1000。

3. 标注总尺寸

基础的总长和总宽即底板的长度为3000与宽度为2000，不用另加标注，总高尺寸为1000。

检查复核，完成尺寸标注。肋式杯形基础尺寸标注结果如图7-11所示。

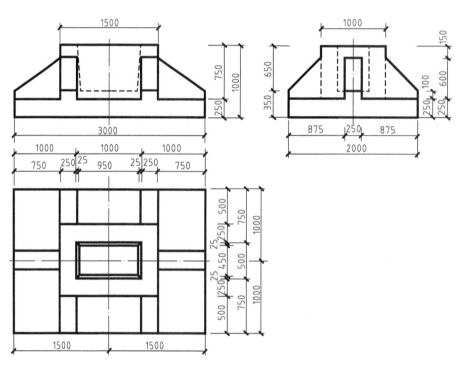

图7-11　肋式杯形基础的尺寸标注

■ 7.4　阅读组合体的投影图

根据组合体的投影图想象出物体的空间形状和结构，这一过程就是读图。在读图时，常以形体分析法为主，即以基本体的投影特征为基础，在投影图上分析组合体各个组成部分的形状和相对位置，然后综合起来确定组合体的整体形状。当图形较复杂时，也常用线面分析法帮助读图。线面分析法是在形体分析法的基础上，根据线、面的投影关系，分析形体上线、面的空间关系和形状，从而把握形体的细部结构。

7.4.1　读图必备的基本知识和思维基础

1）熟练掌握三面投影的规律。即"长对正、高平齐、宽相等"的三等规律。掌握组合体上、下、左、右、前、后各个方向在投影图中的对应关系，如 V 投影能反映上、下、左、右的关系，H 投影能反映前、后、左、右的关系，W 投影能反映前、后、上、下的关系。

2）熟练掌握点、线、面、基本体以及它们切割叠加后的投影特性，能够根据它们的投影图，快速想象出基本体的形状。

3）熟练掌握形体各种投影图的画法，因为作图是读图的基础，而读图是作图的逆过程，同时是提高空间形象思维能力和投影分析能力的重要手段。熟练掌握尺寸的标注方法，能用尺寸配合图形，分析组合体的空间形状及大小。

4）要将各投影图结合起来进行分析。如图 7-12 所示形体的两面投影图，如果只根据 H 投影不能将形体的空间形状判断清楚的，必须结合 V 投影才能正确读图。又如图 7-13 所示，形体的 V 投影、H 投影相同，结合 W 投影才能想象出物体的形状。图 7-14 中的两组物体，其 V 投影、W 投影完全相同，H 投影不同则代表的形体形状不同。

5）可运用形体分析法逐步读图，必要时，结合线面分析法。

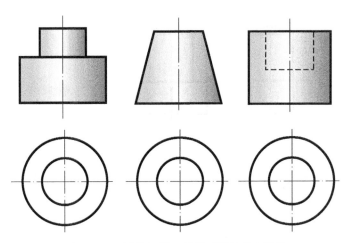

图 7-12　H 投影相同 V 投影不同的几个形体

图 7-13　H 投影、V 投影相同，W 投影不同

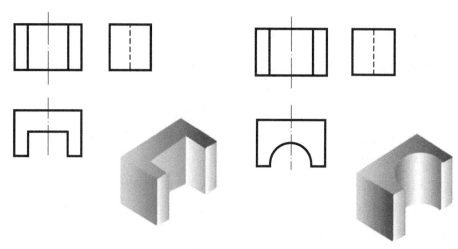

图 7-14 *V* 投影、*W* 投影相同，*H* 投影不同

　　运用线面分析法的关键在于弄清投影图中的图线和线框的含义，投影图中的图线可以表示两个面的交线或曲面的转向轮廓线或投影有积聚性的面。如图 7-15 所示，线条 1 代表一条表面交线，线条 2 代表一个面的积聚性投影，线条 3 代表曲面的转向轮廓线。而投影图中的线框通常可以表示：一个平面、一个曲面、一个孔、一个槽。

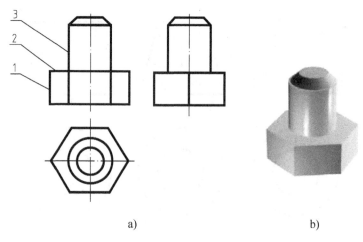

a)   b)

图 7-15   图线与线框的含义

a）投影图 b）立体图

7.4.2 读图的方法和步骤

　　读图最基本的方法就是形体分析法和线面分析法。一般是先要抓住最能反映形状特征的一个投影，结合其他投影，先进行形体分析，后进行线面分析；再由局部到整体，最后综合起来想象出该组合体的整体形象。

1. 形体分析法读图

　　运用形体分析法读图，通常分为三步：

1）看视图，分线框。

2）对投影，识形体。

3）定位置，综合想象立体的形状。

【例 7-1】　运用形体分析法想象出图 7-16a 所示组合体的整体形状。

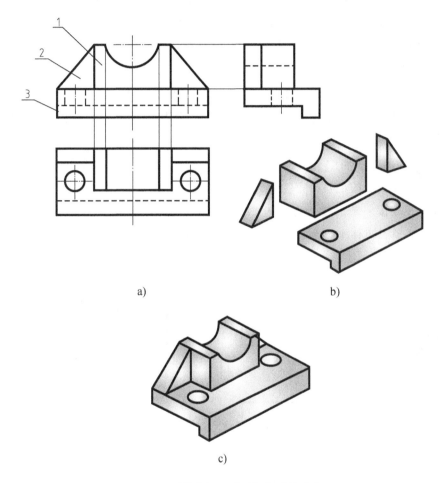

a)　　　　　　　　　　　　　b)

c)

图 7-16　形体分析法看图想象形体形状

a）看视图，分线框　b）对投影，识形体　c）定位置，综合想象立体的形状

由图 7-16 可知，形体的三个投影都已经给出，按照形体分析法，读图步骤如下：

1）看视图，分线框。对该组合体，我们从 V 投影入手，将 V 投影分为 1、2、3 三个线框，如图 7-16a 所示。

2）对投影，识形体。根据"长对正、高平齐、宽相等"的投影规律，线框 1 表示的应该是一个长方体，上方中间挖掉了一个半圆柱槽。线框 2 在 V 投影中是两个三角形，长对正、高平齐对应到 H 投影和 W 投影，可以看出这是两个三棱柱，这两个三棱柱分别在挖切的长方体的两侧，高度与挖切的长方体相同。再看线框 3，按照投影规律可以看出，线框 3 表示的是一个长方体底板上，后下挖掉了一块，前半部分左右对称挖了两个圆孔，如图 7-16b 所示。

3）定位置，综合想象立体形状。观察这三部分的相对位置，可以发现，挖切半圆柱槽的长方体与底板的后表面平齐，左右对称放在中间位置；两侧的三棱柱高度与挖切的长方体等高，后表面平齐，对称贴紧放在挖切的长方体两侧，而且两个三棱柱的长与挖切长方体的长度加起来，正好等于底板的长度。根据相对位置，将它们组合到一起，综合想象出组合体的整体形状如图 7-16c 所示。

2. 线面分析法读图

【例 7-2】 运用线面分析法想象出图 7-17a 中组合体的整体形状。

从三个投影可以确定该形体是平面立体，可以认为是由一个长方体切割而成的。读图步骤如下：

1）该组合体的 H 投影中有个线框 a，长对正上去 V 投影中没有类似形，对应的是一条直线，说明线框 a 代表的是一个正垂面，因此该长方体被一个正垂面切掉了左上角。这个正垂面的 V 投影积聚成一条直线，其 H 投影即图中的线框 a，高平齐，宽相等在 W 投影中有一个类似形，想象长方体被切割掉左上角的样子如图 7-17b 所示。

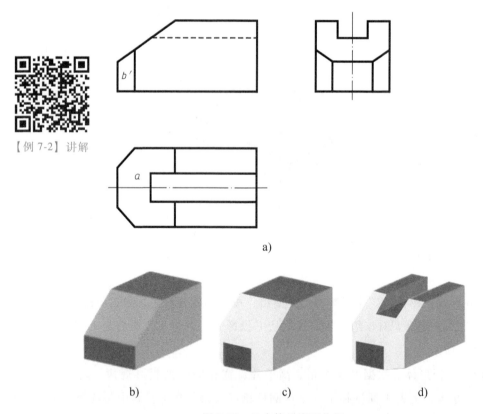

【例 7-2】讲解

a)

图 7-17 组合体的线面分析

a) 已知条件 b) 切掉左上角 c) 再切掉左前左后角 d) 组合体的形状

2）V 投影中划分一个线框 b'，根据投影规律，长对正下来，对着 H 投影左前、左后的两条直线，V 投影中也没有类似形，说明线框 b' 表示两个对称的铅垂面，切掉了长方体的左前左后角，在 W 投影中有两个类似形，形状如图 7-17c 所示。

3）从形体的 W 投影看，W 投影中间有一个凹槽，根据投影规律，高平齐在 V 投影中有一条虚线，结合 H 投影可以看出，这是由两个正平面一个水平面，切割掉了长方体的一部分，挖了个槽。将各线框综合，想象出组合体的整体形状，如图 7-17d 所示。

7.4.3 根据两投影图补作第三投影

根据已知两投影图，想象出形体的空间形状，再由想象中的空间形状画出其第三投影。这种训练是培养和提高读图能力，检验读图效果的一种重要手段，也是培养作图能力的一种重要方法。

由两投影补作第三投影的一般步骤：

1）通过粗略读图，想象出形体的大致形状。

2）运用形体分析法或线面分析法，想象出各部分的确切形状，根据"长对正、高平齐、宽相等"补作出各部分的第三投影，并由相互位置关系确定它们相邻表面间有无交线。

3）整理投影，加深图线。

【例 7-3】 如图 7-18a 所示，已知组合体的 V 投影和 H 投影，补作 W 投影。

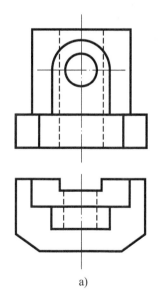

a)

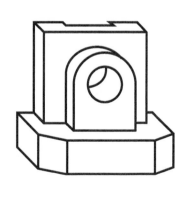

b)

图 7-18 根据两投影补作第三投影（一）

a）已知条件 b）立体图

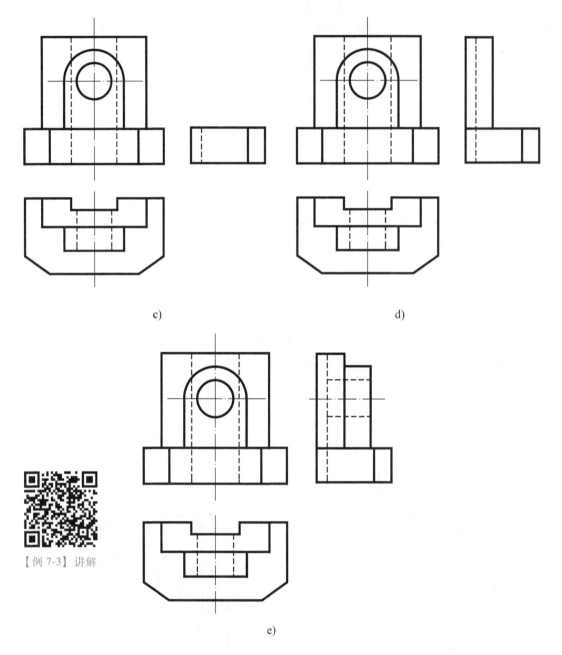

图 7-18　根据两投影补作第三投影（一）（续）

c）作出底板的 W 投影　d）作出立板的 W 投影　e）作图结果

分析：

图 7-18a 所示的组合体，可以看作由 3 部分组成。第一部分是下部结构（一底板），底板可以看成一个长方体后部中间挖了一个槽，前面两侧对称各切掉一个角。第二部分是后表面与底板平齐居中对称立起来一个长方体，同时后部中间也挖了一个方形的槽，和底板上的

槽对齐。第三部分是长方体的立板前面有一个形体，相当于一个小长方体和一个半圆柱相切连接，里面挖了一个圆柱形的孔，这个孔是连长方体立板一起挖通了的。

想象其立体图如图7-18b所示。

作图步骤：

注意每一部分都要符合"长对正、高平齐、宽相等"的投影规律。

1）作出底板的 W 投影，外轮廓为一矩形，底板后部的切槽为一虚线，两侧切角画成实线，如图7-18c所示。

2）作长方体立板，如图7-18d所示。

3）作前面形体及挖切圆孔的投影。

4）检查图稿，加深图线，完成作图，如图7-18e所示。

【例7-4】　如图7-19a所示，已知组合体的 V 投影和 W 投影，补作其 H 投影。

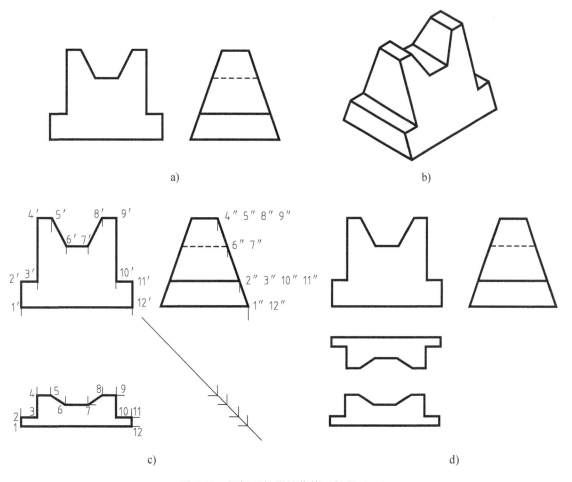

图 7-19　根据两投影补作第三投影（二）

a）已知条件　b）立体图　c）作出前表面的 H 投影　d）作出后表面的 H 投影

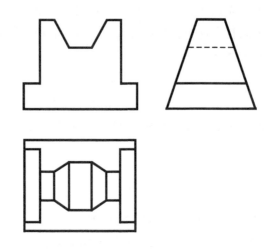

【例 7-4】讲解

e)

图 7-19　根据两投影补作第三投影（二）（续）

e）作图结果

分析：

由图 7-19a 可知，该形体的 V 投影只有一个线框，一个线框代表一个平面或者一个曲面，而通过观察该形体为平面立体，所以 V 投影中的线框应该代表一个平面。高平齐对应到 W 投影中，没有类似形，说明这个平面是一个侧垂面，在 W 面的投影具有积聚性。W 投影前后对称，所以这个线框在 W 投影中应该对应着前表面那条线，同样后表面也有一个对称的侧垂面。想象立体的样子如图 7-19b 所示。

作图步骤：

1）作前表面的 H 投影。为了防止错点漏点，将 V 投影的 12 个顶点进行编号，高平齐对应到 W 投影的前表面，根据投影规律画出这 12 个点的 H 投影，并顺次连接，如图 7-19c 所示；这个侧垂面的 H 投影与 V 投影是类似形。

2）作后表面的 H 投影：后表面与前表面对称，根据投影规律将后表面的 H 投影作出来，如图 7-19d 所示。

3）从上往下看，前后表面由五个水平面和两个正垂面连到一起，各个面之间的交线均为正垂线。将这些正垂线的 H 投影补全。

4）检查图稿，加深图线，完成作图，如图 7-19e 所示。

【例 7-5】　如图 7-20a 所示，已知组合体的 V 投影和 W 投影，补作 H 投影。

图 7-20a 所示的组合体，可以看作由 4 部分叠加组成。Ⅰ、Ⅱ、Ⅲ均可看作是经过切割而形成的形体，Ⅳ为一个三棱锥，它的三个侧面均相互垂直，如图 7-20b 所示。作图步骤如下：

1）作出底板Ⅰ的 H 投影，如图 7-21a 所示。

2）作底板上部右侧的四棱柱Ⅲ的 H 投影，如图 7-21b 所示。

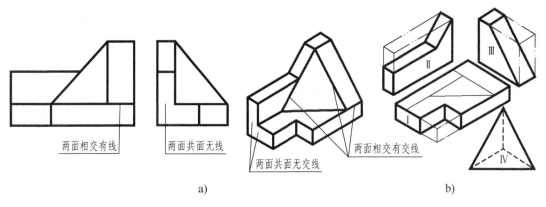

图 7-20　已知组合体的两面投影

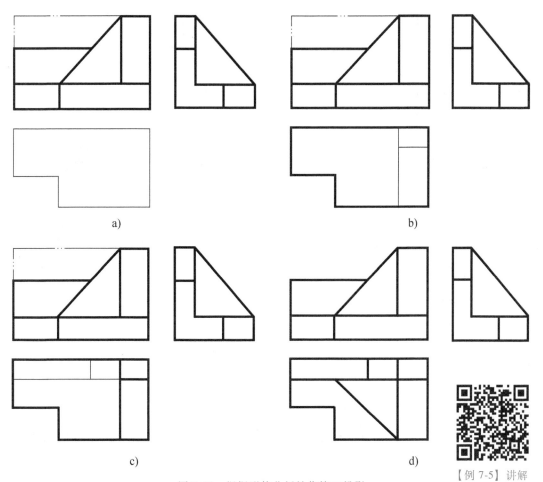

图 7-21　根据形体分析补作第三投影

a) 作出底板的 *H* 投影　　b) 作出右侧四棱柱Ⅲ的 *H* 投影　　c) 作出形体Ⅱ的 *H* 投影

d) 作出三棱锥Ⅳ的 *H* 投影，整理作图结果

【例 7-5】讲解

3）作底板上部后侧的形体Ⅱ的 *H* 投影，如图 7-21c 所示。

4）作三棱锥Ⅳ的 *H* 投影，检查图稿，加深图线，完成作图，如图 7-21d 所示。

7.4.4 补作三面投影图中所缺的图线

补作三面投影图中所缺的图线是读图、作图训练的另一种基本形式。它往往是给出形体的三面投影图，但三面投影图中有一些线条遗漏，需要根据三面投影图的对应规律，从每一面投影中的局部结构入手，由投影规律补作完其余的投影。

【例 7-6】讲解

【例 7-6】 如图 7-22a 所示，补作三面投影图中所缺的图线。

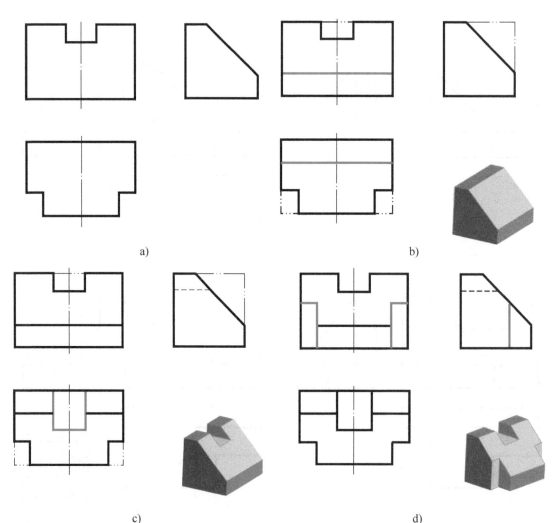

图 7-22 补作三面投影图中所缺的图线

根据所给的不完整的投影图，想象出组合体的形状。虽然所给投影图不完整，但仍然可以看出这是一个长方体经切割而成的组合体；由 *W* 投影可以看出长方体被侧垂面切去前上角；由 V 投影想象出一个长方体被两个侧平面、一个水平面从中间上方挖了一个槽；由 H 投影可以看出，在前两次切割的基础上，由两个侧平面和一个正平面在左前和右前各切掉一部分，想象出组合体的完整形状。

补线过程需要根据组合体的形状和形成过程，逐步添加图线。在添加图线时要严格遵守"长对正、高平齐、宽相等"的投影规律。

侧垂面切去其前上角，应在 H 投影和 V 投影图中添加相应的图线，如图 7-22b 所示；再补作两个侧平面和水平面的切槽，该槽在 W 投影中应该补画一条虚线，H 投影中补作三条直线，如图 7-22c 所示；最后补画形体切掉左前、右前角，在 V 投影和 W 投影中产生的交线，补图结果以及立体的形状如图 7-22d 所示。

第8章 轴测投影

本章提要：

本章主要介绍轴测投影的形成、轴测投影的有关术语和分类；通过一系列例题，详细介绍了正等轴测图、斜轴测图和剖切轴测图的画法。

如图 8-1a 所示，形体的多面正投影图，能够完整、准确地表示形体的形状和大小，作图也比较简便。但是，这种图立体感不强，没有经过读图训练的人很难看懂，必须对照几个投影图并运用正投影原理进行阅读，才能想象出物体的形状，仅凭一个投影图无法表达长、宽、高三个方向的尺寸。

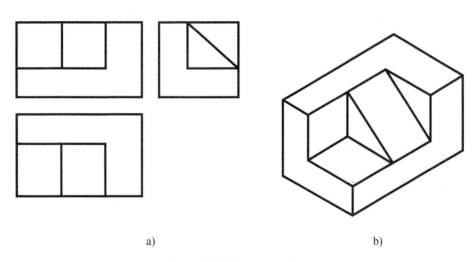

a)   b)

图 8-1　物体的投影图和轴测图

a）投影图　b）轴测图

图 8-1b 为立体的轴测图，轴测图的优点是立体感强，但是它不能直接反映物体的真实大小，度量性差，作图也较麻烦，所以多数情况下只能作为一种辅助图样，用来表达某些建筑物及其构配件的整体形状和节点的搭接情况等。

■ 8.1 轴测投影的基本知识

8.1.1 轴测投影的形成

如图 8-2 所示，先在物体上建立直角坐标系，把形体连同其三条坐标轴一起，沿着不平行于任一坐标平面的方向，用平行投影的方法投影在单一投影面 P 上，所得到的具有立体感的投影，称为轴测投影。

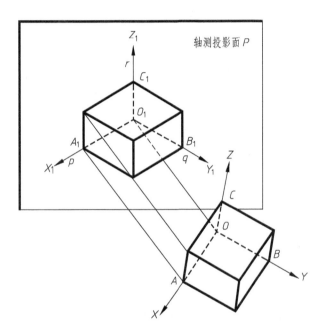

图 8-2　轴测投影的形成

8.1.2 轴测投影的有关术语

1. 轴测投影面

在轴测投影中，投影面 P 称为轴测投影面。

2. 轴测轴

形体上的三条坐标轴 OX、OY、OZ 在轴测投影面上的轴测投影 O_1X_1、O_1Y_1、O_1Z_1，称为轴测轴，作图时，O_1Z_1 轴一般画成竖直方向，如图 8-2 所示。

3. 轴间角

轴测轴之间的夹角，即 $\angle X_1O_1Z_1$、$\angle X_1O_1Y_1$、$\angle Y_1O_1Z_1$，称为轴间角。

4. 轴向伸缩系数

沿着轴测轴方向上某直线段投影的长度与它在空间直角坐标轴上的实长之比，称为轴向伸缩系数。令：

1）$p = O_1A_1/OA$，称为 OX 轴向伸缩系数。

2）$q = O_1B_1/OB$，称为 OY 轴向伸缩系数。

3）$r = O_1C_1/OC$，称为 OZ 轴向伸缩系数。

轴间角和轴向伸缩系数是绘制轴测投影时必须具备的要素，不同类型的轴测投影，有其不同的轴间角和轴向伸缩系数。

8.1.3 轴测投影的分类

根据投影方向与轴测投影面的相对位置，可将轴测投影分为两大类，即正轴测投影和斜轴测投影。

1. 正轴测投影

当投影方向垂直于轴测投影面时，得到的轴测投影称为正轴测投影。

在正轴测投影中：三个轴向伸缩系数均相等的，称为正等轴测图（$p = q = r$）；两个轴向伸缩系数相等的，称为正二轴测图（$p = q \neq r$ 或 $p = r \neq q$ 或 $p \neq q = r$）；三个轴向伸缩系数均不相等的，称为正三轴测图（$p \neq q \neq r$）。

2. 斜轴测投影

当投影方向倾斜于轴测投影面时，得到的轴测投影称为斜轴测投影。

在斜轴测投影中：三个轴向伸缩系数均相等的，称为斜等轴测图（$p = q = r$）；两个轴向伸缩系数相等的，称为斜二轴测图（$p = q \neq r$ 或 $p = r \neq q$ 或 $p \neq q = r$）；三个轴向伸缩系数均不相等的，称为斜三轴测图（$p \neq q \neq r$）。

上述类型中，由于正三测投影和斜三测投影作图比较烦琐，所以较少采用，本章主要介绍常用的正等轴测图、正面斜二轴测图和水平斜等轴测图的画法。

8.1.4 轴测投影的特性

由于轴测投影为平行投影，所以它具有平行投影的投影特性，即：

1. 平行性

互相平行的直线其轴测投影仍平行。因此，形体上平行于三个坐标轴的线段，在轴测投影上，都分别平行于相应的轴测轴。

2. 度量性

形体上平行于坐标轴的线段的轴测投影与线段实长之比，等于相应的轴向伸缩系数。

3. 变形性

形体上与坐标轴不平行的直线，具有不同的伸缩系数，不能在轴测图上直接量取，而要先定出直线的两端点的位置，再画出该直线的轴测投影。

4. 定比性

线段上的点分割线段之比，与其轴测投影分隔线段的轴测投影之比相等。

8.1.5　轴测投影图的画法

在轴测图中，用粗实线作出物体的可见轮廓，为了使作出的图形立体感强，物体的不可见轮廓线通常不画，必要时可用虚线作出。

根据形体的正投影图作其轴测图时，一般采用以下的基本作图步骤：

1）分析形体并在形体上建立直角坐标系，坐标原点一般设在形体的角点或对称中心上。

2）选择轴测图的种类与合适的投影方向，确定轴测轴及轴向伸缩系数。

3）根据形体特征选择合适的作图方法，常用的作图方法：坐标法、叠加法、切割法、网格法。

① 坐标法：利用形体上各顶点的坐标值作出轴测图的方法。

② 叠加法：先把形体分解成基本体，再逐一作出每一基本体的方法。

③ 切割法：先把形体看成是一个长方体，再逐一画出截面的方法。

④ 网格法：对于曲面立体先找出曲线上的特殊点，过这些点作平行于坐标轴的网格线，得到这些点的坐标值，然后把这些点连接起来的方法。

4）画底稿。

5）检查底稿，加深图线。

■ 8.2　正等轴测投影

前述已经知道，根据 $p=q=r$ 所作出的正轴测投影，称为正等轴测投影。正等测的轴间角 $\angle X_1O_1Z_1 = \angle X_1O_1Y_1 = \angle Y_1O_1Z_1 = 120°$，轴向伸缩系数 $p=q=r \approx 0.82$，习惯上简化为 1，即 $p=q=r=1$，在作图时可以直接按形体的实际尺寸截取。这种简化了轴向伸缩系数的轴测投影，图形比实际的轴测图放大了。如图 8-3 所示正四棱柱的正等轴测投影图，该正四棱柱按照简化系数作出来的正等轴测图（见图 8-3d）使物体看上去比原来（见图 8-3c）大了。

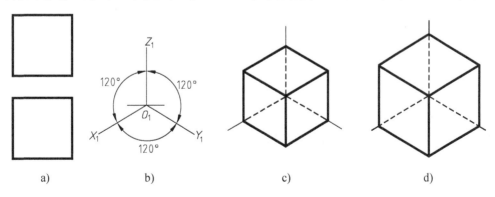

图 8-3　正四棱柱的正等轴测投影图

a）正四棱柱投影图　b）作轴测轴　c）$p=q=r=0.82$　d）$p=q=r=1$

利用简化系数作形体的正等轴测图方法比较简单，不用换算，是最常用的正等轴测图。

8.2.1　平面立体的正等轴测图的画法举例

【例 8-1】　已知正六棱柱的两面投影，如图 8-4a 所示，作出其正等轴测图。

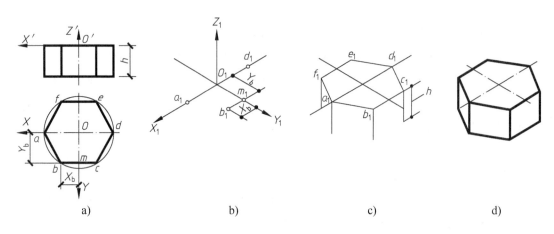

图 8-4　正六棱柱的正等轴测图画法

分析：

由图 8-4a 可见，该正六棱柱的前后、左右对称，将坐标原点 O 定在正六棱柱上顶面六边形的中心，以六边形的中心线为 X 轴和 Y 轴，如图 8-4a 所示。这样便于直接作出上顶面六边形各顶点的坐标，从上顶面开始作图。

作图步骤：

1）定出坐标原点及坐标轴，如图 8-4a 所示。

2）作出轴测轴 O_1X_1、O_1Y_1，由于 a、d 点在 X 轴上，可直接量取并在轴测轴上作出 a_1、d_1 点。沿 Y_1 轴量取 Y_b，找到 m 点的轴测投影 m_1 点，过 m_1 点作 O_1X_1 轴的平行线，并沿 O_1X_1 轴正方向量取 X_b，即定出轴测投影 b_1 点，如图 8-4b 所示。

3）用与 b_1 点相同的方法，作出 c_1、e_1、f_1 点，连接 a_1、b_1、c_1、d_1、e_1、f_1 点即为六棱柱上顶面六边形的轴测图。由顶点 a_1、b_1、c_1、d_1、e_1、f_1 向下作出高度为 h 的可见轮廓线，得下底面各点，如图 8-4c 所示。

4）连接下底面各点，擦去作图线，描深，完成正六棱柱正等轴测图，如图 8-4d 所示。

由作图可知，因轴测图只要求作出可见轮廓线，不可见轮廓线一般不要求作出，故常将原标注的原点取在顶面上，直接作出可见轮廓，使作图简化。

【例 8-2】　已知形体的两面投影，如图 8-5a 所示，求作其正等轴测投影。

分析：

对于图 8-5a 所示的形体，可采用切割法作图。切割法主要是依据形体的组成关系，先作出基本体的轴测投影，然后在轴测投影中把应去掉的部分切去，从而得到整个形体的轴测投影。

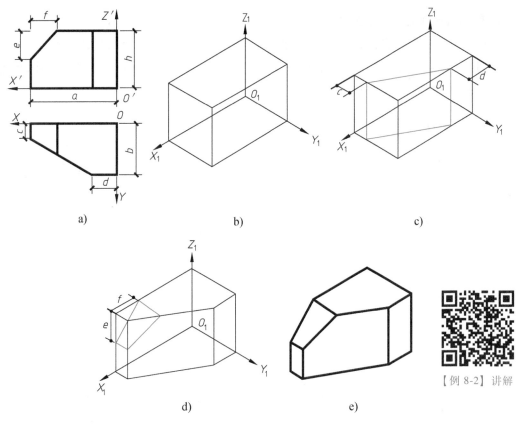

【例8-2】讲解

图 8-5　切割体的正等轴测投影

该形体可以看成是一个由长方体被铅垂面切去左前角一块，再由正垂面切去左上一角而形成的。对于截切后的斜面上与三根坐标轴都不平行的线段，在轴测图上不能直接从正投影图中量取，必须按坐标作出其端点，然后再连线。

作图步骤：

1）在物体上建立坐标系，选定坐标原点及坐标轴，如图 8-5a 所示原点定在切割体的右下后角点。

2）根据给出的尺寸 a、b、h 作出还未切割的长方体的轴测图，如图 8-5b 所示。

3）根据 H 投影中的尺寸 c、d，沿与轴测轴相平行的对应棱线量取，定出铅垂面截切后斜面上线段端点的位置，并连成平行四边形，如图 8-5c 所示。

4）根据给出的尺寸 e、f 定出左上角斜面上线段端点的位置，并连成四边形，如图 8-5d 所示。

5）擦去作图线，描深，作图结果如图 8-5e 所示。

8.2.2　平行于坐标面的圆的轴测投影

在平行投影中，当圆所在的平面平行于投影面时，其投影仍是圆，当圆所在平面倾斜于投影面时，其投影是椭圆。

1. 四心法作圆的正等轴测图

平行于某一基本投影面的圆的正等轴测投影常用四心法（四段圆弧连接的近似椭圆）作出。图 8-6 所示是水平圆的正等轴测投影的近似画法，可用同样的方法作出正平圆和侧平圆的正等轴测图，如图 8-7 所示。

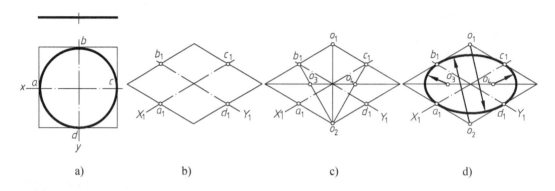

图 8-6　水平圆的正等轴测投影近似画法

a）水平圆正投影　b）作出中心线及外切菱形　c）求作四个圆心　d）作四段弧

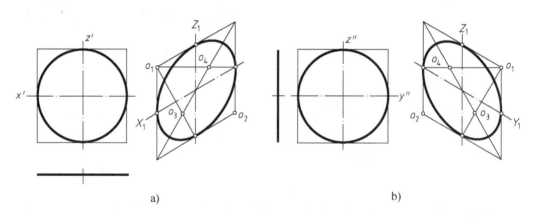

图 8-7　正平圆和侧平圆的正等轴测图

a）正平圆　b）侧平圆

2. 八点法作圆的轴测图

圆的轴测投影还可用图 8-8 所示的八点法作出，这种方法适用于任一类型的轴测投影作图。

作图时，先作出圆的外切正方形的轴测投影，然后再作圆。为了作出椭圆，先了解依据椭圆的共轭直径用八点法绘制椭圆的原理，如图 8-8 所示：图 8-8a 分析了圆上的八个点及其外切正方形平面的特点，图 8-8b 是该平面连同圆的某一投影，可以看出，圆 o 的一对相互垂直的直径 12 和 34，在轴测投影中不再相互垂直，这一对直径称为椭圆的共轭直径。

5、6、7、8 是位于外切正方形对角线上的点，只要在平行四边形对角线上确定 5、6、7、8，则可通过连接 1、6、4、7、2、8、3、5 八个点，较准确地作出椭圆。图 8-8a 中，$\triangle o39$ 是一等腰直角三角形，$o3 = 39 = o8$，而 $o9 = \sqrt{2}R$，作 $8n /\!/ 34$，则 $3n : 39 = o8 : o9 = 1 : \sqrt{2}$。根据平行投影的定比性，在投影图中只要按比例求作出点 5、6、7、8 即可。

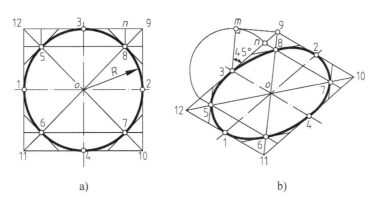

图 8-8 八点法作圆的轴测图

a）圆的特点　b）八点法作圆的轴测投影

8.2.3 曲面立体及其切割体的正等轴测图

【例 8-3】 如图 8-9a 所示，求作圆柱的正等轴测图。

【例 8-3】讲解

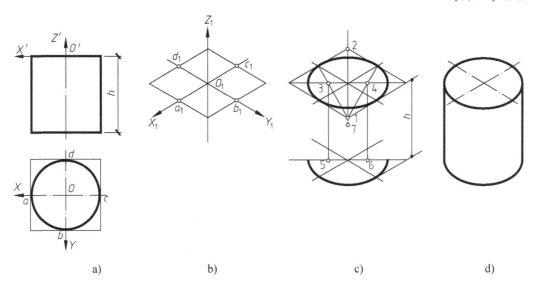

a)　　　　　　b)　　　　　　c)　　　　　　d)

图 8-9 圆柱的正等轴测图

分析：

如图 8-9 所示，直立圆柱的轴线为铅垂线，上顶面、下底面为两个与水平面平行且大小相等的圆，在轴测图中均为椭圆。可根据圆的直径和柱高作出两个形状、大小相同，中心距为 h 的椭圆，然后作两椭圆的公切线即成。

作图步骤：

1）在圆柱上面建立坐标原点和坐标轴，如图 8-9a 所示，作圆柱上顶圆的外切正方形，得切点 a、b、c、d。

2）作轴测轴和四个切点 a_1、b_1、c_1、d_1，过四点分别作 X、Y 轴的平行线，得外切正方形的轴测投影为菱形，如图 8-9b 所示。

3）用四心法作出上顶面和下底面椭圆：过菱形顶点 1、2，连接 $1c_1$ 和水平对角线（或者 $2b_1$）相交得交点 3，连接 $1d_1$ 与水平对角线（或者 $2a_1$）相交得交点 4。1、2、3、4 点即为近似椭圆四段圆弧的圆心。以 1、2 点为圆心，lc_1 为半径作圆弧；以 3、4 点为圆心，$3b_1$ 为半径作圆弧，即为圆柱上顶面的轴测椭圆。将椭圆的四个圆心 1、2、3、4 沿 Z 轴向下平移高度 h，得下底椭圆的四段圆弧的圆心，由于下底椭圆看不见的一段圆弧不必画出，如图 8-9c 中只标出了其中的三个圆心 5、6、7，作出下底椭圆弧的可见部分。

4）作两个椭圆的公切线，擦去作图线，描深，结果如图 8-9d 所示。

【例 8-4】 如图 8-10a 所示圆角平板的 V 投影和 H 投影，求作圆角平板的正等轴测图。

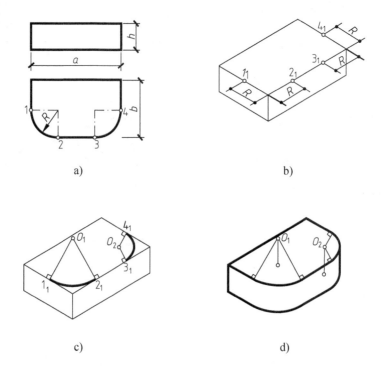

图 8-10　圆角平板的正等轴测图画法

分析：

圆角平板是非常常见的一种结构，图 8-10a 为一个圆角平板的两面投影。平行于坐标面的圆角是圆的一部分。

作图步骤：

1）作出平板的轴测图，并根据圆角的半径 R，在平板上底面相应的棱线上作出切点 1_1、2_1、3_1、4_1，如图 8-10b 所示。

2）过切点 1_1、2_1 分别作出相应棱线的垂线，得交点 O_1。同样，过切点 3_1、4_1 作相应棱线的垂线，得交点 O_2。以 O_1 为圆心，$O_1 1_1$ 为半径作圆弧 $1_1 2_1$；以 O_2 为圆心，$O_2 3_1$ 为半径作圆弧 $3_1 4_1$，即得平板上底面圆角的轴测图，如图 8-10c 所示。

3）将圆心 O_1、O_2 下移平板的厚度 h，再用与上底面圆弧相同的半径分别画两圆弧，即得平板下底面圆角的轴测图。在平板右端作上、下小圆弧的公切线，擦去作图线，描深，如图 8-10d 所示。

【例 8-5】　如图 8-11 所示，已知带斜截面圆柱的 V 投影和 W 投影图，求作它的正等轴测投影。

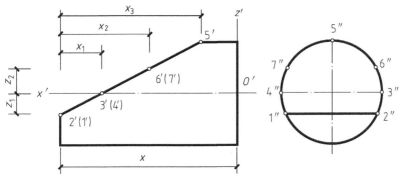

图 8-11　已知正投影图

分析：

该圆柱带斜截面，作图时应先作出未截之前的圆柱，然后再作斜截面。由于斜截面的轮廓线是非圆曲线，所以应用坐标法（利用形体上各点相对于坐标系的坐标值，求作轴测投影的方法）求作出截面轮廓上一系列的点，用圆滑曲线依次连接各点即可。

作图过程：

1）利用四心法作出圆柱左端面的正等轴测投影，沿 $O_1 X_1$ 方向向右后量取 x，画右端面，作平行于 $O_1 X_1$ 轴的直线与两端面相切，得圆柱的正等轴测图，如图 8-12a 所示。

2）用坐标法作出斜截面轮廓上的 1、2、3、4、5 点，如图 8-12b 所示。在左端面上沿 $O_1 Z_1$ 轴自 O_1 向下量取 z_1，作平行于 $O_1 Y_1$ 轴的直线交椭圆于 1_1、2_1 点。分别过左端面的中心线与椭圆的交点作平行于 $O_1 X_1$ 轴的直线，并在直线上截取 x_1 和 x_3，得 3_1、4_1、5_1 点。

3）用坐标法作出斜截面轮廓上的 6、7 点，如图 8-12c 所示。在左端面上沿 $O_1 Z_1$ 轴自 O_1 向上量取 z_2，作平行于 $O_1 Y_1$ 轴的直线与椭圆相交，过交点分别作平行于 $O_1 X_1$ 轴的直线，

并在直线上截取 x_2，得 6_1、7_1 点。

4）直线连接 1_1、2_1 点，圆滑曲线连接 2_1、3_1、6_1、5_1、7_1、4_1、1_1 点，即为所求，如图 8-12d 所示。

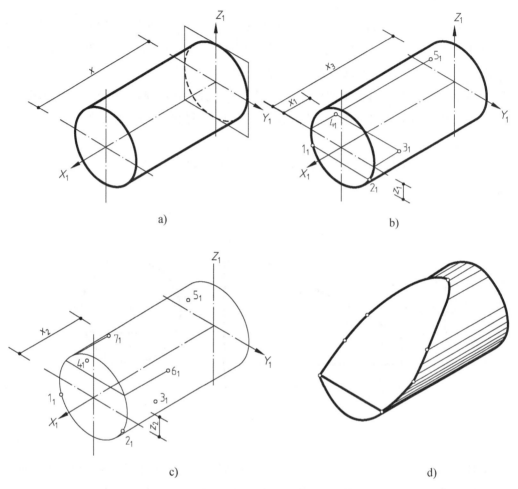

图 8-12　带斜截面圆柱的正等轴测投影

a）作圆柱　b）作特殊点　c）作一般点 6、7　d）作图结果

8.2.4　组合体正等轴测图画法

【例 8-6】　如图 8-13a 所示，已知台阶正投影图，求作它的正等轴测图。

分析：

这是一个典型的叠加组成的组合体，作图时，也可以采用叠加法，主要是依据形体的组成关系，将其分为几个部分，然后分别画出各个部分的轴测投影，从而得到整个形体的轴测投影。

作图步骤如图 8-13 所示，在此不再赘述。

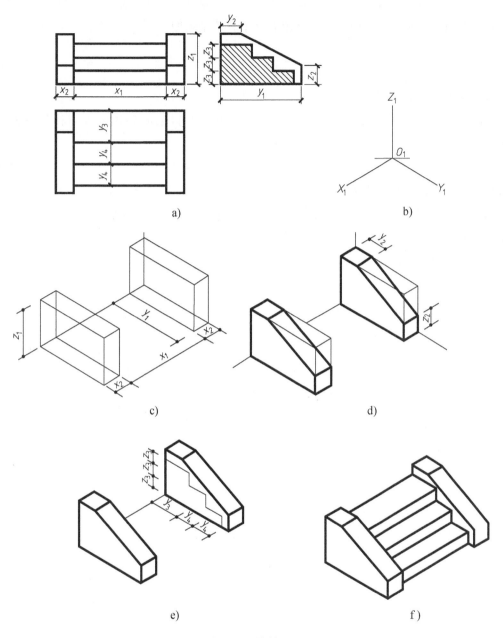

图 8-13　台阶的正等轴测投影画法

a）已知正投影图　b）作轴测轴　c）作两侧长方体　d）作两侧栏板斜面

e）作踏步端面　f）作踏步，完成作图

■ 8.3　斜轴测投影

当投影方向倾斜于轴测投影面时所得的轴测投影，称为斜轴测投影。

为便于绘制物体的斜轴测图，可使物体上两个主要方向的坐标轴平行于轴测投影面。斜轴测图最常用的有两种：正面斜二轴测图和水平斜等轴测图。

8.3.1　正面斜二轴测图

1. 轴间角和轴向伸缩系数

当轴测投影面与正立面（V 面）平行或重合时，所得到的斜轴测投影称为正面斜轴测图。

正面斜轴测图无论投影方向如何选择，平行于轴测投影面的平面图形，其正面斜轴测投影都反映实形，即 $\angle X_1 O_1 Z_1 = 90°$，$p = r = 1$。$O_1 Y_1$ 轴的方向与投影方向有关，轴向伸缩系数 q 与投影方向和投影面的倾斜角度有关。通常选择 $O_1 Y_1$ 轴与水平方向成 $45°$，$q = 0.5$ 作图比较方便、美观，这样作出来的轴测图即为正面斜二轴测图。图 8-14 为两种常用的正面斜二轴测图的轴间角和轴向伸缩系数。

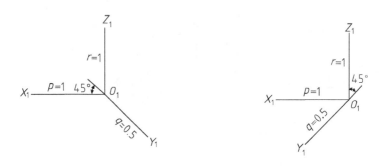

图 8-14　两种常用的正面斜二轴测图的轴间角和轴向伸缩系数

2. 正面斜二轴测图的画法

【例 8-7】　如图 8-15a 所示，已知挖孔的圆锥台的正投影图，求作它的正面斜二轴测图。

分析：

挖孔圆锥台前后表面有四个圆，当用正面斜二轴测图表达时，平行于 XOZ 面的形状仍然保持不变，因此这几个圆的正面斜二轴测图仍然是圆，简化了作图难度。正面斜二轴测图要注意的是，由于 $q = 0.5$，因此沿着 Y 方向的长度要取一半。

作图步骤：

1）首先在圆锥筒上建立坐标系，坐标系原点选在圆锥筒前表面圆心处。X 方向朝左，Y 方向朝前，Z 方向朝上。

2）作轴测轴 $O_1 X_1$、$O_1 Y_1$、$O_1 Z_1$，然后沿着 $O_1 Y_1$ 轴的负方向，量圆锥筒厚度 L 的一半 $L/2$，找到圆锥筒后表面的圆心，如图 8-15b 所示。

3）作圆锥台的外表面，前表面以原点 O_1 为圆心，作出前表面的外圆；后表面的圆心由第 2）步找到，作出后表面的外圆，如图 8-15c 所示。

4）作出前后两个外圆的两条公切线，然后再作出圆柱孔的前后内圆，不可见的线条去掉，如图 8-15d 所示。

5）检查图形，擦掉多余线条，描粗，作图结果如图 8-15e 所示。

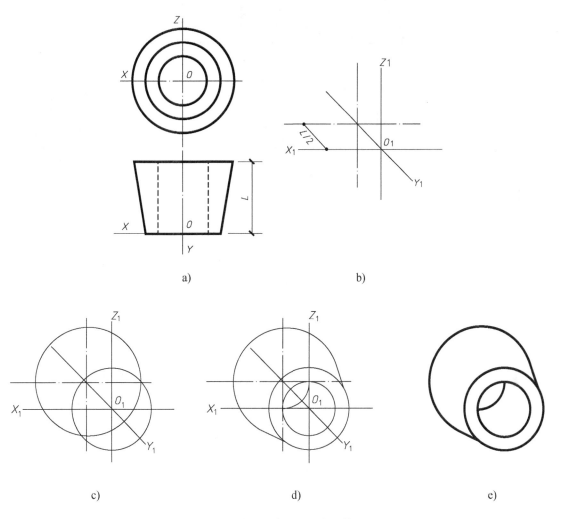

a)　　　　　　　　　　　　b)

c)　　　　　　　　d)　　　　　　　　e)

图 8-15　挖孔圆锥台的正面斜二轴测图

【例 8-8】　已知涵洞管节的正投影图，如图 8-16 所示，求作其正面斜二轴测图。

分析：

从形体的正投影图可以看出，该涵洞管节的曲线半圆部分都平行于 V 面，其正面斜轴测图反映半圆的实形，画起来也就比较方便。

作图步骤：

1）首先在形体表面上建立坐标系，并使半圆位于平行于 XOY 平面的位置，如图 8-16 所示。

2）作轴测轴，作出形体位于 XOZ 平面上的前表面，反映实形，如图 8-17a 所示。

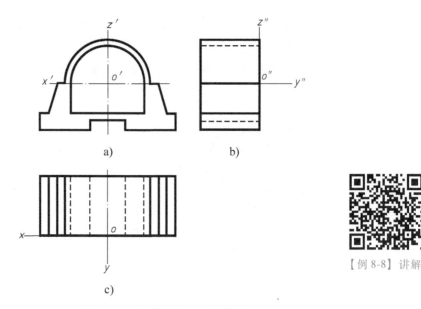

a)　　　　　　　　　　b)

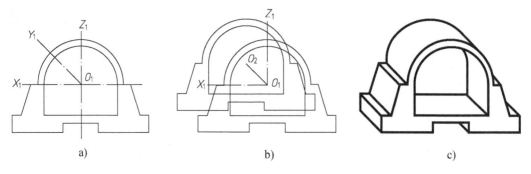

c)

【例 8-8】讲解

图 8-16　涵洞管节的三面投影图

3）沿轴测轴 Y_1 从原点 O_1 向后量取形体厚度的一半（因为 $q=0.5$），确定出后表面的圆心位置 O_2；作出后表面的实形，如图 8-17b 所示。

4）连接并加深可见轮廓线，补作前后圆弧面的公切线，擦除多余不可见轮廓线和作图线，作图结果如图 8-17c 所示。

图 8-17　涵洞管节的正面斜二轴测图

正面斜二轴测图一般适用于正立面形状比较复杂的形体，对于形体有较多平行于 V 面的圆和圆弧的情况尤其适用。

8.3.2　水平斜等轴测图

当轴测投影面 P 与水平面（H 面）平行或重合时，所得到的斜轴测投影称为水平斜等轴测图。

1. 轴间角和轴向伸缩系数

无论投影方向如何选择，由于轴测投影面平行于水平投影面，形体水平面的轴测投影反映实形，即轴测轴 O_1X_1 与 O_1Y_1 的伸缩系数 $p=q=1$；OZ 轴的伸缩系数和方向可任意选择，通常将 OZ 轴画成铅垂方向，伸缩系数选择 $r=1$，OX、OY 轴与水平线夹角分别为 30° 和 60°，即 $\angle X_1O_1Z_1 = 120°$，$\angle Y_1O_1Z_1 = 150°$，如图 8-18 所示，为最常用的水平斜等轴测投影的轴间角和轴向伸缩系数。

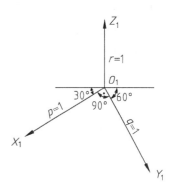

图 8-18　水平斜等轴测图常用的轴测轴与轴向伸缩系数

2. 水平斜等轴测图的画法

水平斜等轴测投影，由于适用于画水平面上有复杂图案的形体，故在工程上常用来绘制一个区域的总平面布置或绘制一幢建筑物的水平剖面。它可以反映房屋内部布置，或一个区域中各建筑物、道路、设施等的平面位置及相互关系，以及建筑物和设施等的实际高度等。

【例 8-9】 已知形体的两面投影图如图 8-19a 所示，求作其水平斜等轴测图。

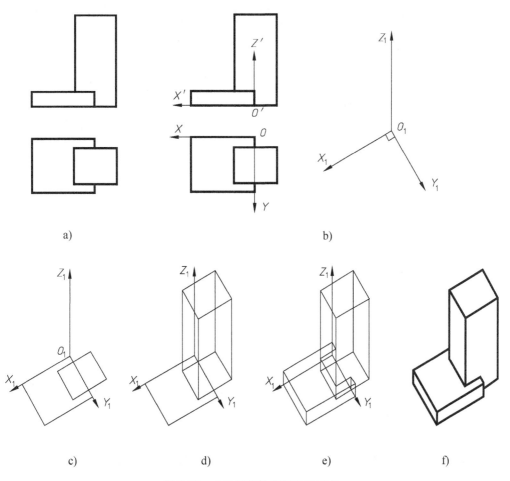

a)　　　　　　　　　　　　　　　b)

c)　　　　　d)　　　　　e)　　　　　f)

图 8-19　水平斜等轴测投影的画法

作图步骤：

1）在形体上建立直角坐标系，并作出轴测轴，如图 8-19b 所示。

2）水平斜等轴测图平行于 XOY 面的图形不变形，因此可将 H 投影旋转一下，画出来，如图 8-19c 所示。

3）添加较高的四棱柱的高度（见图 8-19d），添加较矮的四棱柱的高度（见图 8-19e）。

4）擦掉多余线条，描粗，作图结果如图 8-19f 所示。

【例 8-10】 已知房屋的平面图和立面图（见图 8-20a），求作其水平剖切的斜等轴测图。

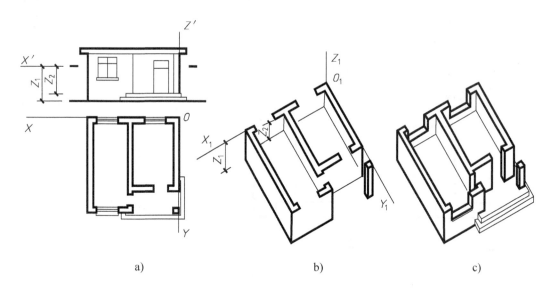

a)   b)   c)

图 8-20　带截面房屋的水平斜等轴测图

作图步骤：

1）在水平和正面投影图中设置坐标系（见图 8-20a）。

2）画出轴测轴和轴间角，使 O_1Y_1 与水平面成 60°。如图 8-20b 所示，并在 $X_1O_1Y_1$ 平面上作出建筑物的水平投影（反映实形），实际上相当于将平面图中被剖切到的墙体和柱子旋转了 30°。

3）由各顶点作 O_1Z_1 轴的平行线，量取高度后相连，描深图线，完成全图，如图 8-20c 所示。

【例 8-11】 已知一个区域的总平面，如图 8-21a 所示，要作出总平面图的水平斜等轴测投影需要以下两步：

1）作出逆时针旋转 30°后的总平面图。

2）过各个角点向上作高度线，作出各建筑物的轴测图，如图 8-21b 所示。

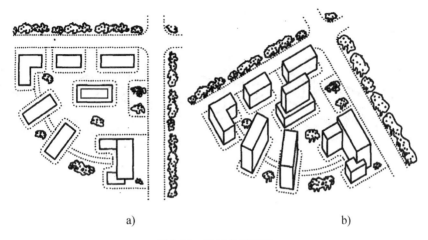

图 8-21 区域总平面图

■ 8.4 轴测投影的选择与剖切轴测投影

8.4.1 轴测投影方向的选择

在作形体的轴测图时，要注意轴测投影方向的选择，投影方向不同，得到的轴测图有所不同，应该选择最能够准确清晰地表达形体形状结构特点的方向。每一类轴测投影的投影方向的指向有四种情况，如图 8-22 所示，第一个是从形体的左前上方来投影，第二个是从形体的右前上方来投影，第三个是从形体的左前下方来投影，第四个是从形体的右前下方来投影。

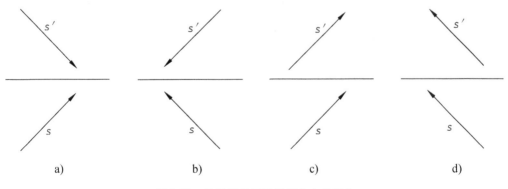

图 8-22 轴测图的四种投影方向的指向

在四种不同投影方向的指向下，形体的轴测图会产生不同的效果。图 8-23a 为正投影图，图 8-23b、c 得到的是俯视轴测图，适用于上小下大的形体；图 8-23d、e 得到的是仰视轴测图，适用于上大下小的形体。

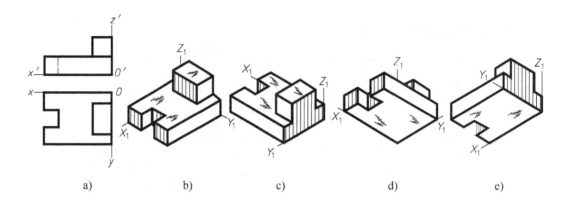

图 8-23　形体的四种轴测投影

a）正投影图　b）俯视轴测图（左前上方）　c）俯视轴测图（右前上方）

d）仰视轴测图（左前下方）　e）仰视轴测图（右前下方）

已知梁板柱节点的正投影图，如图 8-24a 所示，该梁板柱节点上大下小，为清楚表达其组成和相互构造关系，应作仰视轴测投影，即选择从左前下方向上投射效果较好。图 8-24b 和 c 为从左前上方投影与左前下方投影正等测投影的对比，很明显图 8-24c 的表达更清楚。

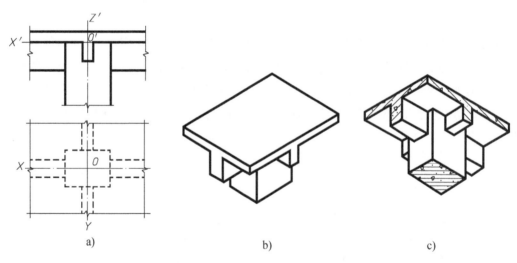

图 8-24　梁板柱节点的正等轴测图画法

a）已知正投影图　b）左前上方投影　c）左前下方投影

8.4.2　轴测图类型的选择

轴测图类型的选择直接影响到轴测图的效果。选择时，既要考虑作图简便，又要考虑尽量反映形体的形状特点。

如正轴测图，除了最为常用的正等轴测图，还会用到正二轴测图和正三轴测图。

正二轴测图一般取 $p=r=2q=0.94$，习惯上简化为 $p=r=2q=1$，如图 8-25a 所示。正三轴测图的轴向伸缩系数 $p = 0.771$，$q = 0.961$，$r = 0.554$，习惯上简化为 $p = 0.9$，$q = 1$，$r = 0.6$，如图 8-25b 所示。

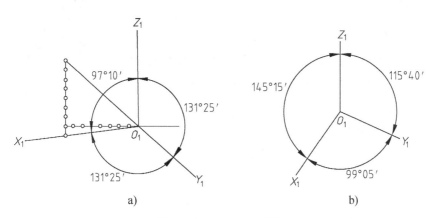

图 8-25 正二轴测图与正三轴测图的轴测轴与轴间角

为使轴测图的直观性好，作图简便，表达清楚，应注意以下几点：

1）在正轴测图中，一般先考虑作图比较简便的正等轴测图。如果直观性不好，立体感不强，再考虑用正二轴测图，最后再考虑采用正三轴测图。

2）要避免被遮挡。轴测图上，要尽可能将隐蔽部分表达清楚，要能看通或看到其底面。如图 8-26 所示形体，采用正二轴测图就比正等轴测图效果好。

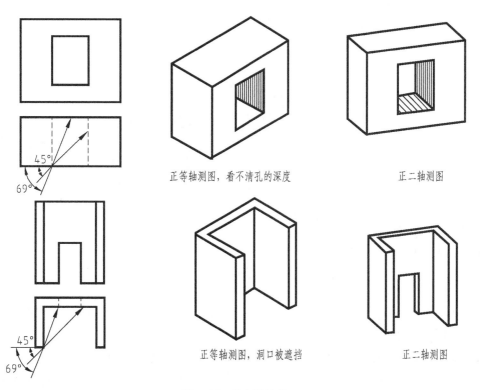

正等轴测图，看不清孔的深度　　　　　正二轴测图

正等轴测图，洞口被遮挡　　　　　正二轴测图

图 8-26 避免被遮挡

3）要避免转角处交线投影成一直线。如图 8-27 所示的基础的转角处交线，位于与 *V* 面成 45°倾斜的铅垂面上，这个平面与正等轴测图的投影方向平行，在正等轴测图中必然投影成一直线。

4）要避免轴测投影成左右对称图形。如图 8-28 所示的组合体，由于正等轴测图左右对称，所以显得呆板且直观性不好。这一要求只对平面立体适用，而对于圆柱、圆锥、圆球等对称的曲面立体，则不适用。

图 8-27　避免转角处交线
投影成一直线

5）要避免有侧面的投影积聚为直线，如图 8-29 所示。

6）正立面形状较为复杂的形体，或有较多平行于 *V* 面的圆和圆弧的情况适合作正面斜二轴测图。

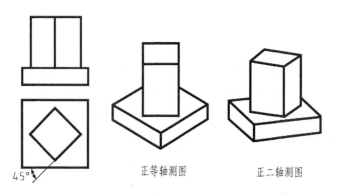

图 8-28　避免轴测投影成左右对称图形

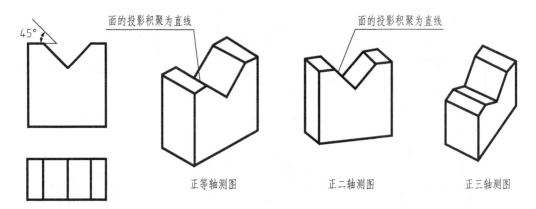

图 8-29　避免有侧面的投影积聚为直线

7）画水平面上有复杂图案的形体，如区域的总平面布置或绘制一幢建筑物的水平剖面时，宜采用水平斜轴测投影。

8）要注意表达清楚形体的内部构造。必要时，采用剖切轴测图。

【例 8-12】　已知杯形基础的正投影图，如图 8-30a 所示，试作出其合适的正轴测投影。

作杯形基础正轴测投影，哪种比较好呢？该杯形基础是由三部分叠加而成的，上下是两个正四棱柱，中间是四棱锥的一部分，里面还挖切了一个杯口。如果作出杯形基础的正等轴测图，必然使转交处的交线成一直线，且看不清杯口深度，如图 8-30b 所示。若作出其正二轴测图，也看不清杯口深度，如图 8-30c 所示。因此，可选择作其正三轴测图，如图 8-30d 所示。作图步骤不再详述。

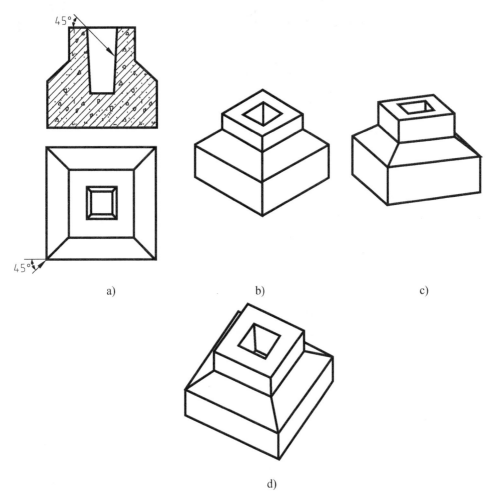

图 8-30　杯形基础正轴测图

a）已知投影图　b）正等轴测图　c）正二轴测图　d）正三轴测图

当然，以上图形只是一种表达方案，对于杯形基础，作其剖切的正等轴测或正二轴测也是一种很好的选择。

8.4.3　剖切轴测图

如果形体具有较复杂的内部构造，在作它的轴测图时，希望图形既具有较强的立体感，又能表达出其内部结构，这时可以作它们的剖切轴测图。剖切轴测图就是假想用平行于坐标面的剖切平面将形体的一部分剖去，然后作出的轴测图。

在剖切轴测图的断面区域内，要用细实线画上剖面线或其他材料图例，剖面线的画法如图 8-31 所示。

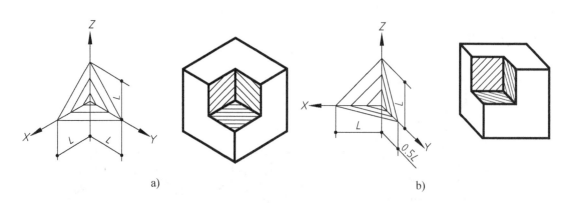

图 8-31　剖切轴测图中剖面线的画法

a）正等轴测图　b）斜二轴测图

【例 8-13】　已知形体的正投影图，如图 8-32a 所示，求作其正轴测投影。

分析：

该形体显然具有比较复杂的内部构造，因此轴测图的类型选用剖切轴测图。形体被剖切去的那一部分的大小，应依据剖面图的种类确定，剖切面应与坐标面平行。该形体为左右、前后均对称的形体，因此将该形体剖去 1/4。

该形体的剖切正等轴测图作图步骤如图 8-32 所示，在此不再详述。

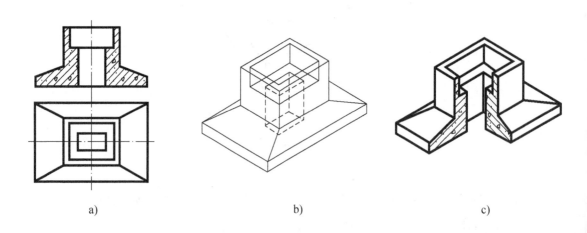

图 8-32　剖切正等轴测图的画法

a）已知正投影图　b）作形体的轴测投影　c）剖开，画材料图例，完成作图

第9章　建筑形体的图样画法

本章提要：

本章主要介绍建筑形体的多面正投影图、镜像投影图、展开投影图、局部视图、斜视图的画法；对于内部结构比较复杂的建筑形体，可以根据形状结构特点，用剖面图、断面图等形式进行表达。本章还简单介绍了简化画法和第三角画法。

建筑形体的形状和结构是多种多样的，要想把它们表达既完整、清晰，又便于作图和读图，只用前面介绍的三面投影图难以满足要求。为此，国家标准《技术制图　图样画法　视图》（GB/T 17451—1998）、《技术制图　图样画法　剖视图和断面图》（GB/T 17452—1998）和《房屋建筑制图统一标准》（GB/T 50001—2017）规定了一系列的图样表达方法，以供制图时根据形体的具体情况选用。本章将介绍多面投影图、辅助视图、剖面图、断面图的画法和一些规定画法、简化画法。

■ 9.1　投影法和视图配置

9.1.1　多面正投影图

对于形状简单的物体，一般用三面投影即三个视图就可以表达清楚。但房屋建筑形体比较复杂，各个方向的外形变化很大，采用三面投影难以表达清楚，需要四个、五个甚至更多的视图才能完整表达其形状结构。

《房屋建筑制图统一标准》中规定：房屋建筑的视图，应按正投影法并用第一角画法绘制；对某些工程构造，当用第一角画法绘制不宜表达时，可用其他方法绘制。

前述介绍的三面正投影图，即对空间几何元素分别从上向下、从前向后、从左向右进行投影而得到的投影图。对于复杂的建筑形体，可以假想将形体放到一个正六面体中，按照正投影的方法分别向六个面进行投影，除了前面的三面投影图之外，还可以从下向上、从后向前、从右向左进行投影。然后按照图 9-1a 所示方法将六个投影面展开，这样对建筑形体进行投影而得到的六个投影图，称为建筑形体的基本视图。

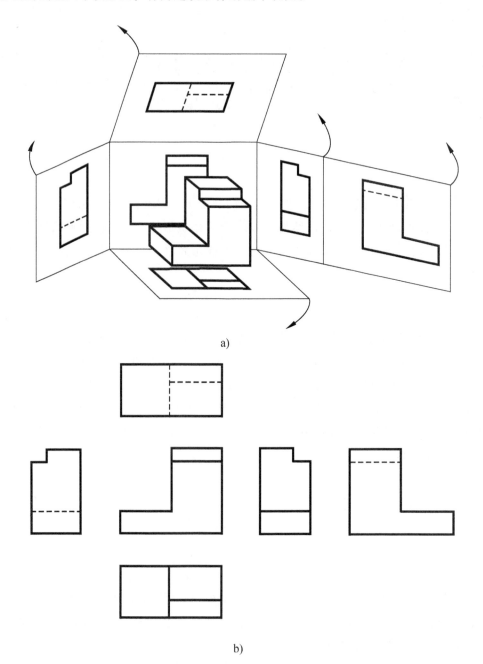

a)

b)

图 9-1 建筑形体的基本视图

a）基本视图展开过程 b）展开后的基本视图

将这六个基本视图按图 9-1a 展开的位置关系放置在一张图纸上，省略掉投影面的边界，如图 9-1b 所示，可以省略标注各视图的名称。但是大多情况下，较多复杂的建筑形体的视图是根据图纸的大小和空间等因素排列的。因此，必须对每个视图注写图名，图名宜标注在视图的下方或一侧，并在图名下方绘制一条粗横线，其长度以图名所占长度为准，由前向后投影得到的视图称为正立面图，由上向下投影得到的视图称为平面图，由左向右投影得到的视图称为左侧立面图，从右边投影得到的视图称为右侧立面图，从下方投影得到的视图称为底面图，从后方投影得到的视图称为背立面图，如图 9-2 所示。

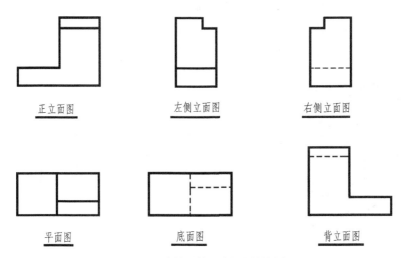

图 9-2　建筑形体基本视图的图名

如图 9-3 所示的房屋形体，可由不同方向投影，从而得到图中的多面正投影图。在表达建筑形体时，根据建筑物的复杂程度，选择视图个数，并不一定要把六个基本视图都画出来。图 9-3 中只用了基本视图中的五个。

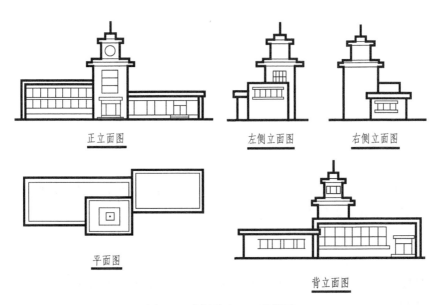

图 9-3　房屋的多面正投影图

9.1.2 镜像投影图

有些工程构造在采用第一角画法制图不易清楚表达，如板梁柱构造节点（见图 9-4a），因为板在上面，梁、柱在下面，按第一角画法绘制平面图时，梁、柱为不可见，要用虚线绘制，这样给读图和尺寸标注带来不便。如果把 H 面当作一个镜面，在镜面中就能得到梁、柱为可见的反射图像，这种投影称为镜像投影。镜像投影是形体在镜面中的反射图形的正投影，该镜面应平行于相应的投影面。用镜像投影法绘图时，应在图名后加注"镜像"二字（见图 9-4b），必要时可画出镜像投影画法的识别符号（见图 9-4c）。这种图在室内设计中常用来表现吊顶（天花板）的平面布置。

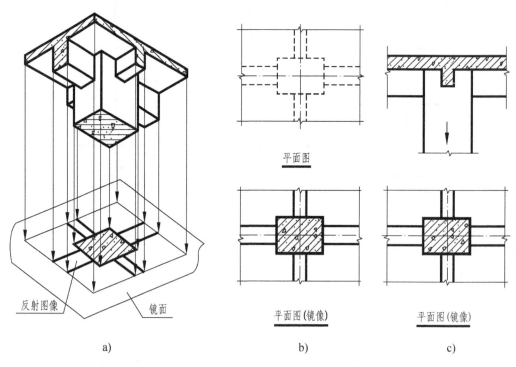

图 9-4　镜像投影图

9.1.3 展开投影图

建（构）筑物的某些部分，如果与投影面不平行（如圆形、折线形、曲线形等），在画立面图时，可以将该部分展开至与基本投影面平行的位置后，再以正投影法绘制，并应在图名后注写"展开"字样，如图 9-5 所示。

9.1.4 局部视图

将建筑形体的某一局部向基本投影面投影，所得到的视图称为局部视图。如图 9-6 所示，正立面图和平面图已将形体的主要形状表达清楚，只是左部的开口形状表达不清，这时不需要再画出形体的完整左侧立面图，采用局部投影法，只画出形体左部开口部分的左侧立面图即可。

画局部视图时，局部视图的范围一般用波浪线（也可用断开线）表示，并在原基本视图上用箭头指明投影方向，用大写拉丁字母编号，在所得的局部投影图下方注写"×向"，如图 9-6 所示。

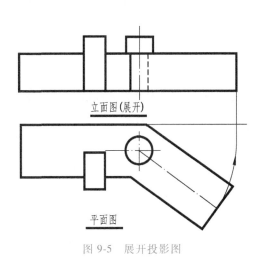

图 9-5　展开投影图

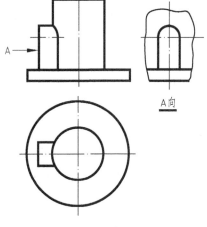

图 9-6　局部视图

9.1.5　斜视图

当形体的某一局部表面倾斜于基本投影面时，这部分在基本投影面上的投影就不反映实形。为了得到反映实形的投影，可采用画法几何中的换面法，设置一个平行于形体倾斜部分的表面的新投影面，将倾斜部分的表面向新投影面投影，如图 9-7 所示，这样的投影图称为斜视图。

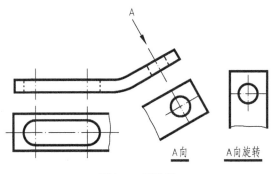

图 9-7　斜视图

斜视图的标注与局部视图相同。可以将斜投影图旋转至"正"位，以便于阅读，但应在斜投影图名后加注"旋转"二字，如"A 向旋转"。

■ 9.2 剖面图

形体的多面正投影图和辅助视图主要表达的是形体的外部形状，当形体内部的形状较复杂时，在投影中就会出现很多虚线，且虚线相互重叠或交叉，既不利于看图，又不利于标注尺寸，而且难以表达出形体的材料，如图 9-8a 所示。为了解决这一问题，工程上常采用剖面图来表达形体的内部结构。

9.2.1 剖面图的形成

假想用剖切面在形体的适当部位将形体剖开，移去剖切面与观察者之间的部分形体，把原来不可见的内部结构变为可见，将剩余的部分投影到投影面上，这样得到的投影图称为剖面图，简称"剖面"。

为了使剖面图层次分明和表明形体所使用的建筑材料，剖面图中一般除不再画出虚线外，被剖到的实体部分（即断面区域）应按照形体的材料类别画出相应的材料图例。

图 9-8a 是一个杯形基础的三面投影图，其 V 投影和 W 投影均出现了许多虚线，使图样不清晰。假想用一个通过基础的对称轴线，且平行于 V 面的剖切面 P，将基础剖开，移走前半部分，将剩余的部分向 V 面投影，然后在基础的断面内画上通用材料图例，即得杯形基础的正视方向剖面图（见图 9-8b）。这时基础的厚度、杯深、杯口大小等均既被表示得很清楚，又便于标注尺寸。同理，也可用一个通过基础的对称轴线，且平行于 W 面的剖切面 Q 剖开基础，移去 Q 面的左边部分，将形体剩余的部分向 W 面投影，得到另一个方向的剖面图（见图 9-8c）。这样就得到了图 9-8d 所示的基础剖面图。

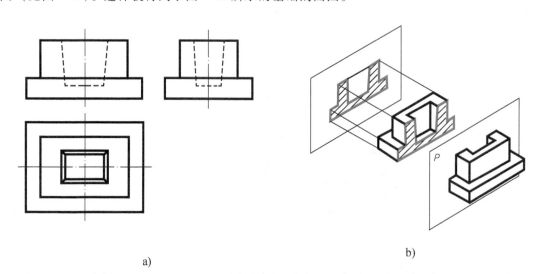

a)   b)

图 9-8 杯形基础剖面图

a）三视图　b）1—1 剖切

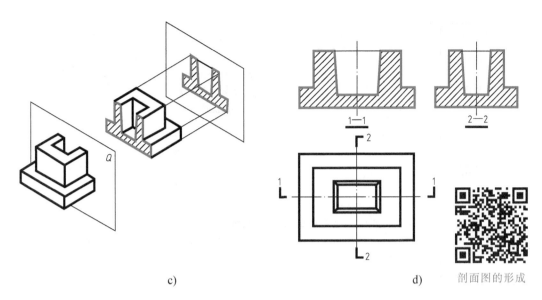

c)　　　　　　　　　　　　　　　　　d)　剖面图的形成

图 9-8　杯形基础剖面图（续）

c）2—2 剖切　d）剖面图

9.2.2　剖面图的画法

1. 确定剖切平面的位置

剖切平面应平行于投影面，且尽量通过物体的孔、洞、槽的中心线。如要将 V 投影画成剖面图，则剖切平面应平行于 V 面；如果要将 H 投影或 W 投影画成剖面图时，则剖切平面应分别平行于 H 面或 W 面。

2. 剖面图的图线画法及注意事项

1）物体被剖切后所形成的断面轮廓线，用 $0.7b$ 实线画出；物体未剖到但投影可见的轮廓线，用 $0.5b$ 实线画出。

2）剖面图中已经表达清楚的形体内形状，在其他视图中投影为虚线一般不必作出；剖面图中看不见的虚线，一般省略不画。

3）剖切是假想的，所以其他的投影仍然完整地画出。

4）为使物体被剖到部分与未剖到部分区别开来，使图形清晰可辨，应在断面轮廓范围内画表示其材料种类的图例。当不必指明材料种类或者不知道材料种类时，应在断面轮廓范围内用细实线画通用材料图例，即 45°的剖面线，同一物体有多个剖面图时，剖面线应方向一致，间距相等。

常用建筑材料图例见表 9-1。

3. 剖面图的标注

为了读图时便于了解剖切位置和投影方向，寻找投影的对应关系，还应对剖面图进行标注。

表 9-1　常用建筑材料图例

图例	名称与说明	图例	名称与说明
	自然土壤		多孔材料 包括水泥珍珠岩、沥青珍珠岩、泡沫混凝土、非承重加气混凝土、软木、蛭石制品等
	素土夯实		木材 左图为垫木、木砖或木龙骨 右图为横断面
	左：砂、灰土　靠近轮廓线绘较密的点 右：粉刷材料，采用较稀的点		金属 1. 包括各种金属 2. 图形较小时，可涂黑
	普通砖 1. 包括实心砖、多孔砖、砌块等砌体 2. 断面较窄、不易画出图例线时，可涂红		防水材料 构造层次多或比例大时，采用上面图例
	上：混凝土 下：钢筋混凝土 注：1. 在剖面图上画出钢筋时，不画图例线		饰面砖 包括铺地砖、马赛克、陶瓷锦砖、人造大理石等
	2. 断面图形小，不易画出图例线时，可涂黑		石材

1）剖切符号。剖面的剖切符号，由剖切位置线及剖视方向线组成，均应以粗实线绘制。剖切位置线表示剖切平面的位置，在图形外部用长度为 6～10mm 的粗实线表示；剖视方向线表示剖切后的投影方向，应垂直于剖切位置线，长度为 4～6mm。

2）剖面编号。对剖面的编号，一般用阿拉伯数字，按由左至右，由下至上的顺序编排，并注写在剖视方向线的端部，1—1、2—2、3—3 等。如剖切位置线需转折时，剖切位置线在转折处与其他图线容易发生混淆，应在转角的外侧加注与该符号相同的编号，如图 9-9 所示，转折处明显不致混淆时，转折处的编号可省略。

3）图名。在剖面图的下方正中分别注写与剖面编号相应的 1—1、2—2、3—3 等以表示图名。图名下方还应画上粗实线，粗实线的长度与图名字体的长度相等，如图 9-9b 所示。

4）剖面图如与被剖切图样不在同一张图纸内，可在剖切位置线的另一侧注明其所在图纸的图纸编号，如图 9-9a 中 2—2 剖切位置线下侧注写的"建施—04"，即表示 2—2 剖面图在"建施"第 4 张图纸上。

5) 对习惯使用的剖切符号（如房屋平面图中，通过门、窗洞的剖切位置）以及通过构件对称平面的剖切符号，且剖面图符合基本投影关系时，可省略标注。

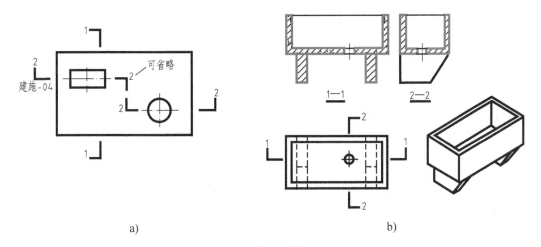

图9-9 剖面图的标注

9.2.3 剖面图的分类

按照建筑形体被剖切平面剖开的程度不同以及剖切平面的种类，剖面图可分为以下几种：

1. 全剖面图

用一个平行于基本投影面的剖切平面，将形体全部剖开后画出的图形称为全剖面图。显然，全剖面图适用于外形简单、内部结构复杂的形体。

图9-10中的1—1剖面图即为全剖面图，全剖面图一般应标注出剖切位置线、投影方向线和剖面编号，如图9-10所示。但该形体前后对称，剖切平面平行于 V 面且过对称面，且1—1剖面图与其 H 投影符合基本投影位置关系，因此其标注可以省略。

全剖面图

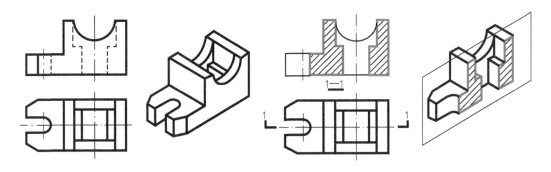

图9-10 全剖面图

图9-11为一座房屋的表达方案图。为了表达它的内部布置情况，假想用一个稍高于窗

台位置的水平剖切面将房屋全部剖切开，移去剖切面及以上部分，将以下部分投影到水平面上，于是得到房屋的水平全剖面图，这种剖面图在建筑施工图中称为平面图。当房屋的剖面图是用小于 1：50 的比例绘制时，其平面图不用画材料图例。

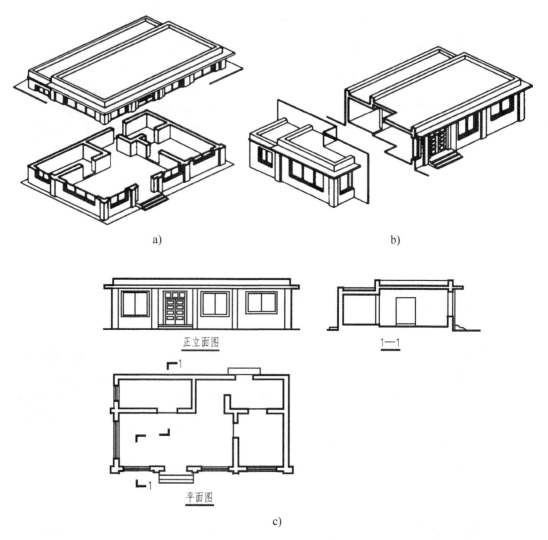

a)　　　　　　　　　　　　　　　　b)

正立面图　　　　　　　　　　　　　1—1

平面图

c)

图 9-11　房屋的剖面图

a）水平剖切　b）竖向剖切　c）房屋表达方案

2. 半剖面图

当形体具有对称平面时，在垂直于该对称平面的投影面上投影所得到的图形，可以对称中心线为界，一半画成剖面图，另一半画成外形视图，这样组合而成的图形称为半剖面图。显然，半剖面图适用于内外结构都需要表达的对称形体。

图 9-12 所示的形体左右、前后均对称，如果采用全剖面图，则不能充分地表达外形，故采用半剖面图表达，保留一半外形，一半剖切表达内部构造，如图 9-12 所示。

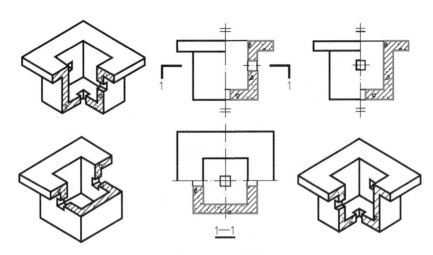

图 9-12　半剖面图

画半剖面图需要注意：

1）在半剖面图中，规定以形体的对称中心线作为剖面图与外形视图的分界线。

2）通常左右对称的物体剖右边一半，前后对称的物体剖前边一半。

3）在剖开的一半已经表达清楚的内部结构，没剖的一半虚线省略，但如有孔、洞，仍须将孔、洞的轴线画出。

4）若剖切平面与建筑形体的对称平面重合，且半剖面图又处于基本投影图的位置时，可不予标注，如图中的 V、W 剖面图均未作标注。但当剖切平面不与建筑形体的对称平面重合时，应按规定标注，如图 9-12 中的 1—1 剖面图。

3. 局部剖面图

当建筑形体的外形比较复杂，内部又有局部结构需要表达时，可以保留原投影图的大部分，而只将形体的某一局部剖切开，这样所得到的剖面图称为局部剖面图。显然，局部剖面图适用于内外结构都需要表达，且又不具备对称条件或仅局部需要剖切的形体。

局部剖面图一般不需标注。投影图与局部剖面之间，画上波浪线作为分界线，波浪线只能画在形体的实体部分上，且不能超出轮廓线，不能与图上其他图线重合，也不能在这些图线的延长线上。

如图 9-13 所示的杯形基础的局部剖面图，为了表示基础内部钢筋的布置，在不影响外形表达的情况下，将杯形基础水平投影的一个角画成剖面图。从图 9-13 中还可看出，正立剖面图为全剖面图，按《建筑结构制图标准》（GB/T 50105—2010）的规定，在断面上已画出钢筋的布置时，就不必再画钢筋混凝土的材料图例。画钢筋的规定：平行于投影面的钢筋用粗实线画出实形，垂直于投影面的钢筋用小黑圆点画出它们的断面。

当形体的图形对称线与轮廓线重合时，不宜采用半剖面图，通常采用局部剖面图。如图 9-14a 中形体应少剖一些，保留与对称线重合的外部轮廓线；图 9-14b 中形体应多剖一些，显示与对称线重合的内部轮廓线；图 9-14c 中形体上部多剖，下部少剖，从而使得与对称线重合的内外轮廓线均可表达出来。

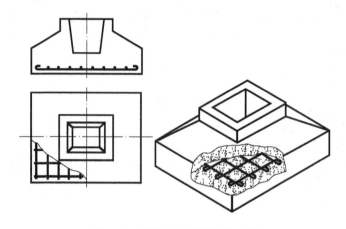

图 9-13　杯形基础的局部剖面图

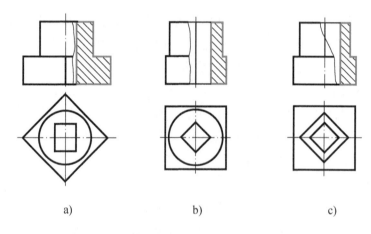

a)　　　　　　　　　　　b)　　　　　　　　　　　c)

图 9-14　对称线与轮廓线重合时的局部剖面图

4. 分层局部剖面图

对建筑物结构层的多层构造可用一组平行的剖切面按构造层次逐层局部剖开。这种方法常用来表达房屋的地面、墙面、屋面等处的构造。分层局部剖面图应按层次以波浪线将各层隔开，波浪线不应与任何图线重合。图 9-15 为用分层局部剖面图表达的多层楼面构造。

5. 阶梯剖面图

如果一个剖切平面不能将形体上需要表达的内部构造一起剖开时，可以将剖切平面转折成两个或两个以上互相平行的平面，将形体沿着需要表达的地方剖开，然后画出剖面图，称为阶梯剖面图。图 9-16 是采用阶梯剖面图剖切组合体内部不同深度的凹槽和通孔的例子。

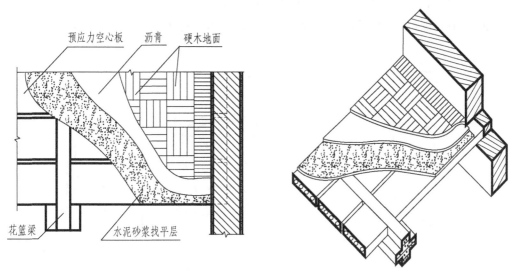

图 9-15 分层局部剖面图

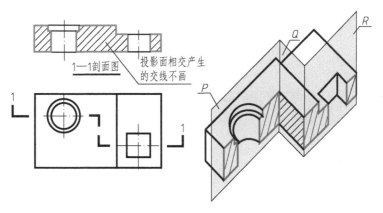

图 9-16 阶梯剖面图剖切凹槽和通孔

作阶梯剖面图需要注意：

1）作阶梯剖面图时，不能省略标注。在剖切平面的起始及转折处，均要用粗短线表示剖切位置和投影方向，同时注上剖面名称。如不与其他图线混淆时，直角转折处可以不注写编号。

2）由于剖切面是假想的，因此，两个剖切面的转折处不应画分界线。

3）阶梯剖要注意剖切转折位置的选择，不要出现不完整要素。

6. 旋转剖面图

采用两个或两个以上相交的剖切面将形体剖开，并将倾斜于投影面的断面及其所关联部分的形体绕剖切面的交线（投影面垂直线）旋转至与投影面平行后再进行投影，这样得到剖面图的方法称为旋转剖切方法，如图 9-17 中的 2—2 剖面即为旋转剖面。旋转剖面图适用于内外主要结构具有理想的回转轴线的形体，而轴线恰好又是两剖切面的交线，且两剖切面一个是剖面图所在投影面的平行面，另一个是投影面的垂直面。

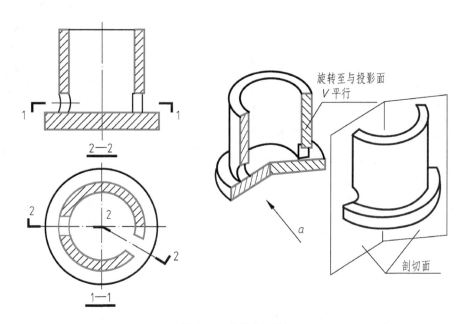

图 9-17　旋转剖面图

作旋转剖面图时，应在剖切平面的起始及相交处，用粗短线表示剖切位置，用垂直于剖切线的粗短线表示投影方向。

■ 9.3　断面图

当剖切平面剖开物体后，其剖切平面与物体的截交线所围成的截断面，称为断面。只画出形体断面的实形投影，称为断面图。有些工程形体需要表达截面形状时，通常画出它们的断面图。

9.3.1　断面图的画法

1. 断面图与剖面图的区别
断面图也是用来表示形体的内部形状的。断面图的画法与剖面图的画法有以下区别：

1）断面图是形体被剖开后产生的断面的投影，如图 9-18 所示，它是面的投影；剖面图是形体被剖开后产生的断面连同剩余形体的投影，如图 9-18 所示，它是体的投影。同一形体同一位置的剖面图必然包含断面图在内。

2）断面图不标注剖视方向线，只将编号写在剖切位置线的一侧，编号所在的一侧即为该断面的投影方向。

3）剖面图中的剖切平面可以转折，断面图中的剖切平面不能转折。

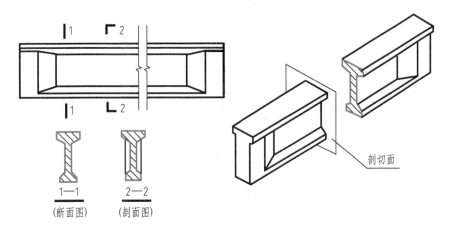

图 9-18 断面图的画法

2. 断面图的画法与标注

1）断面的剖切符号，只用剖切位置线表示，剖切位置线用粗实线绘制，长度为 6～10mm。

2）断面剖切符号的编号，宜采用阿拉伯数字，按顺序连续编排，并注写在剖切位置线的一侧，编号所在的一侧即为该断面的剖视方向。

3）断面图的正下方只注写断面编号以表示图名，如 1—1、2—2 等，并在编号数字下面画一粗短线，而省去"断面图"三个字。

4）断面图的剖面线及材料图例的画法与剖面图相同。

9.3.2 断面图的种类

断面图主要用于表达形体或构件的断面形状，根据其安放位置不同，一般可分为移出断面图、重合断面图和中断断面图三种形式。

1. 移出断面图

将断面图画在投影图之外的称为移出断面图。当一个物体有多个断面图时，应将各断面图按顺序依次整齐地排列在投影图的附近，如图 9-19 所示为梁、柱节点的移出断面图。根据需要，断面图可用较大的比例画出。

2. 重合断面图

断面图旋转 90°后重合画在基本投影图上，称为重合断面图。其旋转方向可向上、向下、向左、向右。

图 9-20 为楼板和墙面装饰的重合断面图。画重合断面图时，其比例应与基本投影图相同，且可省去剖切位置线和编号。

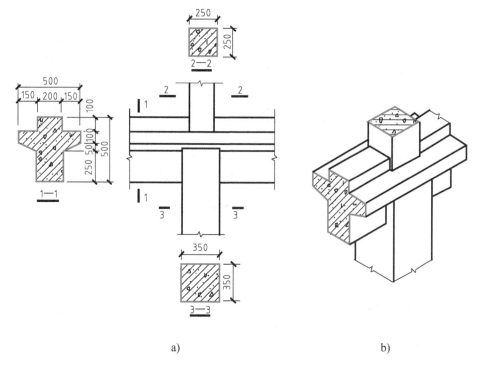

图 9-19　梁、柱节点的移出断面图

a）梁、柱节点的立面图与断面图　b）梁、柱节点的立体图

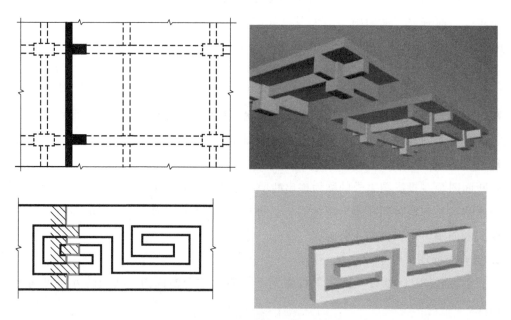

图 9-20　楼板和墙面装饰的重合断面图

3. 中断断面图

断面图画在构件投影图的中断处，称为中断断面图。它主要用于一些较长且均匀变化的单一构件。图 9-21 所示为槽钢的中断断面图，其画法是在构件投影图的某一处用折断线断开，然后将断面图画在当中。

画中断断面图时，原投影长度可缩短，但尺寸应完整地标注。画图的比例、线型与重合断面图相同，也无须标注剖切位置线和编号。

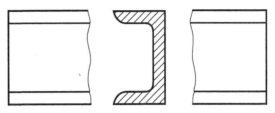

图 9-21 槽钢的中断断面图

■ 9.4 简化画法

采用简化画法，可适当提高绘图效率，节省图纸图幅。《房屋建筑制图统一标准》（GB/T 50001—2017）规定了几种简化画法，见表 9-2。

表 9-2 简化画法

内容		图示
对称简化画法	画对称符号	1—1剖面
	不画对称符号	
	相同要素简化画法	n个 $n\phi$

（续）

内容	图示
折断简化画法	
构件局部不同的简化画法	

一个构配件如与另一个构配件仅部分不同，该构配件可只画不同部分，但应在两个构配件的相同部分与不同部分的分界线处，分别绘制连接符号，两个连接符号应对准在同一线上

■ 9.5　第三角画法简介

《技术制图　投影法》（GB/T 14692—2008）规定：技术图样应采用正投影法绘制，并优先是采用第一角画法。必要时才允许使用第三角画法。但国际上有些国家采用第三角画法，如美国、加拿大、日本等国。为了有效地进行国际技术交流和协作，应对第三角画法有所了解。

图 9-22 所示为三个互相垂直相交的投影面将空间分为八个分角，依次为第一角、第二角、第三角、…、第八角。将形体放在第一角（H 面之上、V 面之前、W 面之左）进行投影而得到的多面正投影，称为第一角画法；将形体放在第三角内（H 面之下、V 面之后、W 面之左）进行投影而得到的投影，称为第三角画法。

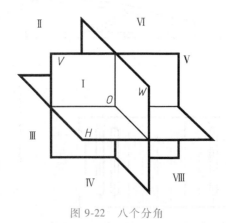

图 9-22　八个分角

采用第三角画法时，将物体置于第三分角内，即投影面处于观察者与物体之间，进行投影，然后按规定展开投影面。投影面展开时 V 面仍然不动，将 H、W 面分别向上、向右旋转至与 V 面共面，于是得到形体的第三角投影图（见图 9-23）。当用第三角画法得到的各基本视图按图 9-24a 配置时，一律不注视图的名称，必要时可画出第三角画法的识别标志（见图 9-25a）。

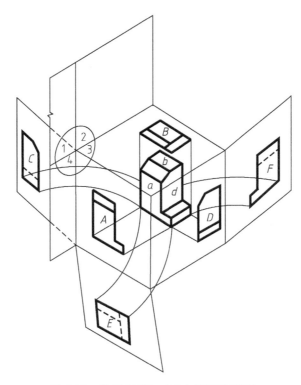

图 9-23　第三角画法（基本投影面展开）

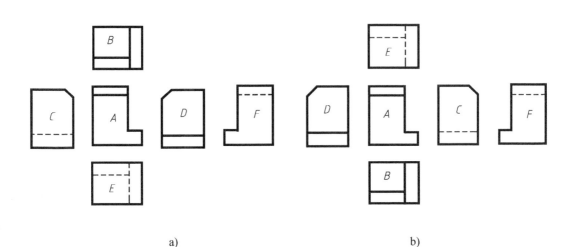

a)　　　　　　　　　　　　　　　　b)

图 9-24　第三角画法与第一角画法对比（基本视图配置）

a）第三角画法　b）第一角画法

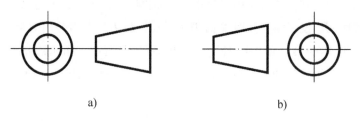

a)   b)

图 9-25　第三角画法与第一角画法识别符号

a）第三角画法　b）第一角画法

采用第三角画法所得到的各投影图，仍具有"长对正、高平齐、宽相等"的投影关系。

第 10 章 建筑施工图

本章提要：

本章主要介绍房屋建筑的组成、设计程序，施工图的分类；并详细介绍了建筑施工图中的总平面图、建筑平面图、建筑立面图、建筑剖面图、建筑详图的画法以及读图。

■ 10.1 概述

房屋是供人们生活、生产、居住、工作、学习和娱乐的建筑物的总称。将一幢拟建房屋的内外形状和大小，以及各部的结构、构造、装修、设备等内容，按照"国标"的规定，用正投影方法，详细准确画出的图样，称为"房屋建筑图"。它是用以指导施工的一套图纸，所以又称为"施工图"。

重建黄鹤楼
手绘设计图

10.1.1 房屋建筑的类型及组成

房屋建筑按功能可分为工业建筑（如厂房、仓库、动力站等）、农业建筑（如粮仓、饲养场、拖拉机站等）以及民用建筑。民用建筑按其使用功能又可分为居住建筑（如住宅、宿舍等）和公共建筑（如学校、商场、医院、车站等）。

各种不同功能的房屋建筑，一般由基础、墙（柱）、楼（地）面、楼梯、屋顶、门、窗等基本部分所组成，另外还有阳台、雨篷、台阶、窗台、雨水管、散水以及其他一些构配件和设施。

基础位于墙或柱的最下部，是房屋与地基接触的部分。基础承受建筑物的全部荷载，并把全部荷载传递给地基。基础是建筑物最重要的组成部分，它必须坚固、耐久、稳定，能经受地下水及土壤中所含化学物质的侵蚀。

墙是建筑物的承重构件和围护构件。作为承重构件，承受着建筑物由屋顶或楼板层传来的荷载，并将这些荷载再传给基础；作为围护构件，外墙起着抵御自然界各种因素对室内的侵袭作用，内墙起着分隔空间、组成房间、隔声、遮挡视线以及保证室内环境舒适的作用。墙体要有足够的强度、稳定性以及良好的保温、隔热、隔声、防火、防水等能力。

柱是框架或排架结构的主要承重构件，和承重墙一样承受楼板层、屋顶以及吊车梁传来的荷载，必须具有足够的强度和刚度。

楼板层是水平方向的承重构件，并用来分隔楼层之间的空间。它承受人和家具设备的荷载，并将这些荷载传递给墙或梁，应有足够的强度和刚度，有良好的隔声、防火、防水、防潮等能力。

楼梯是房屋的垂直交通设施，供人们上下楼层使用。楼梯应有足够的通行能力，应做到坚固和安全。

屋顶是房屋顶部的围护构件，抵抗风、雨、雪的侵袭和太阳辐射热的影响。屋顶又是房屋的承重构件，承受风、雪和施工期间的各种荷载等。屋顶应坚固耐久，具有防水、保温、隔热等性能。

门的主要功能是通行和通风，窗的主要功能是采光和通风。

图 10-1 为房屋的组成示意图。

10.1.2 房屋建筑的设计程序

房屋的建造一般经过设计和施工两个过程，而设计工作一般又分为三个阶段：初步设计、技术设计和施工图设计。

建筑设计人员根据建设单位提出的设计任务和要求，进行调查研究，收集必要的设计资料，提出方案，确定平面、立面、剖面等图样，表达出设计意图。初步设计图的内容主要有总平面布置图，建筑平面、立面、剖面图。初步设计图图面布置比较灵活，可以画上阴影、配景、透视等，以增强图面效果。初步设计图需送交有关部门审批，批准后方可进行技术设计。

技术设计是初步设计经建设单位同意和主管部门批准后，进一步解决构件的选型、布置以及建筑、结构、设备等各工种之间的配合等技术问题，从而对方案做进一步修改。技术设计是初步设计具体化的阶段，也是各种技术问题的定案阶段。对一些技术上复杂而又缺乏设计经验的工程，更应重视此阶段的设计工作，作为协调各工种的矛盾和绘制施工图的准备，技术设计图应报有关部门审批。

施工图设计是在技术设计的基础上，按建筑、结构、设备（水、暖、电）各专业分别完整详细地绘制所设计的全套房屋施工图，将施工中所需的具体要求，都明确地反映到这套图纸中。房屋施工图是施工单位的施工依据，整套图纸应完整统一、尺寸齐全、正确无误。

施工图是设计单位最终的"技术产品"，是进行建筑施工的依据，对建设项目建成后的质量及效果，负有相应的技术与法律责任，因此施工图的设计必须严肃、精确。

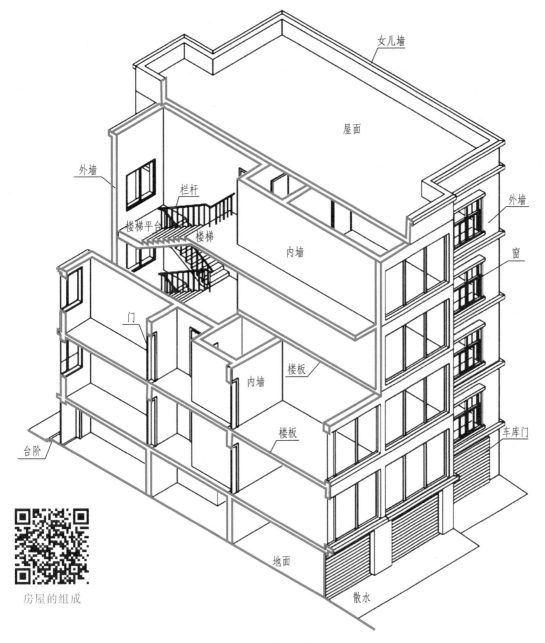

图 10-1 房屋的组成

10.1.3 施工图的分类和编排顺序

由于专业分工的不同,施工图可分为建筑施工图、结构施工图和设备施工图。本章主要介绍建筑施工图。

一套简单的房屋施工图有几十张图纸,一套大型复杂的建筑物甚至有几百张图纸。为了便于读图,根据专业内容或作用的不同,一般将这些图纸进行排序。

1. 图纸目录

图纸目录又称为标题页，说明该套图纸有几类，各类图纸分别有几张，每张图纸的图号、图名、图幅大小；如采用标准图，应写出所使用标准图的名称，所在的标准图集和图号或页次。编制图纸目录的目的是便于查找图纸，图纸目录中应先列新绘制图纸，后列选用的标准图或重复利用的图纸。

2. 设计总说明

设计总说明主要介绍工程概况、设计依据、设计范围及分工、施工及建造时应注意的事项。内容一般包括：本工程施工图设计的依据；本工程的建筑概况，如建筑名称、建设地点、建筑面积、建筑等级、建筑层数、人防工程等级、主要结构类型、抗震设防烈度等；本工程的相对标高与总图绝对标高的对应关系；有特殊要求的做法说明，如屏蔽、防火、防腐蚀、防爆、防辐射、防尘等；对采用新技术、新材料的做法说明；室内室外的用料说明，如砖强度等级、砂浆强度等级、墙身防潮层、地下室防水、屋面、勒脚、散水、室内外装修做法等。

3. 建筑施工图（简称为建施）

建筑施工图主要表示建筑物的总体布局、外部造型、内部布置、细部构造、内外装饰、固定设施和施工要求的图样。建筑施工图一般包括总平面图、建筑平面图、建筑立面图、建筑剖面图、门窗表和建筑详图等。

4. 结构施工图（简称为结施）

结构施工图主要表示房屋的结构设计内容，如房屋承重构件的布置、构件的形状、大小、材料等。结构施工图一般包括结构平面布置图和各构件详图等。

5. 设备施工图（简称为设施）

设备施工图包括给水排水、采暖通风、电气照明等设备的布置平面图、系统图和详图。表示上、下水及暖气管道管线布置，卫生设备及通风设备等的布置，电气线路的走向和安装要求等。

为了加快设计和施工速度，提高设计和施工的质量，将各种大量常用的建筑物及其构配件，按照国家标准规定的模数协调，根据不同的规格标准，设计编绘出成套的施工图，以供设计和施工时选用，这种图样称为标准图或通用图。将其装订成册即为标准图集或通用图集。

标准图（集）分为两个层次：一是国家标准图（集），经国家部、委批准，可以在全国范围内使用；二是地方标准图（集），经各省、市、自治区有关部门批准，可以在相应地区范围内使用。

标准图（集）有两种：一种是整幢建筑的标准设计（定型设计）图集；另一种是目前大量使用的建筑构配件标准图集，以代号"G"（或"结"）表示建筑构件图集，以代号"J"（或"建"）表示建筑配件图集。

■ 10.2 总平面图

10.2.1 总平面图的图示内容与方法

1. 图示内容

总平面图是指将新建工程四周一定范围内的新建、拟建、原有和拆除的建筑物、构筑物连同其周围的地形地物状况，用水平投影方法和相应的图例所画出的图样。它表明新建房屋的平面轮廓形状和层数、与原有建筑物的相对位置、周围环境、地貌地形、道路和绿化的布置等情况，是新建房屋及其他设施的施工定位、土方施工、施工总平面设计以及设计水、暖、电、燃气等管线总平面图的依据。

总平面图的图示内容主要包括：

1）测量坐标网或建筑坐标网。

2）新建筑的定位坐标（或相互关系尺寸）、名称（编号）、层数及室内外标高。

3）相邻有关建筑、拆除建筑的位置或范围。

4）指北针或风向频率玫瑰图。

5）道路（或铁路）、明沟等的起点、变坡点、转折点、终点的标高与坡向箭头。

6）附近的地形地物，如等高线、道路、水沟、河流、池塘、土坡等。

7）用地范围内的绿化、公园等以及管道布置。

总图上的建筑物、构筑物应注写名称，名称宜直接标注在图上。当图样比例小或图面不够位置时，也可编号列表编注在图内。当图形过小时，可标注在图形外侧附近处。

2. 比例、图线和图例

总平面图一般采用 1:300、1:500、1:1000、1:2000 的比例。总平面图中所注尺寸宜以米为单位，注写至小数点后两位，不足时以"0"补齐。

由于绘图比例较小，在总平面图中所表达的对象，要用《总图制图标准》（GB/T 50103—2010）中所规定的图例来表示。常用的总平面图例见表 10-1。

表 10-1 常用的总平面图例（部分）

序号	名称	图例	附注
1	新建建筑物	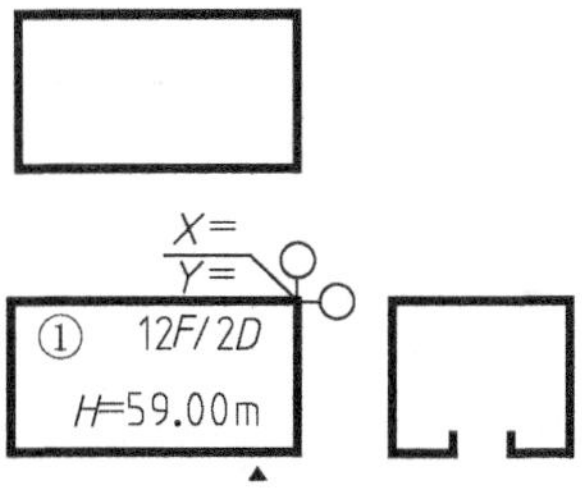 $X=$ $Y=$ ① 12F/2D $H=59.00\mathrm{m}$	1. 新建建筑物以粗实线表示与室外地坪相接处±0.00外墙定位轮廓线 2. 建筑物一般以±0.00高度处的外墙定位轴线交叉点坐标定位。轴线用细实线表示，并标明轴线号

（续）

序号	名称	图例	附注
1	新建建筑物		3. 根据不同设计阶段标注建筑编号，地上、地下层数，建筑高度，建筑出入口位置（两种表示方法均可，但同一图纸采用一种表示方法） 4. 地下建筑物以粗虚线表示其轮廓 5. 建筑上部（±0.00以上）外挑建筑用细实线表示 6. 建筑物上部连廊用细虚线表示并标注位置
2	原有建筑物		用细实线表示
3	计划扩建的预留地或建筑物		用中粗虚线表示
4	拆除的建筑物		用细实线表示
5	铺砌场地		—
6	敞棚或敞廊		—
7	围墙及大门		—
8	挡土墙	5.00 1.50	挡土墙根据不同设计阶段的需要标注 墙顶标高 墙底标高
9	填挖边坡		—
10	坐标	1. $X=105.00$ $Y=425.00$ 2. $A=105.00$ $B=425.00$	1. 表示地形测量坐标系 2. 表示自设坐标系 坐标数字平行于建筑标注
11	室内地坪标高	151.00 (±0.00)	数字平行于建筑物书写
12	室外地坪标高	143.00	室外标高也可以采用等高线表示

（续）

序号	名称	图例	附注
13	新建的道路	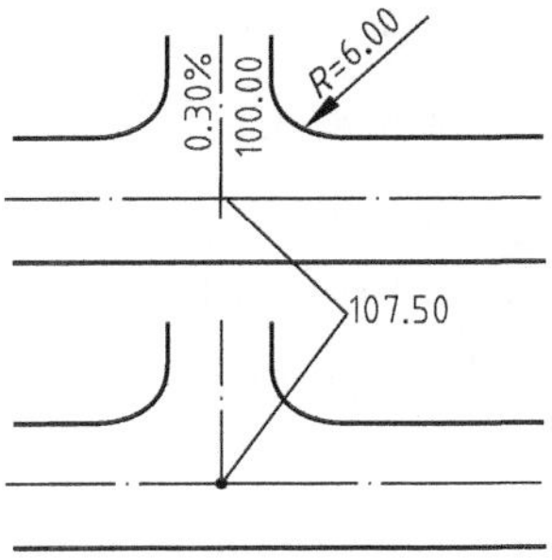	"$R=6.00$"表示道路转弯半径；"107.50"为道路中心线交叉点设计标高，两种表示方式均可，同一图纸采用一种方式表示："100.00"为变坡点之间距离，"0.30%"表示道路坡度，——→表示坡向
14	原有道路		—
15	计划扩建的道路		—
16	拆除的道路		—
17	人行道	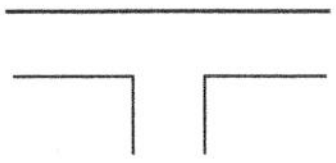	—
18	桥梁	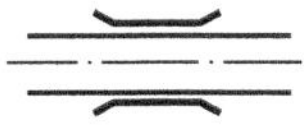 	1. 上图为公路桥，下图为铁路桥 2. 用于旱桥时应注明
19	花卉		—
20	植草砖	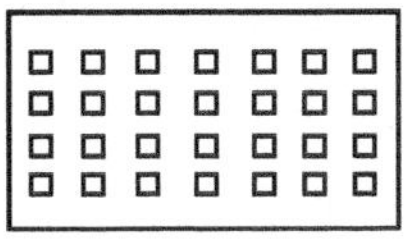	—
21	草坪	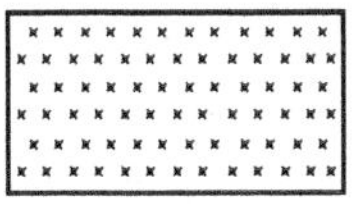 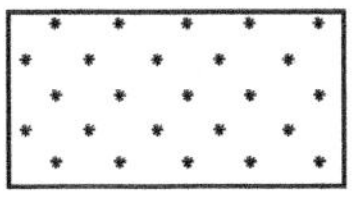 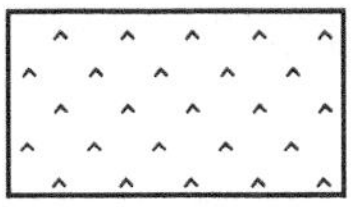	1. 草坪 2. 表示自然草坪 3. 表示人工草坪
22	棕榈植物		—

3. 指北针与风向频率玫瑰图

总平面图中通常用指北针或者风向频率玫瑰图（简称为风玫瑰图）来表示建筑物的方位。指北针的形状宜如图 10-2 所示，其圆的直径宜为 24mm，用细实线绘制；指针尾部的宽度宜为 3mm，指针头部应注"北"或"N"。需用较大直径绘制指北针时，指针尾部宽度宜为圆直径的 1/8。指北针通常画在一层平面图的右上角。

风向频率玫瑰图（见图 10-3）用来表示该地区常年的风向频率和房屋的朝向，一般画在总平面图的右上角或者左上角。风向频率玫瑰图是根据当地多年平均统计的各个方向吹风次数的百分数，按一定的比例绘制的，与风力无关，风向多按照八个或者十六个方位来表示，有箭头的方向为北向。中实线表示全年风向频率，中虚线表示按 6、7、8 三个月统计的夏季风向频率。

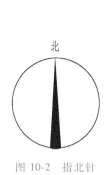

图 10-2　指北针　　　　　　　图 10-3　风向频率玫瑰图

4. 坐标注法

在大范围和复杂地形的总平面图中，为了保证施工放线正确，往往以坐标表示建筑物、道路和管线的位置。坐标有测量坐标与建筑坐标两种坐标系统，如图 10-4 所示。坐标网格应以细实线表示，一般应画成 100m×100m 或 50m×50m 的方格网。测量坐标网应画成交叉十字线，坐标代号宜用"X、Y"表示；建筑坐标网应画成网格通线，自设坐标代号宜用"A、B"表示。坐标值为负数时，应注"−"号；为正数时，"+"号可省略。

总平面图上有测量和建筑两种坐标系统时，应在附注中注明两种坐标系统的换算公式。表示建筑物、构筑物位置的坐标，宜标注其三个角的坐标，如果建筑物、构筑物与坐标轴线平行，可标注其对角坐标。

根据工程具体情况，建筑物、构筑物也可用相对尺寸定位。

5. 标高符号

标高是标注建筑物高度的一种尺寸形式。在施工图中，建筑某一部分的高度通常用标高符号来表示。标高符号应以直角等腰三角形表示，高度 3mm，按图 10-5a 所示形式用细实线绘制，如果标注位置不够，也可按图 10-5b 所示形式绘制。标高符号的具体画法如图 10-5c、d 所示。

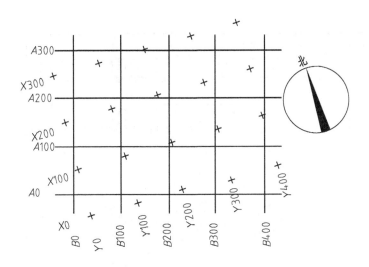

图 10-4　坐标网格

注：图中 X 为南北方向轴线，X 的增量在 X 轴线上；Y 为东西方向轴线，Y 的增量在
Y 轴线上。A 轴相当于测量坐标网中的 X 轴，B 轴相当于测量坐标网中的 Y 轴。

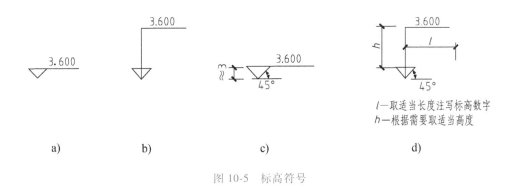

图 10-5　标高符号

在立面图和剖面图中，标高符号的尖端应指至被注高度的位置。尖端一般应向下，也可向上。应当注意：当标高符号在图形的外部时，在标高符号的尖端位置必须增加一条引出线指向所注写标高的位置；当标高符号在图形的内部直接指至被注高度的位置时，在标高符号的尖端位置就不必再增加一条引出线，如图 10-6 所示。在立面图和剖面图中，应注意当标高符号在图形的左侧时，标高数字按图 10-6 中左侧方式注写，当标高符号位于图形右侧时，标高数字按图 10-6 中右侧方式注写。在平面图中，标高符号的尖端位置没有引出线，如图 10-5a 所示。

在总平面图中，室外地坪标高符号，宜用涂黑的三角形表示（见图 10-7a），具体画法如图 10-7b 所示。在图样的同一位置需表示几个不同标高时，标高数字应按图 10-7c 的形式注写。

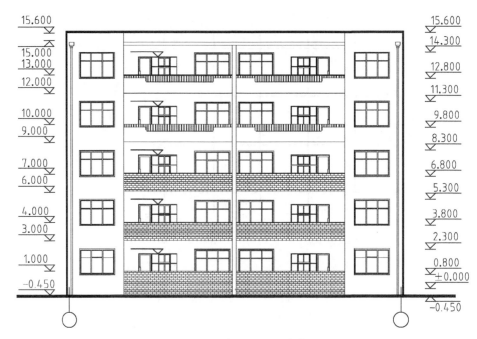

图 10-6　立面图和剖面图上标高符号标注法

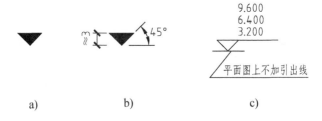

a)　　　　　　　b)　　　　　　　c)

图 10-7　标高符号的几种形式

　　标高有绝对标高和相对标高之分。绝对标高是以青岛附近的黄海平均海平面为零点，以此为基准的标高。在实际设计和施工中，用绝对标高不方便，因此习惯上常以建筑物室内底层主要地坪为零点，以此为基准点的标高，称为相对标高。零点标高应注写成±0.000，比零点高的为"+"，不用标注"+"；比零点低的为"-"，应在数字前标注"-"，例如：3.200、-0.450。

　　建筑物的标高，还可以分为建筑标高和结构标高，如图 10-8 所示。建筑标高是构件

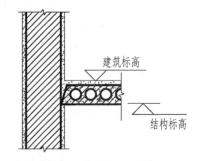

图 10-8　建筑标高与结构标高

包括粉饰层在内的、装修完成后的标高；结构标高则不包括构件表面的粉饰层厚度，是构件

的毛面标高。

标高数字应以米为单位，一般建筑施工图中标高注写到小数点以后第三位；在总平面图中，可注写到小数点后第二位。应以含有±0.00标高的平面作为总图平面，总图中标注的标高应为绝对标高，如标注相对标高，则应注明相对标高与绝对标高的换算关系。

当地形起伏较大时，常用等高线来表示地面的自然状态和起伏情况。

10.2.2　识读总平面图示例

图 10-9 是某学校的总平面图，图样是按 1:500 的比例绘制的。它表明该学校在靠近公园池塘的围墙内，要新建两幢 4 层教师公寓。

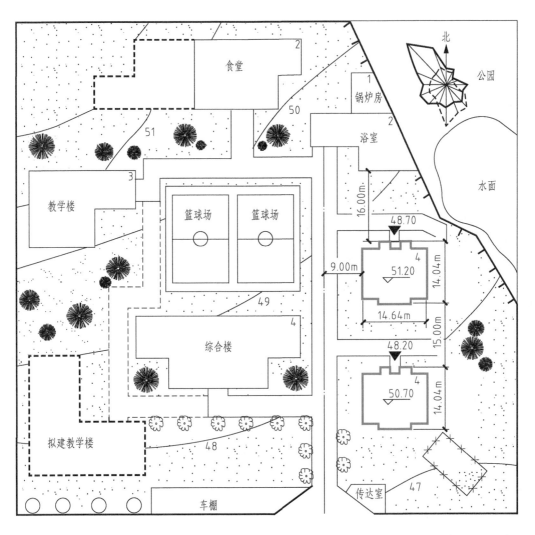

某学校总平面图1:500

图 10-9　某学校的总平面图

1. 明确新建教师公寓的位置、大小和朝向

新建教师公寓的位置是用定位尺寸表示的。北幢与浴室相距 16.00m，与西侧道路中心线相距 9.00m，两幢教师公寓相距 15.00m。新建公寓左右对称，东西向总长为 14.64m，南北向总宽为 14.04m，南北朝向。

2. 新建教师公寓周围的环境情况

从图 10-9 中可看出，该学校的地势是自西北向东南倾斜。学校的最北面是食堂，虚线部分表示扩建用地；食堂南面有两个篮球场，食堂和篮球场之间的东侧有锅炉房和浴室；篮球场的西面和南面各有教学楼和综合楼；在新建教师公寓东南角有一即将拆除的建筑物，该校的西南面还有拟建的教学楼和道路；学校最南面有车棚和传达室，学校大门设在此处。

■ 10.3 建筑平面图

10.3.1 建筑平面图的概述及图示内容

1. 建筑平面图的形成与命名

假想用一水平的剖切面沿门窗洞口的位置将房屋剖切后，对剖切面以下部分房屋所作出的水平剖面图，称为建筑平面图，简称为平面图。它反映出房屋的平面形状、大小和房间的布置，墙（或柱）的位置、厚度和材料，门窗的类型和位置等情况。

平面图是建筑专业施工图中最主要、最基本的图纸，其他图纸（如立面图、剖面图及某些详图）大部分是以它为依据派生和深化而成的。建筑平面图也是其他工种（如结构、设备、装修）进行相关设计与制图的主要依据，其他工种（特别是结构与设备）对建筑的技术要求也主要在平面图中表示，如墙厚、柱子断面尺寸、管道竖井、留洞、地沟、地坑、明沟等。因此，平面图的绘制必须全面、准确、简明。

建筑平面图通常是以层数来命名的，若一幢多层房屋的各层平面布置都不相同，应画出各层的建筑平面图，并在每个图的下方注明相应的图名和比例。若各层的房间数量、大小和布置都相同时，至少要画出四个平面图，即底层平面图、标准层平面图、顶层平面图和屋顶平面图（其中标准层平面图是指中间各层相同的楼层可用一个平面图表示）。若建筑平面图左右对称，则习惯上也可将两层平面图合并画在同一个图上，左边画出一层的一半，右边画出另一层的一半，中间用对称线分界，在对称线两端画上对称符号，并在图的下方分别注明它们的图名。

2. 建筑平面图的图示内容

建筑平面图的图示内容主要如下：

1）标注墙体、柱、墩、内外门窗位置及编号。

2）注写房间的名称或编号。

3）注写有关尺寸。

4）标注电梯、楼梯位置及楼梯上下方向、踏步数及主要尺寸。

5）标注阳台、雨篷、窗台、通风道、烟道、管道井、雨水管、坡道、散水、排水沟、花池等位置及尺寸。

6）标注固定的卫生器具、水池、工作台、橱柜、隔断等设施及重要设备位置。

7）标注地下室、地坑、检查孔、墙上预留洞、高窗等位置与标高。如不可见，则应用细虚线画出。

8）底层平面图中应画出剖面图的剖切符号，并在底层平面图附近画出指北针（注：指北针、剖切符号、散水、明沟、花池等在其他楼层平面图中不再重复画出）。

9）标注有关部位上节点详图的索引符号。

10）注写图名和比例。

10.3.2 定位轴线

在施工图中通常将房屋的基础、墙、柱、墩和屋架等承重构件的轴线画出，并进行编号，以便于施工时定位放线和查阅图纸，这些轴线称为定位轴线。

《房屋建筑制图统一标准》（GB/T 50001—2017）规定：定位轴线应用 $0.25b$ 线宽的单点长画线绘制。定位轴线应编号，编号注写在轴线端部的圆内。圆应用 $0.25b$ 线宽的实线绘制，直径为 8~10mm。定位轴线圆的圆心，应在定位轴线的延长线上或延长线的折线上，如图 10-10 所示。

平面图上定位轴线的编号，宜标注在图样的下方和左侧，也可标注在图形的上方和右侧。竖向轴线横向进行编号，按从左至右的顺序用阿拉伯数字编排；横向轴线竖着进行编号，按照从下至上的顺序用大写拉丁字母编排，如图 10-11 所示。拉丁字母的 I、Z、O 不得用作编号，以免与数字 1、2、0 混淆。如字母数量不够时，可增用双字母或单字母加数字注脚，如 A_A、B_A、…、Y_A 或 A_1、B_1、…、Y_1。

图 10-10 定位轴线

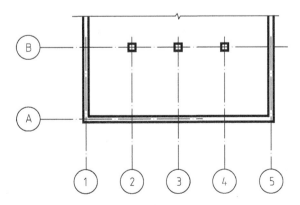

图 10-11 定位轴线的编号顺序

对于一些与主要承重构件相联系的次要构件，它们的定位轴线一般作为附加定位轴线。附加定位轴线的编号，应以分数形式表示，《房屋建筑制图统一标准》规定：两根定位轴线间的附加定位轴线，应以分母表示前一轴线的编号，分子表示附加定位轴线的编号，编号宜用阿拉伯数字顺序编写。"国标"还规定：特殊情况下，可以在①号轴线和Ⓐ号轴线之前附加轴线，但附加定位轴线的分母应以 01 或 0A 表示，如图 10-12 所示。

 表示2号轴线之后附加的第一根轴线

 表示1号轴线之前附加的第一根轴线

 表示D号轴线之后附加的第二根轴线

 表示A号轴线之前附加的第二根轴线

图 10-12　附加定位轴线

一个详图适用于几根轴线时，应同时注明各相关轴线的编号，通用详图中的定位轴线，应只画圆，不注写轴线编号，如图 10-13 所示。

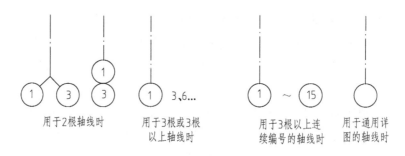

用于2根轴线时　　用于3根或3根　　用于3根以上连　　用于通用详
　　　　　　　　以上轴线时　　续编号的轴线时　　图的轴线时

图 10-13　详图的轴线编号

组合较复杂的平面图中定位轴线也可采用分区编号，编号的注写形式应为"分区号—该分区编号"。分区号采用阿拉伯数字或大写拉丁字母表示。

平面较大的建筑物，可分区绘制平面图，但每张平面图均应绘制组合示意图，如图 10-14 所示。各区应分别用大写拉丁字母编号。在组合示意图要提示的分区，应采用阴影线或填充的方式表示。

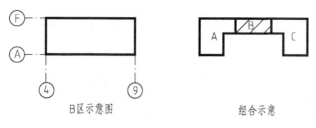

B区示意图　　　　　　　　组合示意

图 10-14　平面组合示意图

屋顶平面图是房屋顶部按俯视方向在水平投影面上所得到的正投影图，由于屋顶平面图比较简单，可以采用与平面图相同的比例，也常常采用较小的比例（如1∶200）绘制。在屋顶平面图中应详细表示有关定位轴线、屋顶的形状、女儿墙（或檐口）、天沟、变形缝、天窗、详图索引符号、分水线、上人孔、屋面、水箱、屋面的排水方向与坡度、雨水口的位置、检修梯、其他构筑物、标高等。此外，还应画出顶层平面图中未表明的顶层阳台雨篷、遮阳板等构件。

局部平面图可以用于表示两层或两层以上合用平面图中的局部不同处，也可以用来将平面图中某个局部以较大的比例另外画出，以便能较为清晰地表示出室内的一些固定设施的形状和标注它们的细部尺寸和定位尺寸。这些房屋的局部主要包括：卫生间、厨房、楼梯间、高层建筑的核心筒、人防出入口、汽车库坡道等。

10.3.3 平面图的线型

建筑平面图中的线型按照《建筑制图标准》（GB/T 50104—2010）中的图线要求，剖到的墙柱断面轮廓线使用粗实线（b）；未剖到但投影时看到的可见构配件轮廓线使用中粗实线（$0.7b$）；被挡住的不可见构配件轮廓线使用中虚线（$0.5b$）；定位轴线使用细单点长画线（$0.25b$），家具线、图例填充线用细实线（$0.25b$）。

屋顶平面图因为没有剖切，图线全部为水平投影的可见轮廓线，所以图线规定：定位轴线用细单点长画线，其余可见轮廓线均用中粗实线（$0.7b$）。

10.3.4 读图示例

现以图10-15~图10-19所示的某住宅楼平面图为例，说明平面图的内容及其读图方法。

1）图10-15是该住宅的负一层平面图，负一层主要是储藏室和车库。从图10-5中可以看出，负一层地面标高为-2.200，室外地面标高为-2.500，说明储藏室及车库地面相比室外地面高出300mm。

该层共有6个房间作为车库使用，在出口处都有坡道与室外地面相连，其中M4都是卷帘门，门口用虚线表示了卷帘门的位置。北面2间储藏室从M5门口进入，门外有室外台阶（2个踏步）与室外地面相连，其余2间储藏室由单元入口进入。这些车库和储藏室可供楼上的各户使用。

楼梯间的开间为2600mm，所画出的那部分梯段是沿单元入口通向一层楼面的第一个楼梯段，从进大门的楼梯间地面上到一楼共有13个踏步。

该住宅竖向轴线共有9条，横向共有8条定位轴线，住宅的最左与最右墙体的外侧，各有宽度为900mm的散水。

该层平面中共有三种类型的门：M4、M5、DM1，宽度分别为2700mm、900mm、1500mm。

2）图10-16是该住宅的一层平面图。从图10-16中可以看出，该层室内主要房间地面

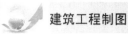

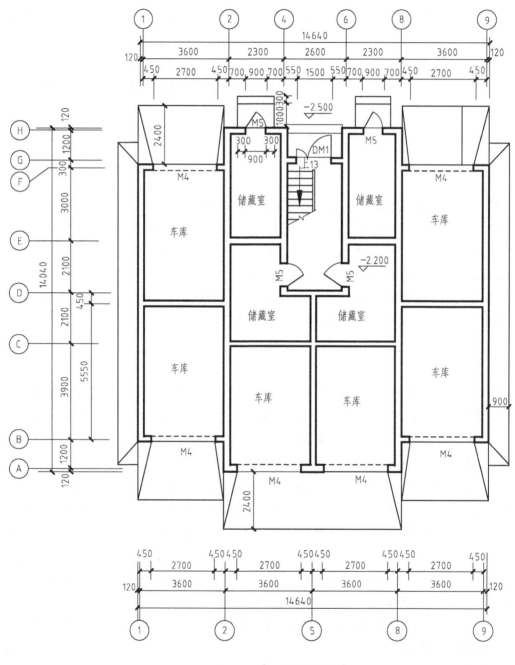

标高为±0.000，厨房、卫生间地面标高为−0.020，这是由于厨房与卫生间的地面上经常有水存在，为防止水从厨房与卫生间内流入客厅或其他房间，地面处理上应有一定的高差20mm，因此这样的房间门在图样中都会增加一条细线表示门口线。

负一层平面图 1:100

图 10-15　负一层平面图

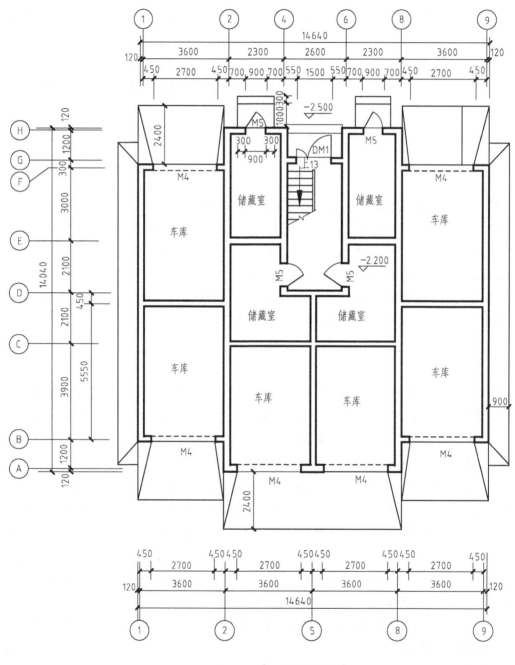

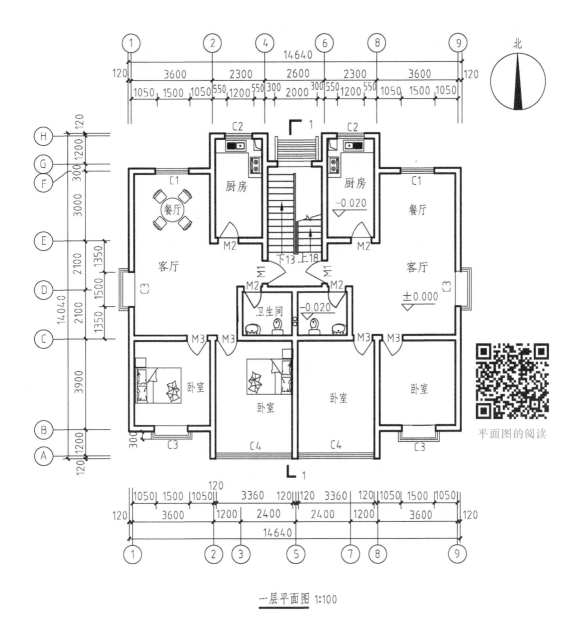

一层平面图 1:100

图 10-16　一层平面图

　　该住宅楼一梯两户，左右两户完全对称。2 间卧室为南向，具有良好的朝向，餐厅与厨房置于北面，客厅与餐厅没有用墙体隔开。部分房间内还画出了主要的家具和设备等。

　　该层平面中有 C1、C2、C3（凸窗）和 C4 四种类型的窗，有 M1、M2、M3 三种类型的门，关于这些门窗的具体情况，可通过表 10-2 门窗表进行查阅。

　　一层平面图中还标注了 1—1 剖面图的剖切位置和投影方向，右上角画出了指北针表示方位，由图 10-16 可见，该住宅楼是正南正北的朝向。

3）图 10-17 是该住宅的二、三层平面图，它与一层平面图相比布局没有太大区别，只是楼梯外侧不需要画雨篷，楼梯间比一层平面图多了 C1 窗户，上下楼梯踏步数与一层平面图有所变化。

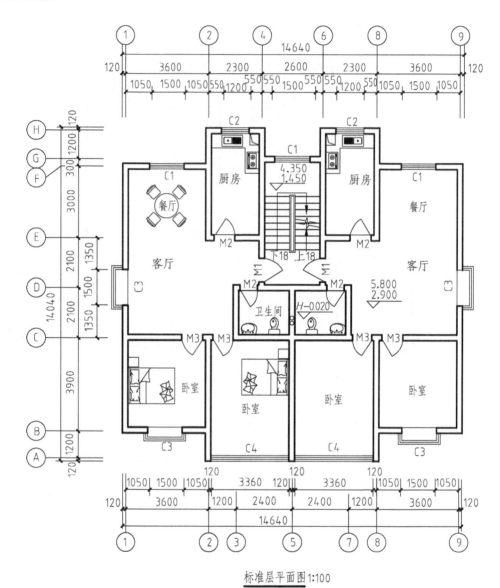

标准层平面图1:100

图 10-17 二、三层平面图

4）图 10-18 是该住宅的顶层平面图，楼梯部分与一层平面图以及标准层平面图均不同，只有下的楼梯，这里不再赘述。

5）图 10-19 是该住宅屋顶平面图。可以看出：该屋顶为平屋顶，沿纵墙方向设有天沟，天沟的排水坡度为 0.5%；由于卫生间为暗卫（即没有外窗），故按设计规范要求应设有通风道，且通向屋顶高出屋面。

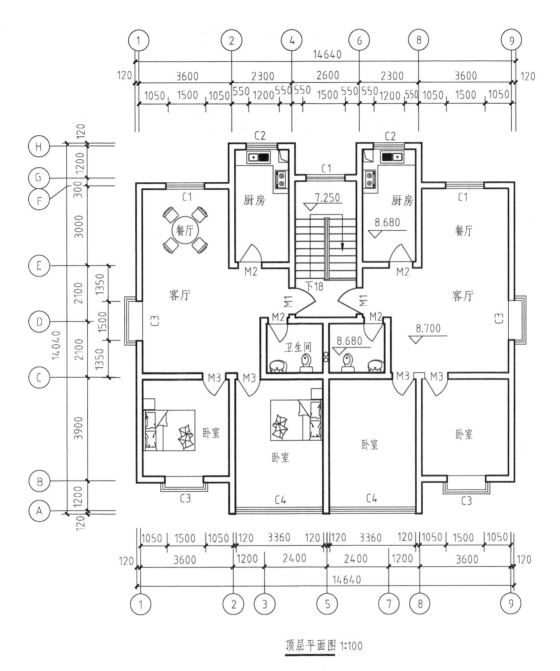

顶层平面图 1:100

图 10-18　顶层平面图

　　从平面图中定位轴线的编号及其间距,可了解到各承重构件的位置及房间的大小。本例房屋的横向定位轴线为①~⑨,纵向定位轴线为Ⓐ~Ⓗ。轴线尺寸符合《建筑模数协调标准》(GB/T 50002—2013)的要求,都是 300 的倍数。

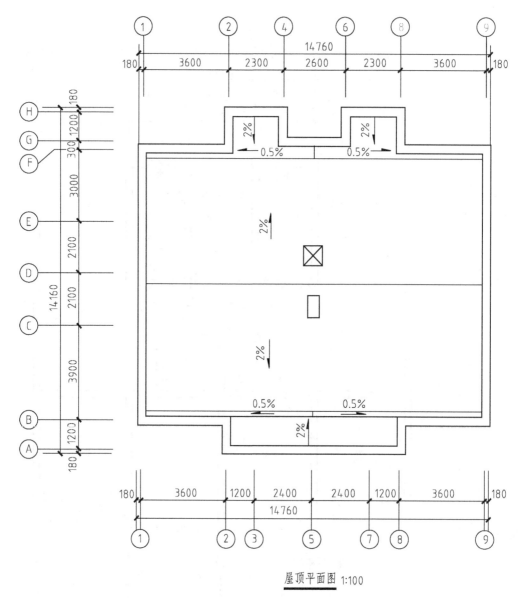

屋顶平面图 1:100

图 10-19　屋顶平面图

10.3.5　尺寸标注

在建筑平面图中标注的尺寸，有外部标注、内部标注和标高标注。

1. 外部标注

为了便于读图和施工，当图形对称时，一般在图形的下方和左侧注写三道尺寸，分别是总尺寸、定位尺寸和细部尺寸。图形不对称时，四面都要标注。以图 10-16 所示的一层平面图为例，按尺寸由外到内的关系说明这三道尺寸：

1) 第一道尺寸，是建筑物的总尺寸，也叫建筑物的外轮廓尺寸，是指从一端外墙边到另一端外墙边的总长和总宽的尺寸。在底层平面图中必须标注建筑外包总尺寸，在其他各层平面中可以省略。本例建筑物的总尺寸为14640mm（总长）和14040mm（总宽），在每个平面图中都进行了标注。

2）第二道尺寸，是建筑物的定位尺寸，也叫轴线尺寸，是表示轴线间距离的尺寸，用以说明房间的开间及进深。如①~②、⑧~⑨、轴线间的房间开间均为3600mm，Ⓑ~Ⓒ轴线间的房间进深为3900mm。

3）第三道尺寸，是建筑物的细部尺寸，表示外墙门窗洞口等构配件的详细尺寸。如①~②轴线间的窗C3，其宽度为1500mm，窗洞边距离轴线为1050mm；又如Ⓒ~Ⓔ轴线间的C3，宽度为1500mm，窗洞边距离两侧轴线均为1350mm；②~④轴线间的窗C2，宽度为1200mm，窗洞边距离两侧轴线均为550mm。

应该注意：门窗洞口尺寸不要与其他构配件的尺寸混合标注，墙厚、雨篷宽度、台阶踏步宽度、花池宽等细部尺寸应靠近实体另行标注。

2. 内部标注

为了说明房间的净尺寸和室内的门窗洞、孔洞、墙厚和固定设备（如厕所、工作台、搁板、厨房等）的大小与位置，在平面图上应清楚地注写出有关的内部尺寸。相同的内部构造或设备尺寸，可省略或简化标注，如"未注明之墙身厚度均为240""除注明者外，墙轴线均居中"等。

3. 标高标注

楼地面标高是表明各房间的楼地面对相对标高零点（±0.000）的相对高度。本例一层地面定为相对标高零点±0.000，厨房、卫生间地面标高为−0.020，说明这些地面比其他房间地面低20mm。如果是标准层平面图，房间标注的楼地面标高不止一个，则厨房、卫生间的标高也可用 $H-0.020$，表示此处的地面比房间地面低20mm。

10.3.6 门窗表

在建筑物各层平面图中标注了所有门和窗的代号，设计师通常将门窗代号、洞口尺寸、数量、选用标准图集的编号等内容列入门窗表中，一般放在建筑施工图的首页图—建筑设计总说明中。本例住宅的门窗表见表10-2。

表 10-2　住宅的门窗表

序号	名称编号	洞口尺寸/mm		数量	备注
		宽	高		
1	DM1	1500	2100	1	对讲电控防盗门
2	M1	1000	2100	8	多功能防火防盗分户门
3	M2	800	2100	16	木制夹板门
4	M3	900	2100	16	木制夹板门
5	M4	2700	2000	6	特制卷帘门甲方定
6	M5	900	2000	4	木制夹板门
7	C1	1500	1600	11	塑钢推拉窗

（续）

序号	名称编号	洞口尺寸/mm		数量	备注
		宽	高		
8	C2	1200	1600	8	塑钢推拉窗
9	C3	1500	1600	16	塑钢推拉窗
10	C4	3360	2200	8	塑钢推拉窗

注：门窗做法详见厂家图集，窗户为无色玻璃。

10.3.7　构造及配件图例

为了方便绘图和读图，《建筑制图标准》（GB/T 50104—2010）规定了一系列构造及配件图例。

1. 门窗图例

《建筑制图标准》规定门窗代号用汉语拼音的第一个字母大写来表示，即门的代号用 M 表示，窗的代号用 C 表示。在门窗的代号后面写上编号，如 M1、M2 和 C1、C2 等，同一编号表示同一类型的门窗，它们的构造与尺寸都一样（在平面图上标注不出的门窗编号，应在立面图上标注）。

图 10-20 画出了一些常用门窗的图例，门窗洞的大小及其型式都应按投影关系画出。门窗立面图例中的斜线是门窗扇的开启线，实线为外开，虚线为内开，开启方向线交角的一侧为安装合页的一侧，开启线在建筑立面图中可不标注，在立面大样图中可根据需要绘出。若单层固定窗、悬窗、推拉窗等以小比例绘图时，平、剖面的窗线可用单细实线表示。门的平面图上的门扇开启线可绘成 90°或 60°或 45°，开启弧线宜绘出。

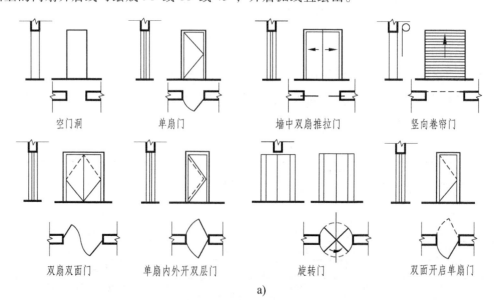

图 10-20　常用门窗的图例

a）门的图例

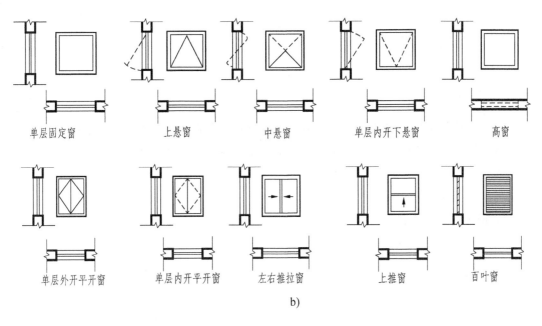

b)

图 10-20　常用门窗的图例（续）

b）窗的图例

2. 其他图例

建筑平面图中部分常用其他图例如图 10-21 所示。

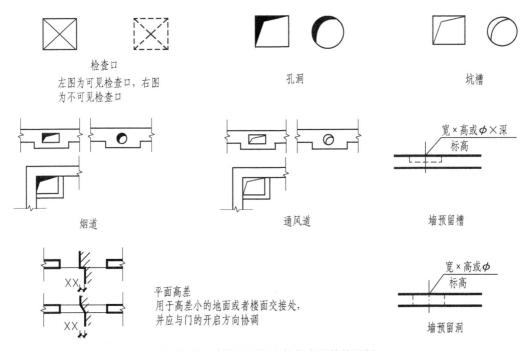

图 10-21　建筑平面图中部分常用其他图例

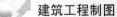

■ 10.4 建筑立面图

10.4.1 概述

建筑立面图是房屋外表面的正投影图，简称为立面图。立面图主要是用来表达建筑物的外形艺术效果，在施工图中，它主要反映房屋的外貌和立面装修的做法。立面图内容应包括建筑的外轮廓线和室外地坪线、勒脚、阳台、雨篷、门窗、檐口、女儿墙、外墙面做法及各部位的标高，外加必要的尺寸。

1. 立面图的命名方法

立面图的命名方法一般有三种：

1）一般按照两端的定位轴线编号来编注立面图的名称，例如命名为①~⑧立面图、⑧~①立面图、Ⓐ~Ⓖ立面图、Ⓖ~Ⓐ立面图；这是最通用的也是推荐的立面图命名方式。

2）当房屋为正朝向时，也可按平面图各面的朝向来命名，例如命名为南立面图、北立面图、东立面图、西立面图。

3）当房屋朝向不正时，也可按投影（或按立面的主次）命名为正立面图、背立面图、左侧立面图、右侧立面图。

2. 标高与尺寸标注

建筑立面图宜标注室外地坪、入口地面、雨篷底、门窗上下沿、檐口、女儿墙顶及屋顶最高处部位的标高。除了标高，有时还需注出一些并无详图的局部尺寸，用以补充建筑构造、设施或构配件的定位尺寸和细部尺寸。标高一般标注在图形外，并做到符号上下对齐，大小一致，必要时，可标注在图内。

3. 图线

在绘制建筑立面图时，为了加强图面效果，使外形清晰、重点突出和层次分明，按要求立面图线型分为五种：室外地坪线用线宽为 $1.4b$ 的特粗实线绘制；房屋立面的外墙和屋脊轮廓线用线宽为 b（b 的取值按国家标准，常取 $b=0.7mm$ 或 $1.0mm$）的粗实线绘制；在外轮廓线之内的凹进或凸出墙面的轮廓线，用线宽为 $0.5b$ 的中实线绘制，如门窗洞、窗台窗楣、檐口、阳台、雨篷、柱、台阶等构配件的轮廓线；门窗扇、栏杆、雨水管和墙面分格线等均用线宽为 $0.25b$ 的细实线绘制；房屋两端的定位轴线用细单点长画线绘制。

4. 引出线

引出线是对建筑工程的构造或处理进行文字说明的一种方式，引出线应以细实线绘制，宜采用水平方向的直线，与水平方向成 $30°$、$45°$、$60°$、$90°$ 的直线，或经上述角度再折为水平线。文字注明宜注写在水平线的上方，如图 10-22a 所示，也可注写在水平线的端部，如图 10-22b。同时引出几个相同部分的引出线，宜互相平行，如图 10-22c 所示，也可画成集中于一点的放射线，如图 10-23d 所示。

图 10-22　引出线

多层构造或多层管道共用引出线，应通过被引出的各层，并用圆点示意对应各层次。文字说明宜注写在水平线的上方，或注写在水平线的端部，说明的顺序由上至下，并应与被说明的层次相互一致；如层次为横向排序，则由上至下的说明顺序应与左至右的层次相互一致，如图 10-23 所示。

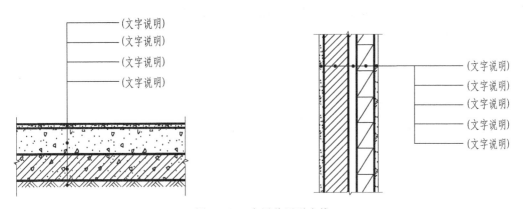

图 10-23　多层共用引出线

5. 建筑立面图的图示内容

按照正投影原理，立面图上应将投影时立面上所有看得见的细部都表示出来。但由于比例较小，立面图上的门窗扇、檐口构造、阳台栏杆和墙面的装修等细部，一般只用图例表示，它们的构造和做法，都另有详图或文字说明。因此，立面图上相同的门窗、阳台、外檐装修、构造做法等可在局部重点表示，绘出其完整图形，其余部分都可简化，只画出轮廓线。

较简单的对称式建筑物或对称的构配件等，在不影响构造处理和施工的情况下，立面图可绘制一半，并在对称轴线处画对称符号。这种画法，由于建筑物的外形不完整，故较少采用。前后或左右完全相同的立面，可以只画一个，另一个标注即可。

建筑立面图的图示内容主要包括：

1）建筑物两端或分段的轴线及编号。

2）女儿墙顶、檐口、柱、室外楼梯和消防梯、烟囱、雨篷、阳台、门窗、门斗、勒脚、雨水管、台阶、坡道、花池，其他装饰构件和粉刷分格线示意等；外墙的留洞应标注尺寸与标高（宽×高×深及关系尺寸）。

3）在平面图上标注不出的窗编号，应在立面图上标注。平、剖面图未能标注出来的屋顶、檐口、女儿墙、窗台等标高或高度，应在立面图上分别标注。

4）各部分构造、装饰节点详图索引符号。

10.4.2 读图示例

现以图 10-24~图 10-26 所示某教师公寓的三个建筑立面图为例，说明立面图的内容及其读图方法。

从图名或轴线编号可知，这三个立面图分别是表示房屋的南向、北向及东向的立面图，比例与平面图一样，为 1∶100。

1）图 10-24 是建筑物的①~⑨轴立面图，立面图上只画出了最左和最右两端的定位轴线。图 10-24 表示了房屋从前向后投影所得到的室外地坪线、外墙线、女儿墙顶轮廓线，外轮廓线所包围的范围显示出这幢房屋的总长、总宽和总高。屋顶采用平屋顶，住户一共四层，房屋最下一层为车库和储藏室，各层左右对称；图 10-24 中按实际情况画出了门窗洞的可见轮廓和窗户形式。

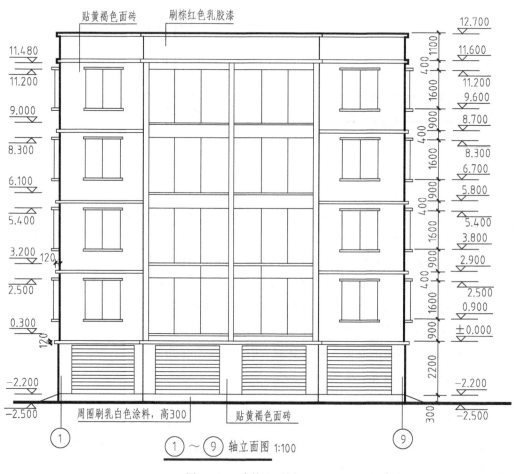

图 10-24　建筑立面图（一）

图 10-24 中画出了负一层南面车库的四个大门，从一层往上到四层画出了南面小卧室的窗户，此窗是外挑凸窗；还画出了南面大卧室的落地窗。

①~⑨轴立面图的两侧标注了室内外地面标高，右侧标注了小卧室每层的窗台上下沿的高度，左侧标注了连阳台大卧室的落地窗上下沿的高度，另外还标注了屋顶的标高。

从图10-24中引出线的文字说明，可了解到房屋外墙面装修的做法。如本例房屋中，负一层至四层外墙面采用了贴黄褐色外墙面砖，女儿墙墙面采用刷棕红色乳胶漆，外墙勒脚处墙面采用刷乳白色外墙涂料等。

2）图10-25是建筑物的⑨~①轴立面图，表示了房屋从后向前投影所得到的室外地坪、外墙和屋顶轮廓线，是房屋的北向立面。

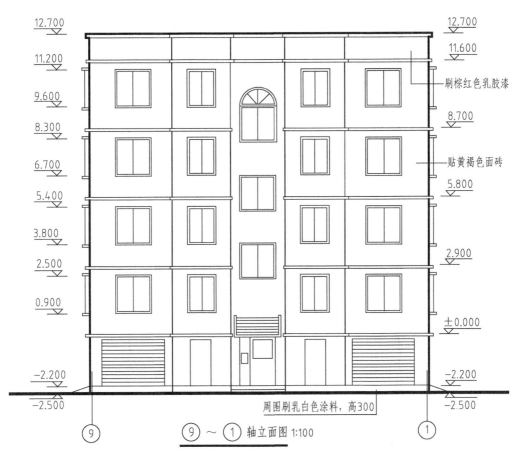

图10-25　建筑立面图（二）

图10-25中负一层画出了北面车库门、储藏室门，进楼梯间的双扇门，门的下方分别有坡道和台阶，楼梯间门上方有坡面雨篷。

从一层往上到四层画出了北面餐厅和厨房的窗户；还画出了单元门上方楼梯间的窗户，楼梯间的窗户都比同一楼层的窗户位置低，是因为这些窗在楼梯两个楼梯段中间的休息平台处，所以标高均低了半层；楼梯间最上面的窗户并不是半圆形的异型窗，从平面图的窗代号C1可知，此窗与二层、三层的窗一样，都是矩形窗，只是窗户上方做了一个半圆形的装饰。

图10-25右侧标注了室内外地面标高，各个楼层的标高以及屋顶的标高；图10-25左侧

标注了餐厅窗户的窗台和窗顶标高。

3）图 10-26 是Ⓐ~Ⓖ轴立面图，即东向立面，表示了房屋从右向左投影所得到的室外地坪、外墙、屋顶轮廓线，粗实线范围是外墙和屋顶女儿墙轮廓线，粗实线外侧是投影时可见的楼梯间和阳台轮廓线，因为不是主要外墙，所以用中粗实线表示。

图 10-26 中画出了东面外墙上从一层到四层客厅的凸窗；墙面有从南北两面延伸过来的装饰凸线条，底部靠近地坪线画出了东面的散水。

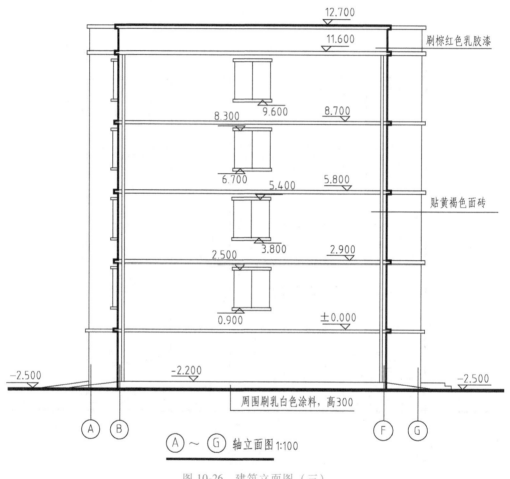

图 10-26 建筑立面图（三）

■ 10.5 建筑剖面图

10.5.1 概述

1. 建筑剖面图的形成

建筑剖面图是房屋的竖直剖面图，也就是用一个或多个假想的平行于正立投影面或侧立投影面的竖直剖切平面剖开房屋，移去剖切平面某一侧的形体部分，将留下的形体部分按剖视方向向投影面作正投影所得的图样。

建筑剖面图应表示剖切断面和投影方向可见的建筑构配件轮廓线，其尺寸包括外部尺寸与标高和内部楼地面标高及内部门窗洞尺寸。画建筑剖面图时，常用全剖面图或者阶梯剖面图的形式。建筑剖面图的剖切符号应标注在首层平面图或±0.000标高的平面图上，剖切平面应根据图纸的用途或设计深度，选择房屋内部构造复杂而又反映特征且具有代表性的部位，并应尽量通过门窗洞和楼梯间剖切。如选在层高不同、层数不同、内外空间比较复杂或典型的部位。

剖面图的数量是根据房屋的具体情况和施工实际需要而确定的。剖切面一般选用平行于侧立面，必要时也可以平行于正立面进行剖切。剖面图的图名与平面图上所标注剖切符号的编号一致，如1—1剖面图、2—2剖面图等。

剖面图中的断面，其材料图例与平面图相同。有时在剖视方向上可以看到室外局部立面，如果其他立面图没有表示过，则可用中实线画出该局部立面。

通常，剖面图不画出基础的大放脚，墙的断面只需画到地坪线以下适当的地方，画折断线断开就可以了，折断线以下的部分将由房屋结构施工图的基础图表明。

为了方便绘图和读图，房屋的立面图和剖面图，宜绘制在同一水平线上，图内相互有关的尺寸及标高，宜标注在同一竖直线上，如图10-27所示。

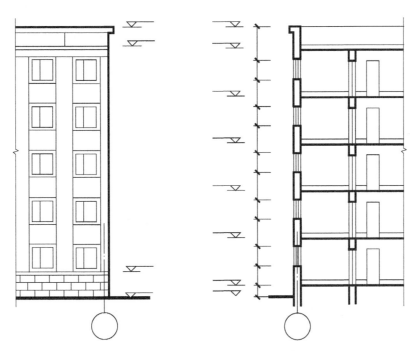

图 10-27　立面图、剖面图的位置关系

2. 建筑剖面图的图示内容

1）墙、柱、轴线及轴线编号。

2）室外地面、底层地（楼）面、各层楼板、吊顶、屋顶（包括檐口、烟囱、天窗、女儿墙等）、门、窗、梁、楼梯、台阶、坡道、散水、平台、阳台、雨篷、洞口、墙裙、踢脚板、防潮层、雨水管及其他装修可见的内容。

3）标高及高度方向上的尺寸。剖面图和平面图、立面图一样，宜标注室内外地坪、台阶、地下层地面、门窗、雨篷、楼地面、阳台、平台、檐口、屋脊、女儿墙等处完成面的标高。平屋面等不易标明建筑标高的部位可标注结构标高，并予以说明。结构找坡的平屋面，屋面标高可标注在结构板面最低点，并注明找坡坡度。有屋架的立面，应标注屋架下弦搁置点或柱顶标高。

高度方向上的尺寸包括外部尺寸和内部尺寸。

外部尺寸应标注以下三道：

① 洞口尺寸：包括门、窗、洞口、女儿墙或檐口高度及其定位尺寸。

② 层间尺寸：即层高尺寸，含地下层在内。

③ 建筑总高度：指由室外地面至檐口或女儿墙顶的高度。屋顶上的水箱间、电梯机房和楼梯出口小间等局部升起的高度可不计入总高度，可另行标注。当室外地面有变化时，应以剖面所在处的室外地面标高为准。

内部尺寸主要标注地坑深度、隔断、搁板、平台、吊顶、墙裙及室内门、窗等的高度。

4）标注楼地面各层的构造，可用引出线说明。若另画有详图，在剖面图中可用索引符号引出说明；若已有"构造说明一览表"或"面层做法表"时，在剖面图上不再作任何标注。

5）节点构造详图索引符号。

10.5.2　索引符号与详图符号

图样中的某一局部或构件，如需另见详图，应以索引符号索引，表明详图的编号、详图的位置以及详图所在图纸编号。

1. 索引符号

索引符号是需要将图样中的某一局部或构件画出详图而标注的一种符号，用以标注详图的编号、详图的位置以及详图所在图纸编号。索引符号是由直径为 8~10mm 的圆和水平直径组成，圆及水平直径均应以细实线绘制，在上半圆中用阿拉伯数字注明该详图的编号，数字较多时，可加文字标注。索引符号需用一引出线指向要画详图的地方，引出线应对准圆心，如图 10-28a 所示。索引出的详图，如与被索引的详图在同一张图纸内，应在索引符号的下半圆中间画一段水平细实线，如图 10-28b 所示。索引出的详图，如与被索引的详图不在同一张图纸内，应在索引符号的下半圆中用阿拉伯数字注明该详图所在图纸的编号，如图 10-28c 所示。

索引出的详图，如采用标准图，应在索引符号水平直径的延长线上加注该标准图册的编号，如图 10-29d 所示。

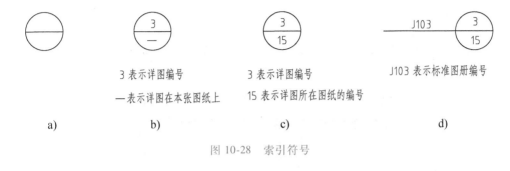

图 10-28　索引符号

索引符号如用于索引剖面详图，应在被剖切的部位绘制剖切位置线，并用引出线引出索引符号，引出线所在的一侧应为投影方向。索引符号的编写同上，如图 10-29 所示。

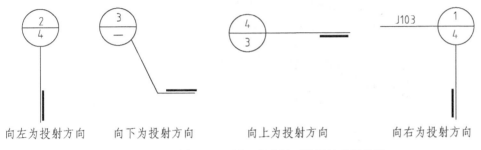

图 10-29　用于索引剖面详图的索引符号

2. 详图符号

详图的位置和编号应以详图符号表示，详图符号可以作为详图的图名。详图符号圆的直径为 14mm，用粗实线绘制。详图与被索引的图样在同一张图纸内时，应在详图符号内用阿拉伯数字注明详图的编号，如图 10-30a 所示。详图与被索引的图样不在同一张图纸内，应用细实线在详图符号内画一水平直径，在上半圆中注明详图编号，在下半圆注明被索引的图纸的编号，如图 10-30b 所示。如果索引出的详图没有用数字进行编号，则可以用文字作为详图的图名，如"外墙身详图""楼梯平面图""楼梯剖面图"等。

零件、钢筋、构件、设备等的编号，以直径为 5~6mm（同一图样应保持一致）的细实线圆表示，其编号应用阿拉伯数字按顺序编写，如图 10-31 所示。消火栓、配电箱、管井等的索引符号，直径宜为 4~6mm。

图 10-30　详图符号　　　　　　　　图 10-31　零件、钢筋、构件、设备等的编号

10.5.3 读图示例

现以图 10-32 所示的剖面图为例，说明剖面图的内容及其读图方法。

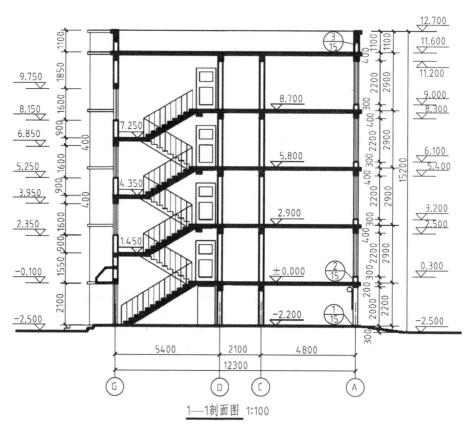

1—1剖面图 1:100

图 10-32 建筑剖面图

图 10-32 中的 1—1 剖面的剖切符号在一层平面图中标注，看图时首先要查看前面的一层平面图，找到剖切位置和投影方向，并对照平面图中的轴线编号，了解被剖切到的有哪几道墙体。本例中 1—1 剖面图是通过④~⑤轴线间的楼梯梯段，剖切后向右进行投影而得到的横向剖面图，绘图比例为 1：100。

剖面图中表示了建筑的地面、楼面、屋面分隔形式，画出了被剖切到的屋顶的结构形式以及房屋室内外地坪以上各部位被剖切到的建筑构配件，如室内外地面、楼地面、内外墙及门窗、梁、楼梯与楼梯平台、阳台、雨篷、台阶、坡道等。

由于剖面图的比例较小，无法表达清楚剖切断面的材料图例，所以与建筑平面图的简化处理方式一样，剖到的砖墙外轮廓线画粗实线，内部空白，剖到的钢筋混凝土构件涂黑表示。表示不清楚的外墙节点可以另画详图，图 10-32 中在女儿墙、一楼楼板处外墙及负一楼靠近地面外墙等处画出了索引符号，需绘制详图。

剖面图中除了标注重要部位的标高以外，还需标注一些必要的高度方向的尺寸。

■ 10.6 建筑详图

建筑平面图、立面图、剖面图一般采用较小的比例，在这些图样上难以表示清楚建筑物某些局部构造或建筑装饰，必须专门绘制比例较大的详图，用较大比例（1：20、1：15、1：10、1：5、1：2、1：1等）将这些建筑的细部或构配件的形状、大小、材料和做法等详细地表示出来，这种图样称为建筑详图，简称详图，也可称为大样图。建筑详图是整套施工图中不可缺少的部分，是施工时准确完成设计意图的依据之一。

在建筑平面图、立面图和剖面图中，凡需绘制详图的部位均应画上索引符号，而在所画出的详图上应注明相应的详图符号。详图符号与索引符号必须对应一致，以便看图时查找相互有关的图纸。对于套用标准图或通用图的建筑构配件和剖面节点，只要注明所套用图集的名称、编号和页次，就不必另画详图。

建筑详图可分为构造详图、配件和设施详图和装饰详图三大类。构造详图是指屋面、墙身、墙身内外饰面、吊顶、地面、地沟、地下工程防水、楼梯等建筑部位的用料和构造做法。配件和设施详图是指门、窗、幕墙、浴厕设施、固定的台、柜、架、桌、椅、池、箱等的用料、形式、尺寸和构造，大多可以直接或参见选用标准图或厂家样本（如门、窗）。装饰详图是指为美化室内外环境和视觉效果，在建筑物上所做的艺术处理，如花格窗、柱头、壁饰、地面图案的纹样、用材、尺寸和构造等。

详图的图示方法，根据细部构造和构配件的复杂程度，按清晰表达的要求来确定，例如墙身节点图只需一个剖面详图来表达，楼梯间宜用几个平面详图和一个剖面详图、几个节点详图表达，门窗则常用立面详图和若干个剖面或断面详图表达。若需要表达构配件外形或局部构造的立体图时，宜按轴测图绘制。详图的数量，与房屋的复杂程度及平、立、剖面图的内容及比例有关。详图的特点：一是用较大的比例绘制；二是尺寸标注齐全；三是构造、做法、用料等详尽清楚。现以墙身大样和楼梯详图为例来说明。

10.6.1 墙身大样

墙身大样实际是在典型剖面上典型部位从上至下连续的放大节点详图。一般多取建筑物内外的交界面——外墙部位，以便完整、系统、清楚地表达房屋的屋面、楼层、地面和檐口构造、楼板与墙面的连接、门窗顶、窗台和勒脚、散水等处构造的情况，因此，墙身大样也称为外墙身详图。

墙身大样实际上是建筑剖面图的局部放大图，不能用以代替表达建筑整体关系的剖面图。画墙身大样时，宜由剖面图直接索引出，常将各个节点剖面连在一起，中间用折断线断开，各个节点详图都分别注明详图符号和比例。以下以图10-33所示的某教师公寓的墙身大样为例，做简要的介绍。

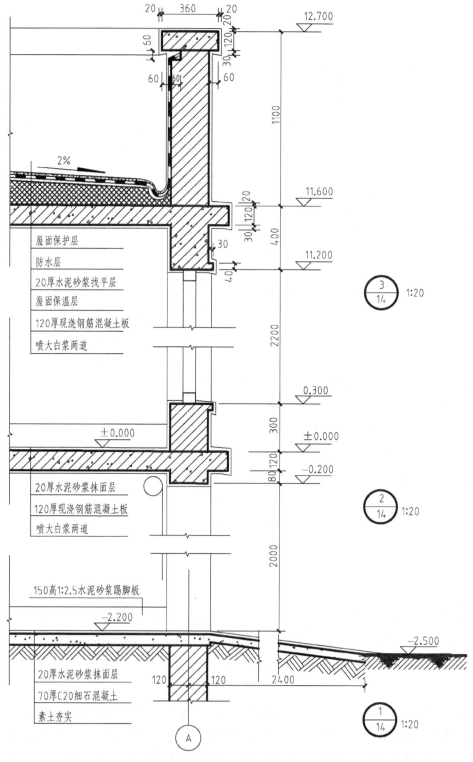

屋面保护层
防水层
20厚水泥砂浆找平层
屋面保温层
120厚现浇钢筋混凝土板
喷大白浆两道

20厚水泥砂浆抹面层
120厚现浇钢筋混凝土板
喷大白浆两道

150高1:2.5水泥砂浆踢脚板

20厚水泥砂浆抹面层
70厚C20细石混凝土
素土夯实

外墙身剖面详图 1:20

图 10-33　墙身大样图

1. 地面节点剖面详图

地面节点剖面详图，主要表达外墙面在墙脚处的室内外地坪的构造做法。本节点的图名为$\frac{1}{14}$，说明这个1号详图的索引位置在本套施工图纸的第14张（见图10-33中对应的索引符号）。该外墙节点应从下往上识读，墙体最下端用折断线断开，说明基础部分应在结构施工图中表明，本外墙适用于A轴线处的外墙，外墙厚240mm且轴线居中，墙体画出了砖的材料符号。地面往上部分为剖到的车库大门，画到上方折断线为止。

该房屋室内外地面高差为300mm，室内地面被分层剖切，分别画出了每层的材料图例，每层的构造做法用一个多层构造索引符号表示。室外做一个宽度为2400mm的散水，高度差为300mm，散水的构造做法一般在设计说明中，所以该图中并未对其做法做引出说明。

2. 楼面节点剖面详图

楼面节点剖面详图表示了相同的楼面层构造做法，窗台、门顶等处的构造，以及内外墙面的做法。$\frac{2}{14}$详图从折断线往上画出了剖切的大门以及门上方的过梁和楼板的做法，此车库大门是卷帘门，在门内侧画出了卷帘门的图例。

楼板采用120mm厚现浇钢筋混凝土板，板顶面做20mm厚水泥砂浆抹面层，板底面喷大白浆两道。

卧室连阳台为接近落地窗，窗台的材料为砖，高度为300mm，外表面出挑30mm，窗台往上是剖到的窗户。

3. 檐口节点剖面详图

檐口节点剖面详图主要表达顶层窗过梁、遮阳板或雨篷、屋顶（根据实际情况画出它的构造与构配件，如屋面梁、屋面板、室内顶棚、天沟、雨水管、架空隔热层、女儿墙及其压顶）等的构造和做法。

在$\frac{3}{14}$檐口节点剖面详图中，屋面的承重层是现浇钢筋混凝土板，上面依次有保温层、找平层、防水层和屋面保护层，从保温层开始做出2%的屋面排水坡度。钢筋混凝土楼板与窗户上方的过梁浇制在一起，过梁外挑出30mm形成窗楣，以便与窗户下方的外挑窗台呼应，在建筑立面上形成横线条。

外墙高出屋顶的墙体为女儿墙，本例中女儿墙材料为砖，女儿墙顶端为增加刚度，做了一圈钢筋混凝土压顶，压顶内侧宽出女儿墙的部分是为了防止雨水进入防水层的端头，外侧伸出部分是为了立面形成横线条，增加美观。女儿墙内侧有一檐沟，通过女儿墙所留孔洞，使雨水沿雨水管集中排流到地面。

10.6.2 楼梯详图

楼梯是多层房屋中供人们上下的主要交通设施，它除了要满足行走方便和人流疏散畅通外，还应有足够的坚固耐久性。在房屋建筑中应用最广泛的是预制或现浇的钢筋混凝土楼梯。楼梯通常由楼梯段（简称为梯段，分为板式梯段和梁板式梯段）、楼梯平台（分楼层平台和休息平台）、栏杆（或栏板）扶手组成。图10-34是板式和梁板式两种结构形式的楼梯的组成。

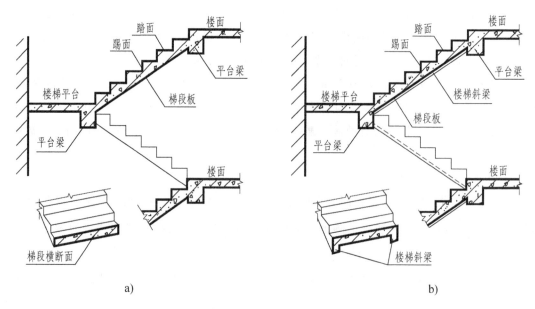

图 10-34　板式和梁板式两种结构形式楼梯的组成

a）板式　b）梁板式

楼梯的构造比较复杂，需要画出它的详图。楼梯详图主要表达楼梯的类型、结构形式、各部位的尺寸及装修做法，是楼梯施工放样的主要依据。楼梯详图一般包括平面图、剖面图及踏步、栏杆详图等，并尽可能画在同一张图纸内。楼梯平面图、剖面图比例要一致，以便对照读图。踏步、栏杆详图比例要大些，以便清楚表达该部分的构造情况。

1. 楼梯平面图

与建筑平面图类似，一般每一层楼梯都要画一个楼梯平面图。三层以上的房屋，当底层与顶层之间的中间各层布置相同时，通常只画底层、中间层和顶层三个平面图。

楼梯平面图的剖切位置，同房屋平面图一样，是剖在窗台以上（窗洞之间），所以它的位置一般是在该层往上走的第一梯段（中间平台下）的任一处，且通过楼梯间的窗洞口。各层被剖切到的梯段，按"国标"规定，均在平面图中以一根45°（30°、60°）的折断线表示剖切位置。在每一梯段处画有一长箭头（自楼层地面开始画）并以各层楼面为标准，分别标注"上"和"下"及每层楼的踏步数，表明从该层楼（地）面往上或往下走多少步级可到达上（或下）一层的楼（地）面。

图10-35是某教师公寓配套的楼梯平面图，共画出了四个平面图。通常将楼梯平面图并排画在同一张图纸内，轴线对齐，以便读图，绘图时也可以省略一些重复的尺寸标注。标准层平面图表示了二、三层的平面。

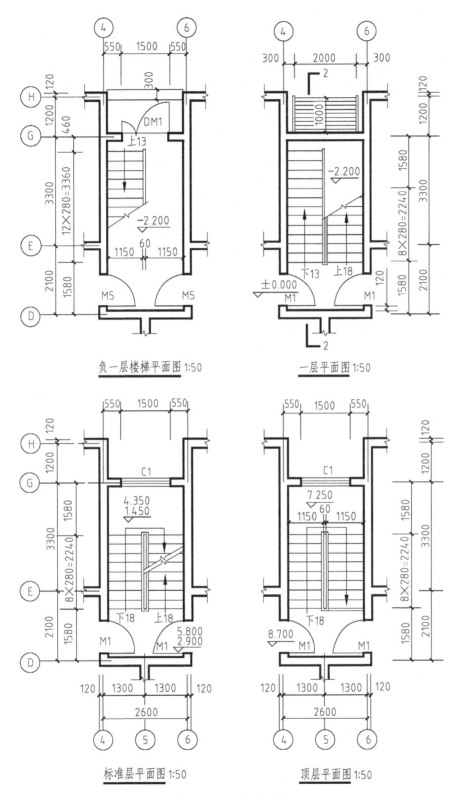

图 10-35 楼梯平面图

图 10-35 中粗实线为水平剖切到的砖墙，45°折断线为水平剖切面与楼梯段的剖切位置处。

在负一层平面图中，注有"上 13"的箭头表示从负一层楼面向上走 13 步级可达一层楼面。在一层平面图中注有"下 13"的箭头表示从一层楼面向下走 13 步级可达负一层楼面，"上 18"的箭头表示从一层楼面向上走 18 步级可达二层楼面。顶层平面图因为没有楼梯通向屋顶，所以只有"下 18"，也没有楼梯段剖切的 45°折断线。

各层楼梯平面图都应标出该楼梯间的轴线。在底层平面图中，必须标注楼梯剖面图的剖切符号。从楼梯平面图中所标注的尺寸，可以了解楼梯间的开间和进深尺寸，楼地面和平台面的标高以及楼梯各组成部分的详细尺寸。通常把梯段长度与踏面数、踏面宽的尺寸合并写在一起，如一层平面图中的 8×280＝2240，表示该梯段有 8 个踏面（9 个踏步），每一踏面宽 280mm，梯段长为 2240mm。

从图 10-35 中还可以看出，每一梯段的长度是 8 个踏步的宽度之和（8×280＝2240），而每一梯段的步级数是 9（18/2），为什么呢？这是因为每一梯段最高一级的踏面与休息平台面或楼面重合（即将最高一级踏面作为平台面或楼面），因此，平面图中每一梯段画出的踏面（格）数，总比踏步数少 1，即：踏面数＝踏步数－1。

2. 楼梯剖面图

假想用一个竖直的剖切平面沿梯段的长度方向并通过各层的门窗洞和一个梯段，将楼梯间剖开，然后向另一梯段方向投影所得到的剖面图称为楼梯剖面图，该教师公寓的楼梯剖面图如图 10-36 所示。

楼梯剖面图应能完整地、清晰地表明楼梯梯段的结构形式、踏步的踏面宽、踢面高、级数及楼地面、平台、栏杆（或栏板）的构造及它们的相互关系。本例楼梯，从一层到四层，每层只有两个平行的梯段，称为双跑楼梯。由于楼梯间的屋面与其他位置的屋面相同，所以，在楼梯剖面图中可不画出楼梯间的屋面，一般用折断线将最上一梯段的以上部分略去不画。

在多层建筑中，若中间层楼梯完全相同时，楼梯剖面图可只画出底层、中间层、顶层的楼梯剖面，中间用折断线分开，并在中间层的楼面和楼梯平台面上标注适用于其他中间层楼面和平台面的标高。例如图 10-36 中只画出了负一层、一层和顶层的楼梯剖面图。

楼梯剖面图中应标注楼梯间的进深尺寸和轴线编号，地面、平台面、楼面等的标高，梯段、栏杆（或栏板）的高度尺寸（建筑设计规范规定：楼梯扶手高度应自踏步前缘量至扶手顶面的垂直距离，其高度不得小于 900mm），其中梯段的高度尺寸与踢面高和踏步数合并书写，如 9×161.1＝1450，表示有 9 个踢面，每个踢面高度为 161.1mm，梯段高度为 1450mm；此外，还应注出楼梯间外墙上门、窗洞口、雨篷的尺寸与标高。

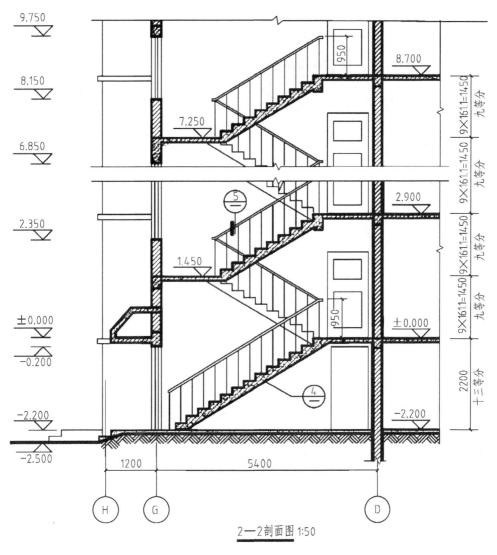

2—2剖面图 1:50

图 10-36　楼梯剖面图

3. 楼梯节点详图

在楼梯剖面图中，需要画详图的部位，应画索引符号，另采用更大的比例画出它们的详图，说明各节点型式、大小、材料以及构造情况。本例在楼梯剖面图中有两个索引符号，节点详图都画在该张图纸上，如图 10-37 所示。

4 号节点详图将楼梯踏步部分局部放大到 1：10 的比例，详细画出了踏面、踢面的尺寸，楼梯板的厚度，栏杆的锚固形式。由于踏面上的防滑条不能表示清楚，所以在 4 号详图中又引出一个索引符号，在旁边画出一个 6 号节点详图。

5 号节点详图是将楼梯栏杆竖向剖切以后再放大比例画出的节点详图，在楼梯剖面图中表示了带剖切的索引符号。

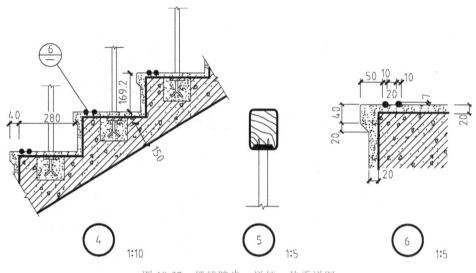

图 10-37 楼梯踏步、栏杆、扶手详图

■ 10.7 建筑施工图的画法

10.7.1 绘制建筑施工图的步骤

绘图要投影正确、技术合理、尺寸齐全、表达清楚、字体工整以及图样布置紧凑、图面整洁等。

1）选定比例和图幅。根据房屋的外形、平面布置和构造的复杂程度，以及施工的具体要求，选定比例，进而由房屋的大小以及选定的比例，估计图形大小及标注尺寸、符号、说明所需的图纸，选定标准图幅。

2）进行合理的图面布置。图面布置（包括图样、图名、尺寸、文字说明及表格等）要主次分明、排列均匀紧凑、表达清晰。尽量保持各图之间的投影关系，或将同类型的、内容关系密切的图样，集中在一张或顺序连续的几张图纸上，以便对照查阅。若画在同一张图纸上时，应注意平面图、立面图、剖面图三者之间的关系，做到平面图与立面图（或剖面图）长对正，平面图与剖面图（或立面图）宽相等，立面图（或剖面图）与剖面图（或立面图）高平齐。

3）画底稿。先画图框和标题栏，均匀布置图面；再按平→立→剖→详图的顺序画出各图样的底稿。

4）加深。底稿经检查无误后，按"国标"规定选用不同线型，进行加深（或上墨）。画线时，要注意粗细分明，以增强图面的效果。加深（或上墨）的顺序一般是：先从上到下画水平线，后从左到右画铅直线或斜线；先画直线，后画曲线；先画图，后标注尺寸及说明。

10.7.2 建筑平面图的画法举例

现以图 10-38 所示的一层平面图为例，说明建筑平面图的画法。

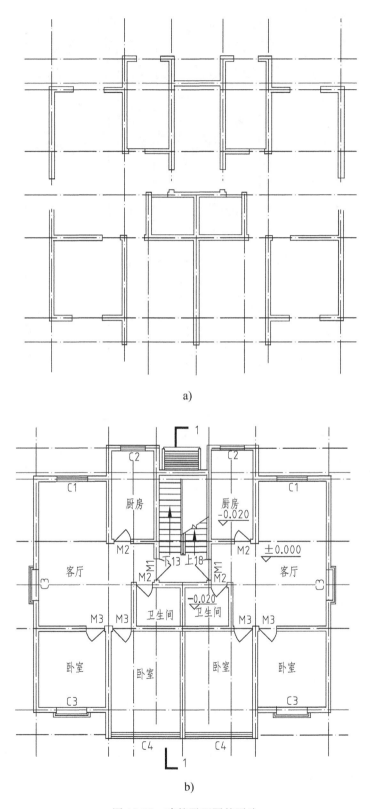

a)

b)

图 10-38 建筑平面图的画法

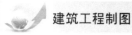

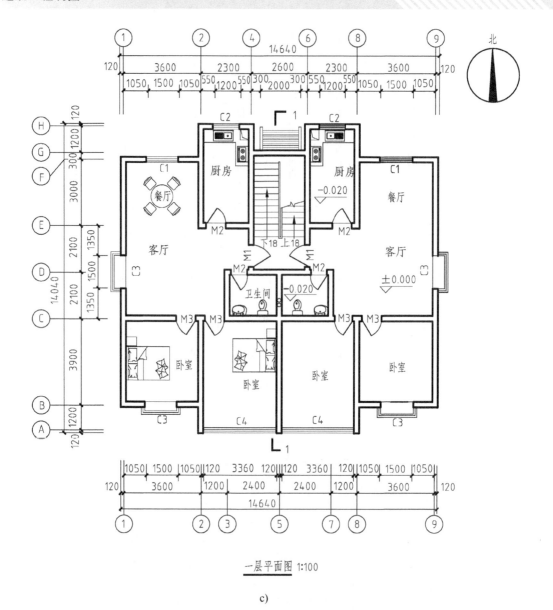

一层平面图 1:100

c)

图 10-38 建筑平面图的画法（续）

1）定轴线、画墙身、留门窗洞，如图 10-38a 所示。

2）画细部。如作门窗、楼梯、台阶、雨篷、散水等，标注标高、房间名称、门窗编号、剖切位置线等，如图 10-38b 所示。

3）检查加深。检查无误后，擦去多余的作图线，按平面图的线型要求加深图线，如图 10-38c 所示。

4）标注加文字。标注轴线、尺寸、图名、比例及其他文字说明，如图 10-38c 所示。

10.7.3 建筑立面图的画法举例

现以某教师公寓①~⑨轴建筑立面图为例，说明建筑立面图的画法。

1）定室外地坪线、外墙轮廓线和屋面线；根据立面图的标高，画出门窗洞上下坪的高度水平线以及各个楼层的高度；再由平面图根据"长对正"，画出各门窗洞的宽度线，如图 10-39a 所示。

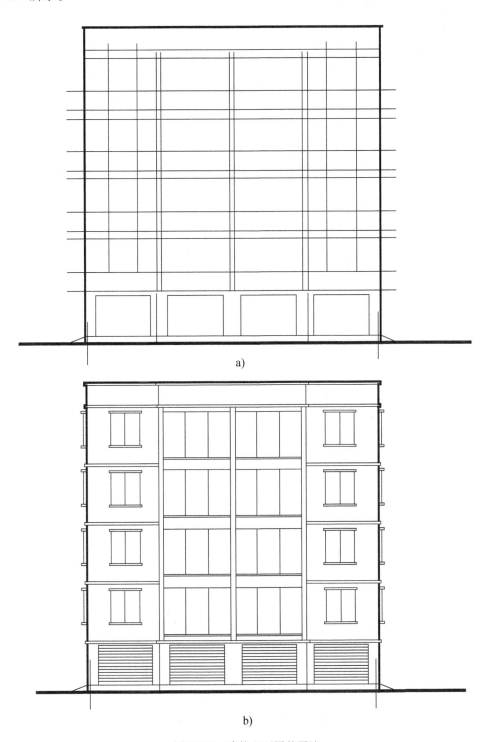

a)

b)

图 10-39 建筑立面图的画法

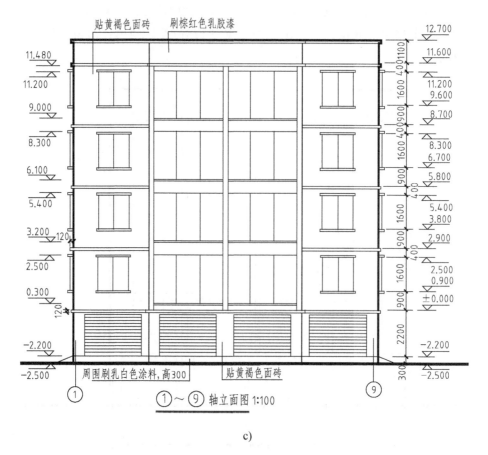

c)

图 10-39　建筑立面图的画法（续）

2）画细部，如屋檐、窗台、雨篷、门窗扇、窗套、台阶、阳台、雨水管等，如图 10-39b 所示。

3）检查无误后，擦去多余作图线，按施工图的要求加深图线，并标注尺寸、标高，轴线编号，标注墙面做法、图名比例及有关文字说明，如图 10-39c 所示。

为了加强图面效果，使外形清晰、重点突出和层次分明，通常地坪线画成线宽为 $1.4b$ 的特粗实线；房屋立面的最外轮廓线画成线宽为 b 的粗实线；在外轮廓线之内的凹进或凸出墙面的轮廓线，如凸窗台、门窗洞、檐口、阳台、雨篷、柱、台阶等构配件的轮廓线，画成线宽为 $0.5b$ 的中实线；一些较小的构配件和细部的轮廓线，如门窗扇、栏杆、雨水管和墙面分格线等均可画线宽为 $0.25b$ 的细实线。

10.7.4　建筑剖面图的画法

现以图 10-40 所示的 1—1 建筑剖面图为例，说明建筑剖面图的画法。

1）画定位轴线，剖面图外轮廓、剖切到的墙体、定室内外地坪线、楼地面、楼梯平台、屋顶以及女儿墙高度线，如图 10-40a 所示。

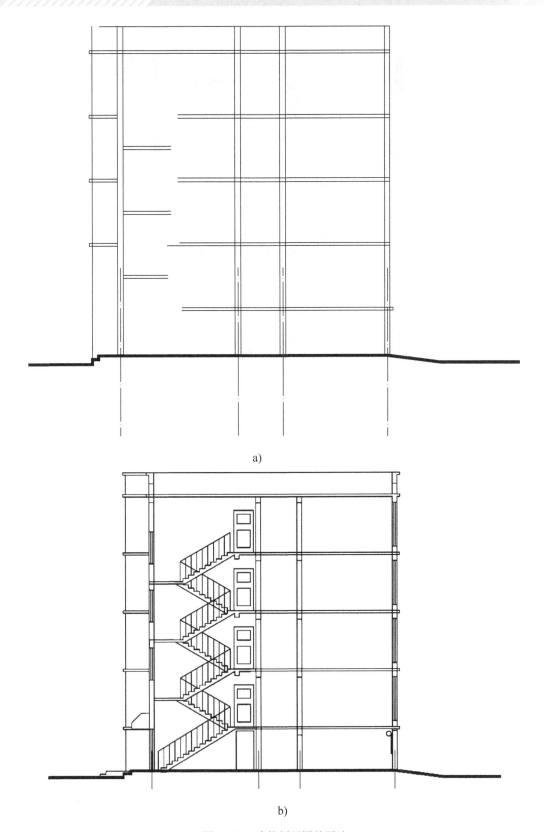

a)

b)

图 10-40　建筑剖面图的画法

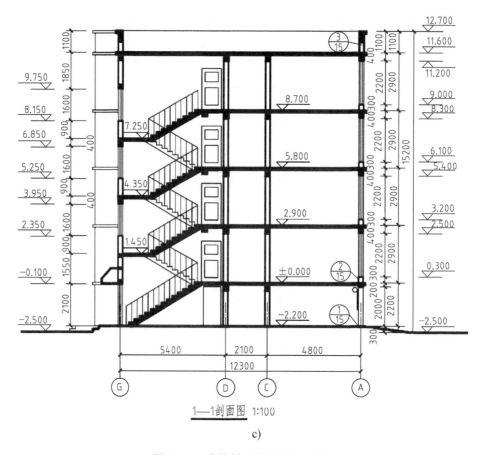

c)

图 10-40　建筑剖面图的画法（续）

2）门窗洞的高度位置，画出台阶、楼梯、过梁、圈梁、天沟等构配件轮廓线，如图 10-40b 所示。

3）按施工图要求加深图线，画出材料图例，标注标高、尺寸、图名、比例及有关文字说明，如图 10-40c 所示。

剖面图的图线要求与平面图相同，注意地坪线要画成线宽为 1.4b 的特粗实线。

第11章 结构施工图

本章提要：

本章主要介绍结构施工图的分类和内容，基础、柱、剪力墙、梁、板等主要承重构件的画法规定，并以第 10 章所述某教师公寓为例，介绍钢筋混凝土结构施工图的读图，以及钢结构施工图的绘图与读图。对于近年来广泛应用于各设计单位和建设单位的建筑结构施工图平面整体设计方法（简称为平法），本章也做了比较详细的介绍。

11.1 概述

建筑施工图主要表达了房屋的外形、内部布局、建筑构造和内外装修等内容，而房屋各承重构件的布置、形式和结构构造等内容都没有表达出来。因此，在房屋设计中，除了进行建筑设计，画出建筑施工图外，还要进行结构设计。

结构设计是根据建筑各方面的要求，进行结构选型和构件布置，再通过力学计算，决定房屋各承重构件的材料、形状、大小，以及内部构造等，并将设计结果按正投影法绘成图样以指导施工，这种图样称为结构施工图，简称为"结施"。

11.1.1 房屋结构的分类以及结构施工图的内容

1. 按承重构件的材料分类

常见房屋结构按承重构件的材料可分为以下几种：

（1）砖混结构 墙用砖或砌块砌筑，梁、楼板和屋面都是钢筋混凝土构件。

（2）钢筋混凝土结构 柱、梁、楼板和屋面都是钢筋混凝土构件。

（3）砖木结构 墙用砖砌筑，梁、楼板和屋架都是木构件。

（4）钢结构 承重构件全部为钢材。

（5）木结构　承重构件全部为木材。

2. 按结构体系分类

常见房屋结构按结构体系可分为以下几种：

（1）框架结构　由梁和柱以刚接或铰接相连接形成的承重体系。

（2）剪力墙结构　由承受竖向和水平作用的剪力墙和水平构件板所组成的结构体系。

（3）框架-剪力墙结构　由剪力墙和框架共同承受竖向和水平作用的组合型结构。

一般民用房屋多采用砖混结构。采用砖混结构造价较低，施工简便。在现代公共建筑或高层建筑中，钢筋混凝土框架结构或框剪结构采用得较多，这些结构的抗震性能、稳定性好，平面布置灵活，可以满足较大空间的利用，如电影院、博物馆、会议室等。

工业厂房建筑大多采用钢筋混凝土或型钢的排架结构，低层大跨度的建筑一般采用薄壳、网架、悬索等空间结构体系，如体育馆、仓库等。

3. 结构施工图的内容

结构施工图包括以下内容：

1）结构设计总说明。主要包括：选用结构材料的类型、规格、强度等级；地基情况；施工注意事项；选用标准图集；部分通用节点或特殊构造的配筋详图等（小型工程可将说明分别标注在各图纸上）。

2）基础平法施工图，工业建筑还有设备基础布置图。

3）柱（或剪力墙）平法施工图，工业建筑则为柱网布置图。

4）梁平法施工图，工业建筑则为吊车梁、柱间支撑、连系梁布置图等。

5）板平法施工图。

6）结构构件详图，包括：

① 梁、板、柱及基础部分特殊节点的结构详图。

② 楼梯结构详图。

③ 墙身大样结构详图。

④ 其他详图，如支撑详图等。

11.1.2　钢筋混凝土构件的基本知识

1. 钢筋混凝土构件的组成和混凝土的强度等级

钢筋混凝土构件由钢筋和混凝土两种材料组成。混凝土由水泥、砂子（细骨料）、石子（粗骨料）和水按一定的比例拌和硬化而成。混凝土的抗压强度高，但抗拉强度低，一般仅为抗压强度的 $1/20 \sim 1/10$。因此，混凝土构件容易在受拉时发生断裂。混凝土的强度等级应按立方体抗压强度标准值确定，按照《混凝土结构设计规范》（GB 50010—2010）（2015 年版）规定，普通混凝土划分为十四个等级，即：C15，C20，C25，C30，C35，C40，C45，C50，C55，C60，C65，C70，C75，C80。数字越大，表示混凝土的抗压强度越高。

为了提高混凝土构件的抗拉能力，常在混凝土构件受拉区域内（见图11-1）或相应部位加入一定数量的钢筋。钢筋不但具有良好的抗拉强度，而且与混凝土有良好的黏结力，其热膨胀系数与混凝土也相近。因此，钢筋与混凝土结合成一个整体，共同承受外力。这种配有钢筋的混凝土，称为钢筋混凝土，配有钢筋的混凝土构件，称为钢筋混凝土构件。

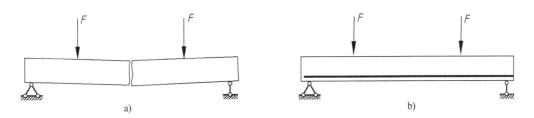

图 11-1　钢筋混凝土梁受力示意图

a）混凝土构件　b）钢筋混凝土构件

钢筋混凝土构件有现浇和预制两种。现浇是指在建筑工地现场浇制，预制是指在预制品工厂先浇制好，然后运到工地进行吊装。有的预制构件（如厂房的柱或梁）也可在工地上预制，然后吊装。此外，在制作构件时，通过张拉钢筋对混凝土预加一定的压力，可以提高构件的抗拉和抗裂性能，这种构件称为预应力钢筋混凝土构件。

2. 钢筋的种类与代号

钢筋混凝土构件中配置的钢筋有光圆钢筋和带肋钢筋（表面上有肋纹）。建筑工程中常用的钢筋种类、代号和性能见表11-1。表中的公称直径表示与钢筋的公称横截面面积相等的圆的直径。

表 11-1　普通钢筋牌号及强度标准值

牌号	符号	公称直径 d/mm	屈服强度标准值 f_{yk}/（N/mm²）
HPB300	Φ	6~22	300
HRB400 HRBF400 RRB400	Φ ΦF ΦR	6~50	400
HRB500 HRBF500	Φ ΦF	6~50	500

注：HPB300—强度级别为 300N/mm² 的热轧光圆钢筋；HRB400—强度级别为 400N/mm² 的普通热轧带肋钢筋；HRBF400—强度级别为 400N/mm² 的细晶粒热轧带肋钢筋；RRB400—强度级别为 400N/mm² 的余热处理带肋钢筋。

3. 钢筋的保护层

为了保护钢筋、防腐蚀、防火以及加强钢筋与混凝土的黏结力，在构件中钢筋外边缘至构件表面之间应留有一定厚度的混凝土，称为保护层。根据《混凝土结构设计规范》（GB

50010—2010）（2015 年版）规定：最外层钢筋的保护层厚度应符合表 11-2 的规定。

表 11-2　混凝土保护层最小厚度　　　　　　（单位：mm）

环境类别	板、墙、壳	梁、柱、杆
一	15	20
二 a	20	25
二 b	25	35
三 a	30	40
三 b	40	50

注：1. 混凝土强度等级不大于 C25 时，表中保护层厚度数值应增加 5mm。
　　2. 钢筋混凝土基础宜设置混凝土垫层，基础中钢筋的混凝土保护层厚度应从垫层顶面算起，且不应小于 40mm。

表 11-2 中的环境类别是进行混凝土结构的耐久性设计的主要依据，具体参见表 11-3。

表 11-3　混凝土结构的环境类别

环境类别	条件
一	室内干燥环境 无侵蚀性静水浸没环境
二 a	室内潮湿环境 非严寒和非寒冷地区的露天环境 非严寒和非寒冷地区与无侵蚀性的水或土壤直接接触的环境 严寒和寒冷地区的冰冻线以下与无侵蚀性的水或土壤直接接触的环境
二 b	干湿交替环境 水位频繁变动环境 严寒和寒冷地区的露天环境 严寒和寒冷地区冰冻线以上与无侵蚀性的水或土壤直接接触的环境
三 a	严寒和寒冷地区冬季水位变动区环境 受除冰盐影响环境 海风环境
三 b	盐渍土环境 受除冰盐作用环境 海岸环境
四	海水环境
五	受人为或自然的侵蚀性物质影响的环境

4. 钢筋的弯钩

为了使钢筋和混凝土具有良好的黏结力，避免钢筋在受拉时滑动，有时需要对钢筋的两端进行弯钩处理，弯钩常做成半圆弯钩或直弯钩，如图 11-2a、b 所示。钢箍两端在交接处也要做出弯钩，弯钩的长度一般分别在两端各伸长 50mm 左右，如图 11-2c 所示。

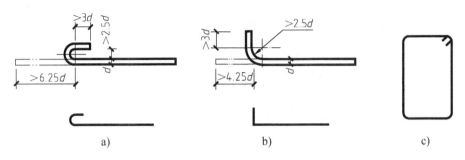

图 11-2　钢筋和钢箍的弯钩和简化画法

a）钢筋的半圆弯钩　b）钢筋的直弯钩　c）钢箍的弯钩

11. 1. 3　钢筋混凝土结构图的图示特点

1. 结构施工图的成图原理

一般结构施工图作图方法是在楼板顶面将建筑物水平剖开，投影方向向下按正投影法绘制而成。其成图原理如图 11-3 所示。

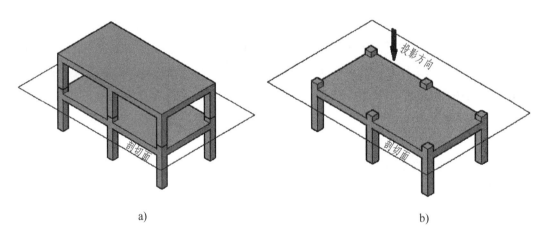

图 11-3　结构施工图成图原理

a）剖切面　b）投影方向

2. 结构施工图的表示方法

钢筋混凝土结构施工图的表示方法主要分为两种，分别是传统表示方法和平面整体表示方法。

传统表示方法是将结构构件从结构平面布置图中索引出来，再逐个绘制配筋详图，图纸量大，绘图比较烦琐。随着国民经济的发展和建筑设计标准化水平的提高，近年来各设计单位采用一些比较方便的图示方法，以降低图纸数量，加快设计进度。为了规范各地的图示方法，中华人民共和国建设部组织中国建筑标准设计研究院等单位，研究编制了一种新的钢筋混凝土结构配筋表达方法——混凝土结构施工图平面整体表示方法（简称为平法），于2003年1月20日下发通知，批准《混凝土结构施工图平面整体表示方法制图规则和构造详图》作为国家建筑标准设计图集（简称为"平法"图集）于2003年2月15日执行。2016年、2022年又对该套图集进行了重新修订，新的平法系列图集包括三本分册，分别是《混凝土结构施工图平面整体表示方法制图规则和构造详图（现浇混凝土框架、剪力墙、梁、板）》（22G101-1）、《混凝土结构施工图平面整体表示方法制图规则和构造详图（现浇混凝土板式楼梯）》（22G101-2）、《混凝土结构施工图平面整体表示方法制图规则和构造详图（独立基础、条形基础、筏形基础、桩基础）》（22G101-3）。这套图集的制图规则，既是设计者完成平法施工图的依据，也是施工、监理等人员准确理解和实施平法施工图的依据。

平法对我国混凝土结构施工图的设计表示方法做了重大改革，平法的表达形式是把结构构件的尺寸和配筋等，按照平面整体表示方法制图规则，整体直接表达在各类构件的结构平面布置图上，再与标准构造详图相配合，结合成了一套新型完整的结构设计表示方法。平法改变了传统将构件从结构平面布置图中索引出来，再逐个绘制配筋详图的烦琐方法，因此，平法作图简单，表达清晰，适合用于表达常用的现浇混凝土柱、梁、板、剪力墙、基础、楼梯等，目前已广泛应用于各设计单位和建设单位。

按平法绘制的结构施工图，由各类结构构件的平法施工图和标准构造详图两大部分构成。平法施工图包括构件平面布置图和用表格表示的建筑物各层层号、标高、层高表，标准构造详图一般采用图集。按平法设计绘制结构施工图时，必须根据具体工程设计，按照各类构件的平法制图原则，在按结构（标准）层绘制的平面布置图上直接表示各构件的尺寸、配筋和所选用的标准构造详图。出图时，宜按基础、柱、剪力墙、梁、板、楼梯及其他构件的顺序排列。

平面整体表示方法分为集中注写和原位注写两部分内容。按平法设计绘制的结构施工图，应将所有基础、柱、墙、梁、板等构件进行编号，编号中含有构件号和序号等，详见各小节平法注写的有关内容。

本章将简要介绍传统表示方法，主要介绍平面整体表示方法。

3. 绘图比例

绘图时根据图样的用途、被绘形体的复杂程度，应选用表11-4中的常用比例，特殊情况下也可选用可用比例。

表11-4　结构专业制图比例

图名	常用比例	可用比例
结构平面图、基础平面图	1∶50、1∶100、1∶150	1∶60、1∶200
圈梁平面图，总图中管沟、地下设施等	1∶200、1∶500	1∶300
详图	1∶10、1∶20、1∶50	1∶5、1∶25、1∶30

4. 钢筋的一般表示方法

为了突出表示钢筋的配置情况，在构件结构图中，把钢筋画成粗实线，构件的外形轮廓线画成细实线；在构件断面图中，不画材料图例，钢筋用黑圆点表示。钢筋常用的表示方法见表 11-5。

表 11-5 钢筋常用的表示方法（部分）

名称	图例	说明
钢筋横断面	●	下图表示长、短钢筋投影重叠时，短钢筋的端部用 45°斜划线表示
无弯钩的钢筋端部		
带半圆形弯钩的钢筋端部		—
带直钩的钢筋端部		—
带丝扣的钢筋端部		—
无弯钩的钢筋搭接		—
带半圆弯钩的钢筋搭接		—
带直钩的钢筋搭接		—
花篮螺丝钢筋接头		—
预应力钢筋或钢绞线		—

钢筋（或钢丝束）的说明应给出钢筋的代号、直径、数量、间距、编号及所在位置，其说明应沿钢筋的长度标注或标注在相关钢筋的引出线上。简单的构件或钢筋种类较少时可以不编号。钢筋的标注如图 11-4 所示。

图 11-4 钢筋的标注

5. 其他

1）当构件的纵、横向断面尺寸相差悬殊时，可在同一图样中的纵、横向选用不同的比例绘制。轴线尺寸与构件尺寸也可选用不同的比例绘制。

2）当采用标准、通用图集中的构件时，应用该图集中的规定代号或型号注写。

3）结构图应采用正投影法绘制，特殊情况下也可采用仰视投影法绘制。

4）结构图中的构件标高，既可以标注其顶面，又可以标注其底面，但应具体说明。

5）构件详图的纵向较长、重复较多时，可用折断线断开，适当省略重复部分。这样做可以简化图纸，提高工作效率。

6）对称的钢筋混凝土结构，可在同一图样中一半表示板配筋，另一半表示梁配筋，即板结构施工图和梁结构施工图可绘制在一张图纸上，中间注明对称符号，如图 11-5 所示。

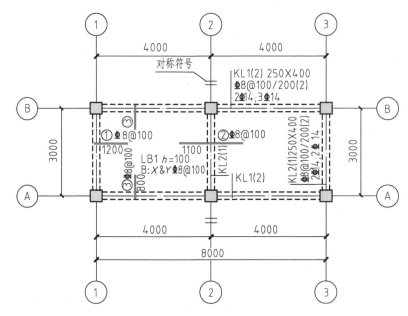

图 11-5　对称结构的简化表示方法

7）部分注写内容在相应位置注写不开时，可用引注符号标注在其他位置，如图 11-6 所示。

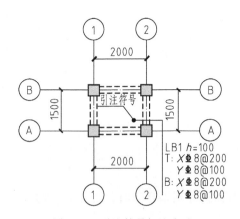

图 11-6　引注符号标注方法

■ 11.2 基础的结构施工图

基础是房屋底部与地基接触的承重构件，它承受房屋的全部荷载，并传给基础下面的地基。根据上部结构的形式和地基承载能力的不同，基础可分为条形基础、独立基础、片筏基础和箱形基础等。图 11-7 所示是最常见的条形基础和独立基础，条形基础一般用作承重砖墙的基础，独立基础通常为柱子的基础。图 11-8 所示是以条形基础为例，介绍与基础相关的一些知识。基础下部的土壤称为地基；为基础施工而开挖的土坑称为基坑；基坑边线就是放线的灰线；从室内地面到基础顶面的墙称为基础墙；从室外设计地面到基础底面的垂直距离称

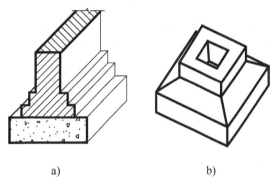

图 11-7 常见的基础
a）条形基础 b）独立基础

为埋置深度；基础墙下部做成阶梯形的砌体称为大放脚；防潮层是防止地下水对墙体侵蚀的一层防潮材料。图 11-9 所示是以独立基础为例，示意的基础底板配筋，由此可见，基础底板配筋为井字形网状布置。

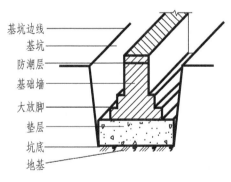

图 11-8 基础的相关知识

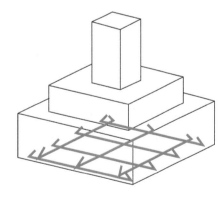

图 11-9 基础底板配筋

11.2.1 基础平面图的产生和画法

基础平面图是表示基坑在未回填土时基础平面布置的图样，它是假想用一个水平面沿基础墙顶部剖切后所作出的水平投影图。基础平面图通常只画出基础墙、柱的截面及基础底面的轮廓线，基础的大放脚等细部的可见轮廓线都省略不画，这些细部的形状和尺寸用基础详图表示。

基础平面图的比例、轴线及轴线尺寸与建筑平面图一致。其图线要求：剖切到的基础墙

轮廓线画成粗实线，基础底面的轮廓线画成中实线，基础梁可以用中虚线（双线）表示，也可用粗点画线（单线）表示；剖切到的钢筋混凝土柱断面，由于绘图比例较小，要涂黑表示。

在基础平面图中，应标注基础的大小尺寸和定位尺寸。大小尺寸是指基础墙断面尺寸、柱断面尺寸以及基础底面宽度尺寸；定位尺寸是指基础墙、柱以及基础底面与轴线的联系尺寸。基础的断面形状与埋置深度要根据上部的荷载以及地基承载力而定，同一幢房屋由于各处存在不同的荷载和不同的地基承载力，下方就有不同的基础。对每一种不同的基础，都要用平法或者传统表示方法标注对应的配筋和尺寸。

11.2.2 基础的平面标注方式

基础的平面标注方式分为集中标注和原位标注两部分。集中标注是指在基础平面图上集中引注，包括：基础编号、截面竖向尺寸、配筋三项必注内容，基础底面标高（与基础底面基准标高不同时）和必要的文字注解两项选注内容。原位标注是指在基础平面布置图上标注独立基础的平面尺寸。

1. 独立基础的平面标注方式

1）标注独立基础的编号，见表 11-6。独立基础底板的截面形状通常有两种：阶形截面编号加下标"J"，坡形截面编号加下标"P"。

表 11-6　独立基础编号

类型	基础底板 截面形状	代号	序号
普通独立基础	阶形	DJ_J	××
	坡形	DJ_P	××

2）标注独立基础截面竖向尺寸。当基础为阶形截面时，标注 $h_1/h_2/\cdots\cdots$，图 11-10 中所示的独立基础为三阶，当为更多阶时，各阶尺寸自下而上用"/"分隔顺写。当基础为单阶时，其竖向尺寸仅为一个，且为基础总厚度。

当基础为坡形基础时，标注 h_1/h_2，如图 11-11 所示。

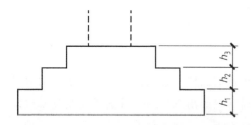

图 11-10　阶形独立基础截面竖向尺寸标注

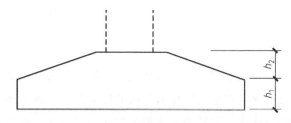

图 11-11　坡形独立基础截面竖向尺寸标注

3）标注独立基础的配筋。以 B 代表各种独立基础底板的底部配筋，若基础为双柱或多柱独立基础，还需用"T：纵向受力钢筋/分布钢筋"的格式标注基础顶部的纵向受力钢筋和分布钢筋，如图 11-12、图 11-13 所示；X 向的配筋以 X 打头、Y 向配筋以 Y 打头注写，当两向配筋相同时，则以 X&Y 打头注写。如图 11-12 所示，独立基础底部配筋 X 向为直径 16mm 的 HRB400 级钢筋，间距为 150mm；Y 向为直径 16mm 的 HRB400 级钢筋，其间距为 200mm。如图 11-13 所示，双柱独立基础顶部配筋纵向受力钢筋为 11 根直径为 18mm 的 HRB400 级钢筋，间距为 100mm，分布钢筋为直径为 10mm 的 HPB300 级钢筋，其间距为 200mm。

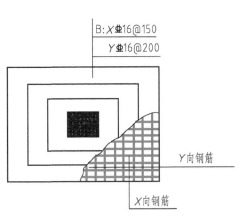

图 11-12 独立基础底板底部双向配筋示意图

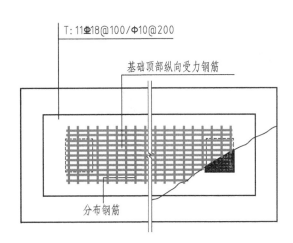

图 11-13 双柱独立基础顶部配筋示意图

4）原位标注平面尺寸。如图 11-14、图 11-15 所示，需在基础平面布置图上原位标注 x、y、x_c、y_c（或圆柱直径 d_c），x_i、y_i（$i = 1，2，3，\cdots，n$）。其中，x、y 为独立基础两向边长，x_c、y_c 为柱截面尺寸，x_i、y_i 为阶宽或坡形平面尺寸。对编号相同的条形基础，可仅选择一个进行原位标注。

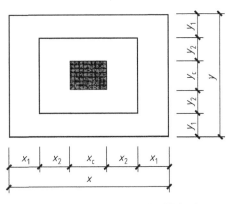

图 11-14 阶形独立基础原位标注

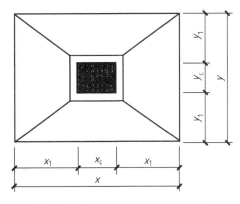

图 11-15 坡形独立基础原位标注

以下以图 11-16 为例来说明独立基础的平面注写方式。

图 11-16 中粗实线及涂黑的部分表示被水平剖切到的基础柱，柱外围的中实线表示阶形

独立基础的轮廓线。本例中有 DJ_J01、DJ_J02 两种阶形独立基础，以下根据图中的平法表达，对两种阶形独立基础的截面、配筋及平面尺寸进行说明。

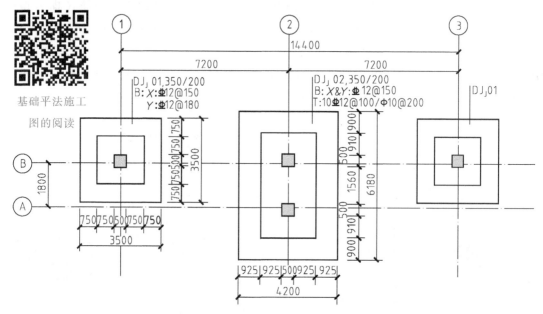

基础平法施工
图的阅读

图 11-16　采用平法表达的独立基础施工图

1）阶形独立基础 DJ_J01：截面为两阶独立基础，截面竖向尺寸自下而上分别为 350mm，200mm。底部配筋 X 向为直径 12mm 的 HRB400 级钢筋，间距为 150mm；Y 向为直径 12mm 的 HRB400 级钢筋，间距为 180mm。

2）阶形独立基础 DJ_J02：截面为两阶双柱独立基础，截面竖向尺寸自下而上分别为 350mm，200mm。底部配筋 X 向和 Y 向均为直径 12mm 的 HRB400 级钢筋，其间距为 150mm。顶部纵向受力钢筋为 10 根直径 12mm 的 HRB400 级钢筋，其间距为 100mm；分布钢筋为直径 10mm 的 HPB300 级钢筋，间距为 200mm。

阶形独立基础相对于柱子的平面尺寸已在图 11-16 中标注，柱子相对于轴线的偏心尺寸可以查阅相关的柱平法施工图（本书中未涉及）。

2. 条形基础的平面标注方式

1）标注条形基础的编号，见表 11-7。条形基础底板的截面形状通常有两种：坡形截面编号加下标"P"，阶形截面编号加下标"J"。

表 11-7　条形基础及基础梁编号

类型		代号	序号	跨数及有无外伸
基础梁		JL	××	（××）端部无外伸
条形基础底板	坡形	TJB_P	××	（××A）一端有外伸
	阶形	TJB_J	××	（××B）两端有外伸

注：条形基础通常采用坡形截面或阶形截面。

2）标注条形基础截面竖向尺寸。条形基础底板截面竖向尺寸标注为 $h_1/h_2/\cdots\cdots$，h_1、h_2 的具体含义如图 11-17、图 11-18 所示。

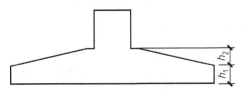

图 11-17　条形基础底板坡形截面竖向尺寸

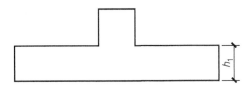

图 11-18　条形基础底板阶形截面竖向尺寸

3）标注条形基础底板底部及顶部配筋。以 B 打头，标注条形基础底板底部的横向受力钢筋；当为双墙（或双梁）条形基础底板时，还需以 T 打头，标注条形基础底板顶部的横向受力钢筋；标注时，用"/"分隔条形基础底板的横向受力钢筋与构造钢筋，如图 11-19 所示。

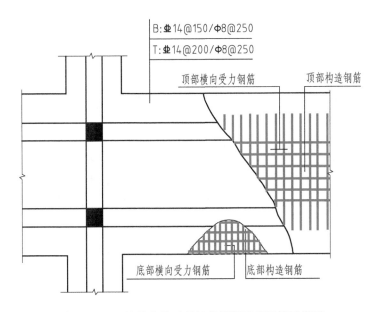

图 11-19　双墙独立基础底板底部及顶部配筋示意图

4）原位标注。原位标注条形基础底板的平面尺寸。如图 11-20 所示，原位标注 b、b_i，$i=1$，2，$\cdots$，n。其中，b 为基础底板总宽度，b_i 为基础底板台阶的宽度。当基础底板采用对称于基础梁的坡形截面或单阶形截面时，b_i 可不标注。对编号相同的条形基础，可仅选择一个进行原位标注。

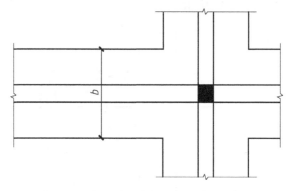

图 11-20　条形基础底板平面尺寸原位标注

5）标注基础梁。基础梁的平面标注方式分集中标注和原位标注两种。基础梁的原位标注内容及方式同框架梁，详见 11.4 节，此外不再赘述。基础梁的集中标注内容包括：基础梁编号、截面尺寸、配筋三项必标注内容，以及基础梁底面标高（与基础底面基准标高不同时）和必要的文字注解两项选注内容。具体规定如下：

① 标注基础梁的编号：详见表 11-7。

② 标注基础梁的截面尺寸：标注 $b×h$，表示梁截面宽度与高度。

③ 标注基础梁的箍筋：当具体设计中仅采用一种箍筋间距时，标注钢筋级别、直径、间距与肢数（箍筋肢数写在括号中）。当具体设计采用两种箍筋时，用"/"分隔不同箍筋，按照从基础梁两端向跨中的顺序注写。先标注第 1 段箍筋（在前面加注箍筋道数），在斜线后再注写第 2 段箍筋（不再加注箍筋道数），例如 9 ⚍ 16@ 100/⚍ 16@ 200(6)，表示配置两种 HRB400 级钢筋，直径为 16mm，从梁两端向跨内按间距 100mm，设置 9 道，梁的其余部位的间距为 200mm，均为 6 肢箍，如图 11-21 所示。

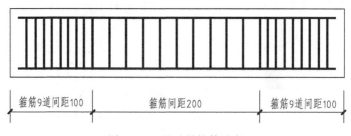

图 11-21　基础梁箍筋示意

④ 标注基础梁底部、顶部及侧面纵向钢筋：以 B 打头，注写梁底部贯通纵筋；以 T 打头，注写梁顶部贯通纵筋，标注时用分号";"将底部与顶部贯通纵筋分隔开；当梁底部或顶部贯通纵筋多于一排时，用"/"将各排纵筋自上而下分开，例如 B：4 ⚍ 25；T：12 ⚍ 25 7/5，表示梁底部配置贯通纵筋为 4 根直径为 25mm 的 HRB400 级钢筋，梁顶部配置贯通纵筋上一排为 7 根直径为 25mm 的 HRB400 级钢筋，下一排为 5 根直径为 25mm 的 HRB400 级

钢筋，总共 12 根；以大写字母 G 打头注写梁两个侧面对称设置的纵向构造钢筋的总配筋值，例如 G8 Φ 14，表示梁每个侧面配置纵向构造钢筋为 4 根直径为 14mm 的 HRB400 级钢筋，共配置 8 根。

以下以图 11-22 为例来说明条形基础及基础梁的平面标注方式。

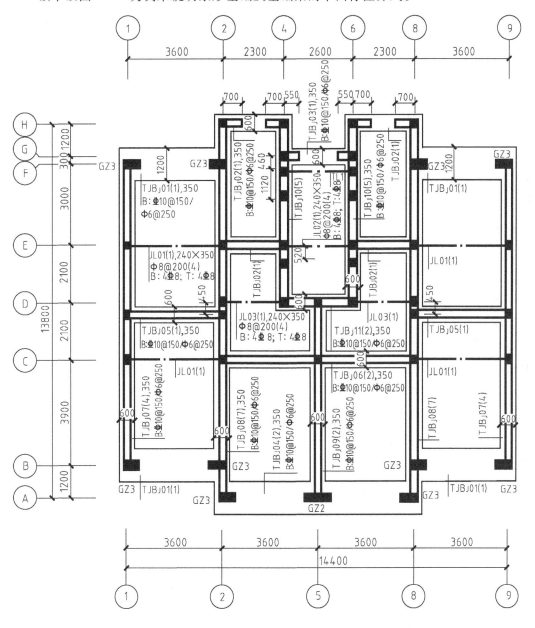

基础平法施工图 1:100

注：1.图中未注明的柱均为GZ1，粗点画线所示为基础梁。
 2.条形基础内部均设有暗梁，截面及配筋同JL01，暗梁底同基础底，轴线居中。
 3.图中所示墙体厚均为120，且居中。若柱边长大于240时，可在门洞两侧加设构造柱(GZ1)。

图 11-22 基础平法施工图

根据跨数和跨长的不同，阶形条形基础底板分为 11 种，编号分别为 $TJB_J01 \sim TJB_J11$。TJB_J01、TJB_J04 基础底板的宽度为 1200mm，其余条形基础底板宽度为 600mm。条形基础底部纵向受力钢筋为直径 10mm 的 HRB400 级钢筋，间距为 150mm；分布钢筋为直径 6mm 的 HPB300 级钢筋，间距为 250mm。

根据跨数和跨长的不同，基础梁分为 2 种，编号分别为 $JL01 \sim JL02$。基础梁梁宽为 240mm，梁高为 350mm。箍筋为直径 8mm 的 HRB400 级钢筋，间距为 200mm，四肢箍。梁的顶筋和底筋均为 4 根直径 8mm 的 HRB400 级钢筋。

11.2.3 基础的传统表示方法

基础的传统表示方法包括基础平面图和基础详图两部分。基础平面图中注写基础布置情况、定位尺寸及基础编号；基础详图中注写各编号基础的定形尺寸及配筋。

1. 基础平面图

图 11-23 是第 10 章所述某教师公寓的基础平面图，以下以图 11-23 为例来说明基础平面图的传统表示方法。

本例中有 TJ1、TJ2 两种条形基础形式。

粗实线表示的是剖到的基础墙的轮廓线，粗线两侧的中实线是条形基础基底的投影线，粗单点长画线表示基础梁，涂黑的断面表示钢筋混凝土构造柱断面。条形基础及暗梁的截面尺寸及配筋见条形基础详图。

涂黑的柱子可分为两种：第一种是 GZ1，属于砌体墙中的加强构造，在砌体结构中可视为砌体墙的一部分，与整片墙共同计算受力，经计算 600mm 宽的条形基础 TJ1 即可满足计算要求；第二种是 GZ2 和 GZ3，也属于砌体墙中的加强构造，但由于 X 向没有可共同参与受力计算的墙肢，需独立承担 X 向传递下来的竖向荷载，600mm 宽的条形基础 TJ1 无法满足计算要求，因此需要设置较宽的条形基础 TJ2。

2. 基础详图

如图 11-23 所示，基础平面图中只标明了基础的平面布置，而基础的形状、大小、构造、材料及埋置深度均未标明，所以在结构施工图中还需要画出基础详图。

如图 11-24 所示为该教师公寓承重墙下条形基础的结构详图。从图 11-24 中可以看出，条形基础 TJ1 的底面宽度为 600mm，基础的下面有 100mm 厚的 C10 素混凝土垫层；基础的主体为 350mm 高的钢筋混凝土，其内配置双向钢筋，受力钢筋为直径 10mm 的 HRB400 级钢筋，间距为 150mm，分布钢筋为直径 6mm 的 HPB300 级钢筋，间距为 250mm；基础的大放脚材料为砖，高度 ≥120mm，宽度为 65mm；基础墙厚为 240mm，内有一防潮层。条形基础 TJ2 中除了基础的底面宽度变为 1200mm，其他均与 TJ1 相同。

图 11-24a、b 中均有两条虚线，根据引出说明可知为暗梁，因为设置在条形基础内部，所以用虚线来示意。暗梁的断面尺寸及其内部配筋如图 11-24c 所示，断面尺寸为 240mm×350mm，内部配筋沿梁纵向上下各 4 根直径为 8mm 的 HRB400 级钢筋，箍筋为 Φ8@200。

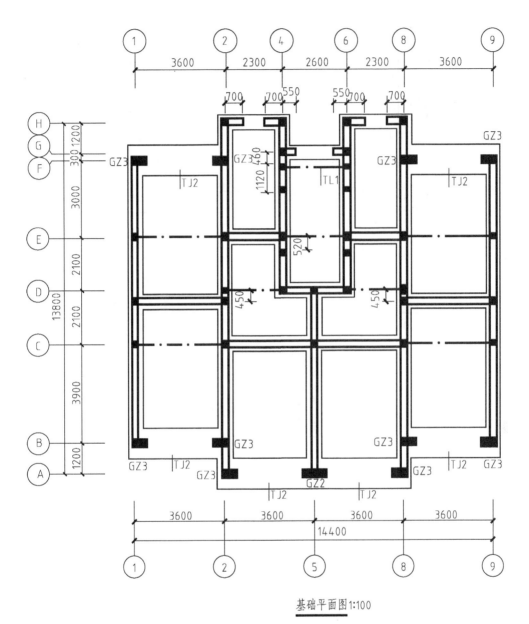

基础平面图1:100

注: 1.图中未注明的柱均为GZ1, 未注明的条基均为TJ1。

　　2.图中所示墙体厚均为120,且居中。若柱边长大于240时,可在门洞两侧加设构造柱(GZ1)。

　　3.条形基础内部均设有暗梁,图中粗点画线所示为基础梁。

图 11-23　基础平面图（传统表示方法）

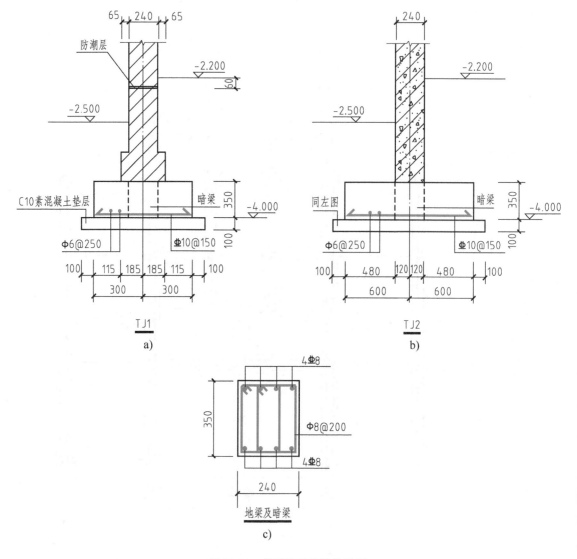

图 11-24 条形基础的结构详图

11.2.4 基础施工图的作图步骤

1）按比例画出与房屋建筑平面图相同的轴线及编号。

2）画基础墙（柱）的断面轮廓线、基础底面轮廓线以及基础梁（或地圈梁）等。

3）根据配筋、截面、跨数、跨长等的不同，将不同的基础及基础梁分别编号并按照平法的要求标注截面及配筋。

4）标注尺寸。主要标注轴线距离、轴线到基础底边和墙边的距离以及基础墙厚等尺寸。

5）标注必要的文字说明、图名、比例。

6）设备较复杂的房屋，在基础平面图上还应配合采暖通风图、给水排水管道图、电源设备图等，用虚线画出管沟、设备孔洞等位置，并标注其内径、宽、深尺寸和洞底标高。

■ 11.3 柱和剪力墙的结构施工图

11.3.1 概述

钢筋混凝土柱（墙）是由混凝土和钢筋浇筑而成的受力构件，其作用是将由梁（板）传递而来的荷载传递到基础。钢筋混凝土柱的钢筋由纵筋（即纵向钢筋）和箍筋组成，而纵筋又分为角筋和中部筋，其配筋如图 11-25 所示；钢筋混凝土剪力墙的钢筋由水平分布钢筋、竖向分布钢筋和拉筋组成，在其端部还有由构造边缘构件或约束边缘构件构成的加强构造，其配筋如图 11-26 所示。

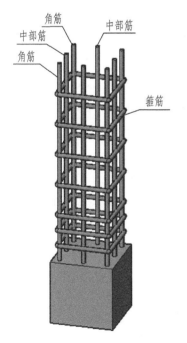

图 11-25 钢筋混凝土柱配筋示意图

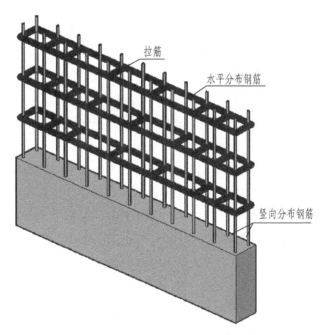

图 11-26 钢筋混凝土剪力墙配筋示意图

11.3.2 柱结构施工图的平面整体表示方法

柱平法施工图是在绘出柱的平面布置图的基础上，采用截面标注方式或列表标注方式来表示柱的截面尺寸和钢筋配置的结构工程图。不论哪种方法，对不同类型的柱均采用相对应的编号表示，见表 11-8。

表 11-8　柱编号

柱类型	代号	序号
框架柱	KZ	××
框支柱	KZZ	××
芯柱	XZ	××
梁上柱	LZ	××
剪力墙上柱	QZ	××

1. 列表标注方式

在以适当比例绘制出的柱平面布置图（包括框架柱、框支柱、梁上柱和剪力墙上柱）上，标注柱的轴线编号、轴线间尺寸，并将所有柱进行编号（由类型代号和序号组成），分别在同一编号的柱中选择一个或几个柱的截面，以轴线为界标注柱的相关尺寸，并列出柱表。在柱表中标注柱号、柱段起止标高、几何尺寸（含柱截面对轴线的偏心情况）与配筋的具体数值，并配以各种柱截面形状及其箍筋类型图。

各段柱的起止标高，是自柱根部往上以变截面位置或截面未变但配筋改变处为界线分段标注。其中，框架柱和框支柱的根部标高是指基础顶面标高；芯柱的根部标高是指根据结构实际需要而定的起始位置标高；梁上柱的根部标高是指梁顶面标高；剪力墙上柱的根部标高分为两种：当柱与剪力墙重叠一层时，其根部标高为墙顶面往下一层的结构层楼面标高；当柱纵筋锚固在墙顶部时，其根部标高为墙顶面标高。

现以图 11-27 为例进行说明。对于矩形柱，在平面图中应注写截面尺寸 $b×h$ 及轴线关系的几何参数代号 b_1、b_2 和 h_1、h_2 的具体数值，须对应于各段柱分别注写，其中 $b=b_1+b_2$，$h=h_1+h_2$。当截面的某一边收缩变化至与轴线重合或偏到轴线的另一侧时，b_1、b_2、h_1、h_2 中的某项为零或负值。

图 11-27 中有 KZ1（框架柱）、XZ1（芯柱）、LZ1（梁上柱）三种柱，图 11-27c 中的柱表为框架柱 KZ1 和芯柱 XZ1 的配筋情况，分别标注写了 KZ1 和 XZ1 不同标高部分的截面尺寸和配筋，如在标高 19.470~37.470m 这段，KZ1 的截面尺寸为 650mm×600mm，柱边离垂直轴线距离左右相等，均为 325mm，柱边离水平轴线距离一边为 150mm，另一边为 450mm。配置的角筋为直径 22mm 的 HRB400 级钢筋，b 边一侧中部配置了 5 根直径为 22mm 的 HRB400 级钢筋，h 边一侧中部配置了 4 根直径为 20mm 的 HRB400 级钢筋，箍筋为直径 10mm 的 HPB300 级钢筋，其中的斜线 "/" 区分柱端箍筋加密区与柱身非加密区长度范围内箍筋的不同间距（100/200），当圆柱采用螺旋箍筋时，需要在箍筋前加 "L"。

具体工程所设计的各种箍筋类型，要在图中的适当位置作出箍筋类型图，并标注类型号。图 11-27b 中共有七种类型的箍筋，其中类型 1 又有多种组合，如 4×3、4×4、5×4 等，柱表中 "箍筋类型号" 一栏的 1（5×4）、1（4×4）表示箍筋为类型 1 的 5（列）×（4 行）或 4（列）×（4 行）组合箍筋。

对于圆柱，柱表中 $b×h$ 一栏须改为在圆柱直径数字前加 d 表示。为了表达简单，圆柱截面与轴线的关系也用 b_1、b_2 和 h_1、h_2 表示，并使 $d=b_1+b_2=h_1+h_2$。

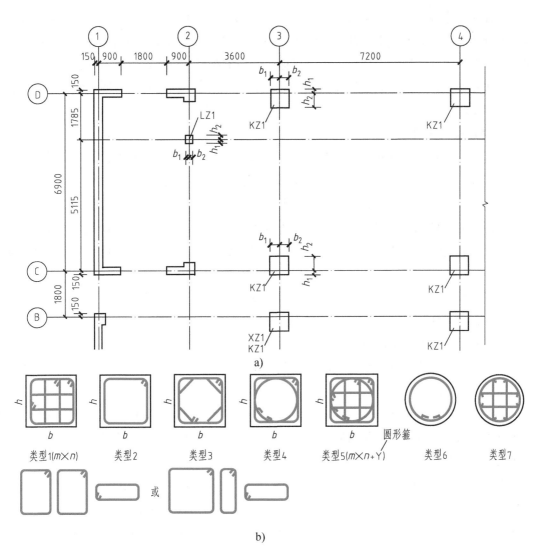

图 11-27 柱平法施工图列表注写方式

a）柱平面布置图 b）箍筋类型图 c）柱表

图 11-27a 中出现的芯柱（只在③～⑧轴线 KZ1 中设置），其截面尺寸按构造确定，并按标准构造图施工，设计时不标注；当设计者采用与本构造详图不同的做标法，应进行标注。芯柱定位随框架柱。不需要标注其与轴线的几何关系。

当柱纵筋直径相同，各边根数也相同时，将纵筋注写在"全部纵筋"一栏中。此外，柱纵筋分角筋、截面 b 边中部筋和截面 h 边中部筋三项，应分别标注在柱表中的对应位置，对于采用对称配筋的矩形截面柱，可以仅标注一侧中部筋，对称边省略不标注。

相比较截面标注法，列表标注法可以更清楚明白地标注比较复杂的钢筋混凝土结构，因此在实际工程中的应用比较广泛。

2. 截面标注方式

截面标注方式是在分标准层绘制的柱平面布置图的柱截面上，分别在同一编号的柱中选择一个截面，以直接标注截面尺寸和配筋具体数值的方式来表达柱平法施工图。

截面标注方式，要求从相同编号的柱中选择一个截面，按另一种比例原位放大绘制柱截面配筋图，并在各配筋图上的编号后继续注写截面尺寸 $b×h$、角筋或全部纵筋（当纵筋采用一种直径并且能够图示清楚时）、箍筋的具体数值以及在柱截面配筋图上标注柱截面与轴线关系 b_1、b_2、h_1、h_2 的具体数值。

当纵筋采用两种直径时，需再标注截面各边中部筋的具体数值，对于采用对称配筋的矩形截面柱，可仅在一侧标注中部筋，对称边省略不标注。

在某些框架柱的一定高度范围内，在其内部的中心位置设置芯柱时，应编号，并在其编号后标注芯柱的起止标高、全部纵筋及箍筋的具体数值。对于芯柱的其他要求，同"列表注写方式"。

应注意：在截面标注方式中，如果柱的分段截面尺寸和配筋均相同，仅分段截面与轴线的关系不同时，可以将它们编为同一柱号，但此时应在没有画出配筋的截面上标注该柱截面与轴线关系的具体尺寸。

图 11-28 表示了框架柱、梁上柱的截面尺寸和配筋。图 11-28 中编号 KZ1 柱的截面图旁所标注的"650×600"表示柱的截面尺寸，"4 Φ 22"表示角筋为 4 根直径为 22mm 的 HRB400 级钢筋，"Φ 10@ 100/200"表示所配置的箍筋；截面上方标注的"5 Φ 22"表示 b 边一侧配置的中部筋，截面左侧标注的"4 Φ 20"表示 h 边一侧配置的中部筋，由于柱截面配筋对称，所以在柱截面图的下方和右侧的标注省略。编号 LZ1 柱的截面图旁所标注的"250×300"表示该柱的截面尺寸，纵筋为 6 根直径为 16mm 的 HRB400 级钢筋，箍筋为直径 8mm 的 HPB300 级钢筋，其间距为 200mm。

11.3.3 剪力墙结构施工图的平面整体表示方法

剪力墙平法施工图是在绘出剪力墙的平面布置图的基础上，采用列表标注方式或截面标注方式来表示剪力墙的截面尺寸和钢筋配置的结构工程图。

剪力墙平面布置图可以采用适当比例单独绘制，也可与柱或梁平面布置图合并绘制。当剪力墙较复杂或采用截面标注方式时，应按标准层分别绘制剪力墙平面布置图。

1. 剪力墙平法标注的编号

剪力墙的平法标注，需要标注墙柱、墙身及墙梁的截面及配筋，其各自的编号序号如下：

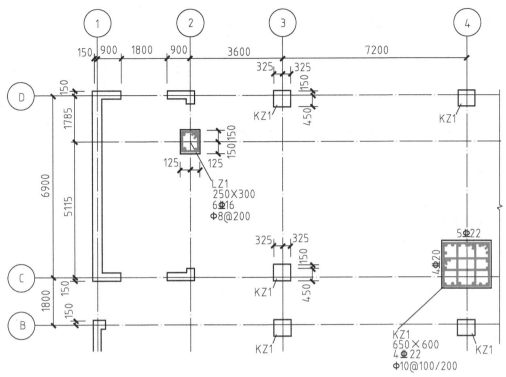

19.470～37.470柱平法施工图

图 11-28　柱平法施工图截面标注方式

1）墙柱编号。墙柱编号见表 11-9。在编号中，如若干墙柱的截面尺寸与配筋均相同，仅截面与轴线的关系不同时，可将其编为同一墙柱号，但应注明与轴线的几何关系。

表 11-9　墙柱编号

墙柱类型	代号	序号
约束边缘构件	YBZ	××
构造边缘构件	GBZ	××
非边缘暗柱	AZ	××
扶壁柱	FBZ	××

2）墙身编号。墙身编号由墙身代号、序号以及墙身所配置的水平与竖向分布钢筋的排数组成，其中，排数注写在括号内。其表达形式为

QXX（X 排）

在编号中，如若干墙身的厚度尺寸与配筋均相同，仅墙厚与轴线的关系不同或墙身长度不同时，可将其编为同一墙柱号，但应标注与轴线的几何关系；当墙身所设置的水平与竖向分布钢筋的排数为 2 时可不标注。

3）墙梁编号，见表 11-10。

表 11-10 墙梁编号

墙梁类型	代号	序号
连梁	LL	××
连梁（对角暗撑配筋）	LL(JC)	××
连梁（交叉斜筋配筋）	LL(JX)	××
连梁（集中对角斜筋配筋）	LL(DX)	××
暗梁	AL	××
边框梁	BKL	××

4）层高表。按平法设计绘制结构施工图时，应当用表格或其他方式注明包括地上和地下各层的结构层楼（地）面标高、结构层高及相应的结构层号。并用加粗的实线示意出本张结构施工图所适用的层高范围。

2. 截面标注方式

截面标注方式是在分标准层绘制的剪力墙平面布置图上，以直接在墙柱、墙身、墙梁上注写截面尺寸和配筋具体数值的方式，来表达剪力墙平法施工图。

截面标注方式有两种表示方法。一种是原位标注方式，可以直接在墙柱、墙身、墙梁图上注写；另一种方式是选用适当比例将平面布置图放大后，对墙柱绘制出配筋截面图，再进行标注。不管采用哪一种方法，均应对所有墙柱、墙身和墙梁进行编号，然后分别在相同编号的墙柱、墙身和墙梁中选择一根墙柱、一道墙身、一根墙梁进行注写。标注的内容如下：

1）墙柱。编号、截面尺寸及相关几何尺寸、全部纵筋及箍筋。

2）墙身。编号、墙厚尺寸、水平和竖向分布钢筋及拉筋。

3）墙梁。编号、截面尺寸、箍筋、上部和下部纵筋、顶面高差。

图 11-29 是采用截面标注方式完成的剪力墙平法施工图。

3. 列表标注方式

为表达清楚、简便，剪力墙可看作由剪力墙柱、剪力墙身、剪力墙梁（简称为墙柱、墙身、墙梁）三类构件组成。因此，在剪力墙平面布置图上需要对它们分别按表 11-9、表 11-10 进行编号，再分别列出墙柱、墙身、墙梁表。

剪力墙柱表中表达的内容主要包括：编号、墙柱的起止标高、墙柱的截面配筋图、各段墙柱的纵向钢筋和箍筋的规格及间距。

剪力墙身表中表达的内容主要包括：编号、各段墙身起止标高、墙的厚度、一排水平和竖向分布钢筋及拉筋的具体数值。

剪力墙梁表中表达的内容主要包括：编号、墙梁所在的楼层号、墙梁的顶面标高与结构层标高之差、墙梁的截面尺寸、墙梁上部和下部纵筋及箍筋的规格及间距。

图 11-30 所示是剪力墙平法施工图列表标注方式示例。从剪力墙柱表中可以知道约束边缘构件 YBZ1~YBZ7 的相关尺寸、标高、纵筋和箍筋配置情况。从剪力墙身表中可以知道编号为 Q1、Q2 的墙身的标高、厚度、水平分布钢筋、竖向分布钢筋和拉筋的配置情况。从剪力墙梁表中可知编号为 LL1~LL4 的连梁、编号为 AL1 的暗梁、编号为 BKL1 的边框梁所在的楼层、梁顶相对该结构层标高的高差、梁的截面尺寸、梁上下部纵筋和箍筋的配置情况。

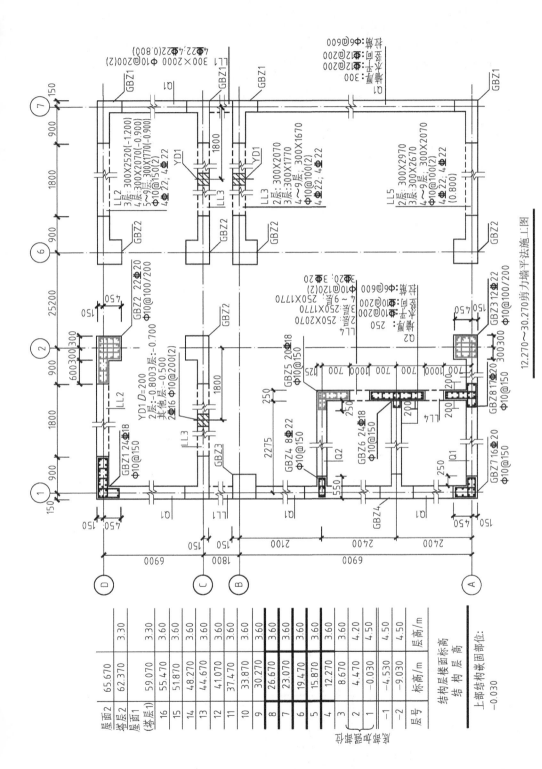

图 11-29 剪力墙平法施工图截面标注方式

剪力墙梁表

编号	所在楼层号	梁顶相对标高高差	梁截面 b×h	上部纵筋	下部纵筋	箍筋
LL1	2~9	0.800	300×2000	4Φ22	4Φ22	Φ10@100(2)
	10~16	0.800	250×2000	4Φ20	4Φ20	Φ10@100(2)
	屋面1		250×1200	4Φ20	4Φ20	Φ10@100(2)
LL2	3	-1.200	300×2520	4Φ22	4Φ22	Φ10@150(2)
	4	-0.900	300×2070	4Φ22	4Φ22	Φ10@150(2)
	5~9	-0.900	300×1770	4Φ22	4Φ22	Φ10@150(2)
	10~屋面1	-0.900	250×1770	3Φ22	3Φ22	Φ10@150(2)
LL3	3		300×2070	4Φ22	4Φ22	Φ10@100(2)
	4		300×1670	4Φ22	4Φ22	Φ10@100(2)
	4~9		250×1670	4Φ22	4Φ22	Φ10@100(2)
	10~屋面1		250×2070	3Φ20	3Φ20	Φ10@120(2)
LL4	2		250×1770	3Φ20	3Φ20	Φ10@120(2)
	3		250×1770	3Φ20	3Φ20	Φ10@120(2)
	4~屋面1		250×1770	3Φ20	3Φ20	Φ10@120(2)
AL1	2~9		300×600	3Φ20	3Φ20	Φ8@150(2)
	10~16		250×500	3Φ18	3Φ18	Φ8@150(2)
BKL1	屋面1		500×750	4Φ22	4Φ22	Φ10@150(2)

剪力墙身表

编号	标高	墙厚	水平分布筋	垂直分布筋	拉筋
Q1	-0.030~30.270	300	Φ12@200	Φ12@200	Φ6@600@600
	30.270~59.070	250	Φ10@200	Φ10@200	Φ6@600@600
Q2	-0.030~30.270	250	Φ10@200	Φ10@200	Φ6@600@600
	30.270~59.070	200	Φ10@200	Φ10@200	Φ6@600@600

层号	标高/m	层高/m
屋面2	65.670	
塔层2	62.370	3.30
屋面1(塔层1)	59.070	3.30
16	55.470	3.60
15	51.870	3.60
14	48.270	3.60
13	44.670	3.60
12	41.070	3.60
11	37.470	3.60
10	33.870	3.60
9	30.270	3.60
8	26.670	3.60
7	23.070	3.60
6	19.470	3.60
5	15.870	3.60
4	12.270	3.60
3	8.670	3.60
2	4.470	4.20
1	-0.030	4.50
-1	-4.530	4.50
-2	-9.030	4.50
层号	标高/m	层高/m

结构层楼面标高
结构层高
上部结构嵌固部位: -0.030

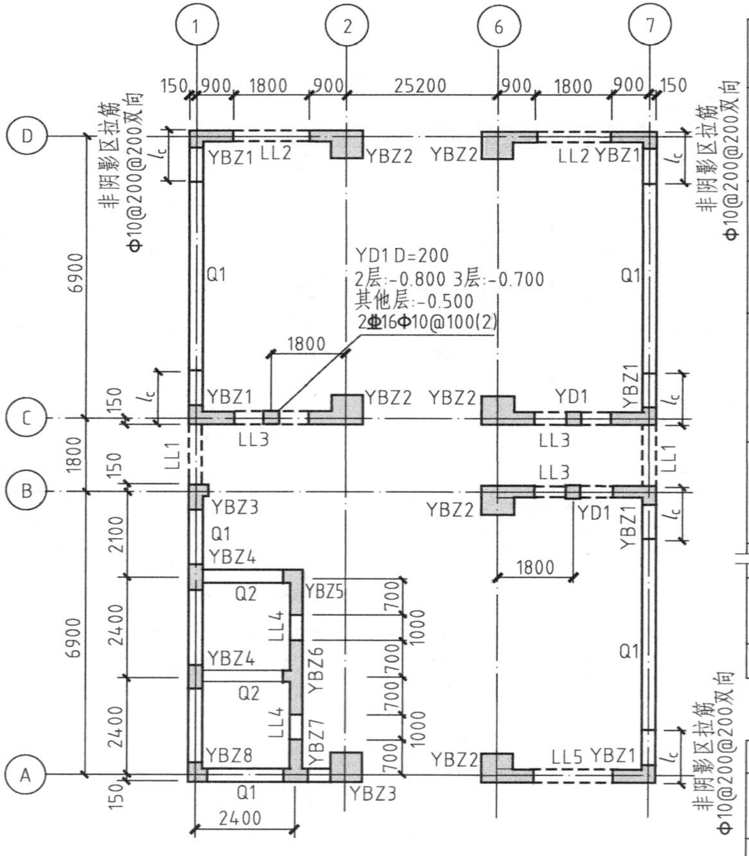

12.270~30.270剪力墙平法施工图

a)

图11-30 剪力墙平法施工图列表标注方式

剪力墙柱表

截面	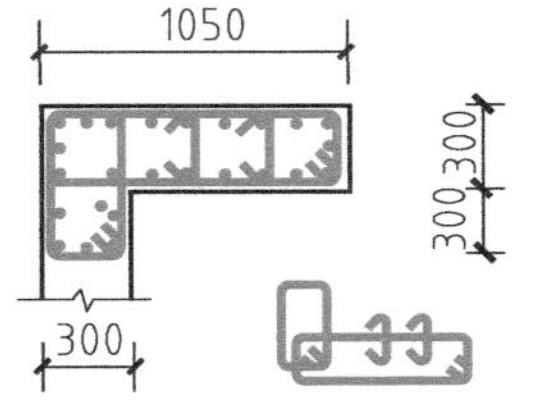 	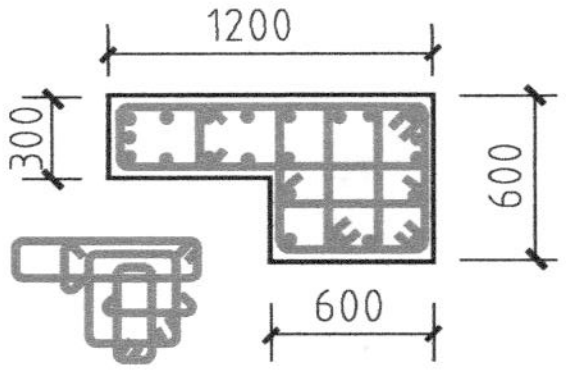	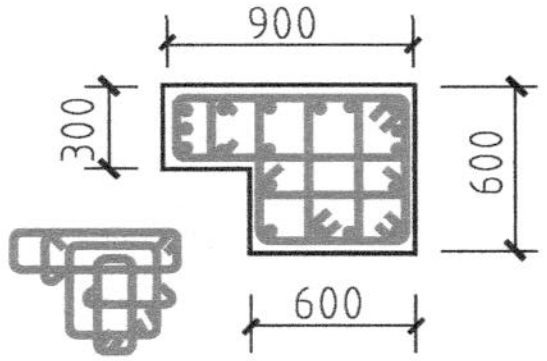	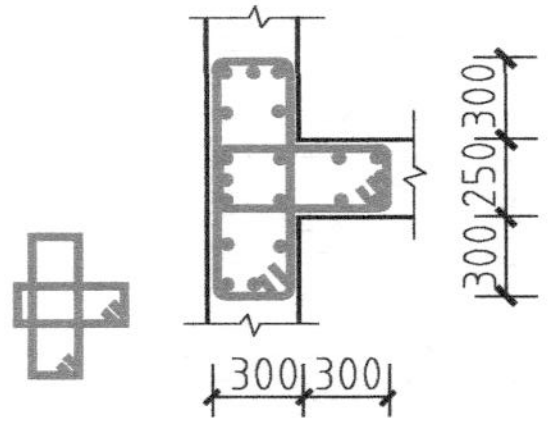
编号	YBZ1	YBZ2	YBZ3	YBZ4
标高	-0.030~12.270	-0.030~12.270	-0.030~12.270	-0.030~12.270
纵筋	24Φ20	22Φ20	18Φ22	20Φ20
箍筋	Φ10@100	Φ10@100	Φ10@100	Φ10@100
截面				
编号	YBZ5	YBZ6		YBZ7
标高	-0.030~12.270	-0.030~12.270		-0.030~12.270
纵筋	20Φ20	23Φ20		16Φ20
箍筋	Φ10@100	Φ10@100		Φ10@100

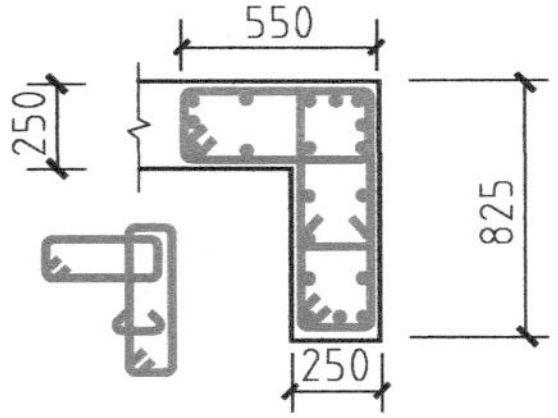

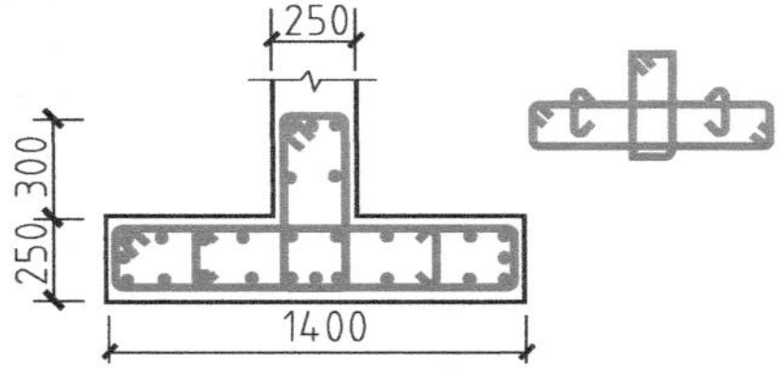

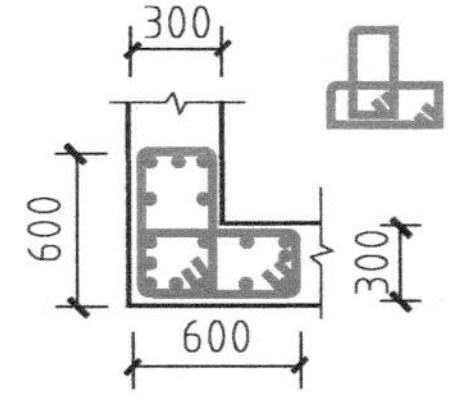

-0.030~12.270剪力墙平法施工图（部分剪力墙柱表）

b)

图11-30 剪力墙平法施工图列表标注方式（续）

结构层平面图中的"YD1"表示剪力墙圆形洞口的编号。根据相关规范规定，剪力墙上的洞口均可在剪力墙平面布置图上原位表达，绘制洞口示意，并标注洞口中心的平面定位尺寸。在洞口中心位置应该引注洞口编号、洞口几何尺寸、洞口中心相对标高和洞口每边补强钢筋四项内容。如图11-30所示，"$D = 200$"表示该圆形洞口的直径为200mm，"2层：−0.800，3层：−0.700""其他层：−0.500"表示该圆形洞口中心距离本结构层楼（地）面标高的洞口中心高度，本例中为负值，表示该圆形洞口中心低于本结构层楼面。洞口上下设置补强暗梁，每边暗梁纵筋为2根直径16mm的HRB400级钢筋，箍筋为直径10mm的HPB300级钢筋，其间距为100mm，双肢箍。

■ 11.4 梁的结构施工图

11.4.1 钢筋混凝土梁概述

钢筋混凝土梁是由钢筋和混凝土浇筑而成的受弯构件，主要作用是将由板传递而来的荷载传递给柱或墙。其构造如图11-31所示，配置在钢筋混凝土构件中的钢筋，按其作用可分为以下几种：

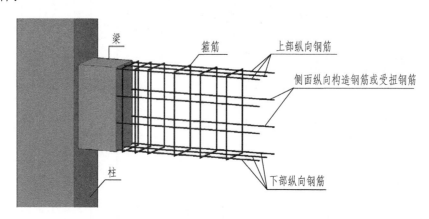

图 11-31　钢筋混凝土梁构造示意图

（1）上部纵向钢筋　在支座处，承受由支座负弯矩在梁上部产生的拉应力；在跨中，固定梁内箍筋位置，与下部纵筋、箍筋一起形成钢筋骨架的钢筋。

（2）下部纵向钢筋　在跨中，承受由跨中正弯矩在梁下部产生的拉应力的钢筋。

（3）箍筋　用以固定受力钢筋的位置，并承受支座处的斜拉应力。

（4）受扭钢筋　布置在梁的侧面用于抵抗扭矩的钢筋。

（5）侧面纵向构造钢筋　当梁腹板高度（即梁高与相邻板厚之差）大于450mm时，布置在梁侧面，用于保证施工浇注时钢筋骨架稳定性的钢筋。侧面纵向构造钢筋的布置位置虽与受扭钢筋相同，但二者在梁柱节点内部的锚固构造不同，标注时应区别对待。

（6）其他 因构件施工安装需要而配置的钢筋，如预埋锚固筋、吊环等。

梁的平法施工图包括平面标注方式和截面标注方式，以下将逐一说明，实际工程设计中以平面标注方式为主。

11.4.2 梁平法施工图平面标注方式

平面标注方式是在梁平面布置图上，分别在不同编号的梁中各选一根梁，在其上标注截面尺寸和配筋具体数值的方式来表达梁平法施工图，如图 11-32 所示，其中 KL1 配筋的三维示意图如图 11-33 所示。

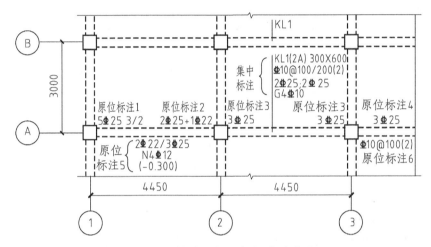

图 11-32 梁平法施工图平面标注方式

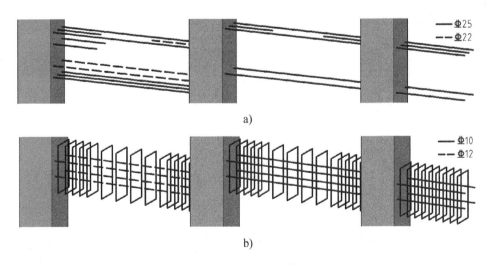

图 11-33 KL1 配筋的三维示意图

a）KL1 上部及下部纵向钢筋 b）KL1 箍筋、受扭钢筋及侧面纵向构造钢筋

平面标注包括集中标注与原位标注，集中标注表达梁的通用数值，原位标注表达梁的特殊数值。施工时当集中标注与原位标注发生矛盾时，以原位标注为准。

1. 集中标注

梁集中标注的内容，有五项必须标注的内容及一项选择标注的内容。其中五项必须标注的内容包括：梁编号、梁的截面尺寸、梁的箍筋、梁上部通长筋、梁侧面纵向构造钢筋或受扭钢筋。其中一项选择标注的内容为梁顶面标高高差。

（1）梁编号　梁编号由梁类型代号、序号、跨数及有无悬挑代号几项组成，并符合表 11-11 的规定。按照规定，图 11-32 集中标注中梁编号 KL1（2A）的含义为此梁为序号 1 的框架梁，跨数为 2 跨，梁一端有悬挑。

表 11-11　梁编号

梁类型	代号	序号	跨数及是否带有悬挑
楼层框架梁	KL	××	（××）、（××A）或（××B）
屋面框架梁	WKL	××	（××）、（××A）或（××B）
框支梁	KZL	××	（××）、（××A）或（××B）
非框架梁	L	××	（××）、（××A）或（××B）
悬挑梁	XL	××	
井字梁	JZL	××	（××）、（××A）或（××B）

注：（××A）为一端有悬挑，（××B）为两端有悬挑，悬挑不计入跨数。

【例】KL7（5A）表示第 7 号框架梁，5 跨，一端有悬挑；L9（7B）表示第 9 号非框架梁，7 跨，两端有悬挑。

（2）梁的截面尺寸　梁为等截面梁时，用 $b×h$（宽×高）表示，如图 11-32 集中标注中 300×600 的含义为梁宽为 300mm、梁高为 600mm。当梁为非等截面加腋梁时，用 $b×h\ Yc_1×c_2$ 表示，Y 表示加腋，c_1 为腋长，c_2 为腋高，如图 11-34a 所示；当梁为根部和端部梁高不同的非等截面悬挑梁时，用斜线分隔根部与端部的高度值，即为 $b×h_1/h_2$，如图 11-34b 所示。

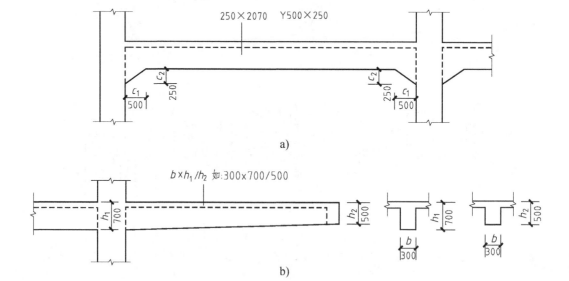

图 11-34　非等截面加腋梁截面尺寸标注

a）加腋梁截面尺寸标注示意图　b）悬挑梁不等高截面尺寸标注示意图

（3）梁的箍筋 梁的箍筋，包括钢筋级别、直径、加密区与非加密区间距及肢数等。箍筋加密区与非加密区的不同间距及肢数应用"/"分隔，当箍筋为同一种间距及肢数时，不用"/"，当加密区与非加密区的箍筋肢数相同时，则将肢数注写一次，箍筋肢数应写在括号内。例如，图 11-32 集中标注 Φ10@100/200（2）表示箍筋为 HRB400 级钢筋，直径为10mm，加密区间距为 100mm，非加密区间距为 200mm，双肢箍。

当抗震结构中的非框架梁、悬挑梁、井字梁，及非抗震结构中的各类梁采用不同的箍筋间距及肢数时，也用"/"进行分隔，注写时先注写梁支座端部的箍筋，在"/"后注写梁跨中部分的箍筋间距及肢数。例如，13ϕ10@150/200（4）表示箍筋为 HPB300 级钢筋，直径为 10mm，梁的两端各有 13 个四肢箍，间距为 150mm，梁跨中部分间距为 200mm，四肢箍；又如，18ϕ12@150（4）/200（2）表示箍筋为 HPB300 级钢筋，直径为 12mm，梁的两端各有 18 个四肢箍，间距为 150mm，梁跨中部分间距为 200mm，双肢箍。

（4）梁的上部通长筋 当梁的上部通长筋和下部纵向钢筋在每跨内相同，且跨与跨之间的配筋多数相同时，该项可以标注下部纵向钢筋的配筋值，用分号"；"将上部与下部纵向钢筋的配筋值分隔开。例如，图 11-32 集中标注 2Φ25；2Φ25 表示梁上部通长筋为 2 根 HRB400 级钢筋，直径为 25mm；梁下部纵向钢筋为 2 根 HRB400 级钢筋，直径为 25mm。

（5）梁的侧面纵向构造钢筋或受扭钢筋 梁侧面纵向构造钢筋或受扭钢筋配置的标注，应按以下要求进行：当梁腹板高度 $h_w \geqslant 450$mm 时，须配置纵向构造钢筋，在配筋数量前加"G"，注写的钢筋数量为梁两个侧面的总配筋值，为对称配置。例如，图 11-32 集中标注 G4Φ10 表示梁的两个侧面共配置了 4 根直径为 10mm 的 HRB400 级钢筋，每侧各配置 2 根；当梁侧面配置受扭纵向钢筋时，在配筋数量前加"N"，标注的钢筋数量为梁两个侧面的总配筋值，为对称配置。

（6）梁顶面标高高差 梁顶面标高高差是指相对于结构层楼面标高的高差值，对于位于结构夹层的梁，则指相对于结构夹层楼面标高的高差。若有高差，须将其写入括号内，无高差时则不标注。当某梁的顶面高于所在结构层的楼面标高时，其标高高差为正值，反之为负值。

2. 原位标注

原位标注通常主要标注梁支座上部纵向钢筋（即该部位含通长筋在内的所有纵向钢筋）及梁下部纵向钢筋，或当梁的集中标注内容不适用于等跨梁或某悬挑部分时，则以不同数值标注在其附近。

对于梁支座上部的纵向钢筋，当多于一排时，用斜线"/"将各排纵向钢筋自上而下分开，如图 11-32 原位标注 1 所示，此处支座上部配置两排共 5 根直径 25mm 的钢筋，自上而下第一排 3 根，第二排 2 根；当同排钢筋有两种直径时，用加号"+"将两种直径的纵向钢筋相连，注写时将角部纵向钢筋写在前面，如图 11-32 原位标注 2 所示，此处支座上部配置一排钢筋，角部纵向钢筋为 2 根直径 25mm 的钢筋，中间纵向钢筋为直径 22mm 的钢筋；当梁中间支座两边的上部纵向钢筋不同时，须在支座两边分别标注，当梁中间支座两边的上部纵向钢筋相同时，可仅在支座一边标注配筋值，另一边省略不注，如图 11-32 中Ⓐ轴交②轴柱两侧梁支座上部纵向钢筋不同，需分别标注，如图 11-32 中Ⓐ轴交③轴柱两侧梁支座上部纵向钢筋相同，仅标注在一侧即可。

对于梁下部纵向钢筋，当多于一排或同排钢筋有两种直径时，采用与上部纵向钢筋相同的表示方法，如图 11-32 原位标注 5 中 2Φ22/3Φ25 表示此处梁下部纵向钢筋配置两排，自上而下第一排为 2 根直径 22mm 的钢筋，第二排为 3 根直径 25mm 的钢筋；为满足节点"强剪弱弯"的要求，梁下部纵向钢筋不全伸入支座时，可将梁支座下部纵向钢筋减少的数量写在括号内。例如，6Φ25 2（-2）/4 表示上排 2 根直径 25mm 的钢筋不伸入支座，下排 4 根直径 25mm 的钢筋伸入支座。

对于梁中箍筋、梁顶面标高高差、扭筋及侧面纵向构造钢筋，如与集中标注不同，可用原位标注标注在梁跨中的下部。例如，图 11-32 原位标注 5 中 N4Φ12 表示此跨梁侧面设置 4 根直径 12mm 的受扭钢筋，（-0.300）表示此跨梁梁顶标高下降 0.3m；原位标注 6 表示此跨梁箍筋为直径 10mm 的双肢箍，其间距为 100mm，全长加密，无非加密区。

对于梁中的附加箍筋或吊筋，应将其画在平面图中的主梁上，用线引注总配筋值（附加箍筋的肢数注在括号内），如图 11-35 所示。当多数附加箍筋或吊筋相同时，可以在梁平法施工图上统一注明，少数与统一标注值不同时，再原位引注。

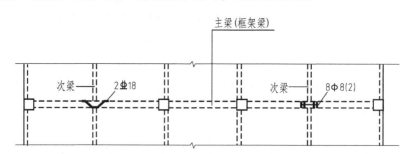

图 11-35　附加箍筋和吊筋的画法

图 11-36 是采用平面标注方式画出的某建筑结构的一部分梁平法施工图。从图 11-36 中可知，该图中共有 6 种楼层框架梁，分别是 KL1～KL6；有 4 种非框架梁，分别是 L1～L4。层高表中加粗的实线示意出本图适用于 5～8 层，结构标高为 15.870、19.470、23.070、26.670 处的梁。以下仅以 KL1 和 KL5 为例进行说明，其余梁的配筋情况参见图中标注读图。

KL1 的截面为 300mm×700mm，箍筋为Φ10@100/200（2），4 跨，⑤轴到⑥轴之间的梁跨支座处，梁的上部和下部均有两排纵向钢筋。梁上部第一排为 4 根直径为 25mm 的 HRB400 级钢筋，第二排也为 4 根直径为 25mm 的 HRB400 钢筋，共 8 根；梁下部第一排为 2 根直径为 25mm 的 HRB400 级钢筋，第二排为 5 根直径为 25mm 的 HRB400 级钢筋，共 7 根。在此跨范围内，梁腹两侧各配置了 2 根直径为 16mm 的 HRB400 级钢筋作为扭筋，其余三跨，梁腹两侧各配置了 2 根直径为 10mm 的 HPB300 级钢筋作为构造扭筋。除此之外，在 KL1 与 L4 的交界处，还设置有 2 根吊筋，直径为 18mm，HRB400 级钢筋。

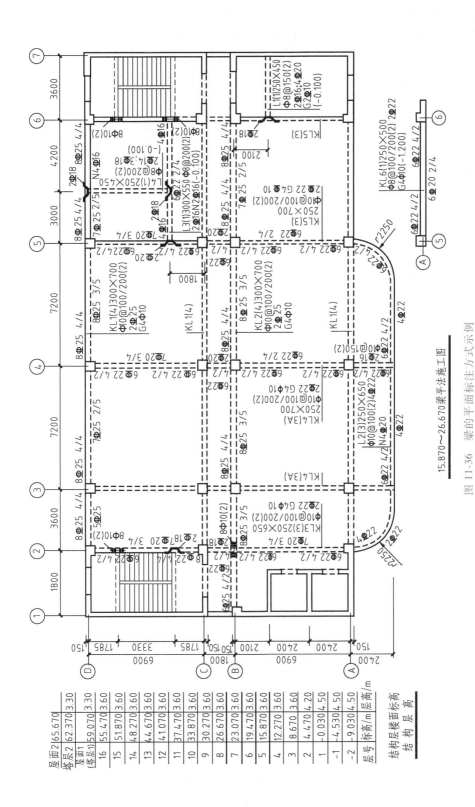

图 11-36 梁的平面标注方式施工图

15.870~26.670梁平法施工图

KL5 的截面为 250mm×700mm，箍筋为Φ10@100/200（2），3 跨，Ⓒ轴到Ⓓ轴之间的梁跨支座处，梁上部和下部也均有两排纵向钢筋。梁上部第一排为 4 根直径为 22mm 的 HRB400 级钢筋，第二排为 2 根直径为 22mm 的 HRB400 级钢筋，共 6 根；梁下部第一排为 3 根直径为 20mm 的 HRB400 级钢筋，第二排为 4 根直径为 22mm 的 HRB400 级钢筋，共 7 根。KL5 两侧各配置了 2Φ10 的构造扭筋。

除此之外，在梁平法施工图的平面图中，当局部区域的梁布置过密时，除了采用截面标注方式表达外，也可以将过密区用虚线框出，适当放大比例后再用平面标注方式表示，如 KL6，Ⓐ轴交⑤轴~⑥轴范围内的梁跨。

应注意：在多跨梁的集中标注中如果已标注加腋，而该梁某跨的根部不需要加腋时，应该在该跨原位标注等截面的 b×h，以修正集中标注中的加腋信息，如图 11-37 所示。

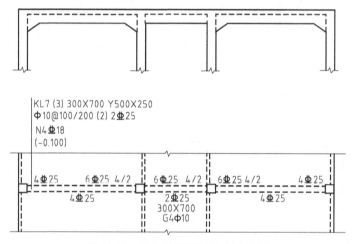

图 11-37　梁加腋平面标注方式示例

井字梁通常由非框架梁构成，并以框架梁为支座（特殊情况下以专门设置的非框架大梁为支座）。在此情况下，为明确区分井字梁与框架梁或作为井字梁支座的其他类型梁，井字梁用单粗虚线表示（当井字梁顶面高出板面时用单粗实线表示），框架梁或作为井字梁支座的其他类型梁用双细虚线表示（当梁顶面高出板面时用双实细线表示）。有关井字梁的其他规定及标注要求，可参阅相关标准图集。

11.4.3　梁平法施工图截面标注方式

梁的截面标注方式是在分标准层绘制的梁平面布置图上，分别在不同编号的梁中各选择一根梁用剖面号（单边截面号）引出配筋图，并在其上标注截面尺寸和配筋具体数值的方式来表达梁平法施工图。在画出的截面配筋详图上应注写截面尺寸 b×h、上部筋、下部筋、侧面构造钢筋或受扭钢筋以及箍筋的具体数值，表达形式同"平面标注方式"。

图 11-38 中从平面布置图上分别引出了 3 个不同配筋的截面图，各图中表示了梁的截面尺寸和配筋情况。由 1—1 截面图可知，该截面尺寸为 300mm×550mm，梁上部配置了 4 根直径为 16mm 的 HRB400 级钢筋，下部配置了双排钢筋，上边一排为 2 根直径为 22mm 的

HRB400 级钢筋，下边一排为 4 根直径为 22mm 的 HRB400 级钢筋，该梁还配置了 2 根直径为 16mm 的受扭钢筋，梁内的箍筋为Φ8@200。由 2—2 截面图可知，该截面配筋中除梁上部的配筋变为 2 根直径为 16mm 的 HRB400 级钢筋外，其余均与 1—1 截面配筋相同。由 3—3 截面图可知，该截面尺寸为 250mm×450mm，梁上部配置了 2 根直径为 14mm 的 HRB400 级钢筋，梁下部配置了 3 根直径为 18mm 的 HRB400 级钢筋，梁内的箍筋为Φ8@200。

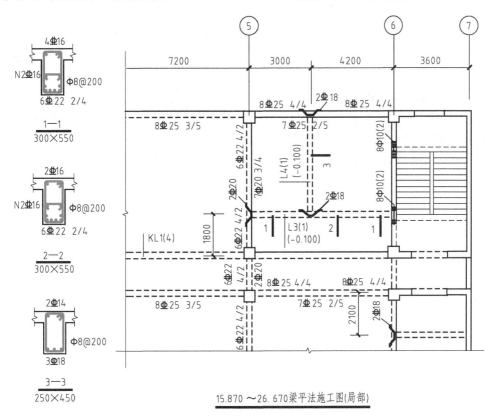

图 11-38 梁的截面标注方式示例

梁的截面标注方式可以单独使用，也可以与平面标注方式结合使用。但是由于平法标注方式制图比较简洁，所以在工程中的应用比较广泛。

■ 11.5 板的结构施工图

板的结构施工图是假想沿楼板顶面将房屋水平剖开后所作的楼层结构的水平投影，用来表示楼面板及其下面的墙、梁、柱等承重构件的平面布置、板的构造与配筋以及它们之间的结构关系。

11.5.1 板的基本结构构造

钢筋混凝土现浇板的配筋主要分为两种：板底筋和板顶筋。板底筋配置在板的底部，双向拉通配置，在板的底部形成井字形网格，如图 11-39a 所示。对于板而言，四周的框架梁是它的支座，因此配置在板与梁交界处的板顶筋又叫作板的支座筋，其作用是用来抵抗支座处传来的负弯矩，因此工程上有时也称为板的负弯矩钢筋。一般来说板顶筋并不贯通配置，伸出框架梁一定的长度即向下弯折，板顶筋下配置有与其配置方向相垂直的分布钢筋，其作用是固定板顶筋的位置，并将承受的荷载均匀地传给受力钢筋，以及抵抗热胀冷缩所引起的温度变形，如图 11-39b 所示。

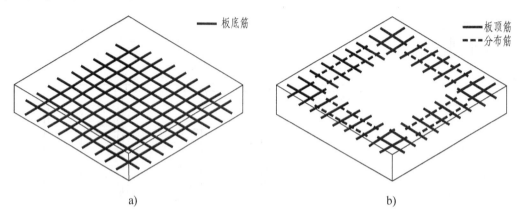

图 11-39　板配筋三维示意图

a）板底筋　b）板顶筋及分布筋

为清晰明了地表达上述板配筋的构造，实际工程设计中主要应用两种表示方法，分别是平面标注表示方法和传统标注表示方法，以下将逐一说明。

11.5.2　板的平面标注方式

板的平面标注主要包括板块集中标注和板支座原位标注。为方便设计表达和施工识图，规定结构平面的坐标方向为图面从左至右为 X 向，从下至上为 Y 向。

1. 板块集中标注

板块集中标注的内容：板块编号，板厚，贯通纵筋，以及当板面标高不同时的标高高差，如图 11-40 所示。

（1）板块编号　板块编号按表 11-12 的规定进行编号，图 11-40 中板块编号 LB1 的含义为此块板为序号为 1 的楼面板。

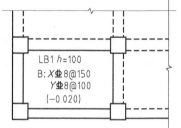

图 11-40　板块集中标注示例

表 11-12　板块编号

板类型	代号	序号
楼面板	LB	××
屋面板	WB	××
悬挑板	XB	××

（2）板厚 板厚标注为 $h = \times \times \times$（为垂直于板面的厚度），图 11-40 中 $h = 100$ 表示板厚为 100mm；当悬挑板的端部改变截面厚度时，用斜线分隔根部与端部的高度值，标注为 $h = \times \times \times / \times \times \times$；当设计已在图注中统一标注板厚时，此项可不标注。

（3）贯通纵筋 贯通纵筋按板块的下部和上部分别标注（当板块上部不设贯通纵筋时则不标注），并以 B 代表下部，以 T 代表上部，B&T 代表上部与下部；X 向贯通纵筋以 X 打头，Y 向纵筋以 Y 打头，两向贯通纵筋配置相同时则以 $X\&Y$ 打头。图 11-40 中 $B{:}X \oplus 8@150$ 及 $Y \oplus 8@100$ 分别表示此板下部 X 向贯通纵筋为直径 8mm 的 HRB400 级钢筋，其间距为 150mm；Y 向贯通纵筋为直径 8mm 的 HRB400 级钢筋，其间距为 100mm。

当在某些板内（例如在悬挑板 XB 的下部）配置有构造钢筋时，则 X 向以 Xc，Y 向以 Yc 打头标注。

（4）板面标高高差 板面标高高差是指相对于结构层楼面标高的高差，应将其标注在括号内，也可标注在附注中，且有高差则标注，无高差不标注。图 11-40 中（-0.020）表示此板相对于结构层楼面降板 0.020m。

2. 板支座原位标注

板支座原位标注的内容：板支座上部非贯通纵筋和悬挑板上部受力钢筋。

（1）板支座上部非贯通纵筋 板支座原位标注的钢筋，应在配置相同跨的第一跨表达（当在梁悬挑部位单独配置时则在原位表达）。在配置相同跨的第一跨（或梁悬挑部分），垂直于板支座（梁或墙）绘制一段适宜长度的粗实线（当该筋通常设置在悬挑板或短跨板上部时，实线段应画至对边或贯通短跨），以该线段代表支座上部非贯通纵筋，并在线段上方标注钢筋编号（如①、②等）、配筋值、横向连续布置的跨数（标注在括号内，且当为一跨时可不标注），以及是否横向布置到梁的悬挑端。

板支座上部非贯通纵筋自支座中线向跨内的伸出长度值，标注在线段的下方位置。当中间支座上部非贯通纵筋向支座两侧对称伸出时，可仅在支座一侧线段下方标注伸出长度，另一侧不标注，如图 11-41a 所示。当向支座两侧非对称伸出时，应分别在支座两侧线段下方标注伸出长度，如图 11-41b 所示。对线段画至对边贯通全跨或贯通全悬挑长度的上部通长纵筋，贯通全跨或伸出至全悬挑一侧的长度值不标注，只注明非贯通纵筋另一侧的伸出长度值，如图 11-41c 所示。

（2）悬挑板上部受力钢筋 悬挑板上部受力钢筋的标注方式如图 11-42 所示。

如图 11-42a 所示，悬挑板板厚 120mm，板顶受力钢筋为直径 12mm 的 HRB400 级钢筋，间距为 100mm，满布两跨悬挑板，深入根部临近的现浇板内锚固，深入长度为 2100mm。板顶分布钢筋为直径 8mm 的 HPB300 级钢筋，其间距为 150mm。板底构造钢筋 X 向为直径 8mm 的 HPB300 级钢筋，其间距为 150mm；Y 向为直径 8mm 的 HPB300 级钢筋，其间距为 200mm。

如图 11-42b 所示，悬挑板根部板厚为 120mm，端部板厚为 80mm。板顶受力钢筋为直径 12mm 的 HRB400 级钢筋，其间距为 100mm，满布两跨悬挑板，深入根部临近的梁内锚固，其余构造与图 11-42a 所示相同。

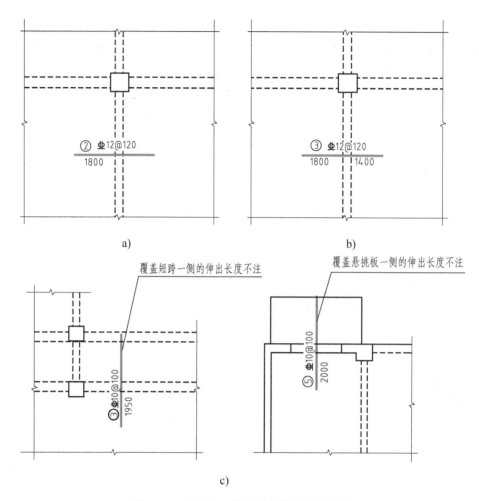

图 11-41　板支座上部非贯通纵筋绘图示例

a）对称伸出　b）非对称伸出　c）板支座非贯通纵筋贯通全跨或伸出至悬挑端

（3）其他　在板平面布置图中，不同部位的板支座上部非贯通纵筋及悬挑板上部受力钢筋，可仅在一个部位标注，对其他相同者则仅需在代表钢筋的线段上标注编号及标注横向连续布置的跨数即可。

与板支座上部非贯通纵筋垂直且绑扎在一起的分布钢筋，属于与受力无关的构造配筋，可按板厚选取，因此无须绘出，但应由设计者在结构总说明中标注选取方法。

当板某处配筋的范围存在歧义时，可通过范围线标注配筋范围。如图 11-43 所示，其范围线的含义为Ⓑ轴交①轴至Ⓑ轴交③轴的板顶筋为直径 8mm 的 HRB400 级钢筋，其间距为150mm；Ⓑ轴交③轴至Ⓑ轴交④轴的板顶筋为直径 8mm 的 HRB400 级钢筋，其间距为 100mm。

3. 读图示例

图 11-44 为板平法施工图，适用于 2.850m、5.750m、8.650m 处的结构楼板。平法的特点为利用文字注写的方式对图纸进行简化。以下以Ⓑ轴~Ⓒ轴交①轴~②轴之间的混凝土板 LB1 为例进行说明。

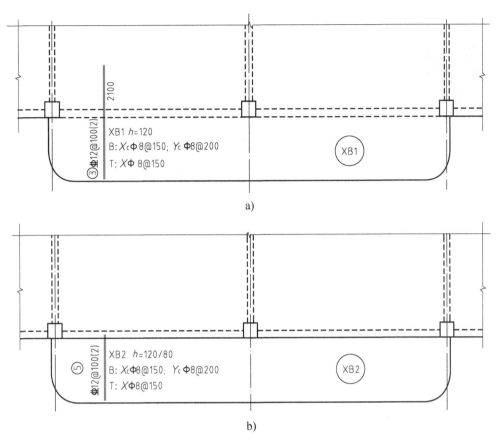

a)

b)

图 11-42 悬挑板上部受力钢筋标注示例

集中标注中：第一行"LB1 $h=120$"表示本块楼板编号为LB1，楼板厚度为120mm；第二行"B：$X\&Y\,\phi\,8@200$"表示楼板板底 X 向及 Y 向的贯通筋均为直径为 8mm 的 HPB300 级钢筋，其间距为200mm。依据原位标注，LB1 在①轴一侧及⑧轴一侧的板顶筋为直径 8mm 的HPB300 级钢筋，其间距为200mm，钢筋总长 950mm，编号为1；LB1 在②轴一侧及ⓒ轴一侧的板顶筋为直径 8mm 的 HPB300 级

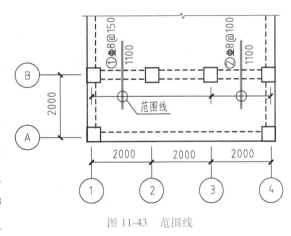

图 11-43 范围线

钢筋，其间距为 130mm，钢筋从支座中线向两侧各伸出 800mm，总长 1600mm，编号为2。

其余尚应注意的事项如下：

1）本建筑为砌体结构，由砌体墙承重。依据成图原理，剖切位置在楼板处，被剖到的砌体墙用中实线，被剖到的钢筋混凝土柱涂黑，楼板下方被遮挡的梁用中虚线表示，外围没有被楼板挡住的梁边缘画中实线，钢筋画粗实线。

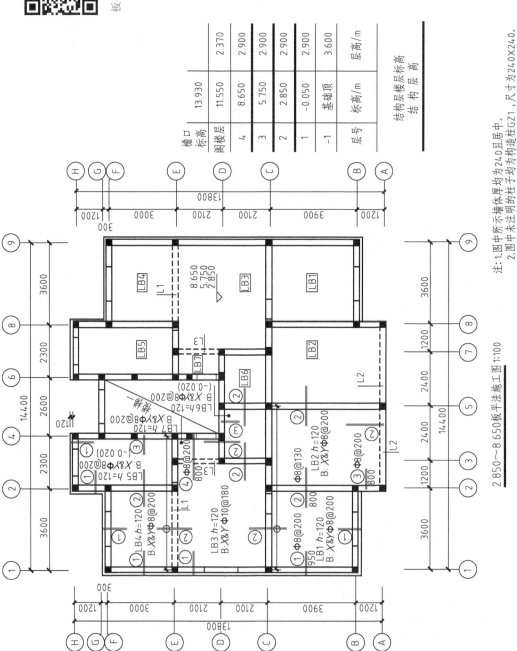

图 11-44 2.850~8.650 板平法施工图

2）图 11-44 中有三种类型的梁，分别是 L1、L2、L3，用来承受客厅和阳台处楼板的荷载。

3）图 11-44 中涂黑的柱为编号 GZ1 的构造柱（在附注里），构造柱主要在墙体各转角处，用来增加房屋的整体刚度，提高抗震能力。

4）楼梯部分由于比例较小，图形不能清楚表达楼梯结构的平面布置，故需另外画出楼梯结构详图，在这里只需用细实线画出一对角线即可。

5）结构平面图的尺寸标注比较简单，只标注轴线尺寸和总尺寸即可；图 11-44 中房间内标注的标高是结构标高，即去掉建筑面层厚度的钢筋混凝土楼板的上表面标高。

6）层高表中 3 条粗实线对应的标高处为本板配筋图适用的位置。

7）Ⓑ轴及①轴等处的楼板挑出 120mm 形成建筑立面上的腰线造型。

11.5.3 板的传统标注方式

1. 钢筋的画法

在板的结构施工图中，为区分底层钢筋和顶层钢筋，底层钢筋的弯钩向上或向左，顶层钢筋的弯钩则向下或向右，如图 11-45 所示。

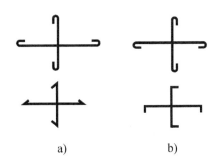

a)   b)

图 11-45 双层钢筋画法

a）底层钢筋 b）顶层钢筋

钢筋在板结构施工图中应按图 11-46 所示的方法表示。对于一块楼板来说，同种类型的钢筋在其分布范围内只画一根，并标注钢筋的代号、直径、数量、间距、编号及所在位置，其说明应沿钢筋的长度标注或标注在相关钢筋的引出线上。钢筋编号的直径宜采用直径 6mm 的细实线圆表示，其编号应采用阿拉伯数字按顺序编写。

与受力钢筋垂直的分布钢筋不必画出，但要在附注中或钢筋表中说明其级别、直径、间距（或数量）及长度等。

2. 读图示例

现以图 11-47 所示某教师公寓的标准层楼层结构平面图为例，说明板结构施工图的内容和读图方法。

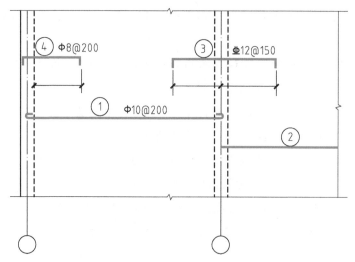

图 11-46　钢筋在楼板配筋图中的表示方法

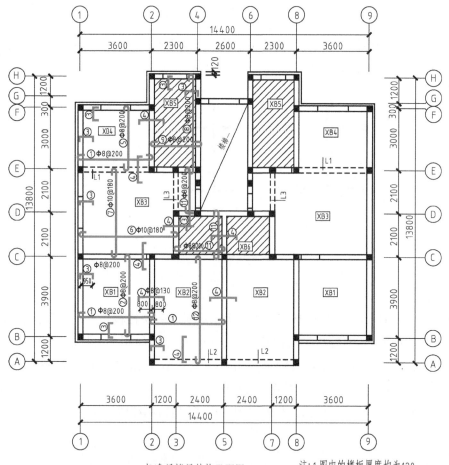

标准层楼层结构平面图 1:100

注:1.图中的楼板厚度均为120。
　　2.图中所示墙体厚均为240,且居中。
　　3.图中未注明的柱子均为构造柱GZ1,尺寸为240×240。
　　4.☑区域结构降板20。

图 11-47　标准层楼层结构平面图

从图名和客厅处注写的结构标高可知此图适用于标高为 2.850m、5.750m 和 8.650m 处的板，图的比例和轴线编号与建筑平面图一致。以下以Ⓑ轴~Ⓒ轴交①轴~②轴之间的混凝土板 XB1 为例进行说明。

依据"XB1"及图下附注可知，本块楼板为编号 1 的现浇板，楼板厚度为 120mm；依据板内绘制的钢筋可知：楼板板底 X 向及 Y 向的贯通筋均为直径为 8mm 的 HPB300 级钢筋，其间距为 200mm，编号分别为 1 和 2；XB1 在①轴一侧及Ⓑ轴一侧的板顶筋为直径 8mm 的 HPB300 级钢筋，其间距为 200mm，钢筋总长 950mm，编号为 3；XB1 在②轴一侧及Ⓒ轴一侧的板顶筋为直径 8mm 的 HPB300 级钢筋，其间距为 130mm，钢筋从支座中线向两侧各伸出 800mm，总长为 1600mm，编号为 4。

其余尚应注意的事项同前述图 11-44 读图相应注意事项。

■ 11.6 结构详图

结构详图包括楼梯结构详图和墙身结构详图两部分，分别表示楼梯以及墙身构造（如屋檐、腰线等）的截面尺寸及配筋。

11.6.1 楼梯结构详图的平面整体表示方法

楼梯结构平法施工图有平面标注、剖面标注和列表标注三种表达方式，设计者可根据工程具体情况任选一种，本节重点介绍平法中应用较为广泛的剖面标注法。

剖面标注法需在楼梯平法施工图中绘制楼梯平面布置图和楼梯剖面图。楼梯平面布置图中标注的内容包括楼梯间的平面尺寸、楼层结构标高、层间结构标高、楼梯的上下方向、梯板的平面几何尺寸、梯板类型及编号、平台板配筋、梯梁及梯柱配筋等。楼梯剖面图标注的内容包括梯板集中标注、梯梁梯柱编号、梯板水平及竖向尺寸、楼层结构标高、层间结构标高等。其中的重点是梯板集中标注，具体的内容有四项，规定如下：

（1）梯板类型及编号　根据梯板的截面形式、支座位置、抗震构造等的不同，将楼梯分为 11 种类型。本节仅介绍四种常见的楼梯类型，其截面形状与支座位置示意如图 11-48 所示。

（2）梯板厚度　梯板厚度注写为 $h=\times\times\times$，是指梯板底部至踏步根部的垂直距离，为整个梯段的最薄处，如图 11-49 所示 h。

（3）梯板配筋　标注梯板上部纵筋和梯板下部纵筋，用分号"；"将上部与下部纵筋的配筋值分隔开来。

（4）梯板分布钢筋　以 F 打头标注分布钢筋具体值，该项也可在图中统一说明。

以下以前述某教师公寓为例，说明楼梯结构详图平面整体表示方法的图示特点，如图 11-50、图 11-51 所示。

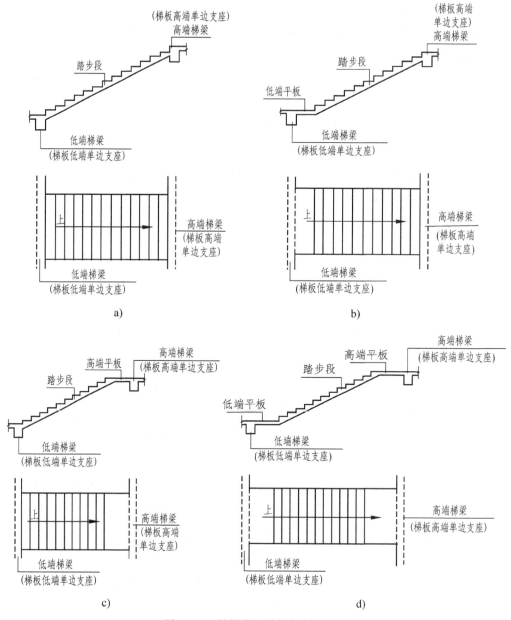

图 11-48　楼梯截面形状与支座位置

a）AT 型　b）BT 型　c）CT 型　d）DT 型

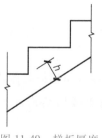

图 11-49　梯板厚度

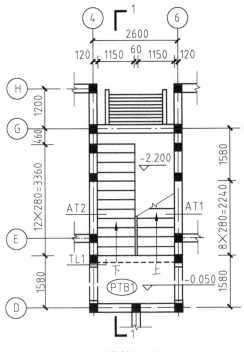

一层楼梯平面图 1:50

注：未注明的柱均为GZ1，其余两图相同。

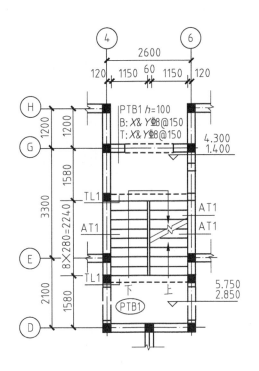

标准层楼梯平面图 1:50

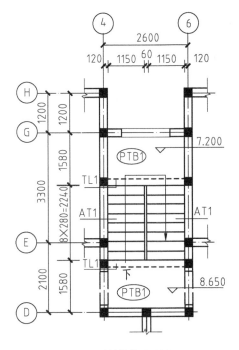

顶层楼梯平面图 1:50

图 11-50 楼梯结构平面图（平法）

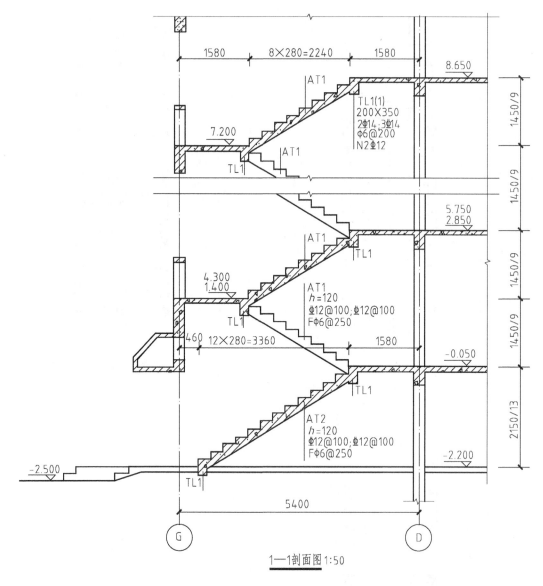

1—1剖面图 1:50

图 11-51　楼梯结构剖面图（平法）

　　楼梯结构平面图表示了楼梯板和楼梯梁的平面布置、代号、尺寸及结构标高。最少绘制三幅，分别是一层楼梯平面图、标准层楼梯平面图和顶层楼梯平面图，常用 1：50 的比例绘制。楼梯结构平面图和楼层结构平面图一样，都是水平剖面图，只是水平剖切位置不同。通常把剖切位置选择在每层楼层平台的楼梯梁顶面，以表示平台、梯段和楼梯梁的结构布置。

　　楼梯结构平面图中对各承重构件，如楼梯梁、楼梯板、平台板等进行了标注，梯段的长度标注采用"踏面宽×（步级数−1）＝梯段长度"的方式。梯段板和楼梯梁的配筋在图 11-51中标注，故在图 11-50 中只注明其代号和编号。从图 11-51 中可知：梯段板共有两种类型

（AT1、AT2），楼梯梁仅有一种类型（TL1）。楼梯结构平面图的轴线编号应与建筑施工图一致，剖切符号一般只在一层楼梯结构平面图中表示。

楼梯结构平面图中的非结构构件（如楼梯扶手、门、窗）均无须绘制。

由于梯段板、平台板、梯梁具体的钢筋搭接锚固构造已在图集 22G101-2 中详述（见图 11-52），因此在平法绘图中可不必绘出，作图比较简洁，施工时可参照图集施工。

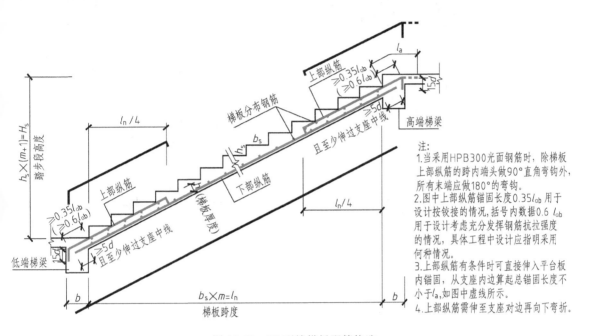

注:
1. 当采用HPB300光面钢筋时，除梯板上部纵筋的跨内端头做90°直角弯钩外，所有末端应做180°的弯钩。
2. 图中上部纵筋锚固长度$0.35l_{ab}$用于设计按铰接的情况，括号内数据$0.6l_{ab}$用于设计考虑充分发挥钢筋抗拉强度的情况，具体工程中设计应指明采用何种情况。
3. 上部纵筋有条件时可直接伸入平台板内锚固，从支座内边算起总锚固长度不小于l_a，如图中虚线所示。
4. 上部纵筋需伸至支座对边再向下弯折。

图 11-52 AT 型楼梯板配筋构造

11.6.2 楼梯结构详图的传统表示方法

楼梯结构详图的传统表示方法包括三部分：楼梯结构平面图、楼梯结构剖面图和配筋图。以下以前述某教师公寓为例，说明楼梯结构详图传统表示方法的图示特点。本节中与楼梯结构详图相对应的楼梯建筑详图详见本书 10.6 节。

1. 楼梯结构平面图

如图 11-53 所示，楼梯结构平面图传统表示方法的图示内容与平法相同，在此不再赘述。与之不同的是，传统表示方法需在楼梯结构平面图中详绘休息平台板的配筋。

梯段板和楼梯梁的配筋构造也另需详图画出，在此只注明其代号和编号。从图 11-53 中可知：梯段板共有两种类型（TB1、TB2），楼梯梁仅有一种类型（TL1）。

2. 楼梯结构剖面图

楼梯结构剖面图表示楼梯承重构件的竖向布置、构造和连接情况，比例与楼梯结构平面图相同。图 11-54 所示的 1—1 剖面图，剖切位置和剖视方向表示在一层楼梯结构平面图中。表示了剖到的梯段板、楼梯平台、楼梯梁和未剖切到的可见的梯段板的形状和连接情况。剖

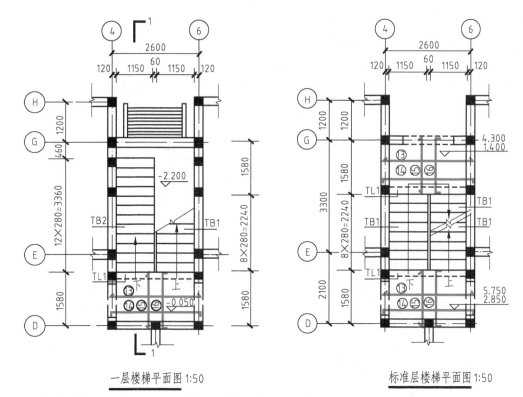

一层楼梯平面图 1:50

标准层楼梯平面图 1:50

注: 未注明的钢筋均为Φ8@150，未注明的柱均为GZ1,其余两图相同。

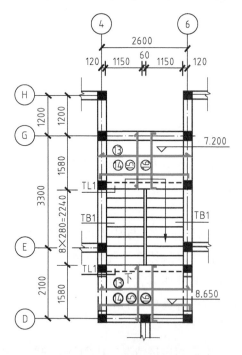

顶层楼梯平面图 1:50

图 11-53　楼梯结构平面图（传统表示方法）

切到的梯段板、楼梯平台、楼梯梁的轮廓线用粗实线画出。未剖到的可见梯段板用中实线
画出。

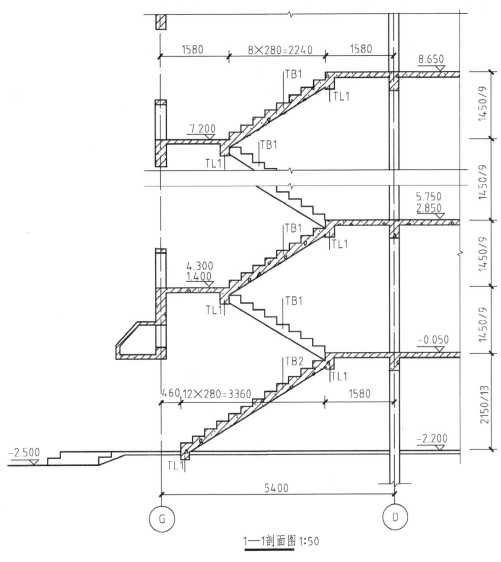

1—1剖面图1:50

图 11-54　楼梯结构剖面图（传统表示方法）

在楼梯结构剖面图中，应标注出梯段的外形尺寸、楼层高度和楼梯平台的结构标高。与
楼梯结构平面图相同，楼梯结构剖面图中的非结构构件无须绘制。

3. 配筋图

绘制楼梯结构剖面图时，由于选用的比例较小（如 1：50），不能详细地表示楼梯板和
楼梯梁的配筋，需另外用较大的比例（如 1：30、1：25、1：20）画出楼梯的配筋图。楼梯
配筋图主要由楼梯板和楼梯梁的配筋断面图组成。如图 11-55 所示，梯段板 TB1 厚 120mm，
板底布置的受力钢筋是直径为 12mm 的 HRB400 级钢筋，其间距为 100mm；支座处板顶的受

力钢筋是直径为 12mm 的 HRB400 级钢筋，间距为 100mm；板中的分布钢筋是直径为 6mm 的 HPB300 级钢筋，间距为 250mm。如在配筋图中不能清楚表示钢筋布置，或是对看图易产生混淆的钢筋，应在附近画出其钢筋详图（比例可以缩小）作为参考。

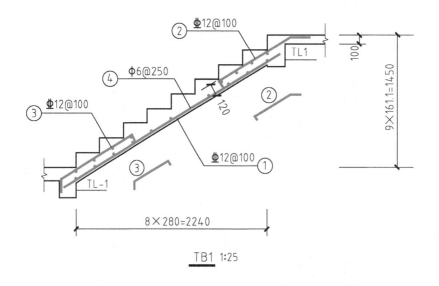

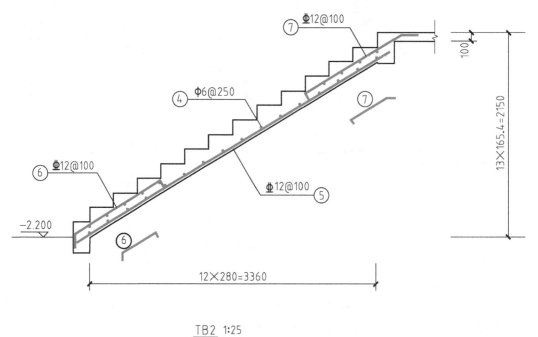

图 11-55　TB1 型和 TB2 型楼梯板配筋图

　　图 11-56 是楼梯梁的配筋图。顶筋为 2 根直径 14mm 的 HRB400 级钢筋；底筋为 3 根直径 14mm 的 HRB400 级钢筋；扭筋为 2 根直径 12mm 的 HRB400 级钢筋；箍筋为直径 6mm 的 HPB300 级钢筋，其间距为 200mm。

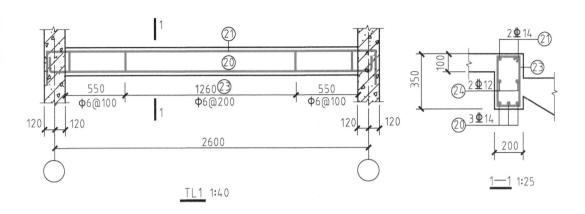

图 11-56　TL1 型楼梯梁配筋图

由于楼梯平台板的配筋已在楼梯结构平面图中画出，楼梯梁也绘有配筋图，故在楼梯板配筋图中楼梯梁和平台板的配筋不必画出，图中只要画出与楼梯板相连的楼梯梁、一段楼梯平台的外形线（细实线）就可以了。

如果采用较大比例（如 1∶30、1∶25）绘制楼梯结构剖面图，可把楼梯板的配筋图与楼梯结构剖面图结合，从而可以减少绘图的数量。

11.6.3　墙身结构详图

结构平面图、立面图、剖面图一般采用比较小的比例，对于建筑物外墙身上某些局部构造或建筑装饰无法详述其结构构造，因此需要用较大的比例（如 1∶20、1∶15 等）将这些结构构造表示出来，并与建筑图中的墙身大样图一一对应，这样的图称为墙身结构详图。

本节将以图 11-57 为例，讲述墙身结构详图的绘制方法，与图对应的建筑墙身大样图详见本书 10.6 节。

如图 11-57 所示，在结构标高为-0.050m 处的悬挑雨篷，板顶受力钢筋为直径 10mm 的HRB400 级钢筋，其间距为 100mm；分布钢筋为直径 6mm 的 HPB300 级钢筋，间距为200mm。其余结构构件，如结构标高为 0.900m 及 12.180m 处的压顶，结构标高为 11.200m处的窗楣，顶部受力钢筋为直径 8mm 的 HRB400 级钢筋，其间距为 200mm；分布钢筋为直径 6mm 的 HPB300 级钢筋，其间距为 200mm。

除此之外，在标注受力钢筋的同时还需示意受力钢筋的形状，方便施工人员读图和施工。

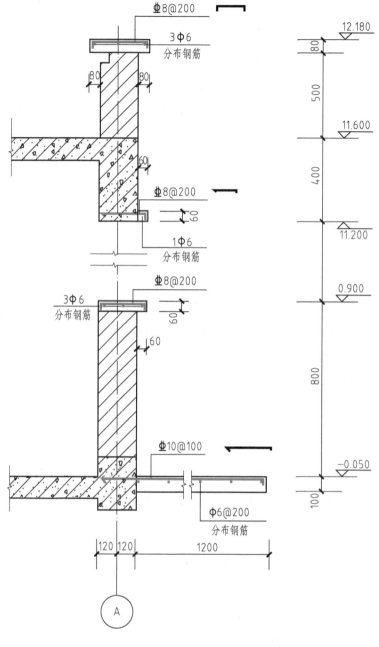

墙身结构详图 1:20

图 11-57　墙身结构详图

■ 11.7　钢结构图

　　钢结构是由各种形状的型钢组合连接而成的结构物。由于钢结构承载力大，所以常用于包括高层和超高层建筑、大跨度单体建筑（如体育场馆、会展中心等）、工业厂房、大跨度桥梁等。钢结构与其他材料建造的结构相比，具有质量轻、强度高、可靠性高、抗震性能好以及有利于工厂化生产和缩短建设工期等优点。

钢结构图包括构件的总体布置图和钢结构节点详图。总体布置图表示整个钢结构构件的布置情况，一般用单线条绘制并标注几何中心线尺寸；钢结构节点详图包括构件的断面尺寸、类型以及节点的连接方式等。

本节主要介绍钢结构图的图示方法及标注规定，并结合工程实例来说明钢结构图的特点和内容。

11.7.1 常用型钢的标注方法

钢结构的钢材由轧钢厂按标准规格（型号）轧制而成，通称为型钢。表11-13列出了一些常用的型钢及其标注方法。此外，根据国标规定，钢结构图中的可见或不可见的轮廓线分别以中粗实线或中粗虚线表示，可见或不可见的螺栓、钢支撑及杆件分别以粗实线或粗虚线表示，柱间支撑、垂直支撑等以粗单点长画线表示。

表 11-13　常用型钢及其标注方法

名称	截面	标注	说明
等边角钢	∟	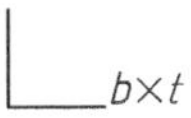 ∟ $b×t$	b 为肢宽，t 为肢厚
不等边角钢	 ∟	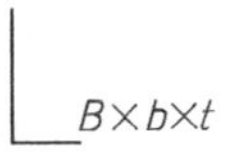 ∟ $B×b×t$	B 为长肢宽，b 为短肢宽，t 为肢厚
工字钢	I	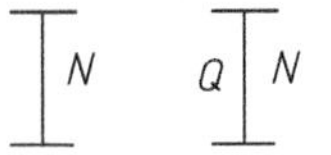 I N　Q I N	N 为工字钢的型号 轻型工字钢加注 Q 字
槽钢	[	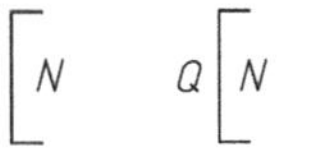 [N　Q [N	N 为槽钢的型号 轻型槽钢加注 Q 字
方钢	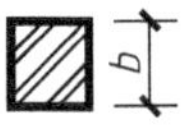 ▨	 □ b	—
扁钢	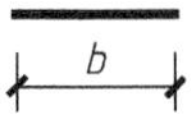 b	— $b×t$	—
钢板	—	$\dfrac{-b×t}{l}$	—
T 型钢	 ⊤	TW×× TM×× TN××	TW 为宽翼缘 T 型钢 TM 为中翼缘 T 型钢 TN 为窄翼缘 T 型钢

（续）

名称	截面	标注	说明
H 型钢	H	HW×× HM×× HN××	HW 为宽翼缘 H 型钢 HM 为中翼缘 H 型钢 HN 为窄翼缘 H 型钢
圆钢	⊘	ϕd	—
钢管	○	DN×× $D×t$	外径 内径×壁厚

11.7.2 型钢的连接方法

在钢结构施工中，常用一些方法将型钢构件连接成整体结构来承受建筑的荷载，连接方式包括焊接、螺栓连接、铆接等。

1. 焊缝

焊接是比较常见的型钢连接方法。在有焊接的钢结构图纸上，必须把焊缝的位置、形式和尺寸标注清楚。焊缝应按现行的国家标准《焊缝符号表示法》（GB/T 324—2008）中的规定标注。焊缝符号主要由图形符号、补充符号和引出线等部分组成，如图 11-58 所示。图形符号表示焊缝断面和基本形式，补充符号表示焊缝某些特征的辅助要求，引出线则表示焊缝的位置。

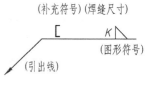

图 11-58　焊缝符号

表 11-14 列出了几种常用的图形符号和补充符号。

表 11-14　几种常用的图形符号和补充符号

焊缝名称	示意图	图形符号	符号名称	示意图	补充符号	标注方法
V 形焊缝		∨	围焊焊缝符号		○	
单边 V 形焊缝		⌶	三面焊缝符号		⊏	
角焊缝		◺	带垫板符号		▭	

（续）

焊缝名称	示意图	图形符号	符号名称	示意图	补充符号	标注方法
I形焊缝		‖	现场焊缝符号			
点焊缝		○	相同焊接符号	—		
			尾部符号	—		

焊缝的标注还应符合以下规定：

1）在同一图形上，当焊缝形式、断面尺寸和辅助要求均相同时，可只选择一处标注焊缝的符号和尺寸，并标注"相同焊缝符号"。相同焊缝符号为3/4圆弧，绘在引出线的转折处见表11-14；当有数种相同的焊缝时，可将焊缝分类编号标注，在同一类焊缝中也可选择一处标注焊缝的符号和尺寸，分类编号采用大写的拉丁字母A、B、C等，标注在尾部符号内，如图11-59所示。

图11-59　同一类焊缝的表示方法

2）标注单面焊缝时，当箭头指向焊缝所在的一面时，应将图形符号和尺寸标注在横线的上方，如图11-60a所示；当箭头指向焊缝所在另一面（相对的那面）时，应将图形符号和尺寸标注在横线的下方，如图11-60b所示；表示环绕工作件周围的焊缝时，可按图11-60c的方法标注。

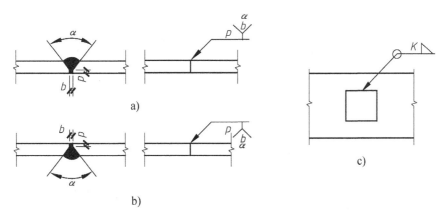

图 11-60　单面焊缝的标注方法

p—钝边；α—坡口角度；b—根部间隙；K—焊角高度

3）标注双面焊缝时，应在横线的上、下都标注符号和尺寸。上方表示箭头一面的符号和尺寸，下方表示另一面的符号和尺寸，如图 11-61a 所示；当两面的焊缝尺寸相同时，只需在横线上方标注焊缝的符号和尺寸，如图 11-62b、c、d 所示。

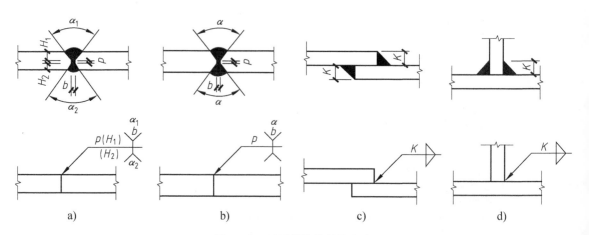

图 11-61　双面焊缝的标注方法

4）三个及三个以上的焊件相互焊接的焊缝，不得作为双面焊缝标注。其焊缝符号和尺寸应分别标注，如图 11-62 所示。

5）相互焊接的两个焊件中，当只有一个焊件带坡口时，引出线箭头必须指向带坡口的焊件，如图 11-63a 所示；当为单面带双边不对称坡口焊缝时，引出线箭头必须指向较大坡口的焊件，如图 11-63b 所示。

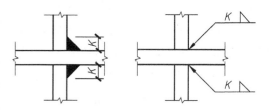

图 11-62　不少于三个的焊件相互焊接的焊缝标注方法

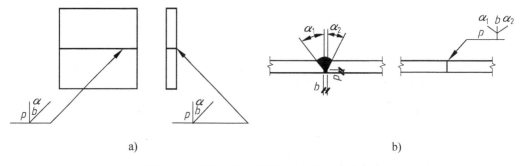

图 11-63　单坡口及不对称坡口焊缝的标注方法

6）当焊缝分布不规则时，在标注焊缝符号的同时，宜在焊缝处加实线（表示可见焊缝），或加细栅线（表示不可见焊缝），如图 11-64 所示。

7）熔透角焊缝的符号为涂黑的圆圈，绘在引出线的转折处，如图 11-65 所示。

8）图样中较长的角焊缝，可不用引出线标注，而直接在角焊缝旁标注焊缝尺寸值 K，如图 11-66 所示。

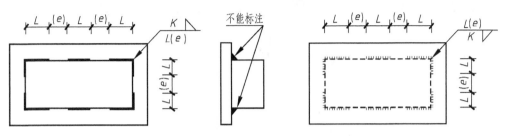

图 11-64 不规则焊缝的标注方法

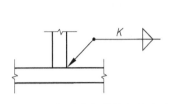

图 11-65 熔透角焊缝的标注方法

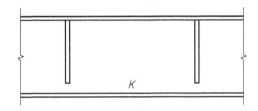

图 11-66 较长角焊缝的标注方法

9) 局部焊缝应按图 11-67 所示的方法标注。

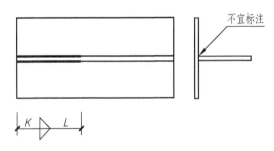

图 11-67 局部焊缝的标注方法

2. 螺栓、孔、电焊铆钉的表示方法 (见表 11-15)

表 11-15 螺栓、孔、电焊铆钉的表示方法

名称	图例	说明
永久螺栓		1. 细 "+" 线表示定位线 2. M 表示螺栓型号 3. ϕ 表示螺栓孔直径 4. d 表示膨胀螺栓、电焊缝铆钉直径 5. 采用引出线标注螺栓时，横线上表示螺栓规格，横线下表示螺栓孔直径
高强螺栓		

（续）

名称	图例	说明
安装螺栓		
膨胀螺栓		1. 细"+"线表示定位线
圆形螺栓孔		2. M 表示螺栓型号 3. ϕ 表示螺栓孔直径 4. d 表示膨胀螺栓、电焊缝铆钉直径 5. 采用引出线标注螺栓时，横线上表示螺栓规格，横线下表示螺栓孔直径
长圆形螺栓孔		
电焊铆钉		

11.7.3 尺寸标注

钢结构构件的加工和连接安装要求较高，因此标注尺寸时应达到准确、清楚、完整。钢结构图的尺寸标注方法如下：

1）两构件的两条很近的重心线，应在交汇处将其各自向外错开，如图 11-68 所示。

2）弯曲构件的尺寸应沿其弧度的曲线标注弧的轴线长度，如图 11-69 所示。

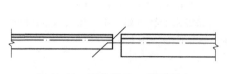

图 11-68　两构件重心线不重合

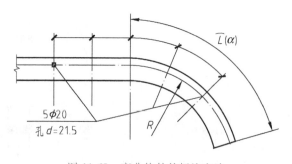

图 11-69　弯曲构件的标注方法

3）切割的板材，应标注各线段的长度及位置，如图 11-70 所示。

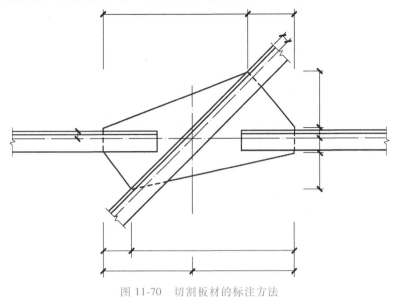

图 11-70　切割板材的标注方法

4）不等边角钢的构件，必须标注角钢一肢的尺寸，如图 11-71a 中的 B。

5）节点尺寸，应注明节点板的尺寸和各构件螺栓孔中心或中心距，以及构件端部至几何中心线交点的距离，如图 11-71a、b 所示。

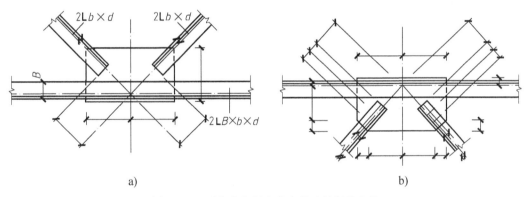

a)　　　　　　　　　　　　　　　b)

图 11-71　不等边角钢和节点尺寸的标注方法

6）双型钢组合截面的构件，应标注缀板的数量及尺寸，如图 11-72 所示。引出横线上方标注缀板的数量及缀板的宽度、厚度，引出横线下方标注缀板的长度尺寸。

7）非焊接的节点板，应标注节点板的尺寸和螺栓孔中心与几何中心线交点的距离，如图 11-73 所示。

11.7.4　钢屋架结构详图

钢屋架结构详图是表示钢屋架的形式、大小、型钢的规格、杆件的组合和连接情况的图样，其主要内容包括屋架简图、屋架详图、杆件详图、连接板详图、预埋件详图以及钢材用料表等。本节主要介绍屋架详图的内容和绘制。

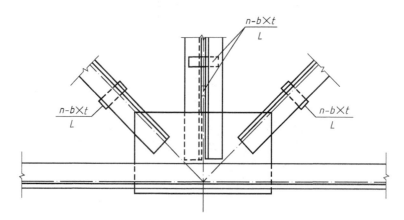

图 11-72　缀板的标注方法

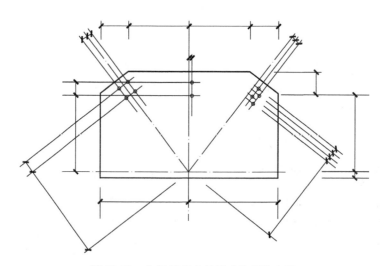

图 11-73　非焊接节点板尺寸的标注方法

　　图 11-74 中画出了用单线表示的钢屋架简图，用以表达屋架的结构形式，各杆件的计算长度，作为放样的依据。该梯形屋架由于左右对称，故可采用对称画法只画出一半多一点，用折断线断开。屋架简图的比例用 1∶100 或 1∶200。习惯上放在图纸的左上角或右上角。图中要注明屋架的跨度（24000mm）、高度（3190mm），以及节点之间杆件的长度尺寸等。

　　屋架详图是用较大的比例画出的屋架立面图，应与屋架简图相一致。本例只是为了说明钢屋架结构详图的内容和绘制，故只选取了左端一小部分。

　　在同一钢屋架详图中，因杆件长度与断面尺寸相差较大，故绘图时经常采用两种比例。屋架轴线长度采用较小的比例，而杆件的断面则采用较大的比例。这样既可节省图纸，又能把细部表示清楚。

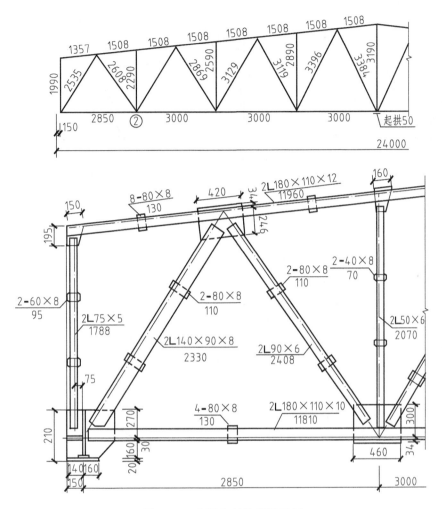

图 11-74　钢屋架结构详图示例

　　图 11-75 是屋架简图中编号为 2 的一个下弦节点的详图。该节点是由两根斜腹杆和一根竖腹杆通过节点板和下弦杆焊接而形成的。两根斜腹杆都分别用两根等边角钢（90mm×6mm）组成；竖腹杆由两根等边角钢（50mm×6mm）组成；下弦杆由两根不等边角钢（180mm×110mm×10mm）组成，由于每根杆件都由两根角钢所组成，所以在两角钢间有连接板。图中画出了斜腹杆和竖腹杆的扁钢连接板，且标注了它们的宽度、厚度和长度尺寸。节点板的形状和大小，根据每个节点杆件的位置和计算焊缝的长度来确定，该图中的节点板为一矩形板，标注了它的尺寸。该图中应注明各型钢的长度尺寸，如 2408mm、2070mm、2550mm、11810mm。除了连接板按该图所标注的块数沿杆件的长度均匀分布外，也应标注各杆件的定位尺寸（如 105mm、190mm、165mm）和节点板的定位尺寸（如 250mm、210mm、34mm、300mm）。该图还对各种杆件、节点板、连接板编绘了零件编号，标注了焊缝符号。

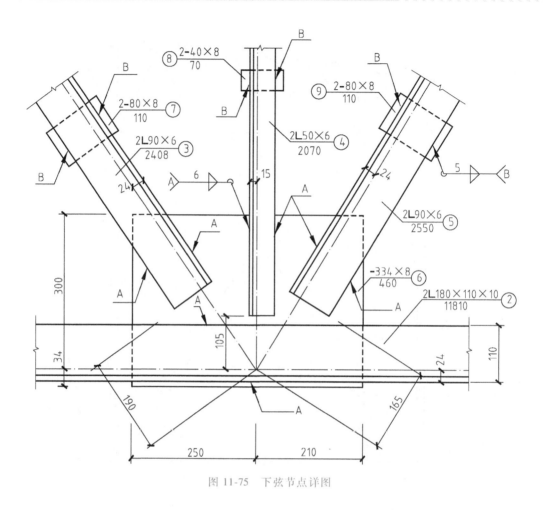

图 11-75 下弦节点详图

第 12 章 设备施工图

本章提要：

本章主要介绍给水排水施工图、采暖施工图的规定画法和读图方法。并以某教师公寓为例较为详尽地介绍了给水排水平面图、系统图和采暖平面图、系统图的读图方法。

一套完整的房屋施工图除建筑施工图、结构施工图外，还应包括设备施工图。设备施工图包括给水排水施工图、采暖与通风施工图、电气施工图，分别简称"水施""暖施""电施"，统称为设备施工图。

■ 12.1 给水排水施工图

12.1.1 给水排水施工图概述与分类

给水排水工程是现代化城市及工矿建设中必要的市政基础工程。给水工程是指水源取水、水质净化、净水输送、配水使用等工程；排水工程是指污水（生活、生产等污水）排放、污水处理、处理后的污水最终排入江河湖泊等工程。

给水排水工程图按其内容的不同，大致可以分为室内给水排水施工图、室外管道及附属设备图、水处理工艺设备图。本节主要介绍室内给水排水施工图。

室内给水排水系统都是由相应的管道及配件组成的。

12.1.2 给水排水施工图的相关制图规定

给水排水施工图除了要遵循《房屋建筑制图统一标准》（GB/T 50001—2017）中的规定外，还应符合《建筑给水排水制图标准》（GB/T 50106—2010）的相关规定。

1. 图线

给水排水施工图中对于图线的运用应符合表 12-1 中的规定。

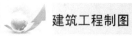

表 12-1 给水排水施工图中的常用图线

名称	线型	线宽	用途
粗实线		b	新设计的各种排水和其他重力流管线
粗虚线		b	新设计的各种排水和其他重力流管线的不可见轮廓线
中粗实线		$0.7b$	新设计的各种给水和其他压力流管线；原有的各种排水和其他重力流管线
中粗虚线		$0.7b$	新设计的各种给水和其他压力流管线及原有的各种排水和其他重力流管线的不可见轮廓线
中实线		$0.5b$	给水排水设备、零（附）件的可见轮廓线；总图中新建的建筑物和构筑物的可见轮廓线；原有的各种给水和其他压力流管线
中虚线		$0.5b$	给水排水设备、零（附）件的不可见轮廓线；总图中新建的建筑物和构筑物的不可见轮廓线；原有的各种给水和其他压力流管线的不可见轮廓线
细实线		$0.25b$	建筑的可见轮廓线；总图中原有的建筑物和构筑物的可见轮廓线；制图中的各种标注线
细虚线		$0.25b$	建筑的不可见轮廓线；总图中原有的建筑物和构筑物的不可见轮廓线
单点长画线		$0.25b$	中心线、定位轴线
折断线		$0.25b$	断开界线
波浪线		$0.25b$	平面图中水面线；局部构造层次范围线；保温范围示意线

2. 比例

建筑给水排水专业制图常用的比例宜符合表 12-2 的规定。

表 12-2 建筑给水排水专业制图常用比例

名称	比例	备注
区域规划图 区域位置图	1：50000、1：25000、1：10000、1：5000、1：2000	宜与总图专业一致
总平面图	1：1000、1：500、1：300	宜与总图专业一致
管道纵断面图	竖向 1：200、1：100、1：50 纵向 1：1000、1：500、1：300	—
水处理厂（站）平面图	1：500、1：200、1：100	—

（续）

名称	比例	备注
水处理构筑物、设备间、卫生间，泵房平、剖面图	1∶100、1∶50、1∶40、1∶30	—
建筑给水排水平面图	1∶200、1∶150、1∶100	宜与建筑专业一致
建筑给水排水轴测图	1∶150、1∶100、1∶50	宜与相应图纸一致
详图	1∶50、1∶30、1∶20、1∶10 1∶5、1∶2、1∶1、2∶1	—

3. 标高

1）室内工程应标注相对标高；室外工程宜标注绝对标高，当无绝对标高资料时，可标注相对标高，但应与总图一致。

2）压力管道应标注管中心标高；重力流管道和沟渠宜标注管（沟）内底标高。给水排水施工图中的标高均以米（m）为单位，可注写到小数点后第二位。

3）需要标注标高的位置：

① 对于沟渠和重力流管道，要在建筑物内应标注起点、变径点、变坡点、穿外墙及剪力墙处，以及需控制标高处的标高。

② 压力流管道中的标高控制点；管道穿外墙、剪力墙和构筑物的壁及底板等处；不同水位线处；建（构）筑物中土建部分的相关标高。

4. 管径

管径应以 mm 为单位进行标注。对于镀锌钢管、铸铁管等宜用公称直径 DN 表示（如 $DN100$）；对于无缝钢管、焊接钢管等管材宜用外径 $D×$壁厚表示（如 $D104×5$）；建筑给水排水塑料管材，管径宜采用公称外径 dn 表示；对于耐酸陶瓷管、钢筋混凝土管、混凝土管、陶土管等管材宜用内径 d 表示（如 $d230$）。

5. 编号

1）当建筑物的给水引入管或排水排出管的数量超过一根时，应进行编号，编号宜按照图 12-1 所示的方法表示。

2）建筑物内穿越楼层的立管，其数量超过一根时，应进行编号，编号宜按照图 12-2 所示的方法表示。

3）总图的排水构筑物编号顺序宜从上游到下游，先干管后支管。

6. 图例

表 12-3 列出了给水排水施工图中常用的图例。

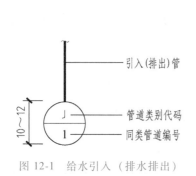

图 12-1　给水引入（排水排出）
管编号表示法

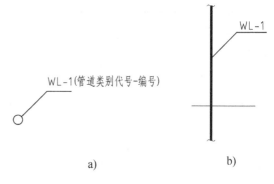

a)　　　　　　　　　b)

图 12-2　立管编号表示法

a）平面图　b）剖面图、系统图、轴测图

表 12-3　给水排水施工图中常用的图例

名称	图例	备注	名称	图例	备注
生活给水管	——J——	—	存水弯		左图为 S 形 右图为 P 形
污水管	——W——	—	闸阀		—
通气管	——T——	—	截止阀		—
保温管		可用文字说明保温范围	角阀		—
蒸汽管	——Z——	—	止回阀		—
多孔管		—	水嘴	平面　　系统	—
管道立管	XL-1　XL-1 平面　　系统	X：管道类别 L：立管 1：编号	立式洗脸盆		—
立管检查口		—	浴盆		—
清扫口	平面　　系统	—	自动冲洗水箱		左侧为平面 右侧为系统
通气帽	成品　蘑菇形	—	污水池		—

（续）

名称	图例	备注	名称	图例	备注
圆形地漏	平面　系统	通用。如为无水封，地漏加存水弯	坐式大便器		—
方形地漏	平面　系统	—	蹲式大便器		—
水表井		—	淋浴喷头		—
法兰连接		—	阀门井、检查井	J-XX　J-XX W-XX　W-XX Y-XX　Y-XX	以代号区别管道
矩形化粪池	HC	HC 为化粪池	洗涤池		—

■ 12.2　室内给水工程图

室内给水工程图包括室内给水平面图、室内给水系统图、管道安装详图、施工说明。

12.2.1　室内给水平面图

1. 室内给水系统的组成

民用建筑室内给水系统一般由以下主要部分组成（见图 12-3）：

1）引入管。自室外管网引入房屋内部的一段水平管道。

2）水表节点。安装在引入管上的水表及前后阀门等装置的总称。在引入管上安装的水表、阀门、防水口等装置都应设置在水表井中。

3）室内配水管网。包括水平干管、立管、支管。

4）配水器具及附件。包括各种配水龙头、闸阀等。

5）升压及贮水设备。当用水量大或水压不足时，需要设置水泵和水箱等设备。

布置室内给水管网时应尽量考虑：管系的选择应使管道最短并与墙、梁、柱平行敷设，同时便于检查；给水立管应靠近用水房间和用水点。

2. 室内给水平面图的图示特点和表达方法

室内给水平面图主要反映卫生设备、管道及其附件的平面布置情况。它是在简化的建筑平面图基础上绘制出室内给水管网及卫生设备的平面布置。通常，室内给水平面图采用与建筑平面图相同的比例绘制，一般为 1：100 或 1：50，当所选比例表达不清楚时，可以采用 1：25 的比例绘制。

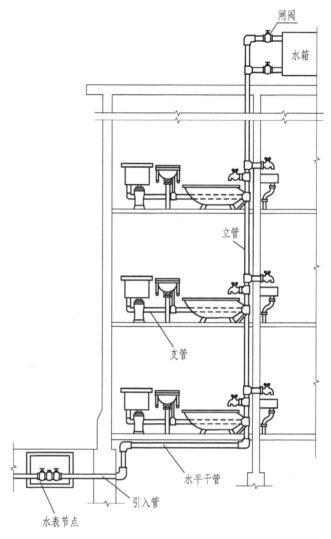

图 12-3　民用建筑室内给水系统的组成

　　室内给水平面图的数量根据各层管网的布置情况而定。对于多层房屋，底层的给水平面图应单独绘制；楼层平面的管道布置若相同，可绘制一个标准层给水平面图；当屋顶设有水箱及管道布置时，应单独绘制顶层给水平面图。

　　在给水平面图中，墙身、柱、门和窗、楼梯、台阶等主要建筑构件的轮廓线用细实线绘制，由于房屋的建筑平面图只是作为管道系统水平布局和定位的基准，所以房屋的细部及门窗代号均可省略。洗涤池、洗脸盆、浴盆、坐便器等卫生设备和器具以图例的形式用中实线绘制，给水管道用中粗实线绘制。

　　为了读图方便，一般在底层给水平面图中各种管道应按系统进行编号。

3. 阅读室内给水平面图

对于一般的中小型民用建筑,室内给水排水管网布置不太复杂,通常将室内给水、排水平面图绘制在同一张图纸上。对于复杂的高层建筑或大型建筑,可以将室内给水、排水平面图分开绘制。

以前述的某教师公寓为例,因为其属于小型建筑,可以将室内给水、排水平面图合并绘制,但为了表述清楚,采取了分别绘制的方法。图 12-4、图 12-5 分别为某教师公寓负一层给水平面图、一至四层给水平面图,图中用中粗实线表示给水管道。

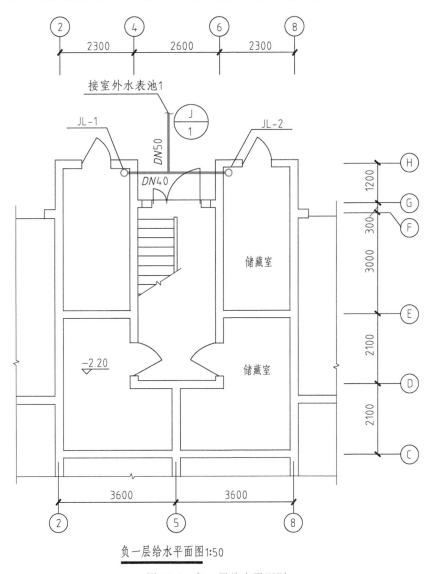

负一层给水平面图1:50

图 12-4 负一层给水平面图

从负一层给水平面图(见图 12-4)可以看出该单元设有一个给水系统,即给水系统 $\frac{J}{1}$。它是从建筑物北面室外的 1 号水表井通过给水引入管进入房屋内部。引入管的直径为

50mm。因为该单元一层两户，引入管又分成两个水平干管分别将水送入给水立管 JL-1 和立管 JL-2，干管的直径为 40mm。由于负一层没有用水设备，所以立管 JL-1 和立管 JL-2 在该层没有设置支管，而是沿竖向直接到达一层用户的厨房。

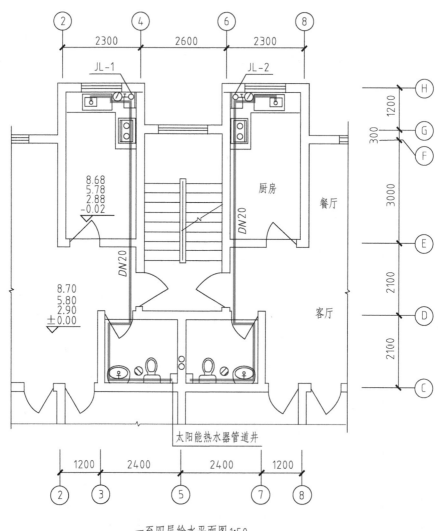

一至四层给水平面图 1:50

注: 卫生间地面标高同厨房地面。

图 12-5　一至四层给水平面图

在一至四层给水平面图（见图 12-5）中，立管 JL-1 每层接出一个分支，支管管径为 20mm，并在支管上安装了截止阀、水表，然后一个在厨房洗菜盆位置接出一个水龙头，供厨房洗涤池用水。支管行至④轴线墙体由北向南进入卫生间，进入卫生间后，再由东向西折向南沿墙敷设，将水送给洗手盆、坐便器和淋浴器。立管 JL-2 的布置与立管 JL-1 完全对称。立管 JL-1 和立管 JL-2 沿竖向从负一层一直延伸到四层，向每层用户供水。一至四层的给水管网的平面布局完全一致。

11.2.2 室内给水系统图

给水系统图用来表达各管道的空间布置和连接情况，同时反映了各管段的管径、坡度、标高及附件在管道上的位置。因为给水管道在空间往往有转折、延伸、重叠及交叉的情况，所以为了清楚地表现管道的空间布局、走向及连接情况，系统图根据轴测投影原理，绘制出管道系统的正面斜等轴测图。

1. 室内给水系统图的图示特点和表达方法

室内给水平面图是绘制室内给水系统图的基础图样。通常，系统图采用与平面图相同的比例绘制，一般为1∶100或1∶50，当局部管道按比例不易表示清楚时，可以不按比例绘制。

系统图习惯上采用45°正面斜等轴测投影绘制。通常把高度方向作为OZ轴，OX和OY轴则以能使图上管道简单明了，避免管道过多地交错为原则。三个方向的轴向伸缩系数相等，均取1。当系统图与平面图采用相同的比例绘制时，OX、OY轴方向的尺寸可以直接在相应的平面图上量取，OZ轴方向的尺寸按照配水器具的习惯安装高度量取。

室内给水主要表现给水系统的空间枝状结构，即系统图通常按独立的给水系统来绘制，每一个系统图的编号应与给水平面图中的编号一致。

给水系统图中的管道依然用粗实线表示，管道的配件或附件（如阀门、水表、龙头等）图例用中粗实线表示。卫生器具（如洗涤池、坐便器、浴盆等）不再绘制，只是画出相应卫生器具下面的存水弯或连接的横支管。

为了使系统图绘制简捷、阅读清晰，对于用水器具和管道布置完全相同的楼层，可以只画一层的所有管道，其他楼层省略，在省略处用 S 形折断符号表示，并标注"同底层"的字样。当管道的轴测投影相交时，位于上方或前方的管道连续绘制，位于下方或后方的管道则在交叉处断开，如图 12-6 所示。

在给水系统图中，应对所有管段的直径、坡度和标高进行标注。管段的直径可以直接标注在管段的旁边或用引出线引出。给水管为压力管，不需要设置坡度；系统图中的标高数字以 m 为单位。给水系统一般

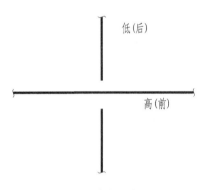

图 12-6　管道交叉表示方法

要求标注楼（地）面、屋面、引入管、支管水平段、阀门、龙头、水箱等部位的标高，给水管道的标高以管中心标高为准。图中的"＝"表示楼面，"⁄⁄⁄⁄⁄"表示地面。

2. 阅读室内给水系统图

阅读系统图时，应与平面图中相同编号系统的平面布置图对照阅读。图 12-7 为前述的某教师公寓给水系统⌖的系统图。

从图 12-4 所示的负一层给水平面图可以看出，给水系统 JL-1 和 JL-2 的两根立管是对称布置的，所以图 12-7 中只绘制了给水系统⌖中给水立管 JL-1 的系统图。

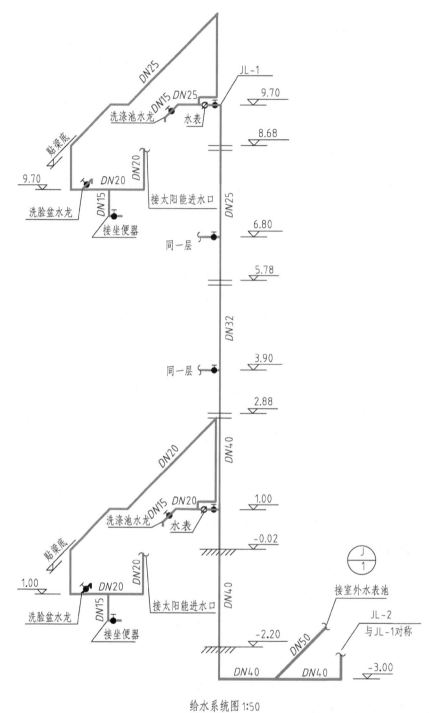

给水系统图 1:50

图 12-7 给水系统图

如图 12-7 所示，给水系统 $\oplus$ 是将生活用水通过直径为 50mm 的引入管从室外水表井引入到室内，然后由直径为 40mm 的给水干管分配给位于两个用户厨房一角的立管，其中引入管的埋设高度为-3.00m。立管 JL-1 穿过负一层和一层地面后在 1m 高处设置给水支管，经截止阀和水表后，一支将水先送至厨房洗涤池的配水龙头，另一支上行至二楼楼板以下，贴着梁底的高度折向南进入卫生间，分别将水送至洗脸盆和坐便器，并在支管末端上接太阳能进水口。给水支管的管径为 20mm。

立管 JL-1 继续穿过二层、三层、四层楼面向每层用户供水，给水支管的布局同一层相同。

■ 12.3 室内排水工程图

12.3.1 室内排水平面图

1. 室内排水系统的组成

民用建筑室内排水系统的主要任务是排出生活污水和废水。一般室内排水系统由以下主要部分组成（见图 12-8）：

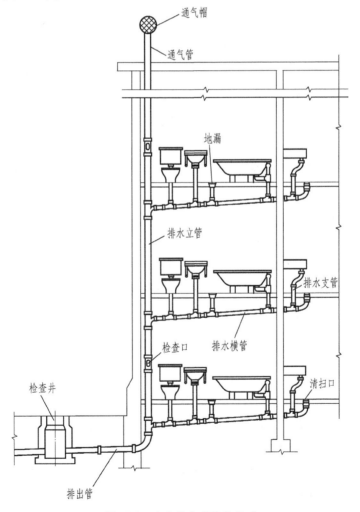

图 12-8 室内排水系统的组成

1）排水横管。连接卫生器具的水平管段。排水横管应沿水流方向设 1%～2% 的坡度。当卫生器具较多时，应在排水横管的末端设置清扫口。

2）排水立管。连接各楼层排水横管的竖直管道，它汇集各横管的污水，将其排至建筑物底层的排出管。立管在首层和顶层应设有检查口，多层建筑则每隔一层设一个检查口，通常检查口的高度距离室内地面 1.00m。

3）排出管。将排水立管中的污水排至室外检查井的水平横管。其管径应大于连接的立管，且设有 1%～2% 坡向检查井的坡度。

4）通气管。顶层检查口以上的一段立管称为通气管，用来排出臭气、平衡气压。通气管应高出屋面 300～700mm，且在管顶设置网罩以防杂物落入。

布置室内排水管网时应尽量考虑：立管的布置要便于安装和检修；立管应尽量靠近污物、杂质最多的卫生设备，横管设有斜向立管的坡度；排出管应以最短的途径与室外管道连接，并在连接处设检查井。

2. 阅读室内排水平面图

室内排水平面图的比例通常与给水平面图相同，其图示特点：墙身、柱、门和窗、楼梯、台阶等主要建筑构件的轮廓线用细实线绘制，洗涤池、洗脸盆、浴盆、坐便器等卫生设备和器具以图例的形式用中实线绘制，新设计的排水管道不可见轮廓画粗虚线。

为了方便读图，在底层排水平面图中各种管道应按系统予以编号。一般排水管是以每一根承接室外检查井的排出管为一系统。系统编号用一个直径为 10mm 的细实线圆来表示，写为分子分母的形式，分子是相应的字母代号表示管道的类别，"W"表示污水；分母用阿拉伯数字表示系统的编号。

图 12-9、图 12-10 中的粗虚线表示排水管道。排水系统的排水过程：水经过用水设备后由排水横管进入排水立管，再由排水立管汇集到排出管，最后由排出管排入室外的检查井。在阅读室内排水平面图时，应从顶层排水平面图开始看起。

从负一层排水平面图（见图 12-9）可以看出本单元共有三个排水系统，分别为排水系统 $\frac{W}{1}$、$\frac{W}{2}$、$\frac{W}{3}$；共有四个排水立管，分别为排水立管 WL-1～WL-4。"W"为污水系统代号。

在负一层排水平面图中，排水立管 WL-2 和 WL-4 中的污水由一根排出管排入室外 2 号检查井，排出管的直径为 150mm。排水立管 WL-1 和 WL-3 中的污水分别经各自的排出管汇集到室外 1 号和 3 号检查井。排出管均设有朝向检查井方向的坡度。

从一至四层排水平面图（见图 12-10）可以看出，单元内两侧用户各楼层卫生间的洗脸盆、地漏和坐便器的生活污水分别排入排水立管 WL-2 和 WL-4。厨房洗涤池的生活污水分别排入排水立管 WL-1 和 WL-3。

对于管道布置比较简单的建筑物，给水和排水也可以画在同一张图上。

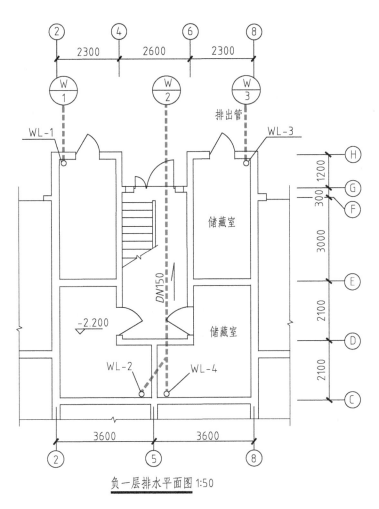

图 12-9 负一层排水平面图

12.3.2 室内排水系统图

1. 室内排水系统图的图示特点和表达方法

室内排水系统图的比例同室内排水平面图，其表达方法同室内给水系统图，即同样采用正面斜等轴测图，排水管是以每一根承接室外检查井的排出管为一系统。

室内排水系统图的图示特点为：排水管（包括排出管、排水立管和排水横管）用粗实线绘制，通气管用粗虚线绘制，图中的"="表示楼面，"////"表示地面。

由于排水管为重力管，应在排水横管旁边标注坡度，如"$i=2\%$"，箭头表示坡向，当排水横管采用标准坡度时，可省略坡度标注，在施工说明中写明即可。

排水系统一般要求标注楼（地）面、屋面、主要的排水横管、立管上的检查口、通气帽及排出管的起点等部位的标高，管道的标高以管内底标高为准。

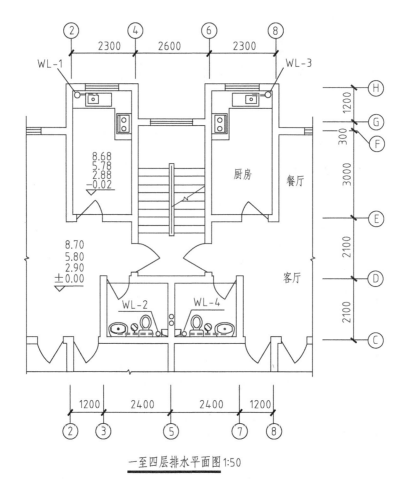

一至四层排水平面图1:50

注：卫生间地面标高同厨房地面。

图 12-10　一至四层排水平面图

2. 阅读室内排水系统图

从图 12-9 所示的负一层排水平面图可以看出，单元的排水系统 $\frac{W}{1}$ 和 $\frac{W}{3}$ 是对称设置的，所以可以只绘制排水系统 $\frac{W}{1}$ 和 $\frac{W}{2}$ 的系统图。

从图 12-11 所示某教师公寓的排水系统图可以看出，整个排水系统由底层的排出管、排水立管 WL-1 及与其相连的各层排水横管组成。排水系统 $\frac{W}{1}$ 用来收集西侧用户厨房的生活污水，一至四层排水横管的布局相同，即在管径为 50mm 的横管上各连接一个厨房洗涤池下的 S 形存水弯（管径为 50mm）。排水立管 WL-1 管径为 75mm，在立管 WL-1 上设有距楼面高度为 1m 的检查口，分别设置在负一层、一层、三层和四层，按要求检查口应隔层设置。在四层检查口以上的立管称为通气管（即粗虚线部分），通气管高出屋面 500mm，并在顶端设有通气帽，防止杂物落入。立管下端的排出管管径为 100mm，起点的标高为 −3.30m，并按标准坡度坡向室外 1 号检查井。

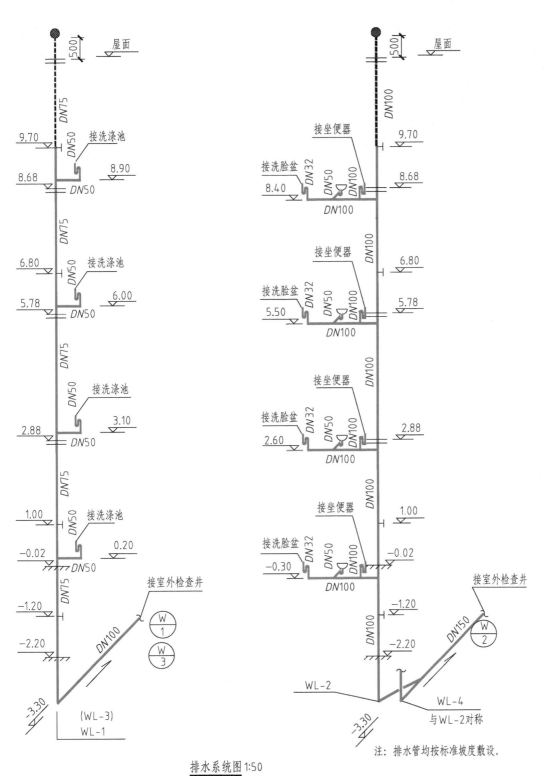

排水系统图 1:50

图 12-11　排水系统图

排水系统 $\frac{W}{2}$ 用来收集单元内两侧用户卫生间的生活污水。整个排水系统由底层的排出管、排水立管 WL-2 和 WL-4 及与其相连的各层排水横管组成。立管 WL-4 与立管 WL-2 的布局对称，省略不画。一至四层卫生间内排水横管的布局相同，即在管径为 100mm 的横管上依次连接洗脸盆下的 S 形存水弯（管径为 32mm）、地漏的 P 形存水弯（管径为 50mm）、坐便器下的 S 形存水弯（管径为 100mm）。排水立管 WL-2 的管径为 100mm，在立管 WL-2 上设有距楼面高度为 1m 的检查口，分别设置在负一层、一层、三层和四层。通气管高出屋面500mm，并设有通气帽。立管下端的排出管的管径为 150mm，起点的标高为 −3.30m，排出管汇集立管 WL-2 和 WL-4 中的污水并按标准坡度排向室外 2 号检查井。

■ 12.4 采暖施工图

采暖与空调系统是为了改善建筑物内人们的生活和工作条件及满足某些生产工艺、科学试验的环境要求而设置的。暖通设备施工图实际上包括三个方面的内容：采暖、通风和空气调节。在冬季将热能从热源输送到室内称为采暖。通风是把室内浊气直接或经处理后排至室外，把新鲜空气输入室内，前者称为排风，后者称为送风。空调即空气调节，是更高一级的通风。这三种系统的组成和工作原理各不相同，但是对于施工图的识图来说，它们是类似的。本节主要介绍采暖系统组成及图样表达方法。

12.4.1 采暖系统的组成与分类

采暖系统主要由热源、输热管网和散热设备三部分组成。热源是指能产生热能的部分（如锅炉房、热电站等）。输热管网通过输送某种热媒（如水、蒸汽等媒介物）将热能从热源输送到散热设备。散热设备以对流或辐射方式将输热管道输送来的热量传递到室内空气中，一般布置在各个房间的窗台下或沿内墙布置，以明装为主。

根据热源与散热设备的位置关系，采暖系统可以分为局部采暖系统和集中采暖系统两种形式。局部采暖系统是指热源和散热设备在同一个房间内，为使室内局部区域或局部工作地点保持一定温度要求而设置的采暖系统（如火炉采暖、煤气采暖、电热采暖等）。集中采暖系统是指热源和散热设备分别设置，热源通过管道向各个房间或各个建筑物供给热量的采暖方式。

在集中采暖系统中，根据热源被输送到散热设备使用的介质（或热媒）的不同又分为热水采暖系统、蒸汽采暖系统和热风采暖系统。其中最常采用的是热水采暖系统。

热水采暖系统采用的热媒是水。在热水采暖循环系统中主要依靠供给热水和回流冷水的容重差所形成的压力使水进行循环的称为自然循环热水采暖系统；而必须依靠水泵使水进行循环的称为机械循环热水采暖系统。

12.4.2 采暖系统的工作原理

图 12-12 是机械循环热水采暖系统工作原理示意图，该图中锅炉是加热中心，从锅炉到散热器间的连接管道称为供热管，该图中粗实线部分，由散热器连向锅炉间的管道称为回水

管，该图中粗虚线部分。循环水泵装设在锅炉入口前的回水干管上。膨胀水箱是容纳水受热膨胀所增加的容积，与回水管相通，连接在水泵吸入口处，可保证系统安全可靠地工作。供热水平干管通常应有 0.3% 的沿水流方向上升的坡度，在末端最高点设集气罐，以便集中排出空气。水在锅炉中被加热，以水泵作为循环动力使热水沿供热管道上升，进入散热器，散热后冷却的水经回水管流回锅炉继续加热，从而，水不断地被加热，又不断地到散热器放热冷却，连续不断地在系统内循环流动。机械循环的优点是管径较小，覆盖范围大，锅炉房位置不受限制，适用于较大的采暖系统。

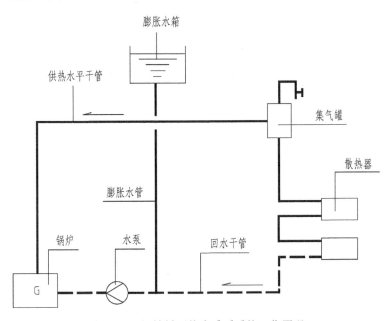

图 12-12 机械循环热水采暖系统工作原理

12.4.3 暖通空调施工图的有关制图规定

暖通空调施工图除了要遵循《房屋建筑制图统一标准》（GB/T 50001—2017）中的规定外，还应符合《暖通空调制图标准》（GB/T 50114—2010）的相关规定。

1. 图线

暖通空调专业制图采用的线型及其含义，宜符合表 12-4 中的规定。当图样中仅使用两种线宽时，线宽组宜为 b 和 $0.25b$，三种线宽的线宽组宜为 b、$0.5b$ 和 $0.25b$。

表 12-4 暖通空调专业制图常用线型

名称		线型	线宽	一般用途
实线	粗		b	单线表示的供水管线
	中粗		$0.7b$	本专业设备轮廓、双线表示的管道轮廓
实线	中		$0.5b$	尺寸、标高、角度等标注线及引出线；建筑物轮廓
	细		$0.25b$	建筑布置的家具、绿化等；非本专业设备轮廓

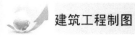
（续）

名称		线型	线宽	一般用途
虚线	粗	— — — — — —	b	回水管线及单根表示的管道被遮挡的部分
	中粗	— — — — — —	$0.7b$	本专业设备及双线表示的管道被遮挡的轮廓
	中	— — — — — —	$0.5b$	地下管沟、改造前风管的轮廓线；示意性连线
	细	- - - - - - - -	$0.25b$	非本专业虚线表示的设备轮廓等
波浪线	中	～～～～～	$0.5b$	单线表示的软管
	细	～～～～～～	$0.25b$	断开界线
单点长画线		— · — · — ·	$0.25b$	轴线、中心线
双点长画线		— ·· — ·· —	$0.25b$	假想或工艺设备轮廓线
折断线		—⌵—	$0.25b$	断开界线

2. 比例

暖通空调专业制图常用的比例宜符合表 12-5 的规定。

表 12-5　暖通空调专业制图常用的比例

图名	常用比例	可用比例
剖面图	1：50、1：100	1：150、1：200
局部放大图、管沟断面图	1：20、1：50、1：100	1：25、1：30、1：150、1：200
索引图、详图	1：1、1：2、1：5、1：10、1：20	1：3、1：4、1：15

3. 图例

采暖施工图中常用的图例见表 12-6。

表 12-6　采暖施工图中常用的图例

名称	图例	附注
阀门（通用） 截止阀	▷◁ —●—	1. 没有说明时，表示螺纹连接 法兰连接时　▷╫◁ 焊接时　▷×◁
闸阀	▷╫◁	
球阀	▷●◁	2. 轴测画法 阀杆垂直
三通阀	▷▽◁	阀杆水平
止回阀	▷⏋ ▷◀	

（续）

名称	图例	附注
集气罐、排气装置		左图为平面图，右图为系统图
矩形补偿器		
固定支架		
坡度及坡向	$i=0.003$ 或 $i=0.003$	坡度数值不宜与管道起止点标高同时标注。标注位置同管径标注位置
散热器及手动放气阀	15 15 15	左图为平面图画法，中图为剖面图画法，右图为系统图、Y轴测方向画法
散热器及温控阀	15 15	
水泵		

4. 系统编号

一个工程设计中同时有供暖、通风、空调等两个以上系统时，应进行系统编号。暖通空调的系统编号由系统代号和顺序号两部分组成。系统代号用大写拉丁字母表示，见表 12-7。顺序号用阿拉伯数字表示，如图 12-13a 所示，当一个系统出现分支时，可采用图 12-13b 的画法。

表 12-7 系统代号

序号	字母代号	系统名称	序号	字母代号	系统名称
1	N	（室内）供暖系统	9	H	回风系统
2	L	制冷系统	10	P	排风系统
3	R	热力系统	11	XP	新风换气系统
4	K	空调系统	12	JY	加压送风系统
5	J	净化系统	13	PY	排烟系统
6	C	除尘系统	14	P（PY）	排风兼排烟系统
7	S	送风系统	15	RS	人防送风系统
8	X	新风系统	16	RP	人防排风系统

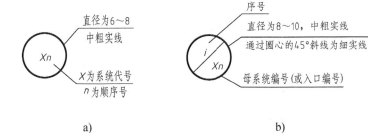

a)　　　　　　　　　　　b)

图 12-13　系统代号、编号的画法

12.4.4 采暖平面图

采暖施工图一般由设计说明、采暖平面图、系统图、详图、设备及主要材料表等组成。

室内采暖平面图主要表示管道、附件及散热器的布置情况，是采暖施工图的重要图样。采暖平面图一般采用1∶100、1∶50的比例绘制。为了突出管道系统，用粗实线绘制采暖干管；用粗虚线绘制回水干管；可用中实线以图例形式画出散热器、阀门等附件的安装位置；用细实线绘制建筑平面图中的墙身、门窗洞、楼梯等主要构件的轮廓以及建筑家具的布置、绿化、尺寸标注等。在底层平面图中应画出供热引入管、回水管，并注明管径、立管编号、散热器片数等。

图12-14、图12-15、图12-16、图12-17分别为某教师公寓负一层采暖平面图、一层采暖平面图、二层和三层采暖平面图和四层采暖平面图。由图12-14可以看出整个热水采暖的

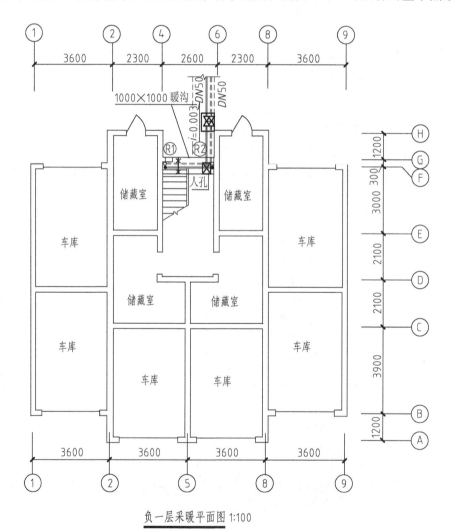

负一层采暖平面图 1:100

图12-14　负一层采暖平面图

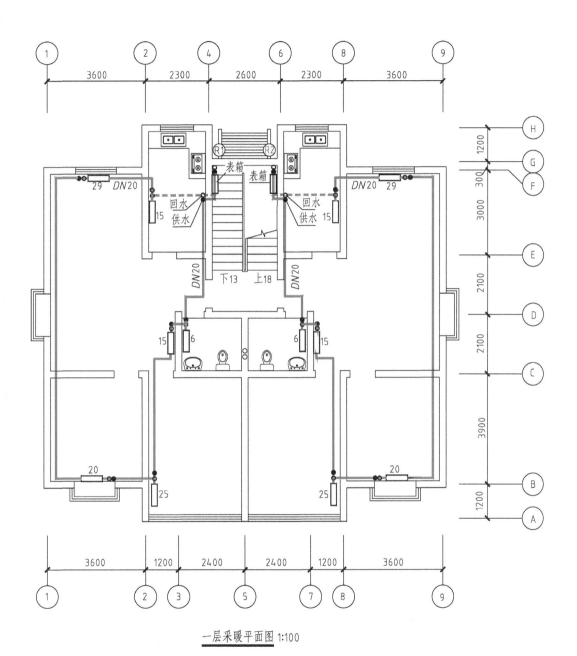

一层采暖平面图 1:100

图 12-15　一层采暖平面图

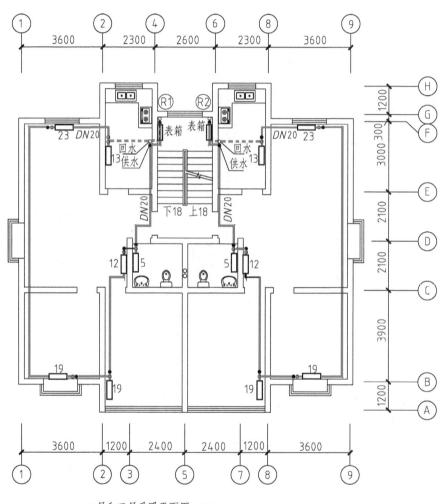

二层和三层采暖平面图 1:100

图 12-16　二层和三层采暖平面图

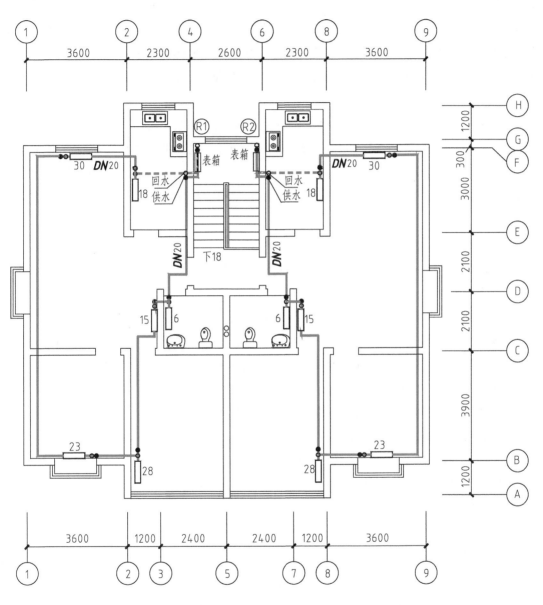

四层采暖平面图 1:100

图 12-17 四层采暖平面图

供水干管由北侧楼梯间墙体底部进入建筑物内部，然后接到两根立管分别向两个用户供热，两个用户采暖系统入口的系统编号分别为 R1 和 R2。由于储藏室没有采暖的要求，立管直接穿过一层楼面向上面每层用户供热。每根立管都有水平横管连接每层用户的所有散热器，热水经过所有的散热器后，回流至回水立管，最后经回水干管流回热源。

从图 12-15 可以看出每个用户共设置六组散热器，除卫生间、客厅和厨房的三组散热器沿横墙布置，其余均设置在窗下。每组散热器的旁边标注散热器的片数，如卫生间为 6 片，厨房为 15 片。连接散热器的供水管道的管径均为 20mm。该住宅东西两户的采暖管道的布置与散热器的位置完全对称。

图 12-16 为二层和三层采暖平面图，其管道及散热器布置与一层采暖平面图类似，所不同的是，一层楼底下是负一层，负一层没有暖气，因此一层的散热器片数相对多设置一些。而二、三层楼上楼下均有暖气，散热器片数就会少设置一些。学生可以自行对照四层采暖平面图与一层采暖平面图、二层和三层采暖平面图的差别，并分析原因。

12.4.5　采暖系统图

采暖系统图表示从采暖入口到出口的采暖管道、散热器、主要附件的空间位置和相互关系。采暖系统图一般采用 45°的正面斜等轴测图绘制。通常将 OZ 轴竖放表达管道高度方向尺寸；OX 轴与房屋横向一致，OY 轴与房屋纵向一致。

采暖系统图通常采用与采暖平面图相同的比例绘制，特殊情况下可以放大比例或不按比例绘制。当局部管道被遮挡、管线重叠，可采用断开画法。

系统图中供热管用粗实线绘制；回水管用粗虚线绘制；散热设备、管道阀门等以图例形式用中实线绘制，并应在管道或设备附近标注管道直径、标高、坡度、散热器片数及立管编号；标注各楼层地面标高及有关附件的高度尺寸等。

图 12-18 为某教师公寓采暖系统图。由于该单元的两个用户的采暖系统管道布局和散热器的位置均是对称的，所以系统图中只绘制了编号 R1 采暖系统的系统图。

从系统图中可以看出，室外引入管由北向南进入室内，管径为 50mm，标高为 −3.20m，坡度为 0.003。引入管分接两个立管形成两个用户的采暖入口，两个立管管径均为 40mm。立管到达一层楼梯休息平台时，在标高为 1.45m 处连接管径为 20mm 的供水横管，横管上安装一个表箱。再由横管进入每个用户，依次连接卫生间、客厅、主卧室、次卧室、餐厅、厨房的散热器，热水经过厨房的散热器后经与之相连的回水横管流入回水立管，回水横管的管径为 20mm。每层供水横管均沿楼层地面敷设，每组散热器上均设一个手动跑风门。供水立管与回水立管平行设置，且在供回水立管的最高点安装自动排气阀。供回水立管从底层到顶层管径逐渐减小。全部采暖管道在穿过墙体或楼板时均设有套管。

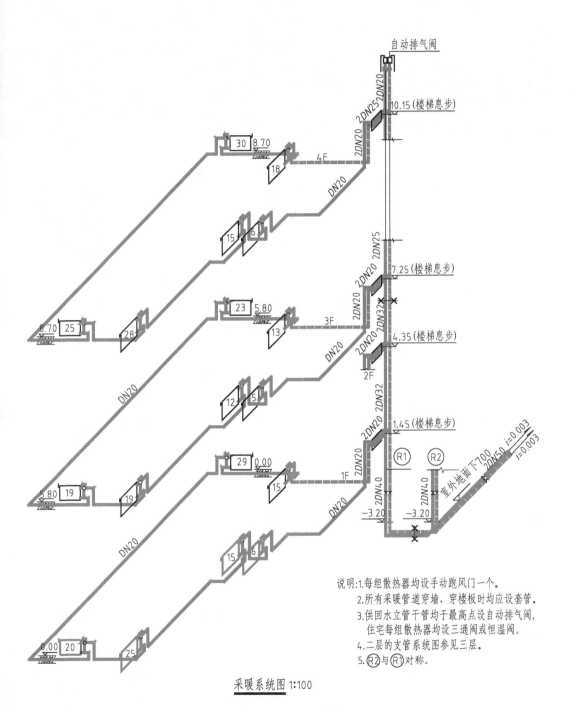

说明:1.每组散热器均设手动跑风门一个。
　　2.所有采暖管道穿墙、穿楼板时均应设套管。
　　3.供回水立管干管均于最高点设自动排气阀,
　　　住宅每组散热器均设三通阀或恒温阀。
　　4.二层的支管系统图参见三层。
　　5.R2与R1对称。

采暖系统图 1:100

图 12-18　采暖系统图

第 13 章　路桥工程图

本章提要：
本章主要介绍道路和桥梁工程图的规定画法和读图方法。

道路是一种主要承受移动荷载（如车辆、行人）反复作用的带状工程 青藏铁路精神
结构物，其基本组成部分包括路基、路面，以及桥梁、涵洞、隧道、防护工程、排水设施等
附属构造物。因此，道路工程图由表达线路整体状况的道路路线工程图和表达各工程实体构
造的桥梁、隧道和涵洞等工程图组合而成。

桥梁是修筑道路时保证车辆通过江河、山谷、低洼地带的构造物。对于道路路线工程图
和桥梁、涵洞、隧道等构造物的工程图，表达设计思想、绘制工程图样的基本原理，都采用
前述的正投影理论和方法。本章主要介绍道路路线工程图和桥梁工程图的表达方法。

■ 13.1　基本制图标准

道路和桥梁工程图的绘制应符合《道路工程制图标准》（GB 50162—1992）等有关
规定。

13.1.1　图纸的幅面

道路工程施工图的图纸幅面要求与建筑施工图的图纸幅面要求有所不同。图纸的幅面及
图框线尺寸应符合表 13-1 的规定。

表 13-1　图纸幅面及图框线尺寸　　　　　　　　　　　　　　　　（单位：mm）

图幅代号	A0	A1	A2	A3	A4
$b×l$	841×1189	594×841	420×594	297×420	210×297
a	35	35	35	30	25
c	10	10	10	10	10

注：表中的参数 a、c、b、l 的含义同表 1-1（参考图 1-1）。

13.1.2 图线

每张图上的图线不宜超过三种，基本线宽 b 应根据图样比例的复杂程度确定，线宽组合宜符合表 13-2 的规定。

表 13-2　线宽组合　　　　　　（单位：mm）

线宽类别	线宽系列				
b	1.4	1.0	0.7	0.5	0.35
$0.5b$	0.7	0.5	0.35	0.25	0.25
$0.25b$	0.35	0.25	0.18 (0.2)	0.13 (0.15)	0.13 (0.15)

图样中常用线宽应符合表 13-3 的规定。

表 13-3　常用线型及线宽

名称	线型	线宽
加粗粗实线	————————	$(1.4 \sim 2.0)\, b$
粗实线	————————	b
中粗实线	————————	$0.5b$
细实线	————————	$0.25b$
粗虚线	▬ ▬ ▬ ▬ ▬	b
中粗虚线	– – – – – –	$0.5b$
细虚线	– – – – – –	$0.25b$
粗点画线	—·—·—·—	b
中粗点画线	—·—·—·—	$0.5b$
细点画线	—·—·—·—	$0.25b$
粗双点画线	—··—··—··	b
中粗双点画线	—··—··—··	$0.5b$
细双点画线	—··—··—··	$0.25b$
折断线	——／——	$0.5b$
波浪线	～～～～	$0.25b$

注：道路制图中的线宽组合与《房屋建筑制图统一标准》（GB/T 50001—2017）有所区别，注意区分。

13.1.3 比例

公路工程图、城市道路工程图、桥梁工程图的常用比例见表 13-4，比例的选择应该根据图形的大小及复杂程度来确定。

13.1.4 单位

道路平面图、纵断面图、横断面图、交通组织图等通常以米（m）为单位；细部详图尺寸以厘米（cm）为单位，如果不按照以上单位采用时，需在图样中说明。

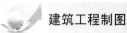

表 13-4　公路工程图、城市道路工程图、桥梁工程图的常用比例

类型	图名	比例	
公路	路线平面图	一级公路 1∶2000；其他公路 1∶1000、1∶2000、1∶5000	
	路线纵断面图	水平	垂直
		与平面图一致	1∶100、1∶200、1∶400 或 1∶500
	路基标准横断面图	1∶100~1∶200	
	一般路基设计图	1∶200	
城市道路	平面总体设计图	1∶2000~1∶10000	
	平面设计图	1∶500~1∶1000	
	纵断面设计图	纵向	横向
		1∶50~1∶100	1∶500~1∶1000
	横断面设计图	1∶100~1∶200	
	土方横断面设计图	纵向	横向
		1∶50~1∶200（补强 1∶20~1∶50）	1∶100~1∶400
	广场或交叉口设计图	1∶200~1∶500	
	交通标志线设计图	1∶500~1∶1000	
	其他细部设计图	1∶10、1∶20、1∶50、1∶100	
桥梁、涵洞	桥位平面图	1∶500~1∶2000	
	桥位工程地质平面图	1∶500~1∶2000	
	桥位工程地质纵断面图	水平	垂直
		1∶200~1∶2000	1∶20~1∶50
	桥型总体布置图	1∶200~1∶2000	
	典型涵洞设计图	1∶50~1∶200	

■ 13.2　道路工程图

　　道路是车辆和行人通行的工程设施，是人们生产、生活必需的。根据性质、组成和作用的不同，道路可分为公路、城市道路、厂矿道路和农村道路。本节主要介绍公路和城市道路的表达方法。

　　道路的路线通常指的是道路设计中的中心线。道路路线中心线方向狭长，其竖向高差和平面的弯曲变化与地面起伏情况有关，因此道路路线工程图的图示方法与其他工程图不同。道路路线工程图是地形图作为平面图，称为路线平面图；以纵向断面展开图称为路线纵断面图；以横向断面图称为路基横断面图。道路路线工程图以这三种图样来表示路线的线型、空间位置、路基、路面状况和尺寸。

道路路线由于受自然条件的限制，在平面上有转折，纵面上有起伏，为了满足车辆行驶的要求，必须用一定半径的曲线连接起来，因此路线在平面和在纵断面上都是由直线和曲线组合而成的。平面上的曲线称为平曲线，纵断面上的曲线称为竖曲线。

13.2.1 路线平面图

道路路线平面图的作用是表达路线的方向和水平线型（直线和转弯方向）以及路线两侧一定范围内的地形、地物的图形。

道路路线具有狭而长的特点，一般无法把整条路线画在一张图纸内。通常分段画在多张图纸上，每张图样上注明序号、张数、指北针和拼接标记。

1. 地形部分

道路平面图的比例一般为 1:2000~1:5000。地形是用等高线和地物图例表示的，表示地物常用的道路平面图图例见表 13-5。

表 13-5 道路平面图图例

名称	符号	名称	符号	名称	符号
房屋	▭	涵洞	⟩----⟨	水稻田	↓ ↓ ↓
学校	Ⓧ文	桥梁	⌐‿⌐	草地	‖ ‖ ‖ ‖
医院	⊕	菜地	↙ ↙ ↙	河流	〜
大车路	- - - - - -	旱田	⊥ ⊥ ⊥ ⊥	高压线 低压线	◄●► ◄●►
小路	- - - - - - -	果树	○ ○ ○	水准点	⊗ BM5 38.146

在地形图中，等高线越密表示地势越陡峭，反之则地势越平坦。图 13-1 所示为某公路 K0+000 至 K0+220 段的路线平面图。其内容包括地形、路线两部分。图中标注了若干点的地面高程数值。沿线有两个水准点符号，用来作为地面高程测量的参照。图形右侧有一片房屋，山坡上种植了一些果树。

为了确定方位和路线的走向，地形图上需画出指北针或坐标网。

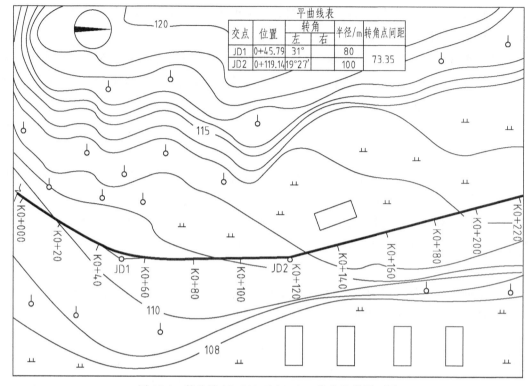

平曲线表					
交点	位置	转角		半径/m	转角点间距
		左	右		
JD1	0+45.79	31°		80	73.35
JD2	0+119.14	19°27′		100	

图 13-1 某公路 k0+000 至 k0+220 段的路线平面图

2. 路线部分

在《道路工程制图标准》（GB 50162—1992）中规定，道路中心线应用细点画线表示，路基边缘线用粗实线表示。由于公路路线平面图所采用的比例太小，公路的宽度无法按实际尺寸画出，所以，路线一般是用粗实线沿着路线中心表示的。

路线的长度是用里程表示的。里程桩号应标注在道路中心线上，从路线起点至终点，按从小到大，从左到右的顺序排列。公里桩宜标注在路线前进方向的左侧，用符号"⬤"表示，百米桩宜标注在路线前进方向的右侧，用垂直于路线的短线表示；也可在路线的同一侧，均采用垂直于路线的短线表示公里桩和百米桩。图 13-1 中的设计路线用粗实线表示，里程由 K0+000 到 K0+220，每隔 20m 标注一个里程桩号。

3. 平曲线

路线的平面线型有直线型和曲线型。对于路线转弯处的平面曲线（简称为平曲线），在平面图中要标出交点（也称交角点）的位置，并列出平曲线要素表。平曲线要素如图 13-2 所示，平曲线的起点在路线上用 ZY（直圆）表示，曲线的终点用 YZ（圆直）表示，曲线的中点用 QZ（曲中）表示。其中 α 为偏角（Z 为左偏角，Y 为右偏角），表示沿路线前进方向，向左或向右偏转的角度。R 为曲线半径，T 为切线长，E 为外距。

图 13-1 中有两个交点 JD1 和 JD2，图中分别标注出了两个交点的位置和里程桩号，该图的上方表格列出了两个交点的平曲线表。

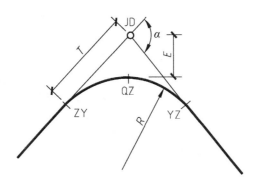

图 13-2 平曲线要素

13.2.2 路线纵断面图

路线纵断面图是沿路线中心线的竖向断面图。由于公路是由直线和曲线组成的，因此，剖切平面由平面和柱面组成。为了清晰地表达路线纵断面情况，特采用展开的方法将断面展开成一平面，然后进行投影。

路线纵断面图的作用是表达路中心线地面高低起伏的情况，设计路线的坡度、地质情况，以及沿线设置构造物的概况。

图 13-3 所示为 K0+000 至 K0+220 段的路线纵断面图。其内容包括图样和资料表两大部分，图样应布置在图幅上部，资料表应采用表格形式布置在图幅下部，图样与资料表的内容要对应。

1. 图样部分

图样中由左至右表示路线的前进方向，由于路线纵断面图是用展开剖切方法获得的断面图，因此它的长度就表示了路线的长度。在图样中，水平方向表示长度，垂直方向表示高程。

由于路线的高差与其长度相比小很多，为了清晰显示垂直方向路线高度的变化，规定断面图中的水平距离与垂直高程宜按不同的比例绘制，水平比例尺与平面图一致，采用 1：2000~1：5000，垂直比例尺相应地用 1：200~1：500，即垂直方向的比例按水平方向的比例放大 10 倍。

图 13-3 中不规则的细折线表示设计中心线处的纵向地面线，它是沿中心线的原地面各点高程的连线。粗实线表示公路路线纵向设计线。比较设计线和地面线的相对高度，可以决定填挖方地段和填挖高度。

当路线纵向坡度发生变化时，为保证车辆顺利行驶，应设置竖向曲线（简称为竖曲线）。竖曲线分为凸曲线和凹曲线两种，分别用"┬"和"┯"符号表示，并在其上标注竖曲线的半径（R）、切线长（T）和外距（E）。竖曲线符号一般画在图样的上方，变坡点用直径为 2mm 的中粗线圆圈表示。图 13-3 中在 K0+093 和 K0+127 处分别设置一个凹曲线和一个凸曲线。

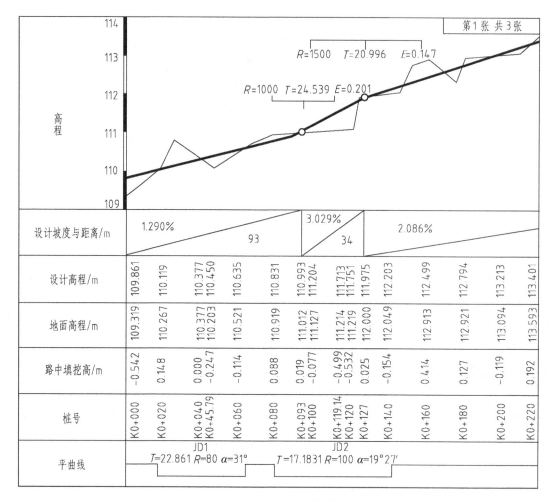

设计坡度与距离/m	1.290% 93						3.029% 34			2.086%						
设计高程/m	109.861	110.119	110.377 110.450	110.635	110.831	110.993 111.204	111.713 111.751 111.975			112.203	112.499	112.794	113.213	113.401		
地面高程/m	109.319	110.267	110.377 110.203	110.521	110.919	111.012 111.127	111.214 111.219 112.000			112.049	112.913	112.921	113.094	113.593		
路中填挖高/m	-0.542	0.148	0.000 -0.247	-0.114	0.088	0.019 -0.077	-0.499 -0.532 0.025			-0.154	0.414	0.127	-0.119	0.192		
桩号	K0+000	K0+020	K0+040 K0+45.79	K0+060	K0+080	K0+093 K0+100	K0+119.14 K0+120 K0+127			K0+140	K0+160	K0+180	K0+200	K0+220		
平曲线		JD1 T=22.861 R=80 α=31°				JD2 T=17.1831 R=100 α=19°27′										

图 13-3　k0+000 至 k0+220 段的路线纵断面图

根据需要，图样中还应在所在里程处标出桥梁、涵洞、立体交叉和通道等人工构造物的名称、规格和中心里程。

2. 资料表部分

为了便于对照查阅，资料表与图样应上下对应布置。资料表中一般列有里程桩号、设计坡度与距离、设计高程、地面高程、填挖高度、平曲线等内容。注意资料表中里程桩号的位置要按照水平方向的比例确定，桩号数值的字底应与所表示桩号位置对齐。设计高程、地面高程的数据应对准其桩号，单位以米（m）计。

图 13-3 中资料表的"平曲线"一栏表示路线的平面线型，"⌐‾⌐"表示为左偏角的圆曲线，"⌐‾⌐"表示为右偏角的圆曲线。从而，利用资料表中的平曲线结合图样中的竖曲线，可以想象出该路段的空间情况。

每张图上应标注该图纸的序号及纵断面图的总张数，图 13-3 为路线纵断面图的第一张，一共三张。

13.2.3 路基横断面图

路基横断面图是在垂直于道路中心线的方向上所作的断面图。路基横断面图的作用是表达各中心桩处地面横向起伏状况以及设计路基的形状和尺寸。它主要用来计算公路的土石方工程量，并为路基施工提供资料数据。比例一般采用 1：100～1：200。路基断面设计线用粗实线表示，切得的原有地面线用细实线绘制，道路中心线用细点画线表示。

1. 路基横断面图的基本形式

一般情况下，路基横断面的基本形式有以下三种：

（1）填方路基（路堤） 如图 13-4a 所示，在图样的下方应标注该断面图的里程桩号，中心线处的填方高度 H_T（m）以及该断面处的填方面积 A_T（m^2）。

（2）挖方路基（路堑） 如图 13-4b 所示，在图样的下方应注明该断面图的里程桩号，中心线处的挖方高度 H_W（m）以及该断面处的挖方面积 A_W（m^2）。

（3）半填半挖路基 如图 13-4c 所示，在图样的下方应注明该断面图的路程桩号，中心线处的挖方高度 H_W（m）以及该断面处的填方面积 A_T（m^2）和挖方面积 A_W（m^2）。

2. 路基横断面图的画法

路基横断面图一般根据路线复杂程度沿着路线前进方向每隔 10m 或 20m 绘制一

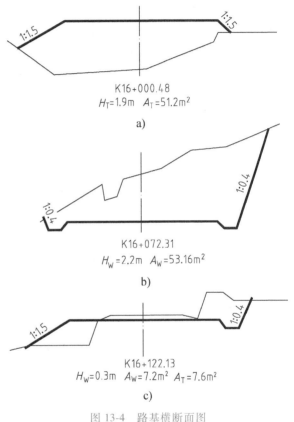

K16+000.48
H_T=1.9m A_T=51.2m^2
a)

K16+072.31
H_W=2.2m A_W=53.16m^2
b)

K16+122.13
H_W=0.3m A_W=7.2m^2 A_T=7.6m^2
c)

图 13-4 路基横断面图

个路基横断面图。路基横断面图在图样绘制和图面布置时，应遵循以下几个要点：

1）路基横断面的设计线用粗实线表示，原有地面线用细实线表示，路中心线应用细点画线表示。

2）路基横断面图的下方应标注桩号（K 表示）、断面挖填土的面积（A_W 表示挖土面积，A_T 表示填土面积）、原地面中心线到路基设计中心线的距离（H_W 表示原地面中心线高于路基设计中心线，H_T 表示原地面中心线低于路基设计中心线）。

3）路基横断面图应按桩号的顺序排列，并从图纸的左下方开始绘制，先由下向上，再由左向右排列，如图 13-5 所示。

3. 路基土石方数量计算

路基工程是道路施工的主体工程之一，土石方量较大，沿线的路面形状不规则，高低起伏变化多样，精确计算土石方量相当困难，因此，工程上多采用近似计算。

假设两相邻横断面间的土体为一棱柱体，棱柱体的横断面面积采用相邻两断面的平均面积，即两相邻横断面间的路基土石方量的计算公式为

$$V = \frac{1}{2}(A_1 + A_2)L$$

式中 A_1，A_2——相邻两横断面的面积；

  L——相邻两横断面间的距离。

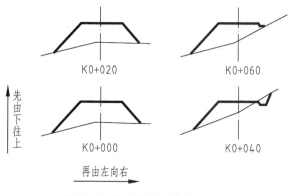

图 13-5 路基横断面布置示意图

13. 2. 4 城市道路路线工程图

城市道路工程施工图设计文件包括设计说明书、施工图预算、工程数量和材料用量表以及设计图。道路工程设计图包括封面、目录、平面总体设计图、平面设计施工图、纵断面图、横断面图、交叉口设计图、路面结构设计图、道路附属工程（如挡土墙、涵洞、路缘石、无障碍设施）设计图和交通安全设施设计图等。

1. 平面总体设计图

平面总体设计图反映出设计道路在城市路网中的位置、沿线规划布局和现状，重要建筑物、单位、文物古迹、立交、桥梁、隧道及主要相交道路和附近道路系统。绘图比例推荐采用 1：2000～1：10000。

2. 平面设计施工图

平面设计施工图设计阶段的绘制内容包括：道路规划中线和施工中线坐标，平曲线要素表，机动车道、辅路（非机动车道）、人行道（路肩）及道路各部位尺寸，公共汽车停靠站、人行通道或人行天桥位置与尺寸，道路与沿线相交道路及建筑进出口的处理方式，桥隧、立交的平面布置与尺寸，各种杆、管线和附属构筑物的位置与尺寸，拆迁房屋、挪移杆线、征地范围等。绘制比例采用 1：500～1：1000。

3. 横断面图

道路的横断面图在直线段是垂直于道路中心线方向的断面图，而在平曲线上则是法线方向的断面图。道路的横断面由车行道、人行道、绿化带和分车带等几部分组成。

（1）横断面的基本形式 根据机动车道和非机动车道不同的布置形式，城市道路横断面的布置包括以下四种基本形式：

1）"一块板"断面。把所有车辆都组织在同一个车行道上混合行驶，车行道布置在道路中央，如图 13-6a 所示。

2）"两块板"断面。利用分隔带把"一块板"断面型式的车行道一分为二，分向行驶，如图 13-6b 所示。

3）"三块板"断面。利用分隔带把车行道分隔为三块，中间的为双向行驶的机动车车行道，两侧的为单向行驶的非机动车车行道，如图13-6c所示。

4）"四块板"断面。在"三块板"断面型式的基础上，再用分隔带把中间的机动车车行道分隔为二，分向行驶，如图13-6d所示。

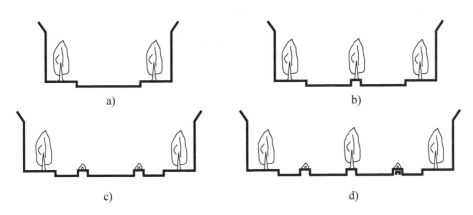

a)　　　　　　　　　　　　b)

c)　　　　　　　　　　　　d)

图13-6　道路横断面示意图

（2）横断面图的内容　当道路分期修建、改建时，应在同一张图纸中表示出规划、设计和原有道路横断面，并标注各道路中心线之间的位置关系。规划道路中心线应采用双点画线表示，在图中还应绘出车行道、人行道、绿带、照明、新建或改建的地下管道等各组成部分的位置和宽度，以及排水方向、横坡等。

图13-7所示为某路段的横断面形式，道路宽为18m，其中车行道宽10m，两侧人行道各宽为4m。路面排水坡度为1.5%，箭头表示流水方向。必要时画出路面结构图详图。

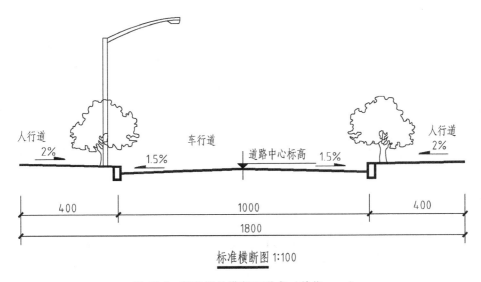

标准横断图 1:100

图13-7　某路段的横断面形式（单位：cm）

4. 路线平面图

城市道路平面图是用来表示城市道路方向、平面线型和车行道、人行道布置以及沿路两侧一定范围内的地形、地物情况。从图中可以了解道路走向、占地面积以及修建该路段应拆除的原有地物情况。

5. 纵断面图

沿道路中心线所作的断面图为纵断面图，其作用和图示方法与公路纵断面图相同，不再赘述。

■ 13.3 桥梁工程图

桥梁是为铁路、公路、城市道路、管线、行人等跨越河流、山谷、道路等天然或者人工障碍建造的架空建筑物。它一方面可以保证桥上的交通运行，又可以保证桥下宣泄流水、船舶的通行。

13.3.1 桥梁的基本组成

如图 13-8 所示，桥梁主要由桥跨结构、桥墩和桥台、附属构造物（护岸、导流结构物）等组成。

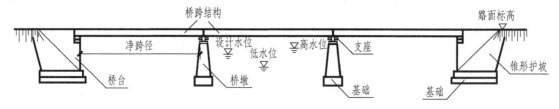

图 13-8　桥梁示意图

桥跨结构，又称为桥梁的上部结构，是在路线中断时，跨越障碍的主要承载结构。

桥墩和桥台，又称为桥梁的下部结构，是支撑桥跨结构并将恒荷载和车辆等活荷载传至地基的建筑物，支座是在桥跨结构与桥墩和桥台的支撑之间所设置的传力装置。

在路堤与桥台衔接处，一般还在桥台两侧设置石砌的锥形护坡，以保证迎水部分路堤边坡的稳定。

河流中的水位是变动的，在枯水季节的最低水位称为低水位，洪峰季节河流中的最高水位称为高水位，桥梁设计中按规定的设计洪水频率计算所得的高水位称为设计洪水位，简称为设计水位。

净跨径是设计洪水位上相邻两个桥墩（台）之间的净距。

总跨径是多孔桥梁中各孔净跨径的总和，它反映了桥下宣泄洪水的能力。

桥梁全长是桥梁两端两个桥台的侧墙或八字墙后端点之间的长度。对于无桥台的桥梁为桥面系行车道的全长。

13.3.2　钢筋混凝土梁桥工程图

桥梁按照承重结构材料可以分为石桥、钢筋混凝土桥、钢桥等，其中钢筋混凝土桥最为常见。这里主要介绍常见的钢筋混凝土桥梁的图样。

1. 桥型布置图

桥型布置图主要包括桥梁的立面图、平面图、侧面图（剖面图）等。主要表明桥梁的形式、总跨径、孔数、桥道标高、桥面宽度、桥跨结构横断面布置和桥梁平面线型。

以图 13-9 所示的梁式桥为例，介绍桥梁总体布置图的内容和表达方法。

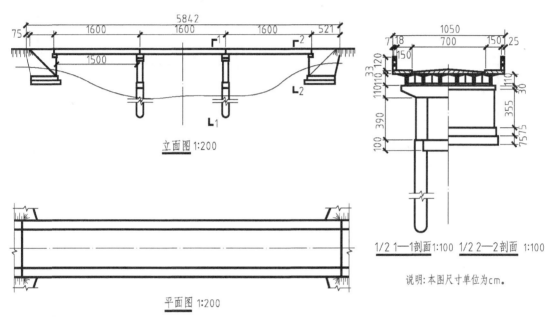

图 13-9　梁桥总体布置图

（1）立面图　在立面图中，反映出该桥全长为 58.42m，净跨径为 15m，总跨径为 45m，共三孔的梁式桥。桥台为重力式桥台，桥墩为桩柱式轻型桥墩。由于桩基础较长，采用折断画法。由于立面图的比例较小，因此桥面铺垫层、人行道和栏杆均未表示出。

在工程图中，通常假设没有填土或填土为透明体，因此埋在土里的基础和桥台部分，仍用实线表示，并且只画出结构物可以看见的部分，不可见的部分省略不画。

（2）平面图　平面图也只画出可见部分，由于比例较小，桥栏杆也未表示出，只表示出车行道和人行道的宽度，以及锥形护坡的一部分投影。

（3）侧面图　侧面图是由 1/2 1—1 剖面和 1/2 2—2 剖面拼成的一个侧面图，在工程图中常常采用这种表示法，并且为了表达清楚，该图的比例比平面图和立面图的比例放大一倍。

由图 13-9 可以看出桥梁的上部结构由六片 T 形梁组成，桥面宽为 10.50m，车行道宽为 7m，两侧的人行道宽各为 1.5m，即表示为净 7.0+2×1.5（m）。由于 T 形梁断面面积较小，采用涂黑的方式表示。

下部构造一半为桥台，一半为桥墩，且只画出可见部分，详细尺寸及构造均在构造详图中介绍。

2. 施工图

施工图是对桥梁各部分构件进行详细的设计、计算，并绘制的施工详图。

（1）桥台图　图 13-10 所示为桥台施工图，桥台由基础、前墙、侧墙和台帽组成。由于它的平面形式像"U"字形，所以称为 U 形桥台；又因它的自重较大，又称为重力式桥台。它的主要作用是支撑桥跨结构的主梁，并且靠它的自重和土压力来平衡由主梁传下来的压力，以防止倾覆。

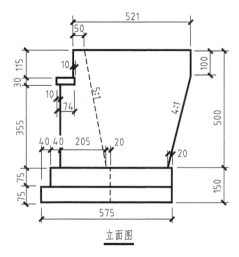

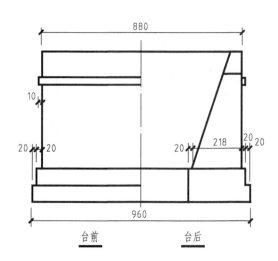

注：本图尺寸单位为cm。

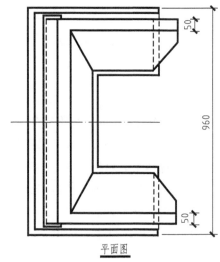

图 13-10　桥台施工图

侧面图是由 1/2 台前和 1/2 台后合成表示的。所谓台前，是指人站在桥下观看桥台，所得到的投影。所谓台后，是指人站在路堤上观看桥台，得到的投影，此图只画可以看到的部分。

桥台图是考虑没有填土情况下画出的。

（2）桥墩图　图 13-11 所示为钻孔桩双柱式桥墩的一般构造图，它由墩帽（或上盖梁）、双柱、连系梁和桩基础组成。由于构造简单，它只用立面图和侧面图表示，上盖梁长为 900cm，高为 110cm，宽为 120cm；立柱直径为 $D100$cm，轴间距 520cm；连系梁高 100cm，宽 70cm；钻孔桩直径为 $D120$cm。

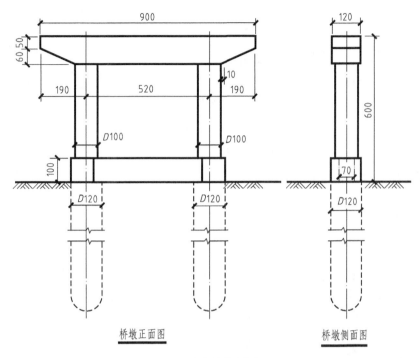

桥墩正面图　　　　桥墩侧面图

注：图中尺寸均为cm。

图 13-11　桥墩施工图

（3）主梁图（T 形梁梁肋钢筋布置图）　图 13-12 所示为主梁的断面示意图，T 形主梁是由梁肋、横隔板和翼板组成的。因为 T 形梁每根宽度较小，因此在使用中常常是几根并在一起，所以人们习惯上称两侧的 T 形梁为边主梁，中间的 T 形梁为中主梁。T 形梁之间主要是靠横隔板联系在一起，所以中主梁两侧均有横隔板，而边主梁只有一侧有横隔板。

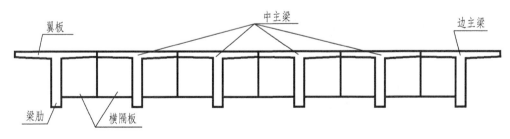

图 13-12　主梁的断面示意图

如图 13-13 所示，长为 16m 的 T 形梁的梁肋骨架钢筋布置图，其中 1、2、3、5 为主筋（受力主筋），4 为架立钢筋，12、13 为箍筋，10、11 为分布钢筋，6、7、8、9 也为受力钢筋。

跨中断面图清楚地反映出 1、2、3、5、10、4 的钢筋布置情况，在支点断面图中可以看到上、下均有 4 号钢筋出现，这是因为 4 号钢筋在支点处做成回弯造成的。

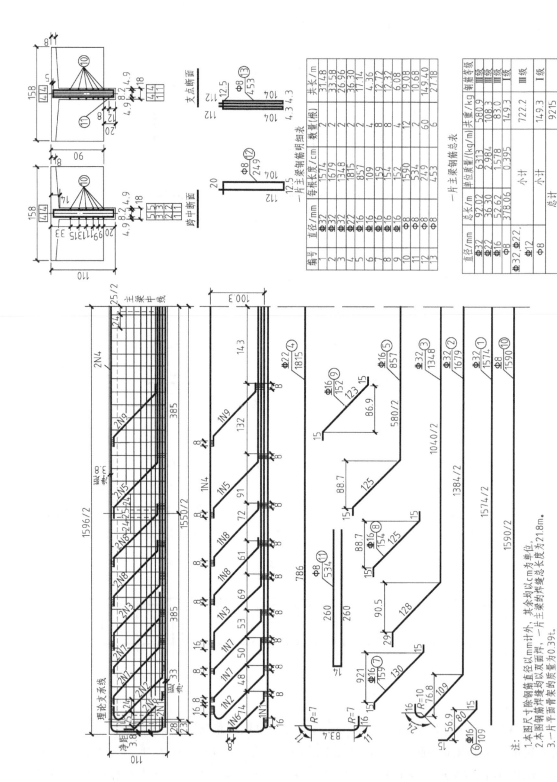

图 13-13　T 形梁的梁肋骨架钢筋布置图

注:
1. 本图尺寸除钢筋直径以 mm 计外, 其余均以 cm 为单位。
2. 本图钢筋焊缝均以双面焊, 一片主梁的焊缝总长度为 21.8m。
3. 一片平面骨架的质量为 0.39t。

一片主梁钢筋明细表

编号	直径/mm	每根长度/cm	数量(根)	共长/m
1	Φ32	1574	2	31.48
2	Φ32	1679	2	33.58
3	Φ32	1348	2	26.96
4	Φ22	1815	2	36.30
5	Φ16	857	2	17.14
6	Φ16	109	4	4.36
7	Φ16	159	8	12.72
8	Φ16	154	8	12.32
9	Φ16	152	4	6.08
10	Φ8	1590	12	19.08
11	Φ8	534	2	10.68
12	Φ8	249	60	149.40
13	Φ8	453	6	27.18

一片主梁钢筋总表

直径/mm	总长/m	单位质量/(kg/m)	共重/kg	钢筋等级
Φ32	92.02	6313	580.9	Ⅲ级
Φ22	36.30	2.984	108.3	Ⅲ级
Φ16	52.62	1.578	83.0	Ⅲ级
Φ8	378.06	0.395	149.3	Ⅰ级
Φ32,Φ22, Φ16	小计		722.2	Ⅲ级
Φ8	小计		149.3	Ⅰ级
	总计		9215	

第14章 机 械 图

本章提要:

本章主要介绍机械图的图示特点,标准件与常用件的规定画法,零件图的画法与读图方法,装配图的特点与读图方法。

机器是由若干部件和零件装配而成的。装配时,通常是先把零件组装成部件,然后再由部件和零件组装成整个机器。表达机器和机件的图样称为机械图。

■ 14.1 机械图的图示特点

机械图在图名、图名的标注方法、材料图例、尺寸标注等方面都有自己的一些规定。

14.1.1 基本视图

将机件置于一假想正六面体内,向六面体的六个面投影所得的视图为基本视图。六个视图分别是由前向后、由上向下、由左向右投影所得的主视图、俯视图和左视图,以及由右向左、由下向上、由后向前投影所得的右视图、仰视图和后视图。各基本投影面的展开方式如图 14-1a 所示,展开后各视图的配置如图 14-1b 所示。

基本视图如果是按照图 14-1b 所示的位置配置时,一般不用标注名称。为了方便看图,在图 14-1b 中将图名写在了上方括号内。

机械图的六个基本视图与建筑图的六个基本视图形成过程与展开方法是完全一样的,但图的名称不同,表 14-1 给出了不同投影方向上机械图与建筑图的基本视图对应关系。

表 14-1 机械图与建筑图的基本视图对应关系

投影方向	从前向后	从上向下	从左向右	从后向前	从下向上	从右向左
机械图	主视图	俯视图	左视图	后视图	仰视图	右视图
建筑图	正立面图	平面图	左侧立面图	背立面图	底面图	右侧立面图

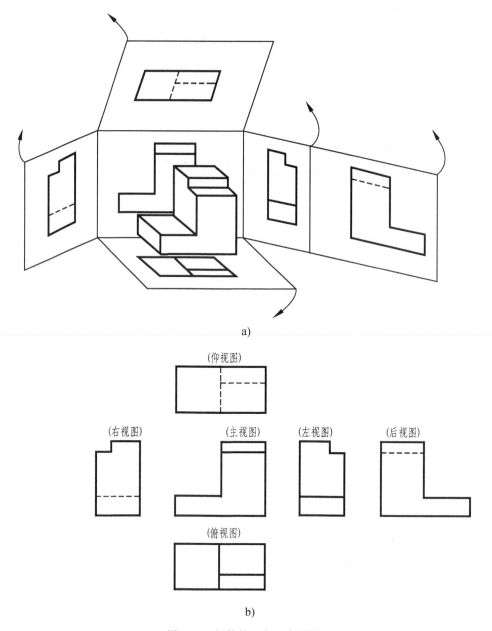

a)

（仰视图）

（右视图）　　　　　（主视图）　　　　（左视图）　　　　（后视图）

（俯视图）

b)

图 14-1　机件的六个基本视图

a）各基本投影面的展开方式　b）展开后各视图的配置

14.1.2　向视图

　　向视图是可自由配置的视图。若一个机件的基本视图不按基本视图的规定位置配置，或不能画在同一张图纸上，则可画成向视图。这时，应在视图上方标注大写拉丁字母"×"，称为"×向视图"，在相应的视图附近用箭头指明投影方向，并标注相同的字母，如图 14-2 所示。

　　建筑图的图名写在图的下方，图名下方还要加上粗实线；而机械图的图名是写在图的上方。

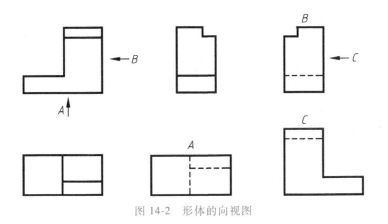

图 14-2 形体的向视图

14.1.3 斜视图

如图 14-3a 所示的连接弯板，其倾斜部分在基本视图上不能反映实形，表达不够清楚，不方便画图和读图。为此，可选用一个新的投影面 P，使它与机件的倾斜部分平行，然后将倾斜部分向新投影面投影，这样便可使倾斜部分在新投影面上反映实形。

这种向不平行于任何基本投影面的平面投影所得的视图称为斜视图。斜视图可以按基本视图的形式配置并标注，必要时也可配置在其他适当位置；斜视图的标注与向视图类似，用箭头表示投影方向，并在箭头旁边写上大写拉丁字母编号，在斜视图的上方标注相应大写拉丁字母。在不引起误解时，允许将视图旋转配置，表示该视图名称的大写拉丁字母应靠近旋转符号的箭头端，也允许将旋转角度标注在字母之后，如图 14-3b 所示。

因为斜视图只是为了表达倾斜结构的形状，所以画出了它的真形后，就可以用双折线或波浪线断开，不画

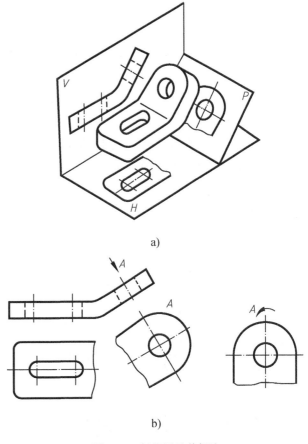

a)

b)

图 14-3 斜视图及其标注

其他部分的视图，成为一个局部的斜视图。若画双折线，双折线的两端应超出图形的轮廓线；若画波浪线，波浪线应画到轮廓线为止，且只能画在表示物体的实体的图形上。

14.1.4 局部视图

将机件的某一部分向基本投影面投影所得的视图称为局部视图。如图 14-4 所示，主视图与俯视图已经把机件的主要形状表达出来，又采用两个局部视图来表达局部结构的形状，局部视图实际上就是某个基本视图的一部分。画局部视图的主要目的是减少绘图工作量，局部视图的标注与向视图类似。

局部视图表达要注意以下几点：

1）局部视图的断裂边界应以波浪线或双折线表示。

2）仅当表示的局部结构外形轮廓线呈完整封闭图形时，如图 14-4 中的局部视图 B，波浪线可省略不画。

3）局部视图可按基本视图的配置形式配置，这时可以省略标注，如图 14-4 中的局部视图 A，可以省略其标注。

14.1.5 剖视图

机械图中的剖视图相当于土建图中的剖面图。剖视图的形成过程与建筑图中的剖面图相同，剖视图的种类有全剖视图、半剖视图、局部剖视图、阶梯剖视图、旋转剖视图等，在此不再赘述。但剖视图与剖面图在标注和材料图例的画法上存在较大区别。

1. 剖视图的标注

剖视图要在其他视图中表示出剖切位置和投影方向，在剖视图的上方标注图名。

（1）剖切位置和投影方向　用粗实线表示剖切平面的起始、转折和终止位置，尽可能不要与图形的轮廓线相交。用箭头表示投影方向，画在粗实线的两外端，并与粗短线垂直，如图 14-5 所示。

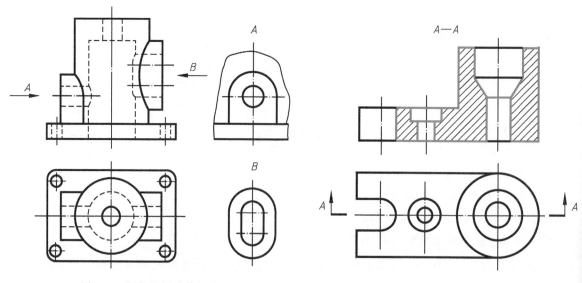

图 14-4　局部视图及其标注　　　　　　　　图 14-5　剖视图的标注

（2）图名的书写　在剖视图的上方用大写拉丁字母标出剖视图的名称"×—×"，并在剖切符号附近注上相同的字母，字母必须水平书写。

以下情况可以省略标注：

1）当剖视图按基本视图关系配置时，可省略箭头。

2）当单一剖切平面通过物体的对称平面或基本对称平面，且剖视图按基本视图关系配置时，可以不加标注。图14-5的标注可以省略。

2. 剖切材料图例

机械制图国家标准规定了材料剖面图例的画法，见表14-2。从表格中可以看到，机械图与建筑图的金属材料和砖的材料图例正好相反。

画材料图例时，应注意：在同一张图样中，同一个机件的所有剖视图的材料剖面图例应该相同。

表 14-2　机械图材料剖面图例

材料名称	剖面符号	材料名称	剖面符号
金属材料，通用剖面线（已有规定剖面符号者除外）	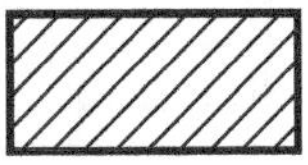	木质胶合板（不分层数）	
线圈绕组元件	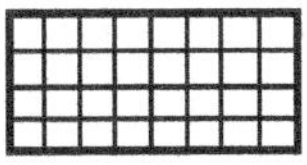	基础周围的泥土	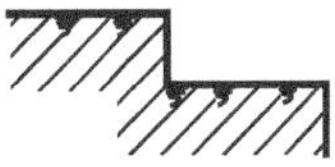
转子、电枢、变压器和电抗器等的叠钢片	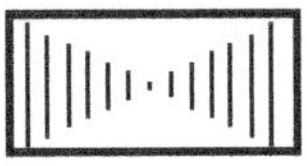	混凝土	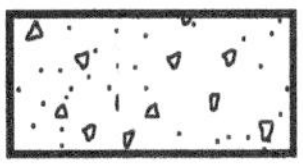
非金属材料（已有规定剖面符号者除外）	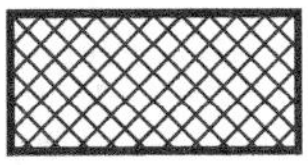	钢筋混凝土	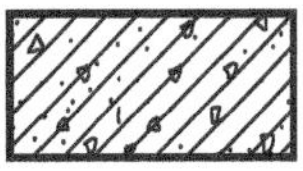
型砂、填砂、粉末冶金、砂轮、硬质合金刀片等		砖	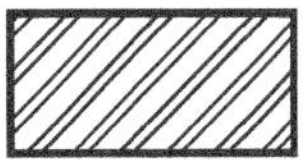
玻璃及供观察用的其他透明材料	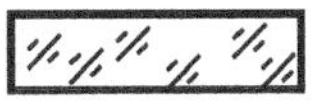	格网（筛网、过滤网等）	
木材　纵剖面	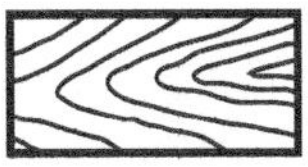	液体	
木材　横剖面			

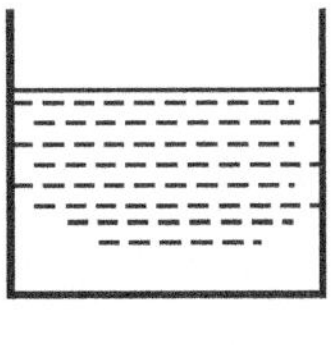

14.1.6　断面图

假想用剖切面将物体的某处切断，仅画出该剖切面与物体接触部分的图形，这个图形称为断面图，简称断面。断面按其配置的位置不同，分为移出断面和重合断面。

1. 移出断面

画在视图轮廓线以外的断面，称为移出断面。移出断面的轮廓线用粗实线表示。

1）移出断面通常配置在剖切符号延长线上，这时对称的移出断面可以省略标注；不对称的移出断面，可以省略字母，如图 14-6 所示。

2）按投影关系配置的不对称移出断面可省略箭头，如图 14-7 所示。

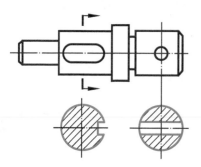

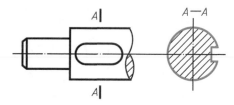

图 14-6　配置在剖切符号延长线上的移出断面　　　图 14-7　按投影关系配置的不对称移出断面

3）当剖切平面通过机件上回转面形成的孔或凹坑的轴线时，这些结构按剖视画出，如图 14-8a 所示。当剖切平面通过非圆孔但会导致出现完全分离的两个断面时，这种结构也应按剖视画出，在不致引起误解时，允许将图形旋转，如图 14-8b 所示。

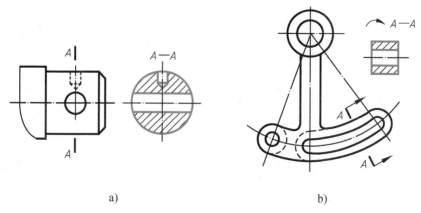

a)　　　　　　　　　　　　　　b)

图 14-8　移出断面画法

2. 重合断面

画在视图轮廓线内部的断面，称为重合断面。重合断面的轮廓线用细实线绘制，当视图的轮廓线与重合断面的图形线相交或重合时，视图的轮廓线仍要完整地画出，不得中断。

配置在剖切符号上的不对称重合断面图，必须用剖切符号表示剖切位置，用箭头表示投影方向，但可以省略断面图的名称（字母）的标注，如图 14-9 所示。对称的重合断面图只需在相应的视图中用点画线画出剖切位置，其余内容不必标注。

14.1.7 简化画法和规定画法

《技术制图 简化表示法 第 1 部分：图样画法》（GB/T 16675.1—2012）规定了简化画法和一些规定画法。其中有些简化画法与建筑图相

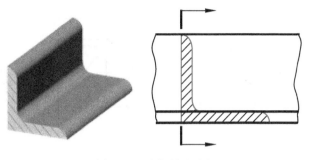

图 14-9 重合断面画法

似，比如当机件具有若干相同结构，并按一定规律分布时，只需要画出几个完整的结构，并在零件图中注明该结构的总数即可，此处不再赘述。机械图中还常用以下几种简化画法：

1）对于机件的肋、轮辐及薄壁等，如按纵向剖切，这些结构都不画剖面符号，而用粗实线将它与其邻接的部分分开。当零件回转体上均匀分布的肋、轮辐、孔等结构不处于剖切平面上时，可将这些结构旋转到剖切平面上画出，如图 14-10 所示。

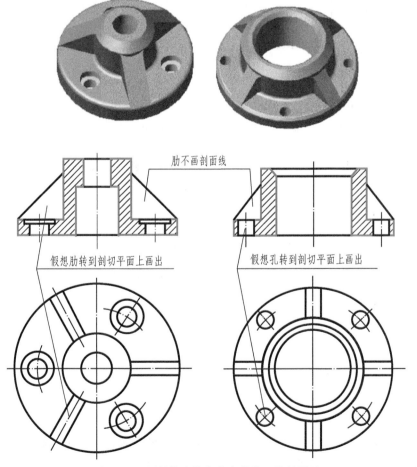

图 14-10 回转体上均匀分布的肋、孔的画法

2）当图形不能充分表达平面时，可用平面符号（相交的两细实线）表示，如图 14-11 所示。

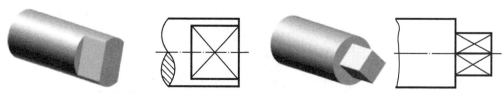

图 14-11　图形不能充分表达平面时的画法

3）机件上斜度不大的结构，如在一个图形中已表达清楚时，其他图形可按小端画出，如图 14-12 所示。

4）零件上对称结构的局部剖视图，如键槽、方孔等，可按图 14-13 所示的方法表示。

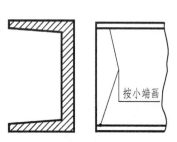

按小端画

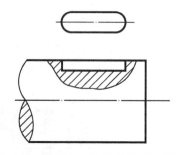

图 14-12　斜度不大结构的简化画法　　　　图 14-13　零件上对称结构局部剖视图的简化画法

5）圆柱形法兰和类似机件上的均匀分布的孔，可按图 14-14 所示的方法绘制，孔的位置按规定从机件外向该法兰端面方向投影所得的位置画出。

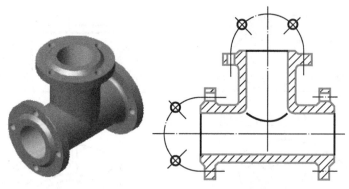

图 14-14　法兰上孔的画法

■ 14.2　标准件和常用件

在各种机器设备上常用到标准零件，如螺栓、螺母、螺柱、螺钉、键、销、滚动轴承等。由于这些零件应用广泛，需求量大，因此国家标准对它们的结构、尺寸均已标准化、系列化，称为标准件。还有些机件，如齿轮、弹簧等，它们的部分参数已标准化、系列化，称为常用件。机械图中它们的表示方法都有明确的规定。

14.2.1 螺纹与螺纹紧固件

1. 螺纹的各要素

（1）螺纹牙型　在通过螺纹轴线的断面上，螺纹的轮廓形状，称为螺纹牙型。它有三角形、梯形、锯齿形和矩形等，如图 14-15 所示。不同的螺纹牙型，有不同的用途。

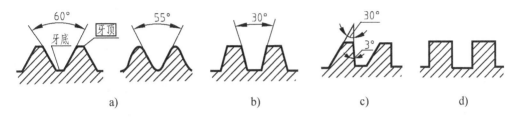

图 14-15　常见的螺纹牙型

a）三角形螺纹　b）梯形螺纹　c）锯齿形螺纹　d）矩形螺纹

（2）公称直径　公称直径是代表螺纹尺寸的直径，一般指螺纹的大径。螺纹的直径有三种：大径（d、D）、小径（d_1、D_1）和中径（d_2、D_2），如图 14-16 所示。

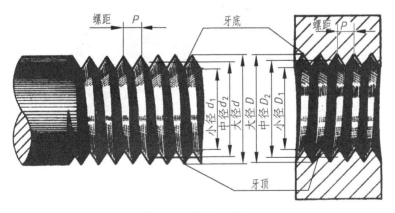

图 14-16　螺纹的直径

　　螺纹的大径是指与外螺纹牙顶或内螺纹牙底相重合的假想圆柱面的直径，即螺纹的最大直径。螺纹的小径是指与外螺纹牙底或内螺纹牙顶相重合的假想圆柱面的直径，即螺纹的最小直径，而螺纹中径近似或等于螺纹的平均直径，是控制螺纹加工精度的主要参数之一。

（3）线数 n　沿一条螺旋线形成的螺纹称为单线螺纹；沿轴向等距分布的两条或两条以上的螺旋线所形成的螺纹称为双（多）线螺纹，如图 14-17 所示。

（4）螺距 P 和导程 T　螺纹相邻两牙在中径线上对应两点间的轴向距离，称为螺距 P。同一条螺旋线上的相邻两牙在中径线上对应两点间的轴向距离，称为导程 T。单线螺纹的导程等于螺距，即 $T = P$，如图 14-17a 所示；多线螺纹的导程等于线数乘以螺距，即 $T = nP$，

图 14-17b 为双线螺纹，其导程等于螺距的两倍，即 $T = 2P$。

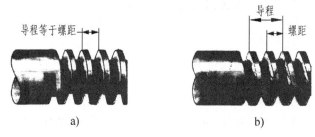

图 14-17 螺纹的线数、螺距和导程

a）单线螺纹 b）双线螺纹

（5）螺纹的旋向 螺纹的旋向分右旋和左旋。若逆时针方向为旋进方向，则为左旋螺纹，如图 14-18a 所示；若顺时针方向为旋进方向，则为右旋螺纹，如图 14-18b 所示。常用右旋螺纹。

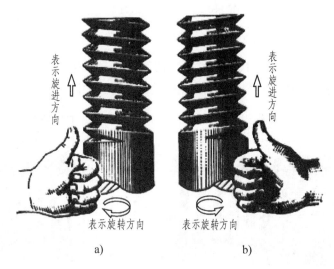

图 14-18 螺纹的旋向

a）左旋螺纹 b）右旋螺纹

内、外螺纹的上述五项要素必须一致，才能旋合。

2. 螺纹的画法

在圆柱（或圆锥）外表面上所形成的螺纹称为外螺纹；在圆柱（或圆锥）内表面上所形成的螺纹称为内螺纹。

（1）外螺纹的画法 螺纹牙顶所在的轮廓线（即大径），画成粗实线；螺纹牙底所在的轮廓线（即小径），画成细实线，小径通常画成大径的 0.85 倍；非圆视图中螺杆的倒角或倒圆部分也应画出，如图 14-19a 所示。

在投影为圆的视图中，表示牙底的细实线圆只画约 3/4 圈，此时倒角省略不画，如图 14-19b 所示。

（2）内螺纹的画法　内螺纹通常画成剖视图，在非圆视图剖视图中，螺纹牙顶所在的轮廓线（即小径），画成粗实线；螺纹牙底所在的轮廓线（即大径）画成细实线，剖面线要画到小径为止，如图14-20a所示。在垂直于螺纹轴线的投影为圆的视图中，表示牙底的细实线圆也只画约3/4圈，倒角也省略不画，如图14-20b所示。

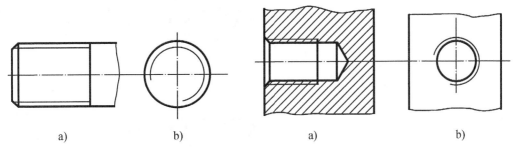

图 14-19　外螺纹的画法　　　　图 14-20　内螺纹的画法

绘制不穿通螺纹孔时，一般应将钻孔深度与螺纹部分的深度分别画出，钻头头部形成的锥顶角画成120°。

（3）内外螺纹旋合的画法　旋合的内外螺纹，旋合部分按外螺纹画出，其余部分按各自的画法画出，如图14-21所示。

外螺纹的画法

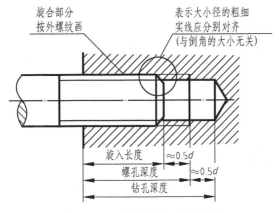

图 14-21　内外螺纹旋合的画法

3. 螺纹的分类与标注

螺纹按照用途分为连接螺纹和传动螺纹两类。螺纹按国标的规定画法画出后，图上并未表明牙型、公称直径、螺距、线数和旋向等要素，因此，需要用标注代号或标记的方式来说明。

螺纹的标注内容及格式通常为

| 特征代号 | 公称直径 | × | 导程（P 螺距） | 旋向 | — | 公差带代号 | — | 旋合长度代号 |

表14-3为螺纹的标注示例。

表 14-3 螺纹的标注示例

螺纹类别		牙型	特征代号	标注示例	标注解释说明
连接螺纹	粗牙普通螺纹	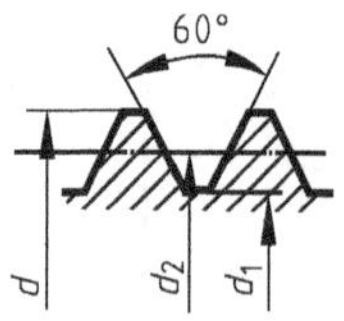	M	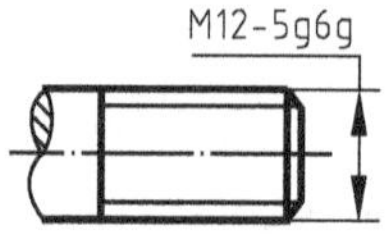 M12-5g6g	粗牙普通螺纹，公称直径 ϕ12，螺纹中径公差带代号 5g，顶径公差带代号 6g。中等旋合长度，右旋
	细牙普通螺纹			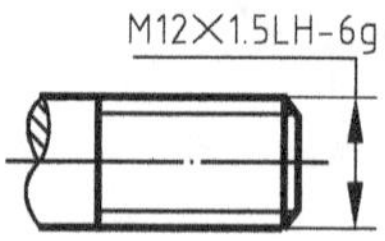 M12×1.5LH-6g	细牙普通螺纹，公称直径 ϕ12，螺距 1.5mm，左旋。螺纹中径、顶径公差带代号都是 6g。中等旋合长度
	55°非密封管螺纹		G	G1A G1	55°非密封管螺纹，尺寸代号1，公差等级 A 级（左图）。内螺纹尺寸代号为 1（右图）。内螺纹公差等级只有一种，省略不注
	55°密封管螺纹		Rc Rp R$_1$ R$_2$	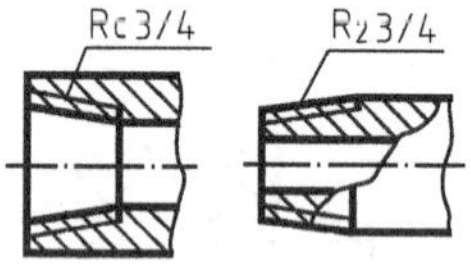 Rc3/4 R23/4	55°密封管螺纹，尺寸代号 3/4，Rc 表示圆锥内螺纹（左图）。R_2 表示与圆锥内螺纹相配合的圆锥外螺纹（右图）
传动螺纹	梯形螺纹	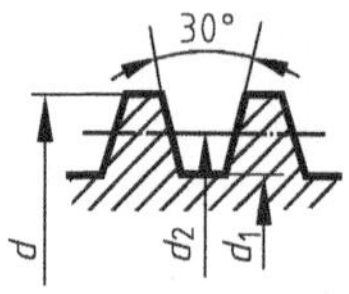	Tr	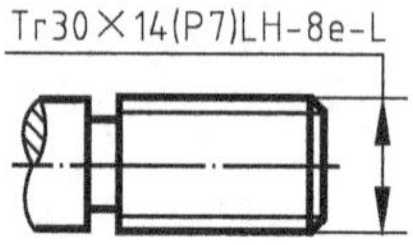 Tr30×14(P7)LH-8e-L	梯形螺纹，公称直径 ϕ30，双线，导程 14mm，螺距 7，左旋。中径公差带代号 8e，长旋合长度
	锯齿形螺纹	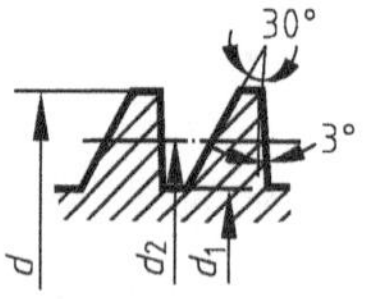	B	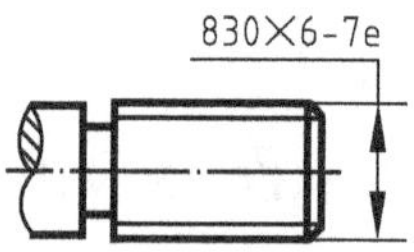 B30×6-7e	锯齿形螺纹，公称直径 ϕ30，单线，螺距 6mm，中径公差带代号 7e，中等旋合长度，右旋

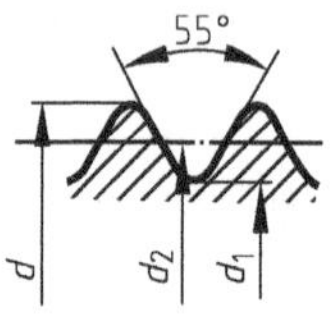

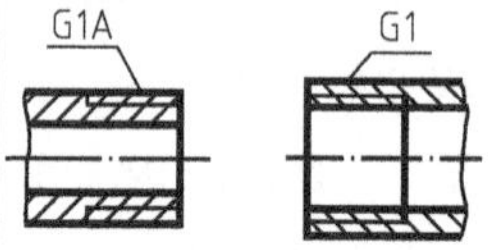

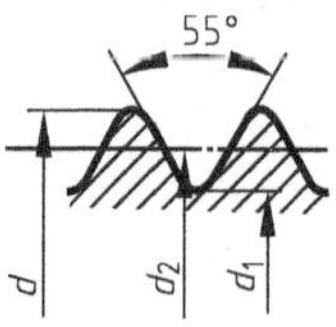

4. 螺纹紧固件

常用的螺纹紧固件有螺栓、螺柱、螺钉、螺母和垫圈等，如图 14-22 所示。

5. 螺栓连接的画法

螺栓连接通常用来连接两个厚度不太厚且需要经常拆卸的物体。

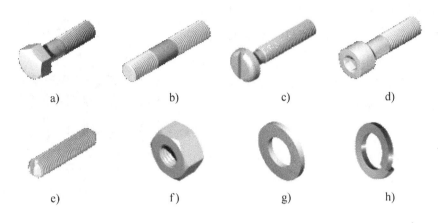

图 14-22　常用螺纹紧固件

a）六角头螺栓　b）双头螺柱　c）开槽盘头螺钉　d）内六角圆柱头螺钉

e）开槽锥端紧定螺钉　f）1 型六角螺母　g）平垫圈　h）弹簧垫圈

　　螺栓常与螺母和垫圈一起使用，先在两个被连接物体上打孔，然后插入螺栓，套上垫圈拧上螺母。如图 14-23 所示，螺栓、螺母、垫圈按比例简化画法。

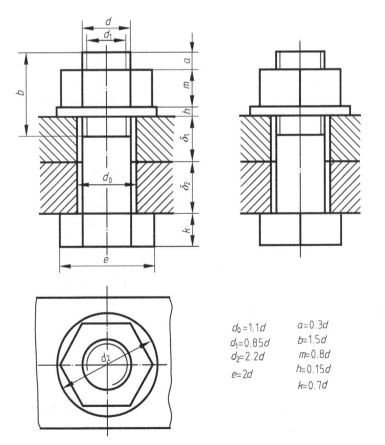

$$d_0 = 1.1d \qquad a = 0.3d$$
$$d_1 = 0.85d \qquad b = 1.5d$$
$$d_2 = 2.2d \qquad m = 0.8d$$
$$e = 2d \qquad h = 0.15d$$
$$k = 0.7d$$

图 14-23　螺栓连接的简化画法

画螺纹紧固件连接图时，应遵守以下基本规定：

1）两零件接触表面只画一条线，不接触表面应画两条线。

2）两零件邻接时，不同零件的剖面线方向应相反，或者方向一致、间隔不等。

3）对于紧固件和实心零件（如螺钉、螺栓、螺母、垫圈、键、销、球及轴等），若剖切平面通过它们的轴线时，则这些零件都按不剖绘制，仍画外形；需要时，可采用局部剖视。

螺栓的长度 L 按下式计算，即

$$L_{计} = \delta_1 + \delta_2 + 0.15d(垫圈厚) +$$
$$0.8d(螺母厚) + 0.3d(伸出端)$$

计算出来以后再查相关表格取值。

6. 螺钉连接

螺钉连接的近似画法如图 14-24 所示。

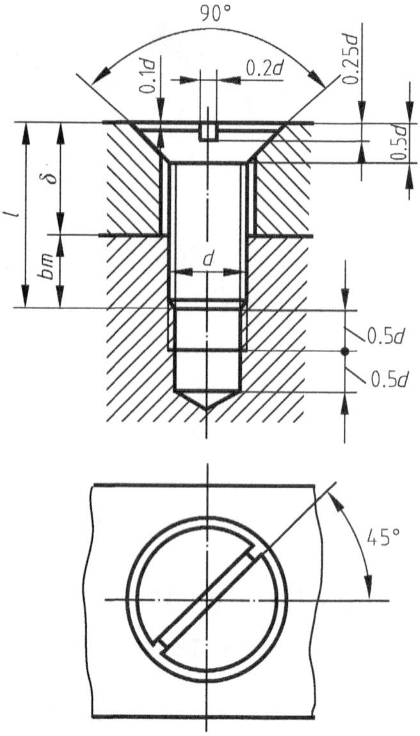

14.2.2 键联结

图 14-24 螺钉连接的近似画法

键是标准件。键联结是一种可拆联结。它用来联结轴及轴上的传动件（如齿轮、带轮等），以便与轴一起转动传递扭矩和旋转运动，如图 14-25 所示。

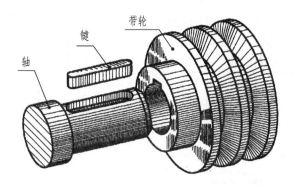

图 14-25 键联结

1. 键的种类和标记

常用键有普通平键、半圆键、钩头楔键和花键等多种，如图 14-26 所示。最常用的是普通平键，设计时可根据其特点合理选用。

普通平键的型式有 A 型（双圆头普通平键）、B 型（方头平键）和 C 型（单圆头普通平键），如图 14-27 所示。

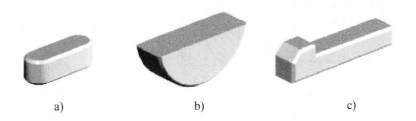

图 14-26 常用的键

a）普通平键 b）半圆键 c）钩头楔键

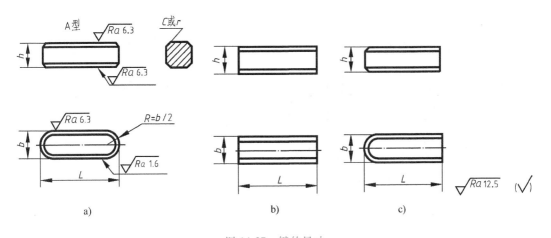

图 14-27 键的尺寸

a）A 型 b）B 型 c）C 型

在标记时，A 型平键可以省略字母 A，而 B 型、C 型应写出字母 B、C。如：普通平键的标记示例 GB/T 1096 键 C18×12×100，其表示 C 型普通平键，键宽 $b = 18\text{mm}$，键高 $h = 12\text{mm}$，键长 $L = 100\text{mm}$。

2. 键联结的画法

轴及轮毂上键槽的画法和尺寸标注法，如图 14-28 所示。轴上键槽常用局部剖视表示，键槽深度和宽度尺寸应标注在断面图或为圆的视图上，图中尺寸可按轴的直径从相关标准中查出，键的长度按轮毂长度在标准长度系列中选用。

图 14-29 为平键联结的画法，当沿着键的纵向剖切时，按不剖绘制；当沿着键的横向剖切时，则要画上剖面线。通常用局部剖视图表示轴上键槽的深度及零件之间的联结关系。键与被联结零件的接触面是侧面，故画一条线，而顶面不接触，留有一定间隙，故画两条线。

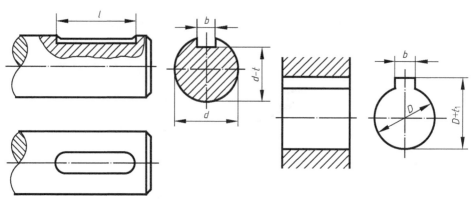

图 14-28　键槽的画法和尺寸标注法

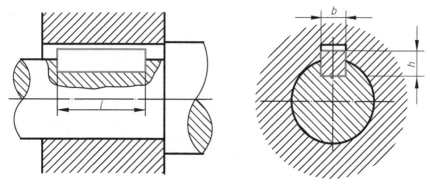

图 14-29　平键联结的画法

14.2.3　销连接

销也是标准件，通常用于零件间定位、连接和防松，销只能传递不大的扭矩。

常见的销有圆柱销、圆锥销、开口销等（见图 14-30），开口销与槽型螺母配合使用，可起防松作用。销还可作为安全装置中的过载剪断元件。

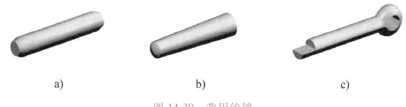

a)　　　　　　　　　　　b)　　　　　　　　　　　c)

图 14-30　常用的销

a）圆柱销　b）圆锥销　c）开口销

销的标记示例：

销 GB/T 119.1　10m6×90

其表示公称直径 $d=10$mm、公差为 m6、公称长度 $L=90$mm，材料为钢、不经淬火、不经表面处理的圆柱销。

销连接时与周围零件表面紧密接触，圆柱销和圆锥销连接的画法如图14-31、图14-32所示。

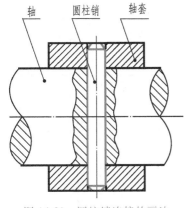

图14-31　圆柱销连接的画法

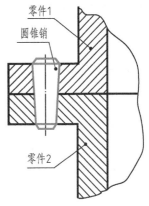

图14-32　圆锥销连接的画法

14.2.4　滚动轴承

滚动轴承是一种支承旋转的轴的组件，具有摩擦小、结构紧凑、转动灵活等优点，在机械设备中应用广泛。

1. 滚动轴承的结构及分类

滚动轴承是支承旋转轴的标准组合件。滚动轴承一般都由外圈、内圈、滚动体和保持架组成，如图14-33所示。

如图14-34所示滚动轴承按承受力的方向可分为三类：

（1）向心轴承　主要承受径向荷载，又称为深沟球轴承。

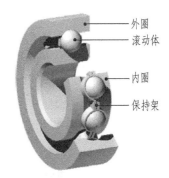

图14-33　滚动轴承的结构

（2）推力轴承　只承受轴向荷载。

（3）向心推力轴承　能同时承受径向和轴向荷载，又称为圆锥滚子轴承。

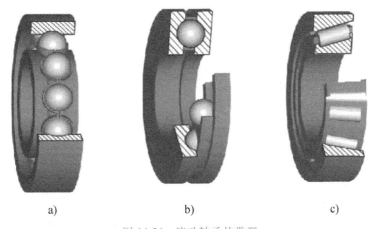

a)　　　　　　　　　　b)　　　　　　　　　　c)

图14-34　滚动轴承的类型

a）向心轴承　b）推力轴承　c）向心推力轴承

2. 滚动轴承的通用画法

滚动轴承的通用画法如图 14-35 所示。

14.2.5 齿轮

1. 齿轮的作用及分类

齿轮是机器中常用的传动零件，它能将主动轴的运动和动力传递给从动轮，并有变速、换向的作用。根据两轴的相对位置，齿轮可分为以下三类：

（1）圆柱齿轮　用于两平行轴之间的传动，如图 14-36a 所示。

（2）圆锥齿轮　用于两相交轴之间的传动，如图 14-36b 所示。

（3）蜗轮蜗杆　用于两垂直交叉轴之间的传动，如图 14-36c 所示。

圆柱齿轮按其齿形方向可分为直齿、斜齿和人字齿等，这里主要介绍直齿圆柱齿轮。

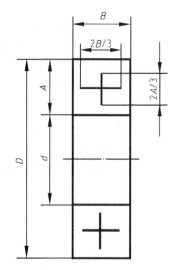

图 14-35　滚动轴承的通用画法

a)　　　　　　　　　　b)　　　　　　　　　　c)

图 14-36　常见的传动齿轮

a）圆柱齿轮　b）圆锥齿轮　c）蜗轮蜗杆

2. 直齿圆柱齿轮各部分的名称及参数

齿轮各部分的名称如图 14-37 所示。

直齿圆柱齿轮的基本参数主要包括：

（1）齿数 z　齿轮上轮齿的个数，用 z 表示。

（2）齿顶圆　通过轮齿顶部的圆称为齿顶圆，其直径用 d_a 表示。

（3）齿根圆　通过轮齿根部的圆称为齿根圆，其直径用 d_f 表示。

（4）分度圆　齿轮在设计和加工时计算尺寸的基准圆，称为分度圆，其直径用 d 表示。在该圆上齿槽宽 e 与齿厚 s 相等。

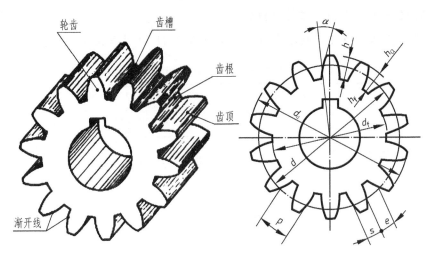

图 14-37　齿轮各部分的名称

（5）节圆　两齿轮啮合时，位于连心线 O_1O_2 上的两齿廓接触点 P，称为节点。分别以 O_1 和 O_2 为圆心，O_1P 和 O_2P 为半径作出的两个相切的圆，称为节圆，半径用 d' 表示，正确安装的标准齿轮 $d=d'$。

（6）齿距 p　分度圆上相邻两齿廓对应点之间的弧长称为齿距，用 p 表示。$p=e+s$。

（7）齿高 h　轮齿在齿顶圆和齿根圆之间的径向距离称为齿高，用 h 表示。齿顶高：齿顶圆与分度圆之间的径向距离称为齿顶高，用 h_a 表示。齿根高：齿根圆与分度圆之间的径向距离称为齿根高，用 h_f 表示。齿高：

$$h=h_a+h_f$$

（8）模数 m　齿轮的分度圆周长 $=zp=\pi d$，则 $d=zp/\pi$，为计算方便，令 $m=\dfrac{p}{\pi}$ 称为模数，单位为 mm。它表示了轮齿的大小，为了简化计算，规定模数是计算齿轮各部分尺寸的主要参数，且已标准化，见表 14-4。在选用模数时，优先选用第一系列，括号内的模数尽量不用。

表 14-4　齿轮模数系列（GB/T 1357—2008）　　　　　　　　　（单位：mm）

第一系列	1	1.25	1.5	2	2.5	3	4	5	6	8	10	12	16	20	25	32	40	50
第二系列	1.125	1.375	1.75	2.25	2.75	3.5	4.5	5.5	(6.5)7	9	11	14	18	22	28	36	45	

（9）压力角　两啮合齿轮的齿廓在接触点处的受力方向与运动方向之间的夹角，称为压力角。若接触点在分度圆上，则为两齿廓公法线与两分度圆公切线的夹角，用 α 表示。我国标准齿轮分度圆上的压力角为 $20°$，通常所说的压力角是指分度圆上的压力角。

两标准直齿圆柱齿轮正确啮合传动的条件是模数和压力角都相等。

（10）中心距 a　两啮合齿轮轴线之间的距离，称为中心距，用 a 表示。

3. 直齿圆柱齿轮各部分尺寸的计算公式

齿轮的基本参数 z、m、a 确定之后，齿轮各部分的尺寸可按表 14-5 中的公式计算。

表 14-5　直齿圆柱齿轮各部分尺寸的计算公式

基本参数：模数 m、齿数 z、压力角 20°		
各部分名称	代号	计算公式
分度圆直径	d	$d = mz$
齿顶高	h_a	$h_a = m$
齿根高	h_f	$h_f = 1.25m$
齿顶圆直径	d_a	$d_a = m(z+2)$
齿根圆直径	d_f	$d_f = m(z-2.5)$
齿距	p	$p = \pi m$
分度圆齿厚	s	$s = \dfrac{1}{2}\pi m$
中心距	a	$a = \dfrac{1}{2}(d_1 + d_2) = \dfrac{1}{2}m(z_1 + z_2)$

4. 单个圆柱齿轮的画法

单个齿轮的画法如图 14-38 所示，一般用全剖的非圆视图和端视图两个视图表示。

1）在视图中，齿顶圆和齿顶线用粗实线表示。分度圆和分度线用点画线表示（分度线应超出轮廓 2~3mm）。齿根圆和齿根线画细实线或省略不画。

2）在剖视图中，齿根线用粗实线表示，轮齿部分一律按不剖处理。在端视图中齿根圆用细实线表示或省略不画。

3）齿轮的其他结构，按投影画出。

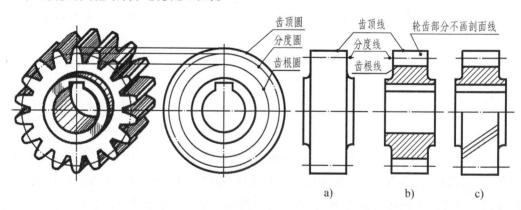

图 14-38　单个齿轮的画法

a）外形　b）直齿全剖　c）斜齿半剖

5．圆柱齿轮啮合的画法

两个标准齿轮相互啮合时，两轮分度圆处于相切的位置，此时分度圆又称为节圆。啮合区的规定画法如下：

1）在投影为圆的视图（端视图）中，两齿轮的节圆相切。齿顶圆和齿根圆有两种画法：

画法一：啮合区的齿顶圆画粗实线，齿根圆画细实线，如图 14-39b 所示。

画法二：啮合区的齿顶圆省略不画，整个齿根圆可都不画，如图 14-39c 所示。

2）在投影为非圆的剖视图中，两轮节线重合，画点画线。齿根线画粗实线。齿顶线的画法是主动轮的轮齿作为可见画成粗实线，从动轮的轮齿被遮住部分画成虚线，如图 14-39a 所示。

3）在投影为非圆的视图中，啮合区的齿顶线和齿根线不必画出，节圆画成粗实线，如图 14-39c、d 所示。

4）齿轮啮合区投影的画法，如图 14-40 所示。

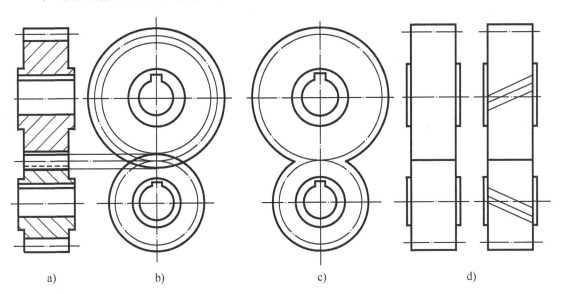

图 14-39　圆柱齿轮啮合的画法

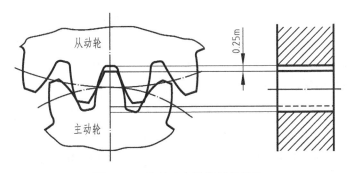

图 14-40　齿轮啮合区投影的画法

14.2.6 弹簧

弹簧是常用件，其作用主要是减振、复位、夹紧、测力和储能等。

弹簧的种类很多，常用的有螺旋弹簧、涡卷弹簧和板弹簧等，如图 14-41 所示，其中螺旋弹簧应用较广。根据受力情况，螺旋弹簧又可分为压缩弹簧、拉伸弹簧和扭转弹簧。本节主要介绍圆柱螺旋压缩弹簧的各部分名称及画法。

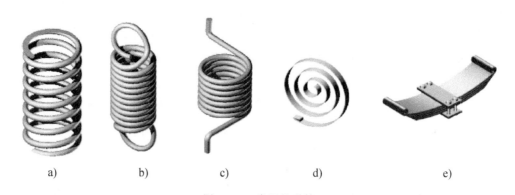

a)   b)   c)   d)   e)

图 14-41　常用的弹簧

a）压缩弹簧　b）拉伸弹簧　c）扭转弹簧　d）涡卷弹簧　e）板弹簧

1. 圆柱螺旋压缩弹簧的各部分名称及尺寸关系

弹簧的各部分名称及尺寸关系如图 14-42a 所示。

（1）簧丝直径 d　制作弹簧的簧丝直径。

（2）弹簧中径 D　弹簧的平均直径，按标准选取。

（3）弹簧内径 D_1　弹簧的最小直径，$D_1 = D - d$。

（4）弹簧外径 D_2　弹簧的最大直径，$D_2 = D + d$。

（5）展开长度 L　弹簧制造时坯料的长度，$L = n_1 \sqrt{(\pi D)^2 + t^2} \approx \pi D n_1$。

2. 单个圆柱螺旋压缩弹簧的画法

1）在平行于弹簧轴线的投影面上的视图中，各圈的轮廓线画成直线，如图 14-42b 所示。

2）有效圈在四圈以上的弹簧，中间各圈可省略不画，而用通过中径的点画线连接起来，这时，弹簧的长度可适当缩短。弹簧两端的支撑圈不论有多少圈，均可按图 14-42b 的形式绘制。

3）无论是左旋还是右旋，画弹簧图时均可画成右旋，但左旋要加注"左"字。

3. 圆柱螺旋压缩弹簧在装配图中的画法

1）在装配图中，弹簧中间各圈采取省略画法后，弹簧后面的结构按不可见处理。可见轮廓线只画到弹簧钢丝的断面轮廓线或中心线上，如图 14-43a 所示。

2）簧丝直径 $d \leqslant 2\text{mm}$ 的断面，允许用涂黑表示，如图 14-43b 所示。

3）弹簧钢丝直径在图形上等于或小于 2mm 时，允许采用示意画法，如图 14-43c 所示。

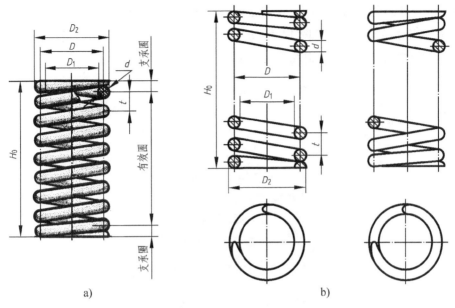

a)   b)

图 14-42 圆柱螺旋压缩弹簧各部分名称及画法

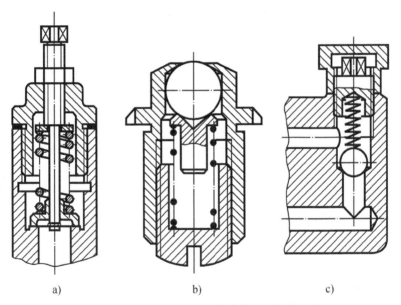

a)   b)   c)

图 14-43 圆柱螺旋压缩弹簧在装配图中的画法

■ 14.3 零件图

14.3.1 零件图的定义、作用和内容

任何一台机器或部件，都是由若干个零件按照一定的装配关系和技术要求装配而成的。用来表达机器或部件装配关系的图样称为装配图；用来表达单个零件的图样称为零件图。

图 14-44 为球阀的轴测装配图。球阀是管道系统中控制流体流量和启闭的部件，共由 13 个零件组成。当球阀的阀芯处于图 14-44 所示的位置时，阀门全部开启，管道通畅。转动扳手带动阀杆和阀芯旋转 90°时，则阀门全部关闭，管道断流。

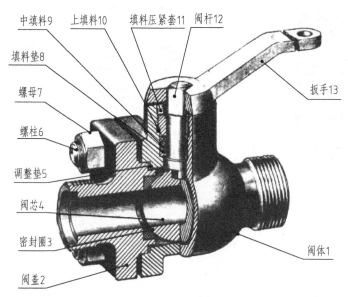

图 14-44　球阀的轴测装配图

图 14-45 为这个球阀中序号为 4 的零件（阀芯）的零件图。零件图是生产中指导制造和检验零件的依据。零件图要表达零件的形状、大小，还要为零件的加工、检验、测量提供必要的技术要求。

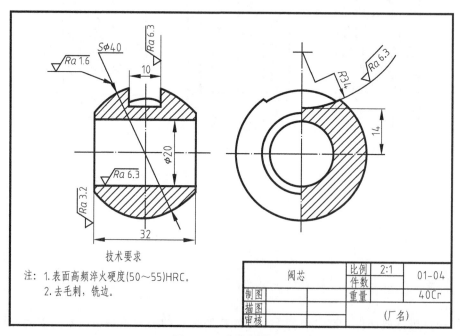

图 14-45　阀芯零件图

为了保证设计要求，制造出合格的零件，一张完整的零件图应具有以下几方面的内容：

1. 一组图形

用视图、剖视、断面及其他规定画法来正确、完整、清晰地表达零件的各部分形状和结构。

2. 完整的尺寸

正确、完整、清晰、合理地标注零件的全部尺寸。

3. 技术要求

用符号或文字来说明零件在制造、检验等过程中应达到的一些技术要求，如零件表面结构要求、尺寸公差、几何公差、极限与配合、热处理要求等。技术要求的文字一般标注在标题栏上方图纸空白处。

4. 标题栏

标题栏位于图纸的右下角，应填写零件的名称、材料、数量、图的比例以及设计、描图、审核人的签字、日期等内容。

14.3.2 零件图的视图选择

1. 主视图的选择

选择视图时，要结合零件的工作位置和加工位置，选择最能反映零件形状特征的视图作为主视图，包括运用各种表达方法，如剖视、断面等，并选好其他视图。选择视图的原则是：在完整、清晰地表达零件内外形状和结构的前提下，尽量减少视图数量。

主视图应能清楚地反映出零件各组成部分的形状及各功能部分的相对位置关系。形状特征原则是选择主视图投影方向的主要依据。

主视图的摆放位置最好能与零件在机械加工时的装夹位置一致，以便加工时读图、看尺寸方便。轴、套、轮和圆盖等零件的主视图，一般按车削加工位置安放，即轴线水平放置。图 14-46 为轴在车床上的加工示例，主视图按零件的加工位置画出。

图 14-46 轴在车床上的加工示例

对于叉架、箱体等零件由于结构形状比较复杂，加工面较多，并且需要在不同的机床上加工，这类零件的主视图应按该零件在机器中的工作位置画出，便于按图装配。

零件的形状结构千差万别，在选择视图布置方案时，首先考虑形状特征原则，其次考虑加工位置原则和工作位置原则。此外，还要考虑图幅布局的合理性。

2. 其他视图的选择

对于形状简单的轴套类零件，在主视图上加注直径尺寸就能将零件的结构形状表达清楚。但多数零件仅用一个视图难以完整地表达其结构形状，还必须选择其他视图来补充说明。

选择其他视图时应从以下几个方面考虑：

1）根据零件的复杂程度和结构特征，其他视图应对主视图中没有表达清楚的结构形状特征和相对位置进行补充表达。

2）选择其他视图时，应优先考虑选用基本视图，尽量在基本视图中选择剖视图。

3）对尚未表达清楚的局部形状和细小结构，可补充必要的局部视图和局部放大图，尽量按投影关系放置在相关视图的附近。

4）选择视图除完整、清晰外，视图数量要恰当，有时为了保证尺寸标注得正确、完整、清晰，也可适当增加某个图形。

14.3.3 机械图的尺寸标注

机械图的尺寸标注，不管是线性尺寸还是直径、半径尺寸，尺寸起止符号都用箭头表示。基本体的尺寸标注与建筑图标注法接近，此处不再赘述。具有切口的基本体，应首先标注基本体的尺寸，然后再标注截平面位置，截交线本身不允许标注尺寸。相贯的两基本体，应标注两基本体的尺寸和两形体的相对位置的尺寸，相贯线本身不允许标注尺寸。

除此之外，在标注机械图尺寸时，还应符合以下基本原则：

1）尺寸尽可能标注在表示形体特征最明显的视图上，如图 14-47 所示。

2）同一形体的尺寸应尽量集中标注，并尽可能地标注在该形体的两个视图之间，以便于读图和想象出物体的空间形状，如图 14-48 所示。

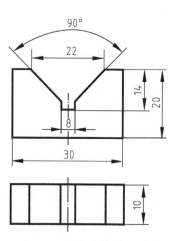

图 14-47　尺寸标注在表示形体
特征最明显的视图上

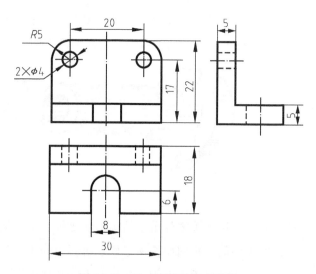

图 14-48　尺寸应尽量集中标注

3）同一方向的尺寸，在标注时应排列整齐，小尺寸在内，大尺寸在外，尽量避免尺寸线和其他尺寸界线相交，从而保证图面清晰，如图 14-49 所示。

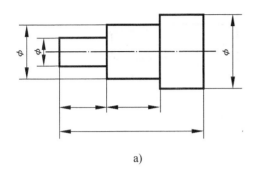
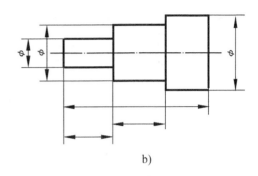

a)   b)

图 14-49　尺寸标注时应排列整齐

a）好　b）不好

4）尺寸尽量不要标注在虚线上。

5）回转体的整圆或大半圆标注直径，前面加 ϕ，标注在非圆视图上；半圆或小半圆标注半径，前面加 R，标注在圆视图上，如图 14-50 所示。

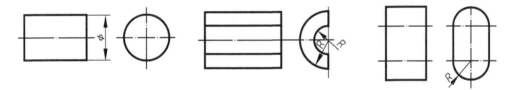

图 14-50　圆形尺寸的标注

对于机械零件图，还应注意以下几点：

1）零件上的主要尺寸必须直接标注：主要尺寸是指直接影响零件在机器或部件中的工作性能和准确位置的尺寸，如零件间的配合尺寸、重要的安装定位尺寸等，如图 14-51 所示。

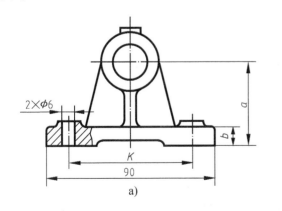
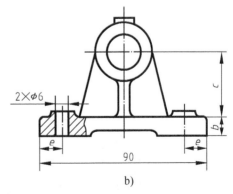

a)   b)

图 14-51　主要尺寸要直接注出

a）正确　b）不正确

2）避免出现封闭尺寸链：零件同一方向上的尺寸可以首尾相接，列成尺寸链的形式。但应避免构成封闭的尺寸链。次要尺寸如图 14-52 中的 l_1 应空出不标注。

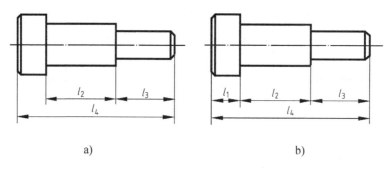

a)   b)

图 14-52　避免构成封闭的尺寸链

a）正确　b）不正确

3）标注尺寸要便于加工和测量：标注尺寸要考虑符合加工顺序、要考虑测量和检验方便，如图 14-53 所示。

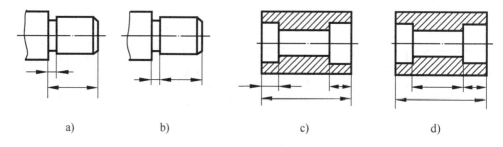

a)   b)   c)   d)

图 14-53　标注的尺寸要便于测量和检验

a）便于加工　b）不便于加工　c）便于测量　d）不便于测量

表 14-6 给出了机械零件中常见孔结构的尺寸标注法。

表 14-6　常见孔结构的尺寸标注法

结构类型		普通注法	旁注法		说明
光孔	一般孔	$4\times\phi5$　10	$4\times\phi5\downarrow10$	$4\times\phi5\downarrow10$	$4\times\phi5$ 表示四个孔的直径均为 $\phi5$。三种注法任选一种均可
沉孔	锥形沉孔	$90°$　$\phi13$　$6\times\phi7$	$6\times\phi7$　$\vee\phi13\times90°$	$6\times\phi7$　$\vee\phi13\times90°$	$6\times\phi7$ 表示六个孔的直径均为 $\phi7$。锥形部分大端直径为 $\phi13$，锥角为 $90°$

（续）

结构类型		普通注法	旁注法	说明
沉孔	柱形沉孔	$\phi12$ 4.5 $4\times\phi6.4$	$4\times\phi6.4$ ⊔$\phi12$▽4.5　　$4\times\phi6.4$ ⊔$\phi12$▽4.5	四个柱形沉孔的小孔直径为 $\phi6.4$，大孔直径为 $\phi12$，深度为 4.5mm
	锪平面孔	$\phi20$ $4\times\phi9$	$4\times\phi9$⊔$\phi20$　　$4\times\phi9$⊔$\phi20$	锪平面 $\phi20$ 的深度不需标注，加工时一般锪平到不出现毛面为止
螺纹孔	通孔	$3\times M6\text{-}7H$	$3\times M6\text{-}7H$　　$3\times M6\text{-}7H$	$3\times M6\text{-}7H$ 表示三个直径为 6mm，螺纹中径、顶径公差带为 7H 的螺孔
	不通孔	$3\times M6\text{-}7H$ 10	$3\times M6\text{-}7H$▽10　　$3\times M6\text{-}7H$▽10	▽10 是指螺孔的有效深度尺寸为 10mm，钻孔深度以保证螺孔有效深度为准，也可查有关手册确定
	不通孔	$3\times M6$ 10 12	$3\times M6$▽10 孔▽12　　$3\times M6$▽10 孔▽12	需要注出钻孔深度时，应明确标注出钻孔深度尺寸

14.3.4 零件的结构工艺性简介

零件在机器中所起的作用，决定了它的结构形状。大部分零件都要经过热加工和机械加工等过程制造出来，因此，设计零件时，必须满足零件的工作性能要求，同时还应考虑制造和检验的工艺合理性，以便有利于加工制造。常见的工艺结构有铸造工艺结构和机械加工工艺结构。

1. 铸造零件的工艺结构

（1）起模斜度　用铸造方法制造零件的毛坯时，为了便于将木模从砂型中取出，一般沿木模拔模的方向做成约 1∶20 的斜度，称为起模斜度，又称为拔模斜度。所以铸件上也有相应的斜度，如图 14-54 所示。

（2）铸造圆角　在铸件毛坯各表面的相交处，都有铸造圆角，如图 14-55 所示。这样既便于起模，又能防止在浇铸时铁水将砂型转角处冲坏，还可避免铸件在冷却时产生裂纹或缩孔。铸造圆角半径在图上一般不标注出，而是写在技术要求中。

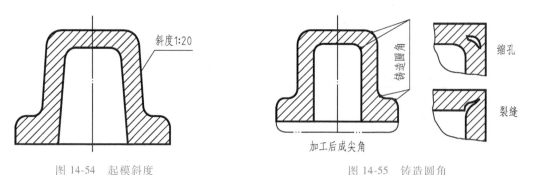

图 14-54　起模斜度　　　　　　　　　　　　图 14-55　铸造圆角

（3）铸件壁厚　在浇铸零件时，为了避免各部分因冷却速度不同而产生缩孔或裂纹，铸件的壁厚应保持大致均匀，或采用渐变的方法，如图 14-56 所示。

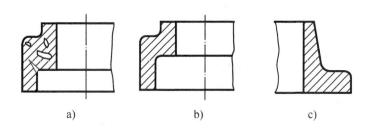

a)　　　　　　　　　　b)　　　　　　　　　c)

图 14-56　铸件壁厚的变化

a）壁厚不均匀产生缩孔　b）壁厚均匀　c）壁厚渐变过渡

另外零件上与其他零件接触的表面，一般都要进行加工。为了节约加工费用，降低成本，尽量减少加工面积；同时，适当减少接触面积还可以增加接触的稳定性，在铸件毛坯上经常铸出各种凸台和凹坑。

2. 机械加工零件的工艺结构

为了便于安装和安全操作，在轴端、孔口及零件的端部常加工出倒角。另外，为避免应力集中而引起断裂，在阶梯轴的轴肩处常加工成圆角过渡，称为倒圆。

磨削加工时，为使砂轮可以稍越过加工面，预先在加工面的末端制出砂轮越程槽。砂轮越程槽的结构形式和尺寸依据相应国家标准。

切削加工时，为了便于退出刀具，并保护刀具不被破坏，以及相关的零件在装配时能够靠紧，预先在待加工表面的末端制出退刀槽，如图 14-57 所示。退刀槽的尺寸一般可按图 14-57 所示"槽宽×槽颈"，也可按"槽宽×槽深"的形式标注。标注槽宽是为了便于选择割槽刀。槽深应由最接近槽底的一个面算起。

零件上有各种不同形式和不同用途的孔，一般是用钻头加工孔。由于钻头带有一个接近120°的钻尖角，所以它加工出的不通孔也带有一个顶角接近120°的圆锥孔，在图14-58a中，这个钻尖角画成120°而不必标出尺寸，钻孔深度也不包括锥坑。图14-58b是通孔的画法。

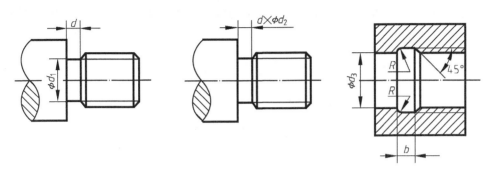

图 14-57　退刀槽

钻孔时，钻头应与孔端表面垂直，否则只是单刀切削，钻头易歪斜、折断。如必须在斜面或曲面上钻孔时，则应先把该表面铣平或预先铸出凸台或凹坑，然后再钻孔，如图14-58c、d、e所示。

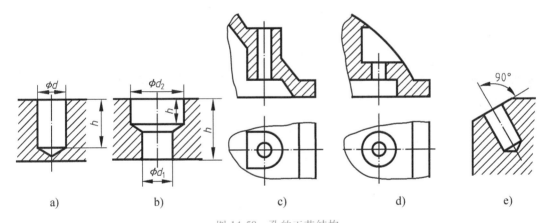

图 14-58　孔的工艺结构

a）盲孔　b）通孔　c）凸台　d）凹坑　e）斜面

14.3.5　零件图的技术要求

零件图上除了视图和尺寸外，还需用文字或符号标注对零件在加工工艺、验收检验和材料质量等方面提出要求。

零件图上所要标注的技术要求包括：零件表面结构要求、材料表面处理和热处理、尺寸公差、几何公差，零件在加工、检验和试验时的要求等内容。

1. 表面结构要求

（1）表面粗糙度的概念　零件在加工过程中，由于机床、刀具的震动、材料被切削时产生塑性变形及刀痕等，零件的表面不可能是一个理想的光滑表面。放大了观察，零件表面会看到高低不平的情况。表示零件表面具有的较小间距和峰谷所组成的微观几何形状特征，称为表面粗糙度。表面粗糙度对零件的配合性质、耐磨性、工作精度和抗腐蚀性都有密切的关系，它直接影响到机器的可靠性和使用寿命。

评定表面粗糙度最常用的参数是轮廓算数平均偏差 Ra 和轮廓最大高度 Rz，Ra 如图 14-59 所示，可用公式表示为

$$Ra = \frac{1}{l} \int_0^l |y(x)| \, dx$$

或近似值：

$$Ra = \frac{1}{n} \sum_{i=1}^n |y_i|$$

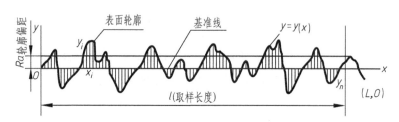

图 14-59　轮廓算术平均偏差

零件的工作表面、配合表面、密封表面、摩擦表面和精度要求高的表面等，Ra 值应该取得小一些；非工作表面、非配合面和尺寸精度要求低的表面，Ra 值应该取得大一些。表 14-7 列出了表面粗糙度 Ra 值及应用举例。

表 14-7　表面粗糙度 Ra 值及应用举例

$Ra/\mu m$	表面特征	主要加工方法	应用举例
>40~80	明显可见刀痕	粗车、粗刨、粗铣、钻粗砂轮等加工	表面粗糙度要求低的加工面，一般很少应用
>20~40	可见刀痕		
>10~20	微见刀痕	粗车、铣、刨、钻等	不接触表面、不重要的接触表面，如螺纹孔、倒角、机器底面等
>5~10	可见加工痕迹	精车、精铣、精刨、铰、镗、粗磨等	没有相对运动的零件接触面，如箱体、盖、套筒要求紧贴的表面、键和键槽的工作表面
>2.5~5	微见加工痕迹		
>1.25~2.5	看不见加工痕迹		相对运动速度不高的接触面，如支架孔、衬套、带轮轴孔的工作表面
>0.63~1.25	可辨加工痕迹方向	精车、精铰、精拉、精磨、精镗等	要求很好配合的接触表面，如轴承配合表面、销孔等
>0.32~0.63	微辨加工痕迹方向		
>0.16~0.32	不可辨加工痕迹方向		相对运动速度较高的接触面，如齿轮的工作表面

（续）

Ra/μm	表面特征	主要加工方法	应用举例
>0.08~0.16	暗光泽面	超精磨、研磨、抛光、镜面磨	精密量具表面、极重要零件的摩擦面，如气缸的内表面、精密机床主轴颈、坐标镗的主轴颈、仪器的测量面等
>0.04~0.08	亮光泽面		
>0.02~0.04	镜状光泽面		
>0.01~0.02	雾状镜面		
≤0.01	镜面		

（2）表面结构图形符号和标注　零件表面结构图形符号的画法如图14-60所示。其中 $H_1 = 1.4h$，$H_2 = 3h$，h 为字高。

零件表面结构的标注应遵循以下原则：

1）在图样中，每一表面一般只标注一次，并尽可能标注在相应的尺寸及其公差的同一视图上。

2）表面结构要求图形符号的尖端必须从材料外指向表面，可标注在图样可见轮廓线、可见轮廓线延长线、尺寸线、尺寸界线或者带箭头或黑点的引出线上。

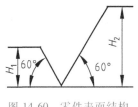

图 14-60　零件表面结构
图形符号的画法

3）图样中所标注的表面结构要求是对完工零件表面的要求，除非另有说明。

4）表面结构要求的标注和读取方向应与图样中尺寸数字的标注和读取方向一致。

表面结构要求在图样上的标注示例如图14-61所示。

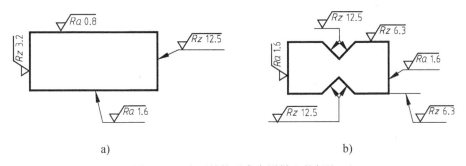

图 14-61　表面结构要求在图样上的标注

2. 公差与配合

零件的互换性：同一批零件，不经挑选和辅助加工，任取一件就能顺利地装到机器上去，并满足机器的性能要求，零件的这种性质称为互换性。零件具有互换性，不但给装配、修理机器带来方便，还可用专用设备生产，提高产品数量和质量，同时降低产品的成本。

（1）公差的相关术语　在零件的加工中，由于机床精度、刀具磨损、测量误差等因素的影响，不可能把零件的尺寸做得绝对准确，一定会产生误差。为了保证零件的互换性和产品质量，必须将零件尺寸的加工误差控制在一定的范围内，对其规定出尺寸变动量，这个允许的尺寸变动量称为尺寸公差，简称为公差。关于尺寸公差的相关术语，如图14-62所示圆柱孔的尺寸，简要说明如下：

1）公称尺寸：设计时给定的尺寸，如图14-62中的$\phi 20$。

2）实际尺寸：零件制成后实际量得的尺寸。

3）极限尺寸：允许尺寸变化的两个界限值。它以公称尺寸为基数来确定，两个界限值中较大的一个称为上极限尺寸，如图14-62中孔的上极限尺寸为$\phi 20.010$。较小的一个称为下极限尺寸，如图14-62中孔的下极限尺寸为$\phi 19.990$。实际尺寸在两个极限尺寸之间认为合格。

4）极限偏差（简称为偏差）：极限尺寸与公称尺寸之差。极限偏差有上极限偏差和下极限偏差，统称极限偏差。偏差可以是正值、负值或零。国标规定偏差代号：孔的上、下极限偏差分别用 ES 和 EI 表示；轴的上、下极限偏差分别用 es 和 ei 表示。

上极限偏差＝上极限尺寸−公称尺寸。如图14-62所示，孔的上极限偏差为+0.010。

下极限偏差＝下极限尺寸−公称尺寸。如图14-62所示，孔的下极限偏差为−0.010。

5）尺寸公差（简称为公差）：允许尺寸的变动量。公差＝上极限尺寸−下极限尺寸＝上极限偏差−下极限偏差。如图14-62所示，孔的公差为0.020。公差总是正值。

6）零线：在公差与配合图解中，用以确定偏差的一条基准直线，称为零偏差线，简称为零线。通常零线表示公称尺寸。

7）尺寸公差带（简称为公差带）：在公差带图中，由代表上、下极限偏差的两条直线所限定的一个区域，如图14-62b所示。

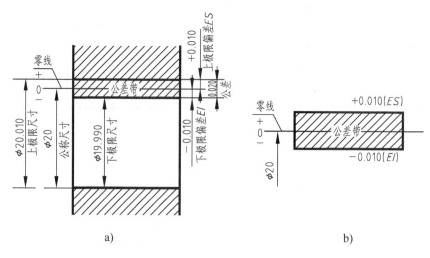

图 14-62　极限与配合的相关术语

a）公称尺寸和极限尺寸　b）公差带图

（2）标准公差和基本偏差　《产品几何技术规范（GPS）　线性尺寸公差 ISO 代号体系　第 1 部分：公差、偏差和配合的基础》（GB/T 1800.1—2020）规定了公差带由标准公差和基本偏差两部分组成，标准公差确定公差带大小，基本偏差确定公差带位置，如图14-63所示。

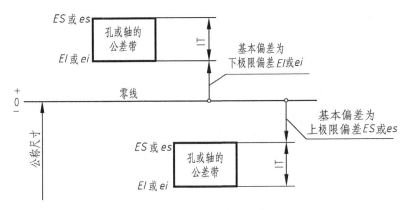

图 14-63 公差带大小及位置

国家标准表列的、用于确定公差带大小的任一公差为标准公差。标准公差数值与其尺寸分段和公差等级有关。公差等级用于确定尺寸精度的标准。国家标准将公差等级分为20级，即 IT01、IT0、IT1、IT2、…、IT18。IT 表示标准公差，后面的阿拉伯数字表示公差等级。从 IT0 至 IT18，尺寸的精度依次降低，而相应的标准公差数值依次增大，标准公差的数值见表 14-8。

表 14-8 标准公差数值表（摘自 GB/T 1800.1—2020 部分）

公称尺寸/mm		公差等级																			
		IT01	IT0	IT1	IT2	IT3	IT4	IT5	IT6	IT7	IT8	IT9	IT10	IT11	IT12	IT13	IT14	IT15	IT16	IT17	IT18
大于	至	μm													mm						
—	3	0.3	0.5	0.8	1.2	2	3	4	6	10	14	25	40	60	0.10	0.14	0.25	0.40	0.60	1.0	1.4
3	6	0.4	0.6	1	1.5	2.5	4	5	8	12	18	30	48	75	0.12	0.18	0.30	0.48	0.75	1.2	1.8
6	10	0.4	0.6	1	1.5	2.5	4	6	9	15	22	36	58	90	0.15	0.22	0.36	0.58	0.90	1.5	2.2
10	18	0.5	0.8	1.2	2	3	5	8	11	18	27	43	70	110	0.18	0.27	0.43	0.70	1.10	1.8	2.7
18	30	0.6	1	1.5	2.5	4	6	9	13	21	33	52	84	130	0.21	0.33	0.52	0.84	1.30	2.1	3.3
30	50	0.6	1	1.5	2.5	4	7	11	16	25	39	62	100	160	0.25	0.39	0.62	1.00	1.60	2.5	3.9
50	80	0.8	1.2	2	3	5	8	13	19	30	46	74	120	190	0.30	0.46	0.74	1.20	1.90	3.0	4.6
80	120	1	1.5	2.5	4	6	10	15	22	35	54	87	140	220	0.35	0.54	0.87	1.40	2.20	3.5	5.4
120	180	1.2	2	3.5	5	8	12	18	25	40	63	100	160	250	0.40	0.63	1.00	1.60	2.50	4.0	6.3
180	250	2	3	4.5	7	10	14	20	29	46	72	115	185	290	0.46	0.72	1.15	1.85	2.90	4.6	7.2
250	315	2.5	4	6	8	12	16	23	32	52	81	130	210	320	0.52	0.81	1.30	2.10	3.20	5.2	8.1
315	400	3	5	7	9	13	18	25	36	57	89	140	230	360	0.57	0.89	1.40	2.30	3.60	5.7	8.9
400	500	4	6	8	10	15	20	27	40	63	97	155	250	400	0.63	0.97	1.55	2.50	4.00	6.3	9.7

基本偏差是国家标准规定的用于确定公差带相对于零线位置的上极限偏差或下极限偏差，一般指靠近零线的那个极限偏差。当公差带位于零线上方时，基本偏差为下极限偏差；当公差带位于零线下方时，基本偏差为上极限偏差，如图 14-64 所示。

按国家标准规定，孔和轴各有 28 个基本偏差，它们的代号用拉丁字母表示：大写表示孔，小写表示轴。

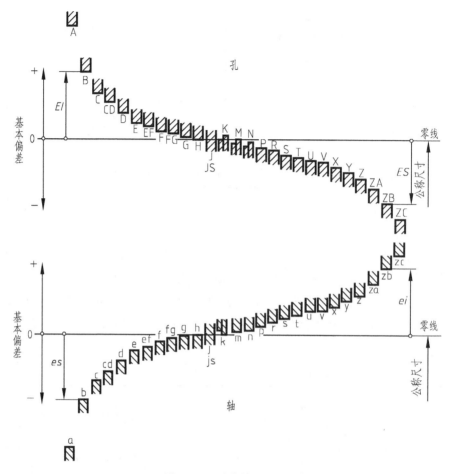

图 14-64　基本偏差系列

　　轴的基本偏差从 a~h 为上极限偏差，从 j~zc 为下极限偏差，js 的上、下极限偏差分别为 $+\frac{IT}{2}$ 和 $-\frac{IT}{2}$。孔的基本偏差从 A~H 为下极限偏差，从 J~ZC 为上极限偏差。JS 的上、下极限偏差分别为 $+\frac{IT}{2}$ 和 $-\frac{IT}{2}$，具体数值可以从有关表格中查取。

　　（3）孔、轴的公差带代号　孔、轴的公差带代号由基本偏差与公差等级代号组成。例如 $\phi50H8$ 的含义是：此公差带的全称是公称尺寸为 $\phi50$，公差等级为 8 级，基本偏差为 H 的孔的公差带。又如 $\phi50f7$ 的含义：此公差带的全称是公称尺寸为 $\phi50$，公差等级为 7 级，基本偏差为 f 的轴的公差带。

　　（4）配合　基本尺寸相同的、相互结合的孔与轴公差带之间的关系称为配合。这里的孔与轴主要指圆柱形的内、外表面，也包括内、外平面组成的结构。孔和轴配合时，由于它们的尺寸不同，将产生间隙或过盈的情况。配合分为有间隙配合、过盈配合和过渡配合三类。

　　1）间隙配合。孔的实际尺寸总比轴的实际尺寸大，即孔与轴装配在一起时具有间隙

（包括最小间隙为零）的配合。

2）过盈配合。孔的实际尺寸总比轴的实际尺寸小，即孔与轴装配在一起时具有过盈（包括最小过盈为零）的配合。

3）过渡配合。孔的实际尺寸可能比轴的实际尺寸大也可能小，即孔与轴装配在一起时可能具有间隙或过盈的配合。

（5）极限与配合在图样上的标注　在零件图上标注孔和轴的公差有三种形式：第一种是标注出公称尺寸和上、下极限偏差数值，如图14-65a所示；第二种是在孔或轴的公称尺寸后面标注公差带代号，括号里面也标注上下极限偏差的数值，如图14-65b所示；第三种是标注出公称尺寸及公差带代号，如图14-65c所示。

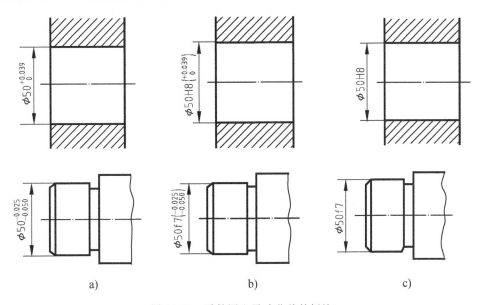

a)　　　　　　　　　b)　　　　　　　　　c)

图 14-65　零件图上尺寸公差的标注

在装配图上标注配合尺寸，一般是在公称尺寸右边标出孔和轴的配合代号。配合代号由孔和轴的公差带代号组成，用分式的形式表示。分子是孔的公差代号（或偏差），分母是轴的公差代号（或偏差），如图14-66所示。

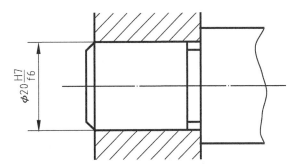

图 14-66　装配图中公差与配合的标注

3. 几何公差

机械零件在加工中的尺寸误差，根据使用要求用尺寸公差加以限制。而对加工中零件的几何形状和相对几何要素的位置误差则由几何公差加以限制。

几何公差是指零件的各部分形状、方向、位置和跳动误差所允许的最大变动量。

（1）几何公差代号、基准代号　几何公差类型及其特征、符号见表14-9。

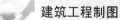

表 14-9　几何公差类型及其特征、符号

公差类型	几何特征	符号	有无基准要求
形状公差	直线度	▬	无
	平面度	▱	无
	圆度	○	无
	圆柱度	⌭	无
	线轮廓度	⌒	无
	面轮廓度	⌓	无
方向公差	平行度	∥	有
	垂直度	⊥	有
	倾斜度	∠	有
	线轮廓度	⌒	有
	面轮廓度	⌓	有
位置公差	位置度	⊕	有或无
	同轴度	◎	有
	对称度	═	有
	线轮廓度	⌒	有
	面轮廓度	⌓	有
跳动公差	圆跳动	↗	有
	全跳动	⌰	有

几何公差用公差框格来标注，公差要求标注在框格内，由相关项目的符号、框格和指引线、公差数值以及基准代号的字母组成，如图 14-67 所示。

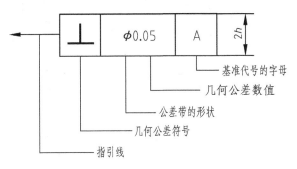

图 14-67　几何公差代号及基准代号

框格和带箭头的指引线均用细实线画出，指示箭头和尺寸箭头画法相同，框格应水平或垂直绘制。框格高度是图样中尺寸数字高度的两倍，它的长度视需要而定。框格从左到右填写以下内容：第一格填写几何公差的符号；第二格填写几何公差数值和有关符号；第三格和其后各格填写基准代号的字母和有关符号。框格中的数字、字母、符号与图样中的数字等高。

（2）几何公差的标注举例　如图 14-68a 所注几何公差代号表示：滚柱实际轴线与理想轴线之间的变动量，即滚柱的轴线必须保持在理想轴线位置 $\phi 0.006$ 的圆柱面内。

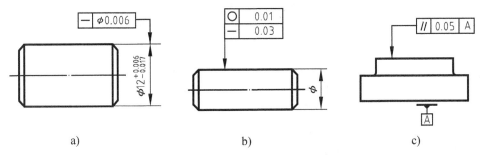

a)　　　　　　　　　　　b)　　　　　　　　　　　c)

图 14-68　几何公差的标注举例

如图 14-68b 所示，圆柱表面上任一素线的形状所允许的变动全量（0.03mm），在圆柱轴线方向上任一横截面的实际圆所允许的变动全量（0.01mm）。

如图 14-68c 所示，箭头所指的上表面与 A 基准面（下方表面）之间应该平行，所允许的最大变动全量为 0.05mm。

4. 常用热处理及表面处理方法

很多零件在加工过程中，需要进行热处理或表面处理，通常用文字技术要求的形式将表面处理和热处理方式写在零件图中。如图 14-45 中的淬火等。表 14-10 给出了常用的表面处理及热处理方法。

表 14-10　常用的表面处理及热处理方法

名称	代号	说明	目的
退火	5111	将钢件加热到临界温度以上，保温一段时间，然后以一定速度缓慢冷却	用于消除铸、锻、焊零件的内应力，以利于切削加工，细化晶粒，改善组织，增加韧性
正火	5121	将钢件加热到临界温度以上，保温一段时间，然后在空气中冷却	用于处理低碳和中碳结构钢及渗碳零件，细化晶粒，增加强度和韧性，减少内应力，改善切削性能
淬火	5131	将钢件加热到临界温度以上，保温一段时间，然后急速冷却	提高钢件强度和耐磨性。但淬火后会引起内应力，使钢变脆，所以淬火后必须回火
回火	5141	将淬硬的钢件加热到临界温度以下某温度，保温一段时间，然后冷却到室温	降低淬火后的内应力和脆性，提高钢的塑性和冲击韧性
调质	5151	淬火后在 450~650℃进行高温回火	提高韧性及强度。重要的齿轮、轴、丝杠等零件需要调质
表面淬火	5210	用火焰或高频电流将钢件表面迅速加热到临界温度以上，急速冷却	提高钢件表面的硬度及耐磨性，而芯部又保持一定的韧性，使零件既耐磨又能承受冲击，常用来处理齿轮等
渗碳	5310	将钢件在渗碳剂中加热，停留一段时间，使碳渗入钢的表面后，再淬火和低温回火	提高钢件表面的硬度、耐磨性、抗拉强度等。主要用于低碳、中碳（C < 0.40%）结构钢的中小零件
时效处理	时效	低温回火后，精加工之前，加热到 100~150℃保持 5~20h，空气冷却；对铸件也可以放在露天中一年以上进行天然时效处理	消除内应力、稳定形状和尺寸，常用于处理精密机件，如量具、精密丝杆、床身导轨、精密轴承等
发蓝发黑	发蓝或发黑	将零件置于氧化性介质内加热氧化，使表面形成一层氧化铁保护膜	防腐蚀，美化，常用于螺纹连接件

14.3.6　读零件图

1. 读零件图的方法和步骤

　　零件图是指生产中指导制造和检验该零件的主要图样，它不仅应将零件的材料，内、外结构形式和大小表达清楚，而且还要为零件的加工、检验、测量提供必要的技术要求。读零件图时，应联系零件在机器或部件中的位置、作用，以及与其他零件的关系，才能理解和读懂零件图。读零件图的一般方法和步骤如下：

　　（1）概括了解　从标题栏了解零件的名称、材料、比例、质量等内容。从名称可判断该零件属于哪一类零件，从材料可大致了解其加工方法，从绘图比例可估计零件的实际大小。必要时，最好对照机器、部件实物或装配图了解该零件的装配关系等，从而对零件有初步的了解。

（2）分析视图间的联系和零件的结构形状　分析零件各视图的配置以及相互之间的投影关系，运用形体分析和线面分析读懂零件各部分结构，想象出零件的形状。读懂零件的结构形状是读零件图的重点，组合体的读图方法仍适用于读零件图。读图的一般顺序是先整体、后局部；先主体结构、后局部结构；先读懂简单部分，再分析复杂部分。

（3）分析尺寸和技术要求　分析零件的长、宽、高三个方向的尺寸基准，从基准出发查找各部分的定形、定位尺寸，并分析尺寸的加工精度要求。必要时还要联系机器或部件与该零件有关的零件一起分析，以便深入理解尺寸之间的关系，以及所标注的尺寸公差、几何公差和表面结构要求等技术要求。

（4）综合归纳　零件图表达了零件的结构形式、尺寸及其精度要求等内容，它们之间是相互关联的。读图时应将视图、尺寸和技术要求综合考虑，对这个零件形成完整的认识。

2. 读图举例

现以图 14-69 所示的主动齿轮轴零件图为例介绍读图。

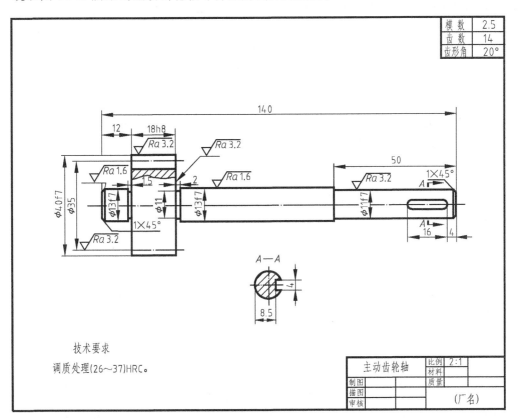

图 14-69　主动齿轮轴零件图

从标题栏和图形可以看出，该零件是主动齿轮轴，属轴套类零件。用一个主视图和一个断面图来表达轴，轴线横放。主视图表示轴的整体情况，对齿轮进行了局部剖视，再加一个断面表达出键槽，就将结构表达清楚了。该轴是齿轮油泵的一个主要零件，其主动齿轮与从动齿轮啮合，完成油的加压过程，其具体工作原理见 14.4 节。

零件图要求尺寸应齐全合理，但不允许重复标注，且不允许注成封闭的尺寸链，将最不重要的一段不标注，以保证其他各段尺寸的准确，保证产品的质量。如图 14-69 所示，轴长度方向以右端面作为主要基准，保证右端 50 和槽 4 的尺寸，再以左端面为次要基准，保证 12 和 18 加工尺寸。每一个加工尺寸都存在误差，若将各段尺寸都标注，误差将造成总长尺寸不能保证。

用来说明加工该零件时对其表面的要求，包括以下几个方面：

1）图 14-69 中标注了表面结构要求，如 $\sqrt{Ra3.2}$ 和 $\sqrt{Ra1.6}$。

2）该齿轮轴有四个尺寸有公差要求，即 $\phi40f7$、$\phi13f7$、$\phi11f7$、$18h8$，根据机械制图标准中极限与配合的有关数值表，可以查其公差范围。如 $\phi40f7$ 的尺寸变动值查得为上极限偏差为 -0.025，下极限偏差为 -0.050，即表示尺寸允许在 $\phi39.950\sim\phi39.975$ 之间变动。

同理，查表知 $\phi13f7$ 的尺寸允许在 $\phi12.966\sim\phi12.984$ 之间变动；$\phi11f7$ 的尺寸允许在 $\phi11.966\sim\phi11.984$ 之间变动；$18h8$ 的尺寸允许在 $\phi18\sim\phi17.922$ 之间变动。

3）图 14-69 的左下方，说明轴要进行调质处理，并要求达到一定硬度。

■ 14.4 装配图

在工业生产中，设计、装配、检验和维修机器或部件时都需要装配图。在设计机器时，首先绘制装配图，再由装配图画出零件图，按零件图加工出合格的零件，然后根据装配图把零件装配成机器。因此，装配图要反映出设计者的意图和机器或部件的结构形状、零件间的装配关系、工作原理和性能要求，以及在装配、检验、安装时所需要的尺寸和技术要求。

14.4.1 装配图的内容

任何机器都是由若干个零件按一定的装配关系和技术要求装配起来的。图 14-44 是球阀的轴测装配图，由 13 个零件组成。图 14-70 是表示球阀的装配图，这种用来表达机器或部件的图样，称为装配图。装配图包括以下几部分内容：

1. 一组视图

用一组视图表达机器或部件的工作原理、零件间的装配关系、连接方式，以及主要零件的结构形状。如图 14-70 球阀装配图中的主视图采用全剖视，表达球阀的工作原理和各主要零件间的装配关系；俯视图表达主要零件的外形，并采用局部剖视表达扳手与阀体的连接关系；左视图采用半剖视，表达阀盖的外形以及阀体、阀杆、阀芯间的装配关系。

2. 必要的尺寸

用来标注机器或部件的规格尺寸、零件之间的配合或相对位置尺寸、机器或部件的外形尺寸、安装尺寸以及设计时确定的其他重要尺寸等。

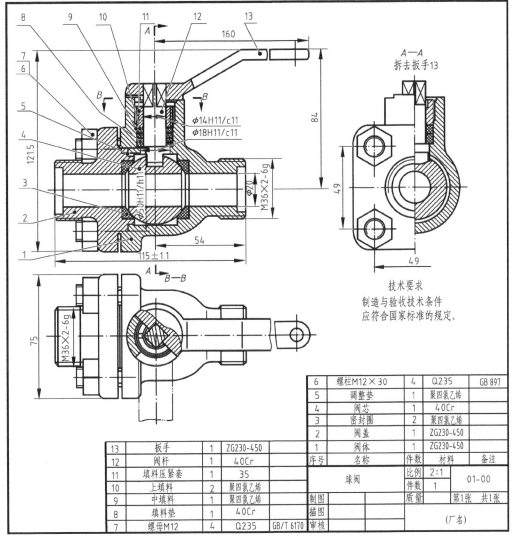

图 14-70　球阀装配图

3. 技术要求

说明机器或部件的装配、安装、调试、检验、使用与维护等方面的技术要求，一般用文字写出。

4. 序号、明细栏和标题栏

在装配图中，为了便于迅速、准确地查找每一零件，对每一零件编写序号，并在明细栏中依次列出零件序号、名称、数量、材料等。在标题栏中写明装配体的名称、图号、比例以及设计、制图、审核人员的签名和日期等。

14.4.2　装配图的表达方法

　　装配图重点表达零件之间的装配关系、零件的主要形状结构、装配体的内外结构形状和工作原理等。画装配图时应将机件的表达方法与装配体的表达方法结合起来，共同完成装配体的表达。

　　1）相邻两零件的接触面或配合面，只画出一条线表示公共轮廓；不接触的表面画两条线。

　　如图14-71a所示，零件的接触面和配合面，只画出一条线。如图14-71b所示，螺栓穿入被连接零件的孔时既不接触也不是配合面，应该画两条线，表示各自的轮廓线。如图14-70所示，阀杆12的榫头与阀芯4的槽口的非配合面，阀盖2与阀体1的非接触面等，画出两条线，表示各自的轮廓线。

　　2）在剖视图或断面图中，相邻两零件的剖面线的倾斜方向应相反或方向相同而间隔不同。如两个以上零件相邻时，可改变第三零件剖面线的间隔或使剖面线错开，以区分不同零件。在同一张图样上，同一零件的剖面线的方向和间隔在各视图中必须保持一致。

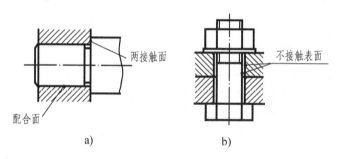

图14-71　接触的表面与配合面画一条线，不接触的表面画两条线

　　3）在剖视图中，对于标准件（如螺栓、螺母、键、销等）和实心的轴、手柄、连杆等零件，当剖切平面通过其基本轴线时，这些零件均按不剖绘制，即不画剖面线，如图14-71b中的螺栓和图14-70主视图中的阀杆12。

　　4）拆卸画法：在装配图中，当某些零件遮挡住被表达的零件的装配关系或其他零件时，可假想将一个或几个遮挡的零件拆卸，只画出所表达部分的视图，这种画法称为拆卸画法。图14-70中的左视图，是拆去扳手13后画出的（扳手的形状在另两视图中已表达清楚）。应用拆卸画法画图时，应在视图上方标注"拆去件××"等字样。

　　5）沿结合面剖切画法：在装配图中，为表达某些结构，可假想沿两零件的结合面剖切后进行投影，称为沿结合面剖切画法，如图14-74所示齿轮油泵装配图中的B—B剖视。此时，零件的结合面不画剖面线，其他被剖切的零件应画剖面线。

　　6）假想画法：在装配图中，为了表示运动零件的运动范围或极限位置，可采用双点画线画出其轮廓，如图14-70中的俯视图，用双点画线画出了扳手的另一个极限位置。

　　7）夸大画法：在装配图中，对于薄片零件、细丝弹簧、微小的间隙等，当无法按实际尺寸画出或虽能画出但不明显时，可不按比例而采用夸大画法画出。如图 14-70 主视图中零件 5 调整垫的厚度，就是夸大画出的。

8）在装配图中，零件的工艺结构如小圆角、倒角、退刀槽等允许不画出；螺栓、螺母、的倒角和因倒角而产生的曲线允许省略。

9）在装配图中，若干相同的零件组（如螺纹紧固件组等），允许仅详细地画出一处，其余各处以点画线表示其位置。

14.4.3 装配图中的尺寸和技术要求

1. 装配图的尺寸标注

装配图中，不必也不可能标注出所有零件的尺寸，只需标注出说明机器或部件的性能、工作原理、装配关系、安装要求等方面的尺寸。这些尺寸按其作用可分为以下几类：

（1）性能（规格）尺寸 表示机器或部件性能（规格）的尺寸。这类尺寸在设计时就已确定，是设计、了解和选用该机器或部件的依据，如图 14-70 球阀的管口直径 $\phi20$。

（2）装配尺寸 装配尺寸由两部分组成：一部分是各零件间配合尺寸，如图 14-70 中的 $\phi50H11/h11$ 等尺寸；另一部分是装配有关零件间的相对位置尺寸，如图 14-70 左视图中的 49。

（3）外形尺寸 表示装配体外形轮廓大小的尺寸，即总长、总宽和总高。它为包装、运输和安装过程所占的空间提供了依据。如图 14-70 中球阀的总长、总宽和总高分别为 115±1.1、75 和 121.5。

（4）安装尺寸 机器或部件安装时所需的尺寸，如图 14-70 中主视图中的 84、54 和 M36×2-6g 等。

（5）其他重要尺寸 在设计中确定，又不属于上述几类尺寸的一些重要尺寸，如运动零件的极限尺寸、主体零件的重要尺寸等。

上述五类尺寸，并非在每一张装配图上都必须注全，有时同一尺寸可能有几种含义，如图 14-70 中的 115±1.1，它既是外形尺寸，又与安装有关。在装配图上到底应标注哪些尺寸，应根据装配体做具体分析后进行标注。

2. 技术要求的标注

装配图上一般标注以下几个方面的技术要求：

（1）装配要求 在装配过程中的注意事项和装配后应满足的要求。如保证间隙、精度要求、润滑和密封的要求等。

（2）检验要求 装配体基本性能的检验、试验规范和操作要求等。

（3）使用要求 对装配体的规格、参数及维护、保养、使用时的注意事项及要求。

装配图上的技术要求一般注写在明细栏上方或图样右下方的空白处。如图 14-70 所示的技术要求，标注在明细栏的上方。

14.4.4 装配图中的零、部件序号和明细栏

装配图中的所有零、部件必须编写序号，并填写明细栏。

1. 零、部件序号的编排方法

零、部件序号包括指引线、序号数字和序号排列顺序。序号的编注形式如图 14-72 所示。

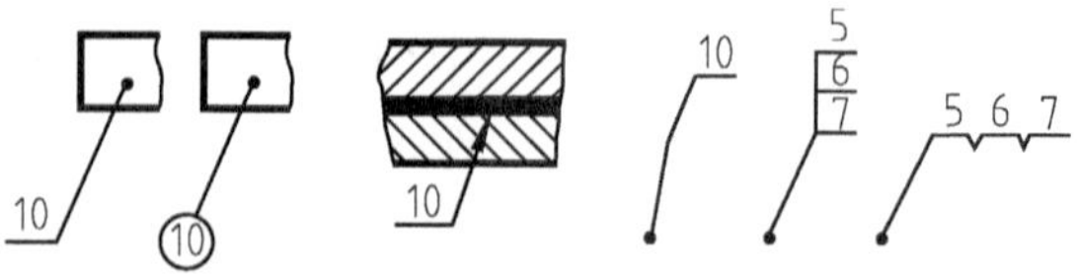

图 14-72　序号的编注形式

（1）指引线

1）指引线用细实线绘制，应从所指零件的轮廓线内引出，并在末端画一圆点。若所指零件很薄或为涂黑断面，可在指引线末端画出箭头，并指向该部分的轮廓。

2）指引线的另一端可弯折成水平横线、为细实线圆或为直线段终端。

3）指引线相互不能相交，当通过有剖面线的区域时，不应与剖面线平行。必要时，指引线可以画成折线，但只允许曲折一次。

4）一组紧固件或装配关系清楚的零件组，可采用公共指引线。

（2）序号数字

1）序号数字应比图中尺寸数字字号大一号或两号，但同一装配图中编注序号的形式应一致。

2）相同的零、部件的序号应一个序号，一般只标注一次。多次出现的相同零、部件，必要时也可以重复标注。

（3）序号的排列　在装配图中，序号可在一组图形的外围按水平或垂直方向顺次整齐排列，排列时可按顺时针或逆时针方向，但不得跳号，如图 14-70 所示。

2. 明细栏

明细栏是机器或部件中全部零件的详细目录，应画在标题栏上方，当位置不够用时，可续接在标题栏左方。明细栏外框竖线为粗实线，其余各线为细实线，其下边线与标题栏上边线重合，长度相等。

明细栏中，零、部件序号应按自下而上的顺序填写，以便在增加零件时可继续向上画格。学校制图作业明细栏可采用图 14-73 所示的格式。明细栏“名称”一栏中，除填写零、部件名称外，对于标准件还应填写其规格，有些零件还要填写一些特殊项目，如齿轮应填写“$m=$”“$z=$”，标准件的国标号应填写在“备注”中。

<table>
<tr><td></td><td colspan="2"></td><td></td><td colspan="2"></td><td></td></tr>
<tr><td></td><td colspan="2"></td><td></td><td colspan="2"></td><td></td></tr>
<tr><td></td><td colspan="2"></td><td></td><td colspan="2"></td><td></td></tr>
<tr><td>序号</td><td colspan="2">名称</td><td>件数</td><td colspan="2">材料</td><td>备注</td></tr>
<tr><td colspan="3" rowspan="2">(部件名称)</td><td>比例</td><td></td><td colspan="2" rowspan="2">(图号)</td></tr>
<tr><td>件数</td><td></td></tr>
<tr><td>设计</td><td></td><td>(日期)</td><td>质量</td><td></td><td colspan="2">共 张 第 张</td></tr>
<tr><td>制图</td><td></td><td>(日期)</td><td colspan="4" rowspan="2">(校名　班级)</td></tr>
<tr><td>审核</td><td></td><td>(日期)</td></tr>
</table>

图 14-73　推荐学生使用的标题栏与明细栏

14.4.5 读装配图

读装配图的目的：了解部件的作用和工作原理，了解各零件间的装配关系、拆装顺序及各零件的主要结构形状和作用，了解主要尺寸、技术要求和操作方法。

1. 读装配图的方法和步骤

（1）概括了解 读装配图时，首先由标题栏了解机器或该部件的名称；由明细栏了解组成机器或部件中各零件的名称、数量、材料及标准件的规格，估计部件的复杂程度；由画图的比例、视图大小和外形尺寸，了解机器或部件的大小；由产品说明书和有关资料，并联系生产实践知识，了解机器或部件的性能、功用等，从而对装配图的内容有一个概括的了解。

（2）分析视图 首先找到主视图，再根据投影关系识别其他视图的名称，找出剖视图、断面图所对应的剖切位置。根据向视图或局部视图的投影方向，识别出表达方法的名称，从而明确各视图表达的意图和侧重点，为下一步深入读图做准备。

（3）分析零件，读懂零件的结构形状 分析零件，就是弄清每个零件的结构形状及其作用。一般应先从主要零件入手，然后是其他零件。当零件在装配图中表达不完整时，可对相关的其他零件仔细观察和分析，然后再做结构分析，从而确定该零件的内外结构形状。

（4）分析装配关系和工作原理 对照视图仔细研究部件的装配关系和工作原理，是深入读图的重要环节。在概括了解装配图的基础上，从反映装配关系、工作原理明显的视图入手，找到主要装配干线，分析各零件的运动情况和装配关系；再找到其他装配干线，继续分析工作原理、装配关系、零件的连接、定位以及配合的松紧程度等。

2. 读装配图举例

现以图 14-74 所示的齿轮油泵的装配图为例介绍读图。

齿轮油泵是机器中用来输送润滑油的一个部件。对照零件序号和明细栏可知：齿轮油泵由泵体、左右端盖、运动零件（传动齿轮、齿轮轴等）、密封零件和标准件等 17 种零件装配而成，属于中等复杂程度的部件。三个方向的外形尺寸分别是 118mm、85mm、93mm，体积不大。

齿轮油泵采用两个基本视图表达。主视图采用全剖视图，反映了组成齿轮油泵的各个零件间的装配关系。左视图采用了沿垫片 6 与泵体 7 结合面处的剖切画法，产生了 B—B 半剖视图，又在吸、压油口处画出了局部剖视图，清楚地表达了齿轮油泵的外形和齿轮的啮合情况。

从装配图看出，泵体 7 的外形形状为长圆，中间加工成 8 字形通孔，用以安装齿轮轴 2 和传动齿轮轴 3；四周加工有两个定位销孔和六个螺孔，用以定位和旋入螺钉 1 并将左端盖 4 和右端盖 8 连接在一起；前后铸造出凸台并加工成螺孔，用以连接吸油和压油管道；下方有支承脚架与长圆连接成整体，并在支承脚架上加工有通孔，用以穿入螺栓将齿轮油泵与机器连接在一起。左端盖 4 的外形形状为长圆，四周加工有两个定位销孔和六个阶梯孔，用以

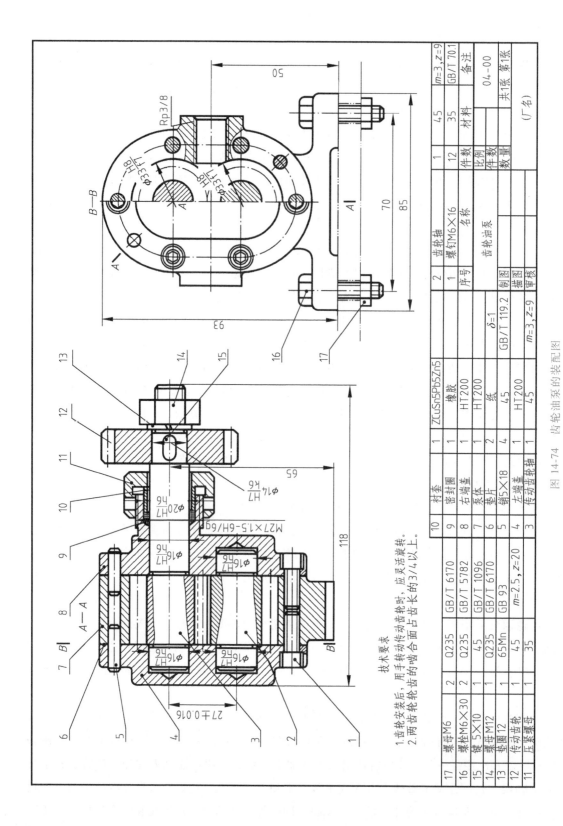

技术要求

1. 齿轮安装后，用手转动传动齿轮时，应灵活旋转。
2. 两齿轮轮齿的啮合面占齿长的3/4以上。

17	螺母M6	2	Q235	GB/T 6170	
16	螺栓M6×30	2	Q235	GB/T 5782	
15	锥套5×10	1	45	GB/T 1096	
14	螺母M12	1	Q235	GB/T 6170	
13	垫圈12	1	65Mn	GB 93	
12	传动齿轮	1	45		$m=2.5, z=20$
11	压盖螺母	1	35		
10	衬套	1	ZCuSn5Pb5Zn5		
9	密封圈	1	橡胶		
8	右端盖	1	HT200		
7	泵体	1	HT200		
6	垫片	2	纸		$\delta=1$
5	销5×18	4	45		
4	左端盖	1	HT200	GB/T 119.2	
3	传动齿轮轴	1	45		$m=3, z=9$
2	齿轮轴	1	45		$m=3, z=9$
1	螺钉M6×16	12	35	GB/T 70.1	
序号	名称	件数	材料		备注
		数量			

齿轮油泵   04-00

比例   件数   共1张 第1张

制图   描图   审核   (厂名)

图14-74 齿轮油泵的装配图

定位和装入螺钉 1 将左端盖 4 与泵体连接在一起；在长圆结构左侧铸造出长圆凸台，以保证加工支承齿轮轴 2、传动齿轮轴 3 的孔的深度；右端盖 8 的右上方铸造出圆柱形结构，外表面加工螺纹，用以零件压紧螺母，内部加工成通孔以保证齿轮传动轴伸出，其他结构与左端盖 4 相似。其他零件的结构形状请学生自行分析。

泵体 7 是齿轮油泵中的主要零件之一，它的空腔中容纳了一对吸油和压油的齿轮。将齿轮轴 2、传动齿轮轴 3 装入泵体后，两侧有左端盖 4、右端盖 8 支承这一对齿轮轴的旋转运动。由销 5 将左、右端盖定位后，再用螺钉 1 将左、右端盖与泵体连接，为了防止泵体与端盖的结合面处和传动齿轮轴 3 伸出端漏油，分别用垫片 6 和密封圈 9、衬套 10、压紧螺母 11 密封。

齿轮轴 2、传动齿轮轴 3、传动齿轮 12 等是齿轮油泵中的运动零件。当传动齿轮 12 按逆时针方向（从左视图观察）转动时，通过键 15 将扭矩传递给传动齿轮轴 3，结构齿轮啮合带动齿轮轴 2，使齿轮轴 2 按顺时针方向转动，如图 14-75 所示。齿轮油泵的主要功用是通过吸油、压油，为机器提供润滑油。当一对齿轮在泵体中做啮合传动时啮合区内右边空间的压力降低，产生局部真空，油池内的油在大气压力作用下进入油泵低压区的吸油口。随着齿轮的转动，齿槽中的油不断沿箭头方向被带到左边的压油口把油压出，送到机器需要润滑的部位。

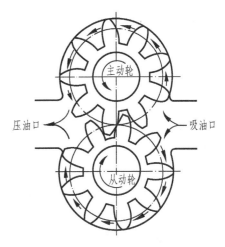

图 14-75　齿轮油泵工作原理

根据零件在部件中的作用和要求，应标注出相应的公差带代号。由于传动齿轮 12 要通过键 15 传递扭矩并带动传动齿轮轴 3 转动，因此需要定出相应的配合。在图 14-74 可以看到，它们之间的配合尺寸是 $\phi14H7/k6$；齿轮轴 2 和传动齿轮轴 3 与左、右端盖的配合尺寸是 $\phi16H7/h6$；衬套 10、右端盖 8 的孔配合尺寸是 $\phi20H7/h6$；齿轮轴 2 和传动齿轮轴 3 的齿顶圆与泵体 7 内腔的配合尺寸是 $\phi33H8/f7$。各处配合的基准制、配合类别请学生自行判断。

尺寸 27±0.016 是齿轮轴 2 和传动齿轮轴 3 的中心距，准确与否将直接影响齿轮的啮合传动。尺寸 65 是传动齿轮轴线离泵体安装面的高度尺寸。这两个尺寸分别是设计和安装所要求的尺寸。吸、压油口的尺寸 Rp3/8 表示尺寸代号为 3/8 的 55°密封圆柱内螺纹。两个螺栓之间的尺寸 70 表示齿轮油泵与机器连接时的安装尺寸。

参 考 文 献

［1］中华人民共和国住房和城乡建设部. 房屋建筑制图统一标准：GB/T 50001—2017 ［S］. 北京：中国建筑工业出版社，2018.

［2］中华人民共和国住房和城乡建设部. 总图制图标准：GB/T 50103—2010 ［S］. 北京：中国计划出版社，2011.

［3］中华人民共和国住房和城乡建设部. 建筑制图标准：GB/T 50104—2010 ［S］. 北京：中国计划出版社，2011.

［4］中华人民共和国住房和城乡建设部. 建筑结构制图标准：GB/T 50105—2010 ［S］. 北京：中国建筑工业出版社，2010.

［5］中华人民共和国住房和城乡建设部. 建筑给水排水制图标准：GB/T 50106—2010 ［S］. 北京：中国建筑工业出版社，2010.

［6］中华人民共和国住房和城乡建设部. 暖通空调制图标准：GB/T 50114—2010 ［S］. 北京：中国建筑工业出版社，2011.

［7］中华人民共和国建设部. 道路工程制图标准：GB 50162—1992 ［S］. 北京：中国计划出版社，1993.

［8］中华人民共和国住房和城乡建设部. 混凝土结构施工图平面整体表示方法制图规则和构造详图：现浇混凝土框架、剪力墙、梁、板：22G101-1 ［S］. 北京：中国计划出版社，2022.

［9］莫正波，高丽燕. 土建工程制图 ［M］. 2 版. 北京：中国电力出版社，2016.

［10］何蕊，姜文锐. 画法几何与土木工程制图 ［M］. 北京：机械工业出版社，2021.

［11］丁宇明，杨谆，黄水生，等. 土建工程制图 ［M］. 4 版. 北京：高等教育出版社，2021.